土木学科发展现状及前沿发展方向研究

The Development Status and Frontiers of Civil Engineering

中国工程院土木、水利与建筑工程学部 ◎ 编

人民交通出版社
China Communications Press

内 容 提 要

本书是中国工程院土木、水利与建筑工程学部咨询项目——土木学科发展现状及前沿发展方向研究的成果，以专题报告的形式汇总了结构工程、桥梁工程、道路工程、铁道工程、隧道与地下工程、土木工程防灾与防护工程、岩土工程、土木工程信息技术等二级学科的发展现状和发展趋势。

本书可供相关学科从事教学和科研的工程技术人员使用，也可供高校相关专业本科生、研究生参考。

图书在版编目（CIP）数据

土木学科发展现状及前沿发展方向研究/中国工程院土木、水利与建筑工程学部编. ——北京：人民交通出版社，2012.5

ISBN 978-7-114-09772-0

Ⅰ.①土… Ⅱ.①中… Ⅲ.①土木工程—技术发展—研究—中国 Ⅳ.①TU-12

中国版本图书馆 CIP 数据核字（2012）第 080859 号

书　　名：土木学科发展现状及前沿发展方向研究
著 作 者：中国工程院土木、水利与建筑工程学部
责任编辑：王　霞（wxccpress@126.com）
责任印制：张　凯
出版发行：人民交通出版社
地　　址：（100011）北京市朝阳区安定门外外馆斜街 3 号
网　　址：http://www.ccpcl.com.cn
销售电话：（010）85285857
总 经 销：人民交通出版社发行部
经　　销：各地新华书店
印　　刷：北京建宏印刷有限公司
开　　本：787×1092　1/16
印　　张：23.5
字　　数：405 千
版　　次：2012 年 5 月　第 1 版
印　　次：2025 年 8 月　第 2 次印刷
书　　号：ISBN 978-7-114-09772-0
定　　价：100.00 元

序

土木工程学科是直接面向经济和社会发展的科学和技术，它直接影响着人居环境、交通设施、工业和国防工程的建设和运行，影响着城镇化进程、社会可持续发展和构建和谐社会。

在可预见的20至30年内，中国土木工程仍将处于高速发展期，除了将兴建大量现代化的民用建筑、海港、铁路、公路、桥梁、水利水电工程、地下及国防工程外，正在运行的建筑物将逐步进入大修和重建期，这无疑对我国的土木工程科学和技术提出了新的需求。此外，伴随材料科学和技术、信息科学和技术、数学、力学和工程管理学的发展，从学科交叉、融合方面，也将使土木工程科学和技术进入一个快速发展的新时代。作为土木工程高速发展的大国，中国理应站到世界土木工程科学和技术创新发展的前列。中国的土木工程学科进入了快速发展的机遇期。

土木工程学科的发展战略和前沿发展是我国未来的土木工程教育、科学和技术进步的重要导向；影响到土木工程教育的专业设置、人才培养，特别是高层次土木工程人才的成长。

为了准确把握我国土木工程学科的发展方向和发展战略，中国工程院土木、水利与建筑工程学部于2009年7月设立了学部咨询项目——“土木学科发展现状及前沿发展方向研究”。鉴于学部同时设立了“水利水电学科发展现状及前沿发展方向研究”，并计划逐步设立有关建筑、测绘学科的研究项目，故本项目的研究被限定在如下范畴：结构工程，包括空间结构、钢结构、混凝土结构、高层建筑、施工技术等；桥梁工程；道路工程；铁道工程；隧道与地下工程；土木工程防灾与防护工程；岩土工程；土木工程信息技术。

鉴于近年来科学技术部、中国科学院、教育部和国家自然科学基金委员会等部委已经组织多批专家、教授，开展过相关的研究，故本项目没有组织大批专家、教授，从最基础的调研开始，而是分专题指定一、两位最熟悉的院士负责，由他们邀请相关专家，组成专题调研和报告编写小组，开展相应的调研和报告编写工作。

各专题报告的初稿已经于2010年7月底之前完成，经学部主任同意，于2010年8月27日—30日在南昌召开了“土木学科发展现状及前沿发展方向研究”结题评审会。与会专家建议：本项目的研究报告应该突出相关二级学科的发展战略，以区别于工程院和基金委联合咨询项目——“中国工程科技中长期发展战略研究”的“土木、水利、建筑工程科技中长期发展战略研究”报告，重点关注学科发展的前沿方向与新兴工程科学和技术；注重新兴、前沿性、前瞻性，以及对整个土木工程学科发展将产生重要影响的发展方向；鉴于多数专题报告已经具有较高水平，对于相关学科的教学和科研人员具有参考价值，建议对研究报告进行修订，报送学部常委会，经同意后正式出版。2010年9月18日，中国工程院土木、水利与建筑工程学部五届二次学部常委会已经同意，本项目研究报告修订后正式出版。

2010年9月22日将本项目研究报告的“修改事项”分发给各专题负责人，各专题均进行了认真修改，修改稿已经于2011年9月底收齐。在编辑出版过程中，我们对各专题报告进行了必要的局部修订。

正如著名物理学家Max Planck所指出的，“科学是内在的整体，它被分解为单独的个体不是取决于事物本身，而是人类认识能力的局限性。”土木工程科学本身是一个整体，把它分解成若干学科，除了人类认识能力的局限性，还包括技术内涵和工程实现的特殊性。所以，我们在一个个专题报告之外，从多学科交叉融合角度，探讨土木工程科学和技术的前沿研究方向是必要的。因此，在原定专题报告之外，又增加了一份后记——“土木工程学科的综合交叉研究”。但是，“后记”并不是综述各专题报告的内容，而是讨论各专题报告没有涉及或没有深入讨论的土木工程科学的前沿研究方向。

本研究报告文集的出版，采纳了各专题报告单独署名的办法，这一方面是尊重各位专家的劳动成果和学术责任，另一方面也为读者与作者直接联系提供方便。

尽管我们在努力追求无误，但错误和不完善之处在所难免，特别是在前沿研究方向和发展战略方面，定会有遗漏之处，敬请读者谅解。

是为序。

崔俊芝

目录

结构工程学科的发展现状及前沿发展方向——综合报告

欧进萍　崔俊芝　等

1　国家需求

结构工程是通过试验、计算和理论分析，研究土木工程材料、构件、结构体系及其短期和长期力学行为、分析与试验方法、设计理论和建造技术的一门工程技术学科，具有显著的理论与实践结合、并相互牵动的特征。

结构工程具有悠久的历史，但直到第一次工业革命时期钢铁工业的兴起和波特兰水泥的发明，以及基于牛顿力学的结构分析与设计理论的建立，才诞生了真正科学意义上的结构工程学科。

现代工程结构分为混凝土与预应力混凝土结构、钢结构、大跨空间结构和高层建筑结构等，设计理论和施工技术是结构工程学科的重要内容，结构分析方法与试验技术是结构工程学科研究的重要手段，也是设计理论和施工技术的基础。

1.1 城镇与城市化发展是我国迈向发达国家的重要战略，结构工程学科为城镇与城市化发展提供核心关键科学技术，形成了国民经济的支柱行业——建筑行业

结构工程向人类提供赖以生存的生活、生产以及社会活动的场所，在人类社会文明发展中发挥着基础性作用，是构建现代城市的核心技术学科，对当今社会经济发展起着重要支撑作用。

自从改革开放以来，为满足社会经济发展以及城乡居民生活和社会文化活动的需求，我国开展了大规模基础设施的建设，一大批标志性重大建筑工程在我国建成。例如，20 世纪 90 年代的深圳地王大厦（325m）、上海金茂大厦（420.5m）、上海东方明珠电视塔（468m），为举办 2008 年北京奥运会和 2010 年上海世博会及 2010 年广州亚运会而建成的鸟巢、水立方、北京 T3 航站楼、上海环球金融中心（492m）、上海中心（580m）、广州新电视塔（610m）等，结构的跨度、高度和复杂程度不断刷新，新型结构体系不断涌现。结构工程学科从材料、结构体系、结构设计与施工技术等诸多方面为这些重大工程的建设提供了重要的科技支撑。

我国不仅在重大工程的建设方面成绩斐然，基础设施的建设规模也是空前的。目前我国每年新建建筑面积达到 20 亿平方米，我国基础设施建设的规模超过了世界上其他国家地区建设规模的总和。大规模基础设施建设推动了我国建筑业的发展与繁荣，建筑业已经成为我国国民经济的支柱行业，在国民经济五大物质生产部门中，建筑业年产值仅低于工业、农业，而高于运输业和商业，位居第三。此外，建筑业就业容量大，产业关联度高，全社会 50% 以上的固定资产投资要通过建筑业而形成新的生产能力或使用价值，建筑业增加值约占国内生产总值的 7%。建筑业的繁荣带动了钢铁和水泥等建筑材料产业的发展，我国目前是世界上钢用量最大的国家，近 10 年来，建筑业的发展使钢材年产量一直保持较高的增长势头，2000 年 ~2004 年钢材产量平均年增长率在 20% 以上，2005 年中国钢产量已超过 3 亿吨，2006 年达到 4.227 亿吨，2007 年达到 4.8 亿吨，2008 年达到 5 亿吨以上；我国是当今世界上水泥用量最多的国家，2008 年水泥产量 14 亿吨，占全世界的 50%，仅江苏省的产量就超过了整个美国。

人类社会的发展历史表明，社会经济的发展与社会城市化的程度具有相互牵动的关系。为实现迈向发达国家行列的重大战略，我国政府制定了加快

推动我国城镇化与城市发展的重大决策。据《中国城市发展报告（2009）》：1949 年，我国只有 132 个城市，城镇化水平仅为 10.6%；而到 2009 年底，全国 31 个省、自治区、直辖市共有城市 655 个，城镇化水平 46.59%，城镇人口达 62186 万。我国已进入城镇化加速时期，预计到 2020 年，将有 60% 以上的人口居住在城镇，2050 年则有 75% 的人口居住在城市，城镇人口将达到 10 亿以上。当前，我国不仅城市化程度较低，与发达国家相比，我国城镇居民的住房条件也有较大的差距，据统计，目前我国城市人均住宅建筑面积为 $26m^2$，欧洲国家的人均住房面积为 $35m^2$ 左右，美国人均住房面积大约为 $60m^2$。今后 30 年，随着我国的城镇化进程加快，以及西部大开发、中部崛起、东北老工业基地振兴等计划的实施，我国对高层建筑、大跨度空间结构、钢结构和钢筋混凝土及预应力混凝土结构等各类建筑的需求量仍将快速增长，城市地下空间开发与利用的需求将越来越迫切。我国建筑行业的巨大市场需求和人类对大型复杂结构的追求为结构工程学科的发展提供了机遇和挑战。

1.2 可持续发展和低碳社会是当今我国面临的巨大挑战，迫切要求传统结构工程学科的变革与创新

建筑工程在满足人类生存、生活和生产需求的同时，也消耗了大量的资源和能源，并从材料生产、结构施工直至服役全寿命过程中不断地与环境相互作用。可持续建筑工程是实现社会可持续发展的重要途径之一。

我国大规模基础设施建设在取得巨大成就的同时，也使我国成为世界上建筑资源能源消耗最多的国家，极大地影响我国社会的可持续发展。据统计，我国的建筑能耗占国家全部能耗的 32%，已经成为国家单项能耗最大的行业；每年我国消耗全球一半的钢铁和水泥用于建筑业，而水泥和钢铁的碳排放量占到总排量的 30% 以上；我国大规模的基础设施建设产生了大量的建筑垃圾，我国建筑垃圾的数量已占到城市垃圾总量的 30% ~40%。因此，建筑业的科技进步和节地、节能水平，在很大程度上决定着我国经济增长方式的转变以及未来国民经济整体发展的速度与质量。党的十七大报告中提出“建设资源节约型环境友好型社会”这一理念，迫切要求结构工程学科通过创新，为实现建筑业“四节一环保”（节水、节地、节材、节能和环保）的目标，发展低碳社会提供科技支撑。

发展可持续的建筑工程，需要结构工程学科在建筑材料（低能耗绿色水

泥、高强高性能钢材、新型长寿命建筑结构材料、可循环利用建筑材料、建筑垃圾材料的处理与再利用等）、结构体系（高性能抗灾结构体系、高质量高寿命结构体系、节能型结构体系、能源利用与环境友好结构体系等）、结构设计理论（全寿命设计理论与方法）和结构施工技术（绿色施工技术、工业化施工技术、设计施工一体化技术）等方面开展深入系统的研究，形成可持续建筑工程的成套理论、方法、技术、装备和相关产业，以保障建筑工程的可持续性。

2　发展现状

2.1　大规模基础设施建设推动了我国结构工程学科的发展

建国以来，我国结构工程学科经历了两次较为显著的发展阶段。解放之初，我国面临百废待兴的局面，新中国的建设推动了结构工程学科的发展，北京的十大建筑均出自我国工程师之手，这些结构无论从材料、结构体系和施工技术等方面，都对我国当时结构工程学科的发展起到了推动作用，奠定了我国结构工程学科的基础。自从改革开放以来，为满足经济与社会高速发展的需求，我国开展了大规模基础设施的建设，特别是北京申办奥运会成功以来，我国建造了大量的大跨度空间结构、超高层建筑、高耸结构和地下工程结构等，这些重大工程的建设再一次推动了我国结构工程学科的发展，我国结构工程学科在建筑材料、结构体系、结构分析与试验方法、结构设计技术、施工技术与复杂建筑装备等方面取得了长足的进步，为这些重大工程结构自主设计与施工提供了科技支撑。未来二三十年持续地大规模基础设施建设事业，为我国结构工程学科的发展提供了新的挑战和机遇，这也正是我国结构工程学科实现跻身国际前列的契机。

“十五”、“十一五”以来，全国在建筑工程建设领域取得了辉煌的成就，涌现出一大批标志性工程。国家大剧院是一座“城市中的剧院、剧院中的城市”，建筑屋面呈半椭圆形，整体漂浮于人造水面之上，造型新颖、构思独特，是传统与现代、浪漫与现实的结合；央视新址为大悬挑高层建筑，以其奇特造型被评选为2007年世界十大建筑奇迹；2008奥运工程（国家体育场—鸟巢、国家游泳中心—水立方、奥林匹克公园等）无疑是北京城市建设过程中最璀璨的明珠；首都机场3号航站楼，总建筑面积98.6万平方米，是全球最大的单体航站楼，是世界上单体覆盖建筑面积最大的微弯网架，其覆盖建筑面积达到 18 万 m^2，连同 T3B、T3C 可达 35 万 m^2；2010 年的世博园工程、上海浦东国际机场二期、虹桥综合交通枢纽、上海铁路南站等诸多大跨度空间结构，上海环球金融中心、上海国金大厦、上海中心等众多超高层建筑都是我国标志性建筑，其中，上海中心建成后将成为中国第一高楼；高 308m 的广州珠江城号称“全球最节能的建筑”、高 610m 的广州塔为世界第一高塔；2010 年 1 月结构封顶的“华北第一高楼”天津环球金融中心，其高 336.9m 的津塔写字楼是钢板剪力墙结构的世界第一高楼。目前，我国还是世界上建成组合网架幢数最多的国家（共 60 幢，而世界各国的总和也不足 30 幢)，在中国有跨度最大的空间结构，如 142m×212m 的空腹双层椭球面网壳的国家大剧院，114m×144m 的双向张弦桁架的奥运会国家体育馆，跨度 122m 弦支穹顶的全运会济南体育馆，椭圆平面 297.3m×332.3m 网架结构的奥运会“鸟巢”体育场等。大量的大型复杂结构的建设为我国结构工程学科的发展提供了前所未有的机遇。

2.1.1 钢结构

我国建筑钢结构产业经过 20 年的发展，已经形成一个巨大的产业，其中仅主体钢结构制造业的产值就达 500 亿～600 亿。目前，建筑钢结构产业的发展已步入黄金期，形成了以钢材生产、钢结构设计、构件加工及制作、结构安装以及相关配套服务的产业链。这个产业链主要包括：①以钢铁公司为代表的建筑钢材生产产业，建筑钢结构用钢的研发、钢结构板材和型材的生产（热轧等）加工（冷弯、焊接等）等；②以科研院所为代表的建筑钢结构体系的基础理论研究、设计标准制定、技术咨询和服务等技术支撑产业；③以设计单位为代表的建筑钢结构方案及施工图设计产业；④以钢构公司为代表的建筑钢结构基本构件制作、加工产业，也包括现代商品化的针对某类建筑钢结构体系中整体或部分体系（如屋面体系、墙体体系等）产品进行研发、制作、销售、服务等的产业；⑤以建筑钢结构施工企业为代表的建筑钢结构安装、施工产业。

（1）钢材

钢材是建筑钢结构最基础的结构材料。近年来，我国钢产量持续快速增长。1996 年钢产量跃居世界第一，2007 年钢产量已达 4.9 亿吨。我国钢材质量及钢材规格基本满足建筑钢结构的要求。热轧钢材的牌号有 Q235、Q345、Q390、Q420；有各种规格的 H 型钢和钢板；有厚度为 40～150mm 的

Z 向钢、耐候钢、耐火钢等。目前正在大力开展新型钢材，如高强、耐候、耐火及高延性热轧钢材，厚度在 1.5mm 以下牌号为 Q235 和 Q550 的超薄壁冷弯型钢，厚度大于 6mm 的厚壁冷弯型钢等的研究。

与美国、日本和欧洲等钢铁产业发达国家相比，我国在特种钢材的研发和产业上还相对落后，在高强钢材、低屈服点高延性结构钢材、耐火钢、耐候钢的开发和应用等方面具尚有较大差距。我国目前最常用的结构钢等级为 Q235 和 Q345，Q390 和 Q420 仅在少量工程中应用；而国外已开始越来越多应用 Q460、Q490 及 Q550，同时已经开始研究 Q600 以上结构钢的应用；日本早在 20 世纪 90 年代初就研制成功屈服强度小于 100MPa、变形能力达到 20% 以上的钢材，目前已经用于阻尼器的研制，并成功应用于日本及我国高层建筑抗震中。

（2）建筑钢结构分析与设计理论

建筑钢结构主要包括高层建筑、高耸结构、大跨度空间结构、工业厂房和轻钢多层结构等。

我国已经建立了较完整的高层钢结构分析理论，形成了高层钢结构成套技术，主要包括以下几个方面：①焊接结构的稳定性分析理论；②钢结构抗震、抗风、抗火等抗灾分析与设计理论；③钢结构振动控制技术；④钢—混凝土混合结构设计理论。目前已能够对纯钢框架、框架—抗侧力、筒体、巨型等多种高层结构体系进行自主设计，能够自主设计的结构的层数与高度也在不断刷新世界纪录。

大跨度钢结构是近 30 年来创新最显著的结构体系，我国大跨空间钢结构的类型、规模均居世界首位。大跨度空间钢结构可以分成刚性结构体系和柔性结构体系，主要包括薄壳结构、网架结构、网壳结构、悬索结构和膜结构以及新型组合结构体系（如张弦梁、弦支穹顶到张力结构体系），结构体系向轻型、大跨、柔性和组合形式发展。我国在“空间结构的找形理论”、“空间结构施工力学分析方法”、“空间结构抗震、抗风和抗火等抗灾分析与设计理论”等方面形成了系统的研究成果，并具有自主开发的软件用于施工阶段和服役阶段的设计。

自 20 世纪 70 年代始，塔桅钢结构在广播、通讯、输电线路及气象监测等领域得到了迅猛发展；80 年代，集中建设了一批大型多功能电视塔；近年来，随着通讯事业和电力事业的发展，塔桅钢结构的高度也在不断刷新，广州塔是目前世界上最高的电视塔、江阴跨越长江的 500kV 输电线塔塔高 346.5m。我国在高耸结构理论分析、试验研究、结构设计、工程实践及规范编制等方面均已成熟。

在重型钢结构厂房方面，国内的研究工作相对较早，已经建立了重型厂房钢结构非线性静、动力分析方法，承载力计算方法和相关节点的抗震设计方法。近年来轻型钢结构在我国发展较快，在薄柔构件及其构成的框架和节点的抗震性能、轻型门式刚架结构、低多层住宅钢结构成套技术等方面形成了系统的研究成果。

（3）建筑钢结构技术标准

我国钢结构技术标准主要由国家标准、行业标准、地方标准、CECS 标准和企业标准五部分组成。总体来说，基本已满足钢结构材料、设计、加工制作、安装及施工等方面的需求；但是专项规程少，对推广应用有不利的影响。

与美国、日本和欧洲等经济发达国家相比，我国钢结构的发展起步较晚，钢结构住宅的产业化程度较低，钢结构的产业处于形成和初步发展阶段，而发达国家在 20 世纪 70 年代已经在钢结构住宅领域形成了成熟的结构体系和工业化技术标准。

2.1.2 混凝土与预应力混凝土结构

钢筋混凝土与预应力混凝土是目前我国建筑工程应用最为广泛的一类结构形式。近年来，随着高层建筑建设的需求，混凝土的强度和性能不断提高，加之高强混凝土中掺入工业矿物掺合料可以节省水泥、改善高强混凝土的早期和长期性能、满足社会可持续发展的需要。我国在实际工程中应用的混凝土的强度已经由 C40 发展至 C80、C100，其更高性能的混凝土也已经研制成功。在高强混凝土的制备工艺、高强混凝土早期性能、高强混凝土的延性、高强混凝土的抗火性能与防爆方法、高强混凝土的耐久性等方面形成了系统的研究成果。

钢筋混凝土以及钢—混凝土组合框架结构、框架—剪力墙结构、剪力墙结构、框筒结构、筒中筒结构、巨型结构、耗能减震高层建筑结构等在我国高层建筑中得到了广泛的应用。我国在钢筋混凝土构件、钢—混凝土组合构件等方面的基本力学性能、极限承载力、抗震性能、抗火性能、钢—混凝土组合构件共同工作，钢筋混凝土高层建筑结构分析与设计理论等方面开展了大量的研究，形成了我国设计与施工标准及规范体系，为我国大量的高层和超高层建筑的设计与建造提供了理论基础和技术支撑。

混凝土材料抗压强度高而抗拉强度低的特点推动了预应力混凝土结构的

研究。预应力混凝土结构的研究和应用在我国已走过了50余年的历程，经过半个多世纪的发展，特别是随着材料科学、结构分析和试验科学的发展，其应用范围日益扩大，由以往的单一构件和简单结构扩大到复杂结构体系（多高层建筑结构，大跨空间结构，地下结构，桥梁结构，高耸结构、核电站压力容器、大型市政储罐等特种结构），预应力结构的研究已经由预应力混凝土结构拓展到预应力钢结构、预应力组合结构以及新材料预应力结构等。

20世纪50~70年代，我国主要采用中、低强度预应力钢材，应用对象主要为屋面梁、屋架等简单构件；从改革开放初至90年代末，高强预应力钢材及相应工艺技术以及对整体结构施加预应力等现代预应力技术，在房屋建筑、公路及桥梁工程中得到巨大发展，总体上接近了国际先进水平；从2000年至今随着我国经济的高速发展，尤其是2008年北京奥运会和2010年上海世博会对大型复杂工程以及我国对大跨度桥梁、高速铁路和核电站建筑等建设的需求，推动了我国预应力结构材料、分析理论、设计方法、施工技术和施工设备等的快速发展。我国已经研究了体外预应力技术、体内—体外混合配束技术、竖向超长预应力技术、环形预应力技术并实现了上述技术的工程应用；发展了高层大跨预应力框架结构体系，大面积大柱网双向预应力框架结构体系，高层建筑预应力转换层结构体系、悬挂结构体系、多层大开间住宅结构体系、预应力巨型框架结构体系、预应力组合结构体系、预应力桥梁结构体系等；对超静定预应力结构和部分预应力结构的分析方法、部分预应力结构的裂缝控制和配筋，预应力结构体系的抗震性能、部分预应力混凝土结构的抗爆炸设计方法等都进行了较为深入的研究，基本解决了它们的理论难题，为我国预应力结构的建造提供了科学依据和技术支撑。未来我国预应力结构的重要研究课题应该是：预应力结构的长期性能和耐久性、预应力结构应力复杂区域的分析模型、预应力装配整体结构、预应力空间结构、预应力特种结构、既有结构的预应力加固、FRP预应力技术及FRP预应力结构等。

2.1.3 高层与超高层建筑（混合结构）

由于我国人口众多，适合居住的土地面积相对较少，随着城市化进程的加快，大量的人口涌入城市，造成城市人口与土地紧张之间的矛盾，向空中延伸的高层与超高层建筑是解决这一矛盾的重要途径，因此将极大地推动了高层与超高层建筑在我国的发展。

高层与超高层建筑越来越多。自从改革开放以来，我国高层与超高层建筑的数量逐年增长，占新增建筑面积的比例不断提高。1971 年至 1980 年十年共建高层 149 幢；1981 年到 1990 年十年共建高层 650 幢，总建筑面积 804 万平方米，占新增面积比例 9.9%；1991 年到 1995 年共建高层 750 幢，总建筑面积 1133 万平方米，占新增面积比例 23%；1996 年新建高层 430 幢，总建筑面积 725 万平方米，占新增面积比例 48.4%；1997 年新增高层 484 幢，总建筑面积 926 万平方米，占新增面积比例 57.9%。上海目前有 1.4 万幢 24m 以上的高层建筑，其中 100m 以上的超高层建筑有 400 多幢。根据中国建筑学会建筑结构分会高层建筑委员会的统计：1998 年我国大陆建成的最高的 100 栋高层建筑中，第 100 名的主体结构高度为 150m；2004 年的统计资料中，第 100 名的主体结构高度为 165m，超过 150m 的高层建筑超过 150 栋；截止到 2008 年底的统计数据中，第 100 名的主体结构高度为 180m，超过 150m 的高层建筑超过 250 栋。我国的高层建筑，不仅在数量和高度上不断发展，地域分布也越来越广泛，改革开放之初仅集中于沿海的经济发达地区及大中城市，目前中西部的中型城市也大量出现了高层与超高层建筑。

超高层建筑的高度不断刷新。我国不断刷新世界范围内超高层建筑的高度纪录。1998 年我国建成的上海金茂大厦高度 420m，是当时最高的高层建筑；2008 年，我国的超高层建筑高度又被刷新，492m 的上海环球金融中心、450m 的南京紫峰大厦、441m 的广州西塔均已建成，10 年中高层建筑的高度提高了 70m；2009 年，塔顶高度达 632m 的上海中心及 648m 的深圳平安金融中心破土动工，标志着我国高层建筑的高度进入了一个新的阶段；全国各地尚有一批正在设计中的超高层建筑，如高度超过 600m 的天津 117 大厦，530m 的天津周大福滨海中心等。超高层建筑高度的不断攀升，其意义不仅仅在于高度的突破，它带动了新材料、结构分析与设计技术、设备制造技术、施工安装技术等建筑产业链的整体提升。

符合我国国情的高层与超高层建筑的混合结构体系得到大发展。国外高层、超高层建筑以纯钢结构为主，而我国以钢—混凝土的混合结构居多。据不完全统计，在我国已建成的高度超过 200m 的超高层建筑中，有 50% 左右为混合结构，超过 300m 的超高层建筑中，有 66% 以上是混合结构。钢—混凝土混合结构之所以在我国得到了较大发展，一方面因为它可以实现钢、混凝土以及钢—混凝土组合构件的有效组合，既具有钢结构的技术优势又具有混凝土造价相对低廉的特点；另一方面，我国现场施工的劳动力成本比国外低，采用混合结构比采用纯钢结构在经济方面更有优势。因此混合结构是符合我国国情的超高层建筑的结构体系，预计未来混合结构仍将会得到较大发展。

我国已经形成系列的新型高层与超高层建筑结构体系。高层建筑除了要满足建筑使用功能的要求外，越来越重视建筑个性化的体现，使高层建筑的平面、立面均具特殊性。尤其近几年，各种新的复杂体型及复杂结构体系大量涌现。大底盘、多塔楼连体高层建筑在深圳大学科技楼、上海国际设计中心大厦、苏州东方之门和北京当代万国城等得到应用，该类结构受力特点及动力反应特点较为复杂，地震作用下连体部分可能会出现较大振动，并可能与主体部分发生碰撞，同时，主体结构扭转效应增强；高层与超高层建筑沿竖向功能变化丰富，为满足功能要求，往往采用钢结构桁架、宽扁梁作转换梁、型钢混凝土空腹转换桁架、斜撑转换结构、搭接柱转换、搭接墙转换等各种类型转换单元满足结构体系竖向的变化，但带转换层结构上、下层竖向构件不连续，转换层上下楼层构件内力、位移容易发生突变，对抗震不利，斜撑转换可以有效地解决竖向构件不连续的问题，避免了截面巨大的转换梁柱，但斜撑的水平分力可能对柱节点区造成剪切破坏，结构设计时，需要对这些问题采取相应措施进行加强；带大悬挑的高层建筑结构体系在我国深圳京基大梅沙酒店、CCTV 新台址、陕西法门寺等得到应用，悬挑结构体型不规则，而且结构冗余度低，结构设计时应给予足够的重视；大跨度悬挂结构是近年来发展起来的高层结构体系，广东省博物馆新馆采用了钢桁架外挑悬挂，该类结构对地震作用和风荷载作用比较敏感，地震作用下的破坏形态较为复杂。这些复杂体型的高层建筑，许多超出了现行设计规范的要求，以往的工程经验和震害资料都无法借鉴，需要进行更深入的研究。特别是许多项目采用了国外设计师的作品，但一些境外建筑师来自非地震区，缺乏抗震设计经验，有些建筑方案特别不规则。而在日本神户、我国台湾及“5·12”汶川地震中，一些特别不规则建筑受到严重破坏。我国绝大部分地区都要考虑抗震设防，因此对这些复杂体型的高层建筑抗震安全问题必须引起重视。

目前我国已建成的超高层建筑中，结构体系主要有框架—筒体结构体系、巨型柱框架—核心筒结构体系、筒中筒结构体系、外部交叉网格结构体系以及其他新型结构体系，其中框架、筒体、巨型柱等既有钢筋混凝土结构也有钢结构及组合结构。例如，北京国贸三期主塔楼高 330m，采用钢—混凝土框架—核心筒结构，内筒采用了型钢、钢板混凝土巨型组合柱及型钢混凝土支撑结构体系；在建的 337m 高的天津津塔主要抗侧力体系由钢管混凝土框架+核心钢板剪力墙体系+外伸臂桁架抗侧力体系组成，具有较高的抗侧刚度和延性，是目前世界上应用钢板剪力墙的最高的高层建筑。

我国高层和超高层建筑弹塑性与结构—流场耦合计算分析能力大幅度提高，大量超高层建筑抗震抗风试验为高层建筑设计提供了有力保障。大量复杂高层建筑的出现，对高层建筑结构的计算分析手段提出了更高要求。复杂高层建筑的体型和结构布置需要进行多遇地震作用下的内力与变形分析。目前除自主研发的 SATWE、PMSAP、TBSA 等商品化软件外，国际通用软件，如 ETABS、SAP2000、MIDAS 等，也在复杂高层建筑设计和施工中得到广泛应用。近年来随着计算机技术的进步，用于高层建筑结构设计的弹塑性分析计算软件也取得了一定进展。许多体型特殊的工程结构，除进行弹性计算分析外，补充了弹塑性分析计算，以找出结构的薄弱部位，采取构造措施进行加强。弹塑性分析计算方法主要有两大类——静力弹塑性分析和动力弹塑性分析。目前土建领域常用的国际通用分析程序，如 ETABS、SAP2000、ANSYS 等以及国内自主开发的弹塑性分析程序，如 SATWE-PUSH 等，均可进行结构静力弹塑性分析；高层建筑结构动力弹塑性分析是结构分析与设计中常用的一种手段，这种分析方法可以得到建筑结构在不同地震波、不同烈度、不同输入方式下的损伤破坏和能量转换及耗散等全过程地震响应，是揭示地震作用下建筑工程的损伤累积、失效机理和倒塌机制的有效计算方法。近年来，高层建筑地震弹塑性时程反应分析已经得到越来越广泛的应用，尤其是国际通用大型非线性分析程序 ABAQUS 的应用，为弹塑性分析计算开辟了新的局面。迄今为止，我国许多较高的重点建筑项目，如上海环球中心、CCTV 新台址工程、国贸三期、广州西塔、上海中心大厦以及深圳平安国际金融中心等，均进行了整体结构地震作用下的动力弹塑性分析，为提高结构抗震设计安全性提供了保障。另外，随着高层建筑的增多，高层建筑风振响应和高层建筑群中的风环境问题日益显著。为了对建筑物风荷载和建筑物区域的风环境进行分析、评估、预测、控制，近年来风工程数值分析计算 CFD 技术，如 Fluent 软件、CFX 等，在许多工程中也得到了应用，进一步提升了我国的建筑设计水平。

需要指出的是，鉴于我国高层建筑结构体型复杂，且多以混合结构或钢筋混凝土结构为主，无论是结构的地震弹塑性分析，还是建筑—流场耦合作用的数值模拟，都还有许多值得深入研究的问题，如合理模拟结构阻尼、合理确定材料本构关系，开发高精度单元，改善非线性结构数值求解方法，高雷诺数流场计算等。另外，针对复杂及超限结构，除进行结构整体计算分析外，还需对关键部位和关键构件进行中震和大震内力及变形验算。

由于超高层建筑的复杂性，仅靠计算分析是远远不够的。我国对超高层建筑关键构件和超高层建筑结构进行了大量的整体抗震性能试验研究，这些研究不仅为个别超高层建筑的设计提供了科学依据，同时也验证了混合结构体系具有良好的抗震性能。在上述试验研究的基础上，开展结构非线性行为的研究，可以提升我国结构工程基础研究的水平。尽管 Fluent 和 CFX 已经广泛应用于高层建筑风荷载和风环境的计算分析，但风洞试验仍然不可缺少，后者仍是确定高层和超高层建筑风荷载和风环境的重要手段，我国高层建筑风洞试验的技术水平，特别是在精细化试验方面，仍待进一步提高。

我国在高层与超高层建筑的设计方面取得了长足的进步。我国是一个多地震的国家，而相当一部分高层建筑又建在地震活动频繁地区；高层建筑集中的地区，如上海、深圳、广州，基本风压又较大，因此高层建筑必须进行抗震与抗风设计。2001 年前后，国内陆续颁布了新修编的高层建筑规范和规程，包括《建筑抗震设计规范》（GB 50011—2001）及《高层建筑混凝土结构技术规程》（JGJ 3—2002）；新修订的规范、规程提高了结构的安全度，加强了对结构方案布置的宏观指标控制要求，补充了结构平面和竖向布置的规则性界限。为保证建筑结构的设计质量，对于超过规范要求的高层建筑，即超限高层建筑，原建设部于 2003 年发布了《超限高层建筑工程抗震设防管理规定》，设立了全国超限高层建筑工程抗震设防审查专家委员会，编写了《超限高层建筑工程抗震设防专项审查技术要点》。由政府部门组织专家对超限高层建筑进行专项审查（超限审查），在审查通过后方可实施。据不完全统计，全国已审查了近千栋高度 100m 以上的超限高层建筑工程。通过抗震设防专项审查，可以为相关技术发展进行充分的论证，从而促进建筑技术的发展。进行复杂及超限结构设计时不再局限于“小震不坏、中震可修、大震不倒”，所采取的论证及加强措施体现了基于性能的抗震设计思想。在超限高层抗震专项审查中，中震弹性设计、大震动力弹塑性分析、模型振动台试验、复杂节点分析与试验等新的设计思想和分析、试验方式得到广泛应用，提高了结构的安全度和国内设计水平。

2.1.4 结构施工技术与装备

大量标志性土木工程的建设为施工技术创新提供了广阔的舞台，同时也使得施工行业的核心技术能力实现了跨越式提升。在过去 30 年中，我国在深基础工程施工技术、超高层建筑建造技术、高层钢结构和大跨度钢结构安装技术、既有建筑改造技术以及相关的装备技术等方面取得了长足的发展和进步。

在深基础工程施工技术方面，在深水及软弱河床上修建的桥塔基础施工直径可达2～3m，深度超过100m；城市地下空间开发工程中的深基础工程，地下连续墙深度超过65m，基坑开挖深度已达到41m，超深旋喷桩加固深度超过50m；都市核心区大型深基础工程的环境控制技术成效显著。

在超高层建筑建造技术方面，整体提升钢平台模板施工技术得到了传承和发展，可以通过高空解体、重组以适应体型变化的需要，成功解决了核心筒墙体收分难题；液压自动爬升模板系统获得成功应用，机械化程度高，适应性强；实现了C80高强混凝土的大规模应用，一次泵送高度可达492m；施工控制技术得到较为系统的研究，信息化管理水平明显提高。

在大跨度和高层钢结构安装技术方面，开发了旋转吊装工艺、旋转顶推滑移工艺、整体顶推平移技术等，并实现了钢结构吊装与工程控制的密切结合，较好地解决了大跨度柔性空间结构施工过程中的内力和变形控制问题。此外，我国在钢结构安装方面，已经形成了一批有一定规模的企业，且部分企业已经进军海外建筑市场。

在既有建筑改造技术方面，开发并完善了超高层建筑再生改造施工工艺，形成了超高层建筑再生过程中拆除—置换—加固一系列的标准化工艺流程；改进了特殊环境条件下的现代建筑群改造施工工艺，实现了多个单体建筑改造、重建的施工工艺流程。

我国对高性能混凝土（高强、高耐久性、自密实混凝土等）制备技术进行了研究，目前混凝土的耐久性可以满足重大工程设计基准期为100年的要求；对大体积混凝土施工技术进行了研究，较好地解决了大体积混凝土制备浇筑过程中水化热产生的裂缝问题，典型工程如央视新楼，该建筑主楼底板南北长292.7m，东西宽219.7m，混凝土总方量约12万m^3，强度等级为C40，较好地解决了水化热的问题，抗渗等级达到S8。我国已经具备了清水混凝土预制技术，并且在上海虹桥国际机场西航站楼工程得到大面积应用（总面积达36000m^2）。发展了绿色混凝土制备技术，包括绿色高性能混凝土、再生骨料混凝土、环保型混凝土及各种机敏混凝土等。

施工的信息化技术与控制技术可以有效减小施工风险，提高施工效率和施工质量。我国在施工过程的虚拟模拟技术、施工过程的结构受力仿真技术、大体积混凝土自动测温与反馈控制技术、预拌混凝土自动化控制技术、计算机控制激光测量与现场监控技术等方面进行了系统的研究，已经应用于实际工程施工。

绿色建筑施工技术是实现社会可持续发展的有效途径。其中，工业化标准制作技术可以减少现场施工工作量，提高施工效率和施工质量，减小施工对环境的干扰，例如预制混凝土（PC）住宅结构、工厂化加工现场拼装的管道施工技术等。节能环保施工技术可以充分利用废弃的资源，节约大量的资源。目前应用的节能环保施工技术包括：①现场水循环系统；②防尘降噪施工技术；③雨洪利用技术——仅北京国家体育场（鸟巢）雨洪利用设施，年回收雨水量可达年降水量的66%，年回收总量近6.7万立方米，既可有效地减少北京市的供水负担，降低径流量，减少对市政水管网的压力，又能为体育场运营提供约23%的年用水的补水量，具有显著的经济效益；④地源热泵技术——通过专项研究，利用国家体育场足球场草皮下的土壤资源，设计地源热泵冷热源系统，高效、节能、环保，本工程在足球场草坪下部设了312口深75m地源热泵井，夏季可提供1500kW制冷量，冬季可提供1800kW制热量，既减少了部分负荷运行时的能耗，又充分利用可再生能源，积极响应了“绿色奥运”和“科技奥运”的理念；⑤膜结构技术——国家体育场采用了新型、绿色建材ETFE及PTFE膜结构覆盖屋顶，膜结构具有燃烧性能优越、透光率好的特点，根据采用的膜材和使用部位的不同，具有防水、透光、吸声等作用。

2.1.5 结构工程学科布局

近30年，我国从事结构工程学科研发的单位的布局和构成发生了较大的变化。20世纪50～70年代，我国从事结构工程学科研究的单位主要是高等院校、建筑科研院所和一些实力较强的设计院；90年代以后，随着科研院所的企业转制，大部分科研院所开始更多地参与企业的市场竞争，设计单位也更多地参与市场竞争、科研投入相对较少，结构工程学科的基础创新研究和新技术开发主要由高等院校完成，技术成果转化则由高校与企业通过产学研合作完成；近年来，随着企业市场竞争压力的增加，许多大型建筑企业开始重视科技投入，与高等院校成立合作研究中心，加强产学研的合作。

由于我国大规模基础设施建设的背景及对人才需求的旺盛，我国拥有结构工程学科的高等院校数量众多，多数单位在某一或某几个研究方向上具有较明显的优势。表1给出了我国主要结构工程学科的布局情况。从表中可以看出，尽管我国经济社会发展极不平衡，但结构工程学科的布局总体比较均衡，且各有特色。

我国结构工程学科的研发布局　　表1

地　区	单　　位	优势研究方向
华北	清华大学	高层钢筋混凝土结构、高层钢结构、钢—混凝土组合结构，FRP 组合结构； 结构分析，结构施工过程模拟，结构抗火
	天津大学	大跨空间结构； 结构振动控制，结构抗爆
	北京交通大学	大跨空间结构
	北京工业大学	大跨空间结构，高层钢筋混凝土结构； 结构抗爆
	中国建筑科学研究院	高层建筑，既有建筑加固改造； 结构分析与设计软件，结构设计标准与规范，结构抗火
	冶金部建筑研究总院	FRP 结构，工业建筑； 结构耐久性
东北	哈尔滨工业大学	大跨空间结构，高层钢结构与轻钢结构，组合结构，预应力结构，木结构，功能材料，智能结构，既有结构加固改造； 结构振动控制，结构监测，结构试验技术，结构抗火，结构耐久性
	大连理工大学	混凝土材料，钢筋混凝土结构，FRP 材料与结构，智能结构； 结构振动控制，结构监测，结构耐久性
华东	同济大学	高层钢筋混凝土结构，高层钢结构，高耸结构，大跨空间结构，地下工程，既有结构加固改造，再生混凝土材料； 结构分析，结构设计与施工软件，结构抗火，结构设计理论
	浙江大学	大跨空间结构； 结构耐久性
	东南大学	混凝土材料，预应力结构，大跨空间结构，FRP 材料与结构，施工技术； 结构振动控制，结构监测
中南	华中科技大学	高耸结构； 结构监测
	湖南大学	钢—混凝土组合结构，高层钢筋混凝土结构，高层钢结构，竹木结构； 结构耐久性，结构试验技术，结构抗爆
	中南大学	钢—混凝土组合结构
	武汉理工大学	混凝土材料； 结构振动控制，结构监测

续上表

地区	单位	优势研究方向
华南	华南理工大学	高层建筑结构，预应力结构，组合结构，既有结构加固改造，施工技术
	广州大学	结构隔震与抗震
	深圳大学	FRP 结构；结构耐久性
	哈尔滨工业大学深圳研究生院	结构抗震与抗风；结构振动控制
西北	西安建筑科技大学	钢结构、工业厂房，既有结构加固改造；结构耐久性
西南	重庆大学	钢筋混凝土结构
	西南交通大学	古建筑

2.1.6 建筑产业布局

我国建筑产业由设计单位、施工单位、转制科研院所、建筑产业化（建材及构件）生产企业等构成。除国有大中型企业，我国还形成了一些专业性比较强、特色鲜明的企业。例如：预应力设计、施工与设备生产企业；各类结构抗震抗风阻尼器生产企业；尤其是大跨度空间结构领域，我国有近百家相当规模的空间结构（钢结构、膜结构）制造厂，已形成一个新兴的空间结构制造行业，其中有 30 多家特级钢结构制造厂（每年超过 5 万吨钢结构的企业为特级企业）和约 10 家一级膜结构生产公司，形成规模生产，且部分出口国外。我国是世界上空间结构制造厂家最多的国家，知名的企业有绍兴精工钢结构（集团）股份有限公司、浙江东南网架股份有限公司、中建钢构有限公司、浙江大地钢结构有限公司、江苏沪宁钢机股份有限公司、上海宝冶建设有限公司、上海冠达尔钢结构有限公司、徐州飞虹网架集团有限公司、北京纽曼蒂莱蒙膜建筑技术有限公司、深圳好望角膜结构公司等，这些企业为我国大跨度空间结构的发展和推广应用作出了积极的贡献。

2.2 存在问题

2.2.1 缺乏原创性的结构工程理论与方法

近年来举世瞩目的大规模基础设施建设，为我国赢得了土木工程建设大国的称号，但是土木工程界的有识之士清醒地认识到，我们并不是土木工程科技强国。我国虽然实现了大型复杂土木工程结构的自主设计和自主施工，但这些自主设计与自主施工遵循的工程科学原理、分析设计理论等都是西方国家建立的，而我国土木工程科技专家主要是对上述理论和方法进行了修正和局部创新，缺乏原创性的理论和方法体系、核心技术与重大施工装备，因此无法赢得国外同行对我国是土木工程科技强国的认可。

工程学科与社会生产力的发展水平是相互制约的。西方的现代工业革命极大地推动了发达国家结构工程学科的发展，美国在 1929 年建造了 102 层 448m 高的帝国大厦，1933 年建造了主跨 1280m 的悬索桥——金门大桥，这些重大工程的建设推动了现代结构工程学科基本原理和分析—设计理论的建立，以及建造技术的发展。与西方国家相比，我国大规模土木工程基础设施的建设整整迟了六七十年，1994 年开始建设主跨 1386m 的江阴大桥，于 1999 年通车，比金门大桥晚了 61 年。因此，我国结构工程学科落后于发达国家是与我国生产力的发展水平有关的。

虽然我国目前已经建造了大量的超高层建筑和大跨度空间结构，但采用的是发达国家已经建立的土木工程结构分析与设计理论和方法。例如，理论力学、材料力学、结构力学和结构动力学是建立在 17 世纪的牛顿力学、Hamilton 原理、Lagrange 原理、胡克定律等基础上的，钢筋混凝土结构分析与设计原理、钢结构分析与设计原理等都是基于理论力学、材料力学和结构力学，它们大都是欧、美和日本等国家的学者建立的；钢结构稳定理论的基础是欧拉压杆稳定理论；随机结构动力学的创始人为美国学者 Y. K. Lin；在地震工程领域，第一条地震地面运动记录是美国 1933 年获得的，至今在全世界范围内广泛应用的地震反应谱设计方法是美国 G. W. Housner 提出的，当前国内外广泛应用的结构抗震性能设计方法是美国学者提出的；土木工程风工程理论是由加拿大学者 Davenport 和美国学者 Scanlan 等建立的。

结构抗震性能的拟静力试验、拟动力试验和振动台试验技术均是由国外学者发明的；世界上第一个土木工程湍流主动控制风洞实验室、第一个龙卷风模拟实验室分别是日本和美国建成的。

数值计算方法与软件是结构工程学科的重要研究内容，至今我国在该领域还缺乏具有世界影响的计算分析与设计软件。尽管我国开发了建筑结构设计用 PKPM 等软件，但其在国内外的接受程度与用户远远不及国外的相关软件，例如 SAP、ANSYS、ABQUS、OPENSEES 等。发展结构分析、设计与施工过程模拟的数值计算方法，开发相应的具有自主知识产权的软件，形成工程分析与设计软件产业，是我国建筑行业面临的一项重要任务。

正是由于我国在土木工程结构工作原理、分析与设计理论、试验技术、分析与设计软件等方面缺少原创性成果。使得我国结构工程学科距离世界一流有一定的差距，需要借助我国大规模基础设施建设，推动结构工程学科在理论、方法和结构体系上进行创新，在新技术、新装备、自主软件研发、设计与施工信息化、高水平工程科技人才培养等整个建筑业链条上全面发展，才能逐步使我国迈向结构工程学科的强国之列。

2.2.2 大型复杂结构工程的施工技术和装备研发水平落后，建筑企业的工业化和信息化程度尚需提高

我国大型复杂空间结构、超高层建筑及地下空间结构的建造，使我国建筑工程的施工技术和装备水平得到迅速提高。但与发达国家相比，我国的建筑施工技术，尤其是大型复杂施工装备研发的基础薄弱，企业的研发人员少、新技术转化速度慢。例如，日本的清水公司、鹿岛公司、大林公司、竹中公务店等建筑企业，实验室设备齐全先进，并且研发队伍稳定、创新研发能力很强。造成上述局面的原因，对于建筑企业而言，主要是：建设任务重，企业对创新研究需求不大，相关制造业相对落后。它们共同牵制着建筑工程施工技术和装备水平的提高。此外，我国钢结构住宅体系的工业化程度低；施工过程中信息化程度低；施工风险及其保障体系落后，风险抵御能力薄弱；对节约资源和环境保护重视不够，绿色施工技术匮乏。当前的建筑工程的施工技术和装备水平远远不能满足我国社会可持续发展的要求。

3 发展战略

从我国中长期经济社会发展情况看，可以预测，我国的大规模基础设施建设还将持续二三十年。我们应该抓住未来二三十年大规模基础设施建设的契机，将我国从土木工程建设大国推向土木工程科技强国。

结构工程学科具有强烈的理论与实践互动的特征。因此，我国需要在建筑结构工程的基础研究、新技术与装备研发、设计与施工水平等方面全面推进，才能实现建设结构工程学科强国的战略目标。

3.1 围绕社会可持续发展，加强结构工程学科基础研究

以牛顿定律（力和能量）为核心的结构工程学科的理论体系已经比较完善，可以支撑建筑结构工程的设计、施工与服役期安全评估的传统理论需求。但是，当今全球面临着社会可持续发展的挑战，我们应该以此为契机，

创新发展现代结构工程学科的新理论体系、新设计方法、新的施工技术和装备，以保障社会的可持续发展。

3.1.1 发展高性能、多功能的建筑材料，为研发新的建筑结构体系提供支撑

为建设资源节约型社会，促进可持续发展，建筑材料不仅需要满足工程安全的需要，还应具有良好的耐久性、长寿命、可循环、环境友好及功能机敏性等。

（1）高性能钢材

钢结构具有资源节省、减少碳排放、易于工业化、可循环利用等特点，是发展可持续建筑工程的良好结构形式。鉴于钢结构上述优点，加之我国人力成本将会逐渐增加和工业化程度逐渐提高，未来20年，我国钢结构产业发展的进程将进一步加快。目前我国建筑用钢量仅占总用钢量的30%，美国、日本则达到50%～55%，我国建筑用钢量中钢结构用钢量仅占10%，而美国则达到40%～50%；我国钢结构产业在发展规模和应用范围等方面仍然偏小，特别是在量大面广的钢结构住宅和低多层公共建筑领域基本处于空白，我国发展钢结构的空间很大。

为满足我国钢结构发展的需求，应加速研究新型高效高性能建筑结构用钢材。主要包括新型高强度钢、耐候钢、耐火钢、抗震高性能钢及低屈服点钢等热轧钢材；用于吊车梁下翼缘和桥梁大梁底板等的变厚度钢板；Q345以上的高强冷弯型钢以及厚度在6～25mm厚壁冷弯型钢等。

传统预应力材料主要是中、低强预应力钢材。目前，超高强度低松弛预应力钢绞线、自防护高耐久性预应力钢索、智能预应力材料等因其具有很好的可持续性能，将得到越来越广泛的应用。

（2）低能耗、高性能和多功能混凝土材料

混凝土材料因其具有良好的耐久性，目前仍然是土木工程领域用量最大的结构材料。高强混凝土材料、低能耗水泥、工业废弃物的资源化再生技术［废渣、废水的循环利用技术；建筑垃圾（再生骨料）的资源化利用技术；粉煤灰混凝土应用技术］、基于纳米技术与纳米材料的高性能混凝土、高延性/高抗裂/高耐磨/高抗疲劳/高阻尼混凝土材料等可以用于建造长寿命建筑工程结构，减少对资源的消耗，满足工程结构的可持续性要求；建筑垃圾的再利用技术及其混凝土制备技术，低能耗绿色混凝土，具有净化空气功能的混凝土材料等也为发展可持续建筑工程提供了优良的结构材料；具有自感

知、自愈合、自修复、自集能、自升温、自透光等多功能的混凝土材料，将成为发展智能、长寿命、节能并具有自产能源建筑物的结构材料。

(3) FRP复合材料

纤维复合材料（Fiber Reinforced Polymer，FRP）因具有良好的耐久性、可加工性能、高强等特性，而成为发展可持续建筑工程的新一代结构材料。碳纤维、玻璃纤维、玄武岩纤维、植物纤维以及它们的混合纤维复合材料，基于纳米技术和纳米材料的高性能FRP材料及多功能FRP材料，FRP复合材料预应力技术，FRP材料的静动力性能、长期耐久性和抗灾性能等都是该材料广泛应用于土木工程结构中迫切需要解决的问题。

(4) 功能材料

功能材料主要是从航空航天、机电、生物等领域发展起来的，是指具有某种或某几种特殊的机电、磁—力、光—力、声—力等特性的材料，例如光纤感知材料、压电感知与驱动材料、形状记忆材料、多种类型的纳米材料、磁流变液等。这些材料复合于结构上，使结构具有自感知、自驱动、自修复、自恢复、自升温等特性。光纤分布式监测系统使结构具备人类的分布式感知系统，可以监测结构的受力状态，为合理的结构养护决策提供基础数据；压电感知与驱动材料集感知与驱动于一体，将其应用于结构，可以监测结构的裂缝、腐蚀等各类损伤，并控制结构的振动；集成了形状记忆合金的结构具有良好的耗能能力、自恢复能力和损伤自修复能力；集成了形状记忆聚合物的结构具有良好的防碰撞、防冲击和爆炸能力，并具有碰撞和冲击后的自恢复能力；集成有纳米材料的结构具有良好的电热特性、电—力特性，可以用于自集能结构和自升温结构（融雪化冰等）；磁流变阻尼器可以在较小的能源下减小结构的振动，减小结构地震损伤和风致振动，提高结构的安全性。与传统的机械系统相比，功能材料具有体积小、能量转化效率高等特点，是实现可持续土木工程系统的理想材料。功能材料通过发展新结构体系、改善结构性能、具有节能或能源利用功能等，而使土木工程结构具有很好的可持续性能。

3.1.2 发展高性能和多功能结构体系，实现可持续建筑工程

为满足社会可持续性发展的需求，一方面可以采用新材料来建造可持续的建筑工程；另一方面，可以通过新结构体系来实现可持续的建筑工程。

(1) 多功能预应力结构体系

预应力结构体系具有良好的抗裂性，从而防止或减少钢筋锈蚀等结构的

耐久性，延长结构寿命，减小资源消耗。全预应力结构体系、部分预应力结构体系、预应力钢结构、FRP 预应力结构、自适应调节与控制的智能预应力结构、抗震自恢复结构体系、竹木预应力结构体系等都是未来具有良好可持续性的高性能结构体系。当前预应力技术从单纯的抗裂功能逐渐过渡到主动引导传力路径、加强结构整体性、综合改善结构的受力性能和能力、提高结构震后的可修复性，在结构中合理地应用预应力可大幅降低材料用量，促进更合理结构体系的创新和发明。预应力从应用于新建结构拓展到既有结构的加固补强和延缓结构损伤以及灾后应急结构的快速建造，从仅关注承载能力及中短期结构变形拓展到利用预应力的能动性，有目的地对结构的安全性、适用性、耐久性进行按需提升等。

（2）高性能多高层钢结构体系

应用高强钢材可以减小构件尺寸，节省材料、增加使用面积，是高层钢结构未来发展方向之一。新型高强钢结构构件、高层高强钢结构体系、高层高强钢构件与低屈服点高延性高耗能钢构件的组合结构体系等将广泛应用于高层钢结构中。新型塔桅钢结构体系，高性能钢材（如高强钢、耐候钢、耐火钢、厚板钢）的重型工业厂房结构体系，多层轻型钢结构体系、特别是住宅轻型钢结构体系，新型冷弯结构体系及其连接构造，冷弯型钢结构住宅体系，钢结构围护体系，节能、保温、隔热、防火、隔声、防潮结构板材等，是未来钢结构大力发展中迫切需要研究与解决的问题。

（3）高层混合结构体系

根据我国国情，钢—混凝土混合结构在高层建筑中的应用比例会持续增加，各种组合构件—型钢混凝土、钢管混凝土、组合梁板的工程应用会越来越灵活多样。目前关于混合结构体系的抗震性能尚有一定争议，许多已建成的混合结构超高层建筑尚未经受实际地震的考验，因此需要进一步开展混合结构体系的抗震性能研究，并结合工程应用，对各种新型组合结构件开展更加深入细致的性能研究。现有的超高层建筑中，构件尺寸都非常大，如此之大的结构件，在设计分析中的计算模型、构件设计、节点连接等，都与通常尺寸的构件有很大的差别，目前我国乃至世界上对此种构件都缺乏研究，需要予以重视。超高层建筑往往可以容纳上万人，同时包含商业、居住、酒店、办公等多种功能，因其功能多样和人员密集，在建筑设计中往往需要引入新的理念，以更好地解决聚集人群的全面需求和社会可持续发展的要求，比如设置大型的空中花园，沿高度分布的大空间商业设施，良好的自然采光和自然通风等，我国虽然在超高层建筑中也出现了如编织筒体等新的结构体系，但大部分超高层建筑仍采用的是核心筒＋伸臂桁架＋巨型柱的结构体系，属于一般高层建筑结构体系的延伸，建筑功能的布局上也是根据这样的结构体系延续了传统的布置方式，应开展300m以上甚至更高的高层建筑结构体系的研究，以适应超高层建筑抗风、抗震及特殊建筑布局的需求。

（4）大跨度空间结构体系

大跨空间结构因其独特优美的造型往往成为城市的标志，成为结构体系创新的典范。图1给出各类刚性、柔性及刚柔组合等若干新的空间结构形式。

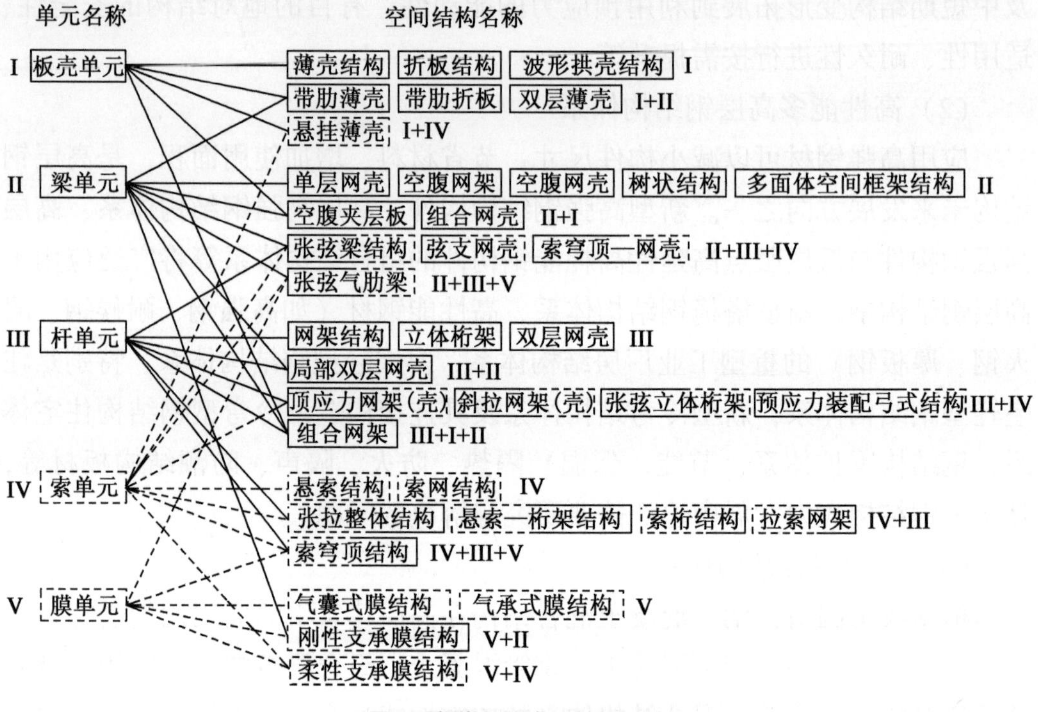

图1 各类新的空间结构形式

（5）多功能可持续结构体系

传统的建筑结构需满足适用性、耐久性和安全性，当今社会人们越来越多地关注结构的可持续性能。结构可持续性能主要体现在资源消耗、能源消耗和环境作用方面，使用低能耗材料、长寿命材料、节能技术等实现资源和能源的最小消耗，绿色施工技术减少结构对环境的不利影响。

在建筑结构上集成太阳能利用、风能利用装置的新结构体系，实现新能源的利用，减少对不可再生资源和能源的消耗。在结构上集成智能材料，利用智能材料的力—电特性，将结构机械能转变为电能，发展自集能结构体系，使结构在发挥建筑功能的同时，将不利用的机械能变为电能，减少对其他能源的需求；在结构上集成智能材料，发展自感知、自修复、自愈合等多功能结构体系，可以延长结构寿命，减少维修成本；利用纳米材料、纳米技术和其他新材料的高性能特点，设计和建造长寿命结构体系，减少材料的消耗，延长结构的寿命；利用纳米材料良好的力电特性和电热特性，将结构的机械能转化为电能，电能转化为热能，减少冬季供热能耗；利用纳米材料光催化功能，发展具有清洁环境的建筑工程结构；利用磁流变液等材料，减小结构的地震损伤和风致振动及疲劳效应，保障结构安全；利用形状记忆合金，发展地震自恢复耗能结构、损伤自修复等高抗灾性能结构；利用形状记忆聚合物，发展抗爆、抗冲击、防碰撞自恢复结构。将结构与智能材料和纳米材料集成为一体，是发展多功能可持续土木工程结构体系的崭新途径。

3.1.3 开展新型结构分析方法、试验技术与设计理论研究，为可持续建筑工程提供理论支持

尽管结构工程学科的理论体系已经比较完善，但随着相关科学技术的发展，以及结构体系不断向大型化、复杂化方向发展，迫切要求结构工程学科在结构分析方法、试验技术与设计理论等方面取得突破。

（1）结构分析正向着精细化、一体化、多灾害综合、多物理场耦合方向发展

结构的复杂化和大型化迫切要求发展精细化的结构分析方法，使结构分析所用的数学力学模型更准确地反映结构实际的受力状态。结构分析向精细化发展的方向：预应力结构复杂受力区的受力状态与力学模型，预应力混凝土结构的长期性能、微观机理与控制方法，预应力结构的疲劳性能，恶劣环境与复杂受力状态下预应力结构的耐久性能及其演化规律与分子尺度的微观机理；既有建筑预应力度与结构安全性、适用性、耐久性控制指标的关系及性能提升设计方法，主结构对被换关键部件内力变化的敏感性及置换过程中结构的安全性，内力平衡替代关键技术；新型张力空间结构体系（索穹顶结构、空腹索桁架结构、索杆全张力结构等）的分析理论；重型厂房钢结构的空间共同工作分析理论和疲劳损伤分析理论；超薄冷弯型钢构件和结构的畸变稳定分析理论等。

对于大型复杂结构，施工过程中结构的受力状态与施工工艺和环境温度密切相关，并具有时变性，而且施工过程还对结构服役期的受力状态与安全性具有重要影响。因此，大型复杂结构的施工过程精细化仿真、监测与控制，施工过程结构的稳定性与安全分析理论与保障技术，设计、施工与设备一体化技术精细化分析等，是保障结构施工和服役安全的重要手段，是实现

可持续土木工程结构的基础和支撑技术。

建筑工程结构服役期间往往遭受多重灾害作用，灾害作用效应具有多重耦合特性；而且大型复杂结构具有柔性大、阻尼小、损伤模式复杂、多介质耦合作用空间效应显著等特点。因此，深入研究大型复杂结构（预应力结构、钢结构、空间结构、高层建筑结构等）在多维地震场、空间风场、火灾、空间温度场、爆炸等多重灾害共同作用下的灾害行为、演变规律、破坏机制、失效模式与控制理论，连续倒塌机制、设计与控制方法等是大型复杂结构工程的重要研究方向。

与传统结构不同的是，多功能可持续结构不仅以力为控制变量，同时还耦合了力、电、磁、光、热、声等多物理场，形成了多物理场耦合作用的复杂系统。多物理场耦合和相互转化的机制、效率、模型与疲劳退化规律等精细化分析理论的发展，将会极大地推动多功能可持续建筑结构体系的应用。

（2）结构试验与检测技术正向着足尺、原型尺度方向发展

试验是揭示土木工程结构行为机制的重要手段。但建筑结构体积大，限于试验设备和经济条件的限制，一般需要对结构进行缩尺才能进行结构件与整体结构试验，但尺寸效应及非线性模型的相似比不高一直是土木工程结构试验方面的难题。随着我国经济实力的增强，对结构件进行足尺原型试验已经成为可能，通过足尺结构构件原型试验，不仅可以真实地模拟和揭示结构构件的性能，而且可以揭示结构构件行为的尺寸效应，并在非线性结构的相似比理论等瓶颈问题上取得突破。

在实验室对大型复杂结构进行足尺原型结构试验仍然十分困难，20 世纪 80 年代由美国学者提出，日本学者进行了深入系统研究的子结构试验技术正在成为解决该课题的一种手段。随着信息技术，特别是计算机技术的发展，美国学者提出的基于互联网的 NEES 计划极大地推动了大型复杂结构子结构试验技术的发展，从而能够通过足尺结构混合试验和数值计算揭示大型复杂结构的行为与机制。目前该方面研究需要重点解决试验子结构的边界条件、数值子结构快速高效精细计算的问题，并将该技术由地震工程拓展到风工程、火灾等其他试验领域。

结构监测是通过在结构上布设监测系统，获取足尺原型结构的荷载、环境与响应。一个安装了监测系统的结构，相当于一个足尺原型试验模型与试验系统，是一种揭示足尺原型结构真实行为与机制的先进手段。只是由于这种试验模型与试验系统的荷载和环境作用是无法控制的，因此，监测的结构反应往往是多种荷载和环境作用的耦合效应，从而导致通过监测数据揭示结

构性能需要复杂的数学与信号分析理论，对该问题的研究，不仅可以验证设计假定和分析理论，还可以建立结构的荷载、环境作用与效应模型，揭示结构全寿命性能演化的规律，分析结构时空相关性和非线性效应等，同时也将推动相关应用数学和信号分析理论的发展。现场原型监测系统与实验室小模型试验进行相互验证，可以推动尺度效应、空间相关性效应和非线性结构相似理论等的发展。目前，我国正在大力推动在复杂结构上安装监测预警系统，包括重要建筑物火灾监测、预警及自动处置系统的研制，超高层建筑地震、风振监测及数据处理系统研制，超高层建筑结构安全实时监测成套技术与装备研制，结构施工、全生命周期的监测，它们的实际应用将会极大提高复杂结构的安全性。

（3）面向全寿命期性能和可持续发展的结构设计理论研究

传统的结构设计理论是通过极值理论和可靠度理论来进行结构安全性设计的，这种设计理论并未考虑结构全寿命期内的成本与安全之间的关系。实际建筑工程的性能在全寿命期内是不断退化的，并且可能遭受各种自然灾害或工程灾害，为保持其安全性则需对其进行检测/监测、维修及风险控制。因此，结构的成本与安全性应着眼于全寿命期内的总成本与全过程的风险与安全性，即需要研究结构全寿命风险分析与控制理论（包括施工阶段和服役阶段）和结构全寿命设计理论，它们也是实现可持续土木工程结构的设计基础。

未来的建筑结构工程需要对预应力混凝土结构寿命预测模型和评估方法、预应力混凝土结构的损伤修复体系与设计方法、节能环保型预应力结构体系及其设计方法、高层高强钢结构设计方法、高层高强—低屈服点组合钢结构体系设计方法、工业化住宅体系设计方法等开展系统研究，形成可持续土木工程结构体系的设计理论。

高层建筑必须进行抗震性能设计已是常规。应用性能设计方法将有利于判断高层建筑结构的抗震性能，有针对性地加强结构的关键部位和薄弱部位，为发展安全、适用、经济的结构提供创造性的空间。我们需要加强基于性能的抗震设计方法研究，包括地震作用的确定方法、结构分析模型和参数的选用、对非结构和设施的抗震性能要求和震后灾害估计等，研发能准确反映结构在地震作用下的受力和变形状态的动力弹塑性分析软件，合理确定“中震可修”、“大震不倒”的性能指标以及高层建筑结构的抗震性能水准，尽早形成基于性能的抗震设计规范。我们应开展结构连续倒塌的研究，建立我国防止结构连续倒塌的设计文件和标准。

3.1.4 满足社会可持续发展的建筑施工技术

建筑工程施工是一个消耗大量资源和能源形成实体结构的过程，也是结构安全性的主控制节点，满足社会可持续发展的建筑施工应以保障结构全寿命期的安全、节约资源和能源为目标。

加强以下施工技术的研究，可以实现施工中的节能和能源的有效利用、减小施工风险和灾害损失，从而通过工程技术手段实现社会的可持续发展。主要包括：既有建筑改造的绿色施工技术和信息化管理技术，既有建筑节能改造技术（包括保温节能墙体、屋面、门窗系统，空调系统自动节能控制技术，电梯改造技术，太阳能、风能和地源/水源热泵等可再生能源利用技术），既有建筑功能提升改造技术（既有建筑新增地下空间关键施工技术，既有建筑绿色与智能改造关键施工技术、既有建筑功能提升的预应力施工技术），施工风险控制与防灾救灾技术（包括穿越既有建筑物施工风险控制，超大超深基坑施工风险分析与控制、超高结构施工工期风险控制、大跨度钢结构安装施工风险控制等施工风险控制技术，远程监控技术、虚拟施工技术、施工控制、信息化施工设备的设计与改造等信息化施工与控制技术，高层建筑中的钢结构防火与安全检测技术，重大工程结构的抗风设防技术和生命线工程抗震防灾技术，地下空间火灾安全性评价系统与消防救灾技术等施工中的防灾减灾技术）。

标准化、工业化装配施工技术可以将构件在工厂加工，现场只完成构件的拼装和连接，从而提高施工质量、加快施工进度、减少对环境的不利影响。结构件标准化加工与装配技术，包括预制构件标准化与模数化生产工艺、预制构件装配工艺与设备、通用模具设计与精加工技术，预应力装配结构技术、轻钢结构住宅产业化施工技术、工业化成套施工技术等，也是建筑工程施工的重要发展方向。

3.1.5 发展既有建筑物维护、修复技术与标准，为建筑结构安全服役、可持续发展提供技术支撑

改革开放以来，我国建设的大量基础设施，将逐渐步入了维修期，迫切需要开展结构检测、监测、安全评定、加固改造技术的研究，制定结构维护、维修和加固的制度、设计标准与规范，建立结构全寿命健康档案的数据库，形成建筑工程安全维护的技术支撑体系。

3.1.6 提高我国建筑工程设计与施工规范的标准，为建筑结构安全服役提供保障

在技术标准编制方面，应加强专项规程的制定，及时吸收土木工程学科

研究的最新成果，就新材料应用、新体系设计、检测与加固等技术的配套进行规范修订。

必须缩短规范的修订时间间隔。与国际规范 3 ~ 5 年的修订频率相比，我国间隔较长（往往 5 ~ 10 年才修改）。由于我国规范的强制条文多、灵活度小、修改不及时，难免会在规范中出现一些内容不全面、表述不明确、规定不合理之处，给工程技术人员遵从规范造成困难。因此，及时补充新的研究成果对提高规范水平至关重要。

3.2 加强新技术、新装备、新体系研发，提升建筑企业技术创新能力

土木工程学科的基础研究水平、建筑行业的技术创新能力和建筑企业的工业化程度是密切相关，相互促进的。我国大规模的基础设施建设方兴未艾，加之建筑行业积累起来的技术、经验和资金，以及每年成千上万的博士、硕士毕业生进入土建工程企业，我国土建工程企业在新技术、新装备方面的自主研发能力一定会快速提升，逐步成为土建工程设计、施工技术创新的主体。

（1）提升新建材、新技术、新装备研发能力，建设高新技术型土建工程企业

加强我国建筑新材料与制品的研发，增强建筑材料生产企业的技术和装备研发能力，形成新型高新技术企业。例如，在高质量纤维、FRP 材料、FRP 制品及其应用于土木工程结构的关键技术等方面，我国企业的规模和产值都很有限。大规模基础设施建设已经对 FRP 材料、制品、结构及应用技术提出了迫切需求，应尽快建设具有相关研发能力的企业。

加强我国土建工程企业在结构新体系研发、结构优化设计方法、新技术应用推广等方面的工作，提升企业的设计、施工技术水平。

加强对建筑结构振动控制技术与装备的研发。开展隔震与消能结构体系装备、设计方法和推广应用的研究，主要包括：隔震设计适用范围的调整、除橡胶隔震垫以外的各类滑动平移转动支座的应用设计方法和措施；消能减震设计方法的细化与改进、各类速度型与位移型阻尼器的适用范围与设计基本原则、控制指标；加大相关产品的研发力度，加快研发高性能、高质量、新型的结构振动控制装置；此外，还需要在规范、政策等方面予以一定的支持，鼓励在投资增加不大的条件下大幅度提高结构的安全性。

（2）加强拥有自主知识产权的土建工程软件研发，建设面向土建工程

的软件产业

加强我国土建工程软件的自主研发和知识产权保护，开发具有自主知识产权的建筑施工、设计与分析的软件，改变我国土建行业软件长期被国外垄断的局面。例如高层建筑设计与施工软件、大跨度空间结构设计与施工软件、高耸结构设计与施工软件、重型工业厂房设计与施工软件、预应力结构设计与施工软件、结构分析软件（包括结构受力分析、结构抗震及弹塑性分析、结构抗风与流固耦合效应分析、结构抗火灾分析、结构抗连续倒塌分析）、施工过程仿真软件与虚拟施工模拟软件、施工过程信息化管理软件等，形成我国稳定的建筑行业软件研发队伍和企业。

（3）加强建筑工程标准化和产业化研究，推动建筑行业的可持续发展

研究建筑结构标准化技术和产业化技术，推动我国相关企业的发展。为适应城镇化要求，需开展住宅钢结构技术和集成研究。我国建筑企业可以参考国外的发展模式，提高钢结构建筑的工业化建造水平，形成企业自主知识产权的钢结构体系和建筑集成技术，创立企业具有自主知识产权的品牌；研究预应力标准化和装配技术，钢筋混凝土住宅标准化和产业化技术，高层建筑防火材料、消防技术与器材等的产业化技术，发展建筑结构振动控制装备的产业化，建立相应的高新技术企业，满足我国既有结构加固的需求。

（4）开展施工技术和施工装备的创新研究

在施工新技术与新装备方面，应重点研发深基坑施工工艺、技术和装备（包括深基坑工程施工新工艺、新型支护体系、高效快速施工工艺与设备、超深地下连续墙施工工艺与设备、承压水防治新技术），高层建筑施工技术与装备（包括整体提升钢平台模板工程技术、液压自动爬升模板技术、新型整体提升脚手架研制、新型模板体系、高层高强混凝土泵送技术与装备，钢结构优化设计技术、重型钢结构安装新工艺与设备、钢结构塔桅安装新工艺与设备、特大型塔吊应用技术、钢结构自动焊接技术，设计、制作与施工工业化成套技术、多功能预制构件吊装施工机械，大跨度钢结构深化设计技术、钢结构加工与制作新工艺，大跨度钢结构精确定位技术、安装工艺、设备与控制技术），提升我国施工企业的技术水平和综合竞争力。

（5）加强既有工程改造的成套技术、工艺、装备和标准的研究

在既有建筑工程改造方面，应研究建筑物拆除、改造、重建的高效施工工艺；既有建筑地基基础改造与加固技术；既有结构加固施工技术，结构体系转换技术，新老结构结点处理技术；既有建筑改造的绿色施工技术和信息化工程管理；既有建筑节能改造技术，既有建筑功能提升改造技术，既有建

筑改造的专用材料和施工设备、专用注浆加固和表面防护涂料施工设备；既有建筑改造的构件专用切割和钢筋连接成套设备，既有建筑改造的物料高效运输及自动化施工平台。形成我国既有建筑改造的成套技术、工艺、装备和标准，并建设相应的高新技术企业。

3.3 加强建筑工程信息化建设，提升我国城市管理水平

随着我国城市规模的不断扩大，我国已经成为全世界城市数量最多、单个城市容纳的人口和规模最大的国家，如此规模的城市迫切需要对基础设施进行信息化管理，以提高城市日常管理效率；另一方面，实践表明，大城市与特大城市应对灾害的能力往往比较脆弱，一旦发生地震、台风、暴雨、洪水、干旱等自然灾害，或者是爆炸、火灾等人为灾害，城市遭受大面积破坏的可能性极大。信息化管理可以在灾害发生时实时掌握灾害的分布情况，采取对策，恢复城市功能。

我国既有基础设施信息化水平很低，远远不能满足城市基础设施管理和应对灾害管理的需求，需要相关政府部门科学规划，成立专门机构，投入人力、财力、物力，整合信息资源，建设满足城市日常运行和灾害应急管理的城市基础设施信息管理系统。

4 建议

结构工程学科的基础研究、新技术研发和产业化水平具有相互牵动的作用，全面提升我国结构工程学科的基础创新研究、新技术研发、产业化和人才培养水平，是我国从建设大国走向建设强国的前提和基础。为实现上述目标，我们建议：

（1）加强国家政策与配套技术引导，推动可持续建筑工程的实施，以节约社会资源，减少环境污染。

（2）面向国际学术前沿，重视学科交叉与融合，围绕经济发展和重大工程建设中的关键科学问题，开展学术创新研究和前瞻性科学问题研究，改变基础研究被单体工程需求推着走的被动局面；重视结构工程基础理论原创性的研究和突破；加大结构工程学科研究的投入，创造宽松、自由的学术研究氛围和创新人才培养机制，改变对基础研究项目频繁检查的现状，健全基础科学研究的科研管理体制。

（3）加强建筑行业新技术、新工艺、新装备、新材料研发的投入，促进高水平研发队伍的建设和成长，逐步实现从以高等院校为技术研发主体，到企业与高等院校联合但以企业为主体的新技术、新装备的研发模式，探索激励企业从事新技术研发的管理体制，推动企业成为技术创新的真正主体，提升建筑企业的综合竞争力。

（4）加强建筑工程质量监督，引导全社会接受建筑工程安全投入、全寿命投入的理念，并建立相关制度和体制予以保障，改变“低投入模式”的建筑工程招投标制度。

（5）加强具有国际水准的管理人才和工程技术人才的培养，建立企业继续教育机制，鼓励高层次工程技术人才进入企业的管理决策，为他们在企业的成长提供环境与机制，增强我国建筑企业的技术实力。

钢结构学科的发展现状
及前沿发展方向研究

沈祖炎　李元齐

1　国家需求

1.1　建筑钢结构产业的发展机遇

1.1.1　发展建筑钢结构产业是钢铁业发展国策的需求

当前，中国不仅是钢铁大国，也是钢结构用量最大的国家。近10年来，钢材年产量一直保持较高的增长势头，2000~2007年的四年间平均年增长率在20%以上。2005年中国钢产量已超过3亿t，2006年达到4.227亿t，2007年达到4.8亿t，2008年达到5亿t以上。但同发达国家相比，我国钢产量的快速增长与建筑用钢的现状存在严重反差。目前，我国钢结构用钢占钢材总产量比例约4%，而发达国家建筑钢结构用钢材要占钢材产量的10%以上，美国、日本等国家更达到30%左右。

1997年由建设部颁发的《中国建筑技术政策》（1996~2010年）明确提出了合理使用钢材，发展钢结构的要求。1998年，建设部《关于建筑业进行推广应用10项新技术的通知》中第5条又明确提出了推广使用钢结构的建议。国务院（1999）第72号文指出，发展钢结构住宅，扩大钢结构住宅的市场占有率。1999年，《国家建筑钢结构产业十五计划和2010年发展规划纲要》（草案）也明确指出，在“十五”期间，我国建筑钢结构行业将这一环保型、易于工业化和再次利用的结构体系作为重点，在全国范围大力推广，并明确以多层钢结构房屋为突破口，推动轻型钢结构住宅的发展。2002年，建设部发布《钢结构产业化技术原则》，评审通过了三批共36项钢结构住宅科研项目。2003年《建设事业技术政策纲要》提出，2010年建筑钢结构用钢量要达到钢产量的6%，即1500万t以上。2005年7月20日最新公布的国务院常务会议审议批准的《钢铁产业发展政策》，明确了我国钢铁工业的产业政策目标、产业发展规划、产业布局调整、产业技术政策、企业组织结构调整、投资管理、原材料政策、钢材节约使用及对行业协会、咨询、设计、施工单位等的政策和要求。在确保安全的情况下，降低钢材使用系数；鼓励研究、开发和使用高性能、低成本、低消耗的新型材料；鼓励钢铁企业生产高强度钢材和耐腐蚀钢材，提高钢材强度和使用寿命，降低钢材使用量。这也给建筑钢结构行业的技术进步和产业发展提出了更明确的要求。2005年10月，国家“十一五”规划把节约资源作为基本国策，提出发展循环经济，保护生态环境，节约资源，实现可持续发展，淘汰落后的工艺技术，发展节能型建筑。从以上可以看出，合理、健康地发展建筑钢结构产业，是近10年来并一直仍将是国家的基本战略政策。

因此，在今后一个相当长的时期内，发展建筑钢结构产业将成为国家的宏观政策。为此，面对机遇，如何加大建筑业中各类钢结构建筑的使用比例，大力推进建筑钢结构产业的快速发展，提高建筑用钢在国家总钢材产量中的份额，将是摆在我们面前的重要课题。

1.1.2 发展建筑钢结构产业是建设节约型社会的需求

相对于传统的钢筋混凝土结构和砖混结构，建筑钢结构具有较好的社会和经济效益，其发展前景非常广阔。建筑钢结构在建筑结构领域的诸多优点主要表现在：

（1）钢材的可回收利用性。钢材具有可回收再利用的特点，是一种绿色建筑材料，符合当前国家对建筑业提出的可持续化发展的要求。

（2）钢材的轻质高强性。与目前广泛使用的混凝土材料相比，钢材重度与屈服点之比小，因而就同类的建筑结构形式相比，钢结构自重轻，构件截面小，能够承受更大的荷载，可以跨越更大的跨度，便于运输和安装。例如，在同等荷载条件下，钢屋架重量只有同等混凝土屋架的 1/3 ~ 1/4；若采用冷弯薄壁型钢屋架，则只有 1/10 左右。

（3）钢材优异的材料性能。钢材质地均匀、各向同性、弹性模量大、有很好的塑性及韧性，为理想的弹性—塑性体。因此，钢结构不会因为偶然的超载或局部超载而突然断裂破坏；能够适应振动荷载，抗震性能优越；计算模型很好地反映钢材的力学性能，因而分析准确可靠。

（4）密封性好。钢材组织非常密实，通过焊接连接，完全适用于对气密性或水密性要求高的特种建筑物。

（5）工业化程度高。钢结构由各种型材和钢板组成，宜在专业化的钢结构工厂生产。其制作加工方便、精度高，能大批量生产，工地安装迅速快捷，可大大缩短施工周期，降低造价，提高经济效益。

（6）易拆卸。采用螺栓连接的已建成钢结构易于拆卸、加固和改建。

（7）正常自然条件下的耐久性能好。在正常的防腐维护下，建筑钢结构不会因为日常温度的变化、日晒、雨淋及一般大气介质的作用而老化，具有很好的材料耐久性。

（8）有利于节省资源、减少碳排放。以可循环利用、相对节材、节能、环保、安全的钢材为基本承重骨架的建筑钢结构体系，在目前普遍使用的几种材料中，相对而言最有利于节能、节材、节水以及节地。同时，采用最易于工业化建造的钢结构体系，可以有效节约资源和材料，提高材料在实现建筑节能和结构性能方面的效率，减少现场施工对场地和环境条件的需求，减少建筑垃圾、建筑施工对环境的不良影响，有效实现“四节一环保”的绿色要求，实现低能耗、低碳排放的建造过程，使得我国建筑业的整体发展实现预定的节能减排目标。

当然，钢材作为建筑材料也具有一些缺点，比较突出的是价格较高、耐火及耐腐蚀性较差。但通过现代抗火设计及防腐处理，完全能够达到使用要求。并且，随着新型耐候钢的使用，这些缺点将逐步得到弱化。

当前，国家正着力提倡建设资源节约型社会。建筑业是国民经济的支柱产业，就业容量大，产业关联度高，全社会 50% 以上固定资产投资要通过建筑业才能形成新的生产能力或使用价值，建筑业增加值约占国内生产总值的 7%。但另一方面，中国的建筑能耗占到国家全部能耗的 32%，已经成为国家最大的单项能耗行业。因此，建筑业的技术进步和节地节能水平，在很大程度上影响并决定着我国经济增长方式的转变和未来国民经济整体发展的速度与质量。因此，推广应用钢结构，完全符合国家着力提倡建立节约型社会的倡议，与降低碳排放的目标也是一致的。

1.1.3 发展建筑钢结构产业是大规模城市化建设的需求

20世纪以来，随着科学技术的飞速发展及人们对物质和文化生活要求的不断提高，对各类建筑提出了更新、更高的要求。建筑钢结构由于钢材的优异性能、制作安装的高度工业化以及结构体形的新颖和灵巧，已越来越广泛地得到应用。新的结构形式、新的设计计算理论以及新的制作安装工艺层出不穷，特别是计算机技术和工程力学理论的飞速发展，更为建筑钢结构的发展提供了前提和保证。

当前，我国正处在土木工程建设的高潮期，城市化进程不断加快，城市建设方兴未艾。2008年我国城镇化率达到45.68%，2011年已超过50%。国家2010年到2015年“十二五”规划以及长期战略发展中，国家将推动加快中小城镇化进程，将使得基础设施和住房需求量增大。同时，第二产业优化升级，工业建筑需求旺盛。西部大开发、中部崛起、东北老工业基地振兴等将形成更大的发展规模。一大批大型公共建筑、重大基础设施建设、重大机电工程建设等重大工程的建设无疑将为钢结构发展提供前所未有的机遇，也对钢结构学科的发展带来了迫切的需求。

1.2 钢结构学科的发展挑战

1.2.1 大型复杂结构的设计、施工与装备一体化技术支撑的需求

近年来，随着我国经济的持续高速发展，一大批重大工程建设相继展开。在重大建筑工程方面，国内相继建造了一大批大型重大公共建筑，一些举世瞩目的地标性工程结构，包括超高层建筑（如上海中心，高632m）、体育场馆（如国家体育场等）、大型剧院（如国家大剧院等）、大型电视塔（如广州电视塔等）等已经建成，并显现了整个建筑领域蓬勃发展的局面。对于这些重大工程结构，由于建筑体量超常、结构高度或跨度超大、建造条件尤其复杂，且建设周期紧迫，因而在建设过程中面临设计（包括建筑设计和结构设计）、施工和装备、维护上的诸多巨大挑战。

目前，在大型复杂重大工程设计中，普遍存在着设计、施工与装备相脱离的现象，表现为建筑设计过程与结构方案的合理性论证相脱离、结构设计过程中没有充分考虑相应施工方案的合理性、效率和实际可能存在的施工误差对工程结构力学性能的影响；施工技术和施工过程没有与设计意图充分结合，没有充分考虑施工各阶段的实际状态对最终结构性能的影响，也没有充

分考虑实际可能使用的施工装备条件及其对施工质量的影响；在施工装备制作和选用中没有从施工结构体的性能及施工方案的技术要求出发，而多为脱离设计要求和施工技术要求被动地选用。这些必将严重影响建筑材料性能的充分发挥及结构性能的最优化表现，甚至危及结构设计意图的体现及施工过程和使用维护阶段的安全性，同时，还将不可避免地造成建筑材料的巨大浪费和建设工期的拖延。

因此，设计和建造过程的大型化、复杂化、精细化，对这类大型复杂钢结构的设计、施工与装备一体化技术支撑提出了迫切的需求。各种荷载下精细化设计理论、施工过程跟踪技术和虚拟施工技术等，将为大型复杂钢结构工程建设提供必要的安全保障。

1.2.2 工业化发展中的成套集成技术的需求

随着人类工业化进程的不断加快，建设领域的工业化发展也日益加快，建设领域由传统的劳动密集型手工操作向工业化、自动化方向快速发展。现代化建设项目规模的不断扩大、复杂程度的日趋提高、人力成本的相对不断升高，加上社会公众对建造安全、工程品质的进一步关注，在工程建设过程中实现工业化建造变得尤为重要。因此，提高建筑业工业化水平，是提高建造效率的必然趋势，是提高我国建筑业建造质量的重要手段和迫切需要，也是国内建筑业实现“四节一环保”、低碳发展的有效途径。

钢结构是最适合采用预制装配式建造技术的。但目前，我国各类钢结构工业化建造水平还不尽如人意。目前国内工业化建造发展最好的是预制门式刚架轻钢厂房建筑体系，这首先得益于国内一段时期内经济快速发展中对施工工期短的门式刚架轻钢厂房建筑的巨大需求，另一个重要原因是门式刚架轻钢厂房体系集成化的成套技术为其快速的工业化建造过程提供了支撑。目前，这类体系在我国特别是经济发达地区已经完全取代了传统的钢筋混凝土厂房，不但施工周期短，且具有明显优越的综合经济技术指标。对其他类型的钢结构，要显著提高其建造工业化水平，就必须研究开发相应成套的集成技术体系。发达国家的预制装配式建筑应用普遍，种类多样，从设计、建筑、结构到施工都具有完整和成熟的体系。而国内除了工业建筑，对该领域的研究和应用还处在起步阶段，还存在很多问题。主要包括：

（1）没有一套完整的、自主开发且符合中国国情的预制装配式钢结构建筑体系，多是常规的轻钢龙骨结构、钢框架结构或混合结构，少有专门针对预制装配式建造方法进行研发的建筑体系。

（2）缺少与预制装配式建筑配套的建筑部品，如墙体、楼板、屋面板。目前市场上还没有一种既经济适用，又具有良好保温隔热性能，而且绿色环保、安装方便的外墙板。

（3）针对建筑模数化、标准化展开的研究和投入还很不够。建筑模数化和标准化是实现预制装配建造方法的基础。目前国内大部分建筑设计的随意性很大，平面和立面参数没有形成模数化的系列，因此，各部分构件的构成、选用，以及连接构造都不适应批量生产、快速装配的建造方式。在这方面，国外的预制装配建筑都是在一定的标准化原则下进行一体化开发、设计和生产的。例如日本“积水房屋”公司的产品，从钢构架到楼板、外墙板、门窗、屋面构件、内隔墙，甚至阳台栏板、扶手栏杆等都符合一定的模数制度，经工厂专门生产后在现场组装。瑞典工业化建筑中，通用部品占80%以上，保证了生产和建造的质量，使其产品在市场上能发挥规模优势。

（4）缺乏针对典型预制装配式建筑与工程结构施工的专门性施工装备，严重影响了预制装配式建筑与工程结构的工业化水平和施工效率。

（5）社会各职能机构、企业、院所的社会协作程度不高，各行业、各单位基本上都是各自为政，缺少一个协调和公共研发机构与研发平台统一协调相关建筑产品的研发和生产、集成。

因此，研究开发钢结构建筑工业化发展中的成套集成技术，已经成为我国扩大建筑钢结构应用范围、降低单方建筑造价、提高其市场竞争力的迫切需求。特别是建筑钢结构住宅产业的发展方面，工业化成套集成技术的发展更为迫切。

1.2.3 既有钢结构检测、评定、加固等维护技术的需求

在大力发展建筑钢结构的同时，中国也有一批以北京、上海为代表的发达城市，其钢结构应用和发展水平较高，已经接近中等发达国家的水平，各类钢结构建筑的管理和维护要求迫切。许多已建钢结构建筑渐渐进入维修保养的高峰期，改造与修缮工程将在不远的未来取代新建工程成为城市建设的主要组成部分。同时，要发展钢结构，也必须解决钢结构建筑的老龄化带来的挑战。目前，我国在这方面还存在较大空白。因此，研究开发针对在建和既有钢结构的检/监测、评定和加固等维护技术，是为各类钢结构快速发展和安全使用保驾护航的必然方向和迫切要求。

2 发展现状

2.1 钢结构技术发展现状

2.1.1 国内

我国建筑钢结构产业经过20年的发展，已经形成一个巨大的产业，其中仅主体钢结构制造业的产值就达500亿～600亿元。目前，建筑钢结构产业的发展已步入黄金期，已经形成了以钢材生产、钢结构设计、构件加工及制作、构件安装，以及相关联产业的一个产业链，涉及不同技术层面的从业人员。这个产业链主要包括：

①以钢铁公司为代表的建筑用钢生产产业，负责建筑钢结构用钢的研发，以及建筑钢结构用钢板材和型材的生产（热轧等）和初级加工（冷弯、焊接等）等；

②以科研院所为代表，负责建筑钢结构体系研发、基础理论研究、设计标准制定、技术咨询和服务等的技术支撑产业；

③以设计单位为代表的建筑钢结构方案及施工图设计产业；

④以钢构公司为代表的建筑钢结构基本构件制作、加工产业，也包括现代商品化的针对某类建筑钢结构体系中整体或部分体系（如屋面体系、墙体体系，等等）产品进行研发、制作、销售、服务等的产业；

⑤以建筑钢结构施工企业为代表的建筑钢结构现场安装、施工产业，其中部分业务可能也由大型钢构公司承担。

同时，建筑钢结构产业的发展也带动了相关配套产业的发展。如非钢材料的维护结构、墙体及屋面的保温隔热材料、防腐材料、焊接材料、脚手架、大量的零件机械加工、各种用于钢构件制作的机械化或智能型加工设备，等等。

（1）建筑结构用钢

近年来，我国钢产量持续快速增长。1996年我国钢产量跃居世界第一，2007年已达4.9亿t，但钢铁产量增长速度开始快于需求增速。

钢材质量及钢材规格基本满足建筑钢结构的要求。热轧钢材的牌号有Q235、Q345、Q390、Q420；有各种规格的H型钢；有高质量的建筑结构用钢板；有厚度为40～150mm的Z向钢，有耐候钢、耐火钢等。另一方面，对新型钢材的研究已初步具备推广能力，如对高强、耐候、耐火及高延性热轧钢材的研发；厚度在1.5mm以下牌号为Q235和Q550的超薄壁冷弯型钢的研究取得了一定成果；对厚度大于6mm的厚壁冷弯型钢的生产也取得了突破，已能生产壁厚20mm或更厚的冷弯型钢等。

（2）建筑钢结构基本理论及设计技术

在高层、超高层钢结构领域，目前的研究已经取得了一定的技术进展，建立了较完整的高层钢结构分析理论，形成了高层钢结构成套技术，主要包括以下几个方面：①焊接柱残余应力及稳定性研究；②构件恢复力模型研究；③钢结构框架体系统一非线性分析理论研究；④较完善的钢结构抗震设计方法；⑤火灾下钢框架整体非线性分析理论；⑥在地震作用下考虑损伤、损伤累积和裂缝效应分析理论的研究；⑦结构振动控制技术的研究；⑧钢—混凝土混合结构设计。从工程实践来看，高层钢结构在我国的发展经历了国外设计、我国参与设计到国内自主设计的过程；从结构体系角度看，反映了纯钢框架、框架—抗侧力、筒体到巨型结构体系的发展过程。结构体系的演变，既代表了设计、施工、安装等技术的进步，也从一个侧面反映了高层钢结构高度和层数不断增加的趋势。

大跨度钢结构是近40年来发展最活跃的结构体系，可以分成刚性结构体系和柔性结构体系。我国的大跨度钢网格结构，其规模之大、类型之齐全已为世界所瞩目。我国大跨空间结构的发展经历了传统的网架、网壳、悬索结构体系到新型组合结构体系如张弦梁、弦支穹顶到张力结构体系的过程，逐步形成了较重体系向轻型体系发展、刚性体系向柔性体系发展、单一形式向组合形式发展的趋势。这些结构体系各有特色，已形成了空间结构百花齐放的发展局面。

自20世纪70年代始，塔桅钢结构在广播、通信、输电线路及气象监测等领域得到了迅猛发展；到了80年代，集中建设了一批大型多功能电视塔；目前在理论研究、技术研究、试验分析、工程实践及规范编制等方面均已成熟。

在重型钢结构厂房方面，国内的研究工作相对较早，已经建立了重型厂房钢结构非线性静、动力分析方法。基于残余应力及焊接影响的研究，提出了承载力的计算方法及节点构造的改进，并对大型火电厂全铰接支撑—框架结构的振动台试验研究取得突破，结果表明该类结构能够满足“小震不坏”和“大震不倒”的抗震设防要求。

近年来对轻型钢结构开展了系统研究，取得了一系列成果，为轻钢结构的推广应用提供了技术支撑，主要有以下几方面：①对薄柔构件及其构成的框架和节点的抗震性能进行了系统研究，为在抗震设防区使用薄柔构件轻型钢框架提供了可能；②对轻型门式刚架端板连接中翼缘与端板采用非全熔透焊缝连接的节点性能进行了系统研究，提出了轻型门式刚架构件采用端板式连接时梁翼缘与端板可以采用非全熔透焊缝形式的建议；③对轻型门式刚架中，带牛腿的常截面柱的稳定性进行了研究，给出了精确的理论公式和简化实用计算公式；④对门式刚架中常用的铰接平板柱脚进行了研究，提出了此类柱脚转动刚度的计算公式，给出了柱计算长度的确定方法；⑤通过系统研究，形成了低多层住宅钢结构成套技术。

在冷弯型钢结构方面，已建立了厚度 2 ~ 6mm 的 Q235、Q345 钢材的系统设计理论，其研究成果已体现在《冷弯薄壁型钢结构技术规范》（GB 50018—2002）中。目前，国内对 Q235、Q345、LQ550 钢材厚度 2mm 以下冷弯薄壁型钢基本构件承载力设计理论、墙体体系、屋面及楼面体系承载力分析、连接性能等进行了系统研究，基于以上系统研究，编制了适用于厚度 2mm 以下的低层冷弯薄壁型钢结构规程——《低层冷弯薄壁型钢房屋建筑技术规程》（报批稿），也为《冷弯薄壁型钢结构技术规范》的修编提供了技术支撑。

（3）建筑钢结构技术标准

我国钢结构技术标准主要由国家标准、行业标准、地方标准、CECS 标准和企业标准五部分组成。总体来说，基本已满足钢结构材料、设计、加工制作、安装及施工等方面的需求；但是专项规程少，不利于行业技术推广、发展。

材料、产品标准方面，包括材质、型材、板材、管材、焊材、紧固件等内容。其中材质标准主要包括碳素结构钢、低合金结构钢、高耐候结构钢、桥梁用结构钢材质标准等；型材标准主要包括热轧角钢、热轧 H 型钢和剖分 T 型钢、热轧 L 型钢、热轧工字钢、热轧槽钢、热轧圆钢和方钢、扁钢，六角钢和八角钢、焊接 H 型钢、冷弯型钢、冷弯开口型钢等标准；板材标准主要包括优质碳素结构钢冷轧钢带、优质碳素结构钢热轧钢带、碳素结构钢和低合金结构钢热轧钢带、碳素结构钢冷轧钢带、合金结构钢热轧厚钢板、铝及铝合金轧制板材、冷成型用加磷高强度冷轧钢板和钢带等标准；管材标准主要包括结构用不锈钢无缝钢管、直缝电焊钢管、冷拔无缝异型钢管、建筑结构用冷弯矩形钢管、不锈钢小直径无缝钢管等标准；焊接材料标准包括碳钢焊条、低合金钢焊条、不锈钢焊条、铸铁焊条及焊丝等标准。

设计标准方面，既有通用标准，又有专用规程，基本覆盖了建筑钢结构领域。通用标准主要包括钢结构设计规范、冷弯薄壁型钢结构技术规范、建筑抗震设计规范、铝合金结构设计规范等，专用规程中高层、高耸结构标准主要包括高层民用建筑钢结构技术规程，多、高层建筑钢—混凝土混合结构设计规程，高耸结构设计规范，高层建筑钢结构设计规程，高层民用建筑设计防火规范等；空间钢结构标准主要包括网架结构设计与施工规程、网壳结构技术规程、悬索结构设计规程、索膜结构设计规程、膜结构技术规程等；轻钢结构标准主要包括门式刚架轻型房屋钢结构技术规程、轻型房屋钢结构技术规程、冷弯薄壁型钢低层房屋技术规程等；组合结构标准主要包括矩形钢管混凝土结构设计规程、钢管混凝土结构设计与施工规程、钢骨混凝土结构技术规程、钢—混凝土组合结构设计规程、钢—混凝土组合楼盖结构设计与施工规程、钢管混凝土叠合柱结构技术规程等；钢结构连接标准主要包括焊接设计规范、建筑钢结构焊接技术规程、铸钢节点应用技术规程，以及钢结构高强度螺栓连接的设计、施工及验收规程等。

施工标准方面，主要包括钢结构工程施工质量验收规范、钢结构制作安装施工规程、轻型钢结构制作及安装验收规程、网架结构工程质量检验评定标准等。此外，还包括钢结构住宅标准及设计标准图等。

（4）建筑钢结构制作和加工技术

截至 2007 年，国内共有钢结构（专项）一级施工企业 143 家，加上钢结构增项一级资质的 427 家，具备钢结构一级资质的企业累计 570 家。在上海市金属结构行业协会的会员单位中，钢结构制作安装企业（包括部分外省市）共 380 家，年产量 360 万 t，而上海地区注册的钢结构施工企业达 500 余家。这些企业在承接国内任务的同时，有些已经开始布局海外。早在 2003 年阿尔及利亚首都发生地震后，浙江精工钢结构有限公司就承接了阿尔及利亚机场的钢结构施工工程，成为我国第一家出境施工的钢结构企业。从 2006 年起，宝冶也在海外频频中标。

国内大型钢结构企业对科技已十分重视，如东南网架等钢结构企业与浙江大学、清华大学等著名高校合作，还有如宝冶建设与同济大学合作，成立同济机器人公司，将先进的液压技术用于钢结构施工。对先进的、有代表性的攻关项目，国内钢结构企业也正在逐步突破，如国家财政部专门拨款资助宝冶建设全面开发大跨度空间网格钢结构。宝冶建设公司运用其有关技术建成的南京奥林匹克体育中心钢结构工程，其跨度达 360m，获上海市金刚奖和中国钢结构金奖，并给宝冶建设在国内大型会展、大型体育场馆建设带来了可观的市场份额，为宝冶建设钢结构可持续发展奠定了坚实的基础。

2006年无疑是钢构企业的科技创新年，伴随着鸟巢的成功卸载及许多奥运工程的快速推进，钢结构企业再一次展示了我国钢结构的加工制作水平，以大工程树立大品牌，沪宁钢机、上海宝冶、精工、杭萧、潮峰钢构的品牌形象得以迅速提升。

(5) 建筑钢结构施工技术

总体而言，我国建筑钢结构施工技术已达到国际水平，取得不少突破；已能加工、制作和安装各种大型钢结构。但是，先进加工、吊装设备仍靠进口。目前，钢结构加工、制作及安装等施工的专业化设备及队伍基本形成，已具有相当的钢结构加工、制作及安装能力。在钢结构加工制作技术方面，已实现了施工详图设计电脑化、材料管理程序化、加工工艺和焊接工艺自动化；在钢结构安装方面，采用各种安装策略［高空散装法、分条或分块安装法、整体吊装法、整体（顶）升法、整体滑移法、分单元累积滑移法、分条分块滑移法、折叠展开法］，完成了一大批复杂的大型现代空间结构的安装；在施工组织管理技术方面，发展了总体施工规划技术、异常情况应急处理技术及安全管理等技术；在复杂钢结构施工分析方面，建立了一系列复杂钢结构施工跟踪分析策略与实用方法。

2.1.2 国外

欧洲、美国、日本等发达国家建筑钢结构产业的发展是随钢铁工业而发展的。随着钢铁工业的发展，钢结构的应用也随之兴起，钢结构加工业也应运而生。经过多年的发展，现在已经形成了完整的建筑钢结构产业链，包括钢铁工业、钢结构加工业、建筑安装业、房地产开发业、钢结构咨询服务业以及其他附属产业的整个产业链已经形成健康有序的创新发展体系。在相关技术发展及其推动力方面，表现出以下几个特点：

(1) 钢材品种较为齐全，注重各类高性能钢材的高效应用。在钢结构中采用高强钢构件，可以节省用钢量，符合节能和可持续发展的战略。我国目前最常用的结构钢等级为Q235和Q345，尽管我国《钢结构设计规范》列入了Q390和Q420，但实际应用很少，仅在鸟巢、央视大楼等个别重大工程中采用；而国外已开始越来越多应用Q460、Q490及Q550，同时已经开始研究Q600以上结构钢的应用。低屈服点高延性结构钢抗震耗能构件除成本低外，还具有承载力高、适应性强、不影响结构布置等优点。目前低屈服点钢其屈服强度基本可以划分为100MPa、160MPa和225MPa。早在1989年有文献报道，新日铁研制出屈服强度低于100MPa的极低屈服点钢，到1998年已经用屈服强度分别为100MPa和225MPa的钢板做成三种类型的抗震阻尼器应用于高层建筑结构的抗震设计。截至目前，川崎制铁、JFE和日本住友都已开发出系列低屈服点钢及相应的耗能构件。同时，注重对新型耐火钢、耐候钢的开发和应用。

（2）钢铁工业作为钢结构技术的发源地，已经跨入传统的钢结构加工业的技术范畴。譬如，欧洲钢铁工业通过进行长材和平材扩大建筑部件的加工，横跨钢铁生产，长、平材深加工和长、平材扩大建筑部件（如楼盖、屋盖、围护墙体等）深加工三个领域，以提高产品的技术附加值，增加用钢需求，扩大钢铁产品的市场。

（3）工业化程度高，针对体系形成自主知识产权的成套集成技术。这一点在量大面广的钢结构住宅产业、工业建筑产业尤为突出。20世纪70年代，欧洲、美国、日本等发达国家已经在钢结构住宅领域基本形成了成熟的结构体系、工业化政策和技术标准。装配式工业化钢结构住宅在欧洲主要有以下类型：①冷弯型钢龙骨体系——板柱系统；②模块建筑（Modular Construction）；③模块和板的混合体系；④模块、板和钢框架的混合体系。在美洲，冷弯型钢龙骨体系广泛用于两三层的别墅式住宅。在美国新建的普通低层民用住宅中，轻型钢结构体系所占比例已从20世纪90年代初的5%发展到现在的20%左右。在多高层建筑中使用的装配式工业化钢结构住宅建筑体系有以下几种：①交错桁架钢框架体系；②梁板钢框架体系（The Girder-Slab Structural Steel Framing System）；③桁架次梁钢框架体系（Beam & Open Web Joist Structural Steel Framing System）；④MUROX体系。加拿大CANAM集团所属MUROX公司开发了一种适用于多层建筑的钢框架体系。1973年，日本建立了工业化住宅准入制度，标志着作为体系建筑的预制住宅起步。2001年，日本年新建竣工的预制装配化住宅约3000万m^2。专业厂家有几十个，积水、大和、三泽房屋株式会社是有代表性的厂家。日本积水、东芝这样的公司在钢骨架模块建筑中拥有很高的技术。在多层和高层的钢结构住宅方面，日本竹中工务店、新日铁等公司在日本“芦屋浜高层住宅规划方案”中，提出了一种“基于工业化施工法，可以提供优质且价格合理的高层住宅及相应住宅环境的方案”。该方案以模数化设计的思路，提出预制装配式钢结构住宅产业化生产和施工组织方式。

(4) 在钢结构产业链中起着关键作用而至今未被我国钢结构有关行业注意的就是钢结构咨询服务业。而其核心，则是钢结构建筑的“行会”及其研发、信息中心。只有它们才能把钢结构这个概念贯穿始终。它们才是推进钢结构发展最主动、最自觉的力量。“行会”在欧洲工业化前是手工业的组织形式，但在工业化后，仍以新的形式存在。“行会”及其研发、信息中心以免费服务为主，它们的经费主要来自有关行业，如钢铁业、钢结构加工业、建筑业等。它们不是政府机关，而是市场经济的特有产物。这是值得我们注意和借鉴的。

2.2 钢结构学科发展现状

2.2.1 中国钢结构学科分布及研究方向情况

总体而言，中国钢结构学科分布及研究方向与目前中国钢结构产业的发展现状和技术需求相适应。近 20 年来，由于国内钢结构的需求高速增长，目前国内在钢结构方向的研究非常活跃。一大批高层、超高层建筑的拔地而起，带动了各类高层钢结构、高层钢—混凝土组结构体系和相关设计、施工等技术的快速发展；城市机场、大型体育设施、剧院、展馆的建设，特别是2008 年奥运会、2010 年上海世博会等的举办，为大跨度空间结构的技术发展和工程实践提供了前所未有的机遇；国内经济的快速发展对施工工期短的门式刚架轻钢厂房建筑的巨大需求，所形成的门式刚架轻钢厂房体系集成化的成套技术为其快速的工业化建造过程提供了支撑；随着我国住宅产业化的发展，住宅建筑的工业化改革势在必行，一些单位和组织进行了相当数量的试验开发、实践探索，政府主管部门、住宅产业办又采取了一系列促进政策及措施，人们观念有所转变，开始对钢结构住宅的优越性有所认识，也进一步促进了钢结构住宅相关技术的研究和开发。

目前国内的钢结构学科分布较广，并呈不断上升趋势。表 1 是国内高校在钢结构方面的研究方向统计情况。总体而言，我国东部和南方地区钢结构发展较快，如北京、上海、广州等；北部和西部钢结构学科传统高校也不断发展，但西南、西北地区相对较弱。

在研究方向上，大跨度空间结构领域非常活跃，轻型钢结构及多层、高层和超高层钢结构领域发展很快，住宅钢结构领域得到重视，同时对钢结构检测与评定、健康监测、先进试验技术等方面开始关注。

国内高校在钢结构方面的研究方向统计情况（不完全统计）　表1

高　校	研究方向	研　究　内　容	地点
同济大学	钢结构	现代钢结构非线性理论；结构损伤累积效应分析；钢管混凝土结构；结构稳定与抗震；大型复杂结构关键科学问题	上海
	钢与轻型结构	钢结构抗震；轻型钢结构体系；钢结构连接性能和构造；大型结构试验技术和非线性分析；钢结构疲劳与断裂；温室钢结构	
	高耸钢结构	钢结构设计技术；高耸结构；现代木结构	
	钢结构理论与施工技术	空间钢结构的新体系及其分析理论；钢结构的施工方法和施工力学理论；钢结构的检测与鉴定	
	空间结构	大跨度钢结构；结构有限元分析；结构 CAD	
	多高层钢结构及钢结构抗火	多高层钢结构设计理论；钢结构抗火设计理论；工程结构动力检测与控制理论	
	新型结构技术	结构稳定设计理论及非线性数值分析；预张力钢结构设计理论；索和膜结构设计理论；点式玻璃结构分析和设计理论；钢结构 CAD	
清华大学	多高层钢结构新型抗侧力体系及抗震性能研究	钢板剪力墙、防屈曲钢板剪力墙、无黏结加劲钢板剪力墙、波形钢板剪力墙、防屈曲耗能支撑及其与钢框架结构相互作用；多高层钢结构和高耸结构中通高区平面与曲面框架结构群柱面外失稳机理与设计方法研究	北京
	轻型钢结构稳定性设计理论研究及应用	拱板结构、变截面门式刚架结构、波形腹板工形截面构件及门式刚架结构、翼缘弯折的工形截面构件及门式刚架结构、低层房屋冷弯薄壁型钢结构	
	大跨度钢结构及空间结构	大型钢结构施工安全性能研究；轻型大跨度钢结构设计与计算方法；大跨度钢结构抗风与抗震性能研究；大空间钢结构火灾安全性能研究；新型结构构件、节点及连接、杂交结构、预应力钢结构及张拉结构的性能及设计理论研究	
	复杂幕墙支承结构体系	刚柔结合的支承体系、柔性支承体系等性能及设计理论；玻璃幕墙结构受力性能、设计方法和工程应用研究；玻璃幕墙结构的损伤评定和加固改造；玻璃幕墙索网结构的受力性能、设计理论和工程应用	
	新型结构体系	树枝形结构性能研究及设计	
	钢结构连接及钢材性能	钢结构连接节点、高性能钢材钢结构、高强度钢材钢结构、高强度螺栓连接性能和设计方法	

续上表

高　校	研 究 方 向	研 究 内 容	地 点
哈尔滨工业大学	大跨空间结构	大跨空间结构抗风抗震、大跨柔性屋盖的风振反应及抗风设计，薄膜结构风振分析的数值风洞方法，大跨空间结构抗爆，巨型望远镜结构技术，新型空间结构体系自由曲面结构，结构形态创构理论，悬索结构体系及其解析理论，网壳结构非线性稳定，大跨柔性屋盖风振动力响应和网壳结构动力稳定性及其在强震下的失效机理	哈尔滨
	钢—混凝土组合结构	钢—混凝土组合结构、钢管混凝土结构、钢管混凝土拱桥、新型组合构件、大型组合结构体系与施工关键技术；新型钢—混凝土组合结构体系	
	薄壳结构	薄壳结构	
浙江大学	空间结构	结构非线性和稳定性；大跨度结构风振分析，抗风和抗震研究；结构优化，空间结构设计方法论；空间张力结构体系，索膜结构及其节点、支撑研究，张拉预应力设计，空间结构抗风设计，地震响应分析，网壳等网格结构设计；新型预张力索杆体系，预应力空间网格结构，索杆张力结构的理论分析及试验研究，新型张力空间结构体系；大型空间结构施工过程分析与监测系统研究，大型空间结构施工技术研究及其全过程模拟系统	浙江
	结构风工程	结构风荷载、风环境的数值与风洞试验研究；低层房屋风灾害的预测、预警；风振响应，风与结构相互作用分析	
	多高层钢结构及非线性	钢结构稳定基本理论，多层和高层钢结构稳定性设计方法，钢结构弹塑性动力学和抗震设计理论，钢结构的延性研究和抗震设计方法，钢结构节点应力弹塑性分析和性能研究，钢结构的板件失稳，钢结构非线性分析技术，钢结构建筑体系开发，钢结构配套的楼板、外墙、内墙开发研究；钢结构及结构稳定，冷弯薄壁型钢的畸变屈曲性能与设计方法，预应力门式刚架的工作性能与设计方法	
	组合结构及健康监测	钢骨混凝土组合柱，组合结构的弹塑性极限分析，结构在线健康监测和损伤识别，钢管混凝土组合柱截面优化及试验研究，钢骨混凝土组合结构耐火性能研究；复杂环境下大跨度空间结构故障预警技术，大型结构无线传感技术开发；FRP 加固混凝土结构和钢结构，包括黏结性能、抗弯加固性能和抗剪加固性能	
东南大学	空间结构	空间预应力钢结构建造技术研究，大跨空间结构（钢结构）的抗震抗风、可靠性、形态分析与优化，大跨空间结构和玻璃结构新体系，超高层和大跨空间结构抗风、抗震；空间预应力钢结构建造技术研究	南京
	钢—混凝土组合结构	钢—混凝土组合混合结构体系及其减振抗震控制，预应力钢屋架—钢梁	
	多层钢结构及抗灾	多高层结构抗震，钢结构抗火及钢结构程序开发	

续上表

高　校	研究方向	研究内容	地点
大连理工大学	钢结构	大跨度空间结构拱形压型钢板杂交体系屋盖研究；钢结构设计基本理论与数值分析；钢结构工程安全性、耐久性评估及使用寿命预测	大连
天津大学	高层钢结构、空间结构及预应力钢结构	钢结构与空间结构设计理论，大跨结构抗震，高层钢结构抗火和抗风；大跨空间网架网壳结构	天津
	组合结构	钢管混凝土柱（异形柱），钢结构住宅	
湖南大学	钢结构	钢结构高等分析与设计，高层及高耸钢结构设计计算理论，空间钢管结构性能研，网格结构计算分析	长沙
重庆大学	钢结构	高层建筑结构地震工程，高层和大跨结构风工程，高压输电塔、高耸及大跨结构风工程研究	重庆
河海大学	钢结构	钢结构数值分析，钢结构优化，钢结构静、动力稳定性分析，钢框架结构的二阶分析，钢结构的安全评估和加固分析，抗震钢结构的延性分析，大型水工金属结构的模型试验及数值分析	南京
北京工业大学	钢结构理论分析与试验研究	预应力钢结构分析理论；钢框架抗震计算理论与试验研究；钢框架结构与地基基础的动力相互作用	北京
北京科技大学	钢结构	结构工程设计理论与计算方法，结构工程优化设计与应用，大跨空间结构的分析与研究	
西南交通大学	钢—混凝土组合结构	钢骨混凝土	成都
	风工程	大跨空间结构抗风，风洞试验	
华中科技大学	钢结构	钢结构及组合结构基本理论及应用；结构优化设计研究，结构可靠度分析研究；轻钢结构基本理论及应用	武汉
中国矿业大学	钢结构	采矿区钢与混凝土组合结构	徐州
上海交通大学	钢结构	钢结构稳定，抗火性能，疲劳，非线性分析；结构风工程和流固耦合作用；空间展开结构分析理论与展开动力分析理论研究；大跨空间钢结构分析理论研究与设计；膜结构分析理论，结构特性研究；大跨空间结构非线性稳定特性研究及其设计应用	上海
西安建筑科技大学	钢结构	钢结构性能与设计原理，结构稳定与抗震，轻型钢结构，冷弯薄壁型钢结构，钢与混凝土组合结构，钢结构高级分析理论，服役钢桥的稳定与疲劳研究，普通钢结构抗震理论研究，新型结构体系和结构计算理论，大跨和高层及新型结构，薄腹截面构件的稳定承载力及其设计方法，冷弯薄壁型钢的性能及应用	西安
长安大学	钢结构	钢结构及构件的稳定承载力，钢结构及组合结构的稳定承载力，轻钢结构，钢结构及构件残余应力	

续上表

高　校	研究方向	研究内容	地点
武汉理工大学	钢结构	拱形波纹钢屋盖，冷弯薄壁型钢，住宅钢结构，高强度螺栓连接，结构检测	武汉
华南理工大学	钢结构	大跨空间结构抗风，高层结构减震抗震，钢结构抗火，索膜结构；大跨度空间结构和桥梁结构研究，结构风工程和结构风振分析，结构损伤识别与大跨度结构施工控制与健康监测，空间索膜结构的找形，荷载和裁剪分析；钢—混凝土组合结构	
青岛理工大学	钢结构	钢结构、轻钢结构设计理论及应用	青岛
广州大学	钢结构	高耸及大跨结构的优化设计研究，稳定性研究，高耸及大跨结构基础隔震及减震研究；巨型钢结构	广州
沈阳建筑大学	钢骨结构	钢管混凝土结构	沈阳
武汉大学	钢结构	大跨度及多高层钢结构性能与设计方法研究，钢—混凝土组合结构性能及设计方法研究，钢结构稳定理论及其应用研究，工程结构检测评估及加固方案研究	武汉
广西大学	钢结构	钢结构的抗震及脆断性能研究，组合结构	广西
长沙理工大学	钢结构	钢结构基本理论与设计，钢—混凝土组合结构基本理论与设计	湖南
合肥工业大学	钢结构	钢结构及大跨结构科研、设计与分析；大型复杂结构的分析与验算房屋及桥梁结构实际工程检测与分析	合肥
贵州大学	钢结构	预应力钢网格结构体系的研究与应用，混合型网壳结构的研究与应用	贵阳
兰州大学	钢结构	轻钢房屋建筑，钢管混凝土结构，冷弯薄壁型钢结构，多高层钢框架，交错桁架性能研究，结构风工程	兰州
太原理工大学	钢结构	新型钢结构和空间结构的体系研究，新型钢结构和空间结构的节点性能研究；构件稳定承载力研究；空间结构动力稳定性研究；木结构；结构鉴定加固	太原
烟台大学	钢结构	钢管节点结构的稳定、疲劳和断裂破坏；钢管混凝土结构梁—柱节点力学性能和计算方法的研究	烟台
江苏科技大学	钢结构	消能减振和预应力钢结构；钢结构碰撞损伤；钢结构仿真	无锡

注：未包括香港、澳门和台湾的高校。

2.2.2 国外钢结构学科分布及研究方向情况

对国外土木工程前30名大学钢结构领域的研究方向的调研表明，欧美大部分高校都将土木工程与环境工程置于一个学院，研究建筑结构的人数本身不多，专攻钢结构方向者更寥寥无几，涉及钢结构的研究领域很多是钢桥、钢结构检测方面。日本一些大学有研究钢结构相关的研究室，但单纯从事钢结构方面研究的也不多。这可能与这些发达国家建设领域发展较为成熟，工程实践较少有关。

从所搜集到的有限信息可以看到，关于钢结构领域的研究按结构层次主要可划分为：①钢材及其他金属材料的性能研究（含残余应力研究等）；②普通钢构件的性能研究；③冷弯/薄壁型钢截面及构件的性能研究；④钢—混组合结构构件的性能研究；⑤节点连接、半刚性连接、节点域性能研究；⑥整体钢结构（包含钢框架、钢网壳、轻钢结构、空间结构、新型结构，组合结构、高层结构等）。研究的结构性能主要包含：①基本静力性能；②屈曲和稳定；③疲劳；④破坏模式及安全可靠度；⑤高温下的结构性能及抗火研究；⑥结构动力性能；⑦地震工程及风工程。结构设计及计算方法方面包含：①非线性分析；②基于计算机的结构设计；③有限元方法应用；④计算流体力学。此外，还有关于结构创新、建筑节能、建筑结构产业化及结构优化方面的研究。

关于各个方向的研究分布，在所收集的资料当中，发现材料层面主要包含塑性性能及残余应力的研究；钢构件的研究中除普通钢结构构件外，轻型冷弯结构及薄壁结构占较大的比重，同时还包含了较多不锈钢、少量铝合金构件的研究；各类钢管混凝土以及型钢混凝土构件、钢—混组合结构的研究及应用较多；钢结构普通节点连接（connection）、半刚性连接、节点域（joint）的研究比较热门；对整体结构的研究中，钢框架的研究占据主要部分，网壳结构研究也比较多，同时也包含了一些新型结构（如可展结构及智能结构）的研究，但对高层结构的专门研究比较少；结构性能研究方面，相比于结构抗震和结构抗风，所调查高校对结构抗火的研究比较热门；而对结构振动的研究则包含了人行走导致振动以及振动舒适度问题的研究。

3 发展战略

3.1 钢结构产业发展需求预测

未来20余年，我国钢结构产业发展的进程将进一步加快。这主要表现在：

（1）钢结构在资源节省、减少碳排放、易于工业化方面的优势将进一步为社会所认识，未来钢结构发展的社会需求很大。

（2）我国建筑用钢量占总用钢量的30%，美国、日本则达到50%～55%；我国建筑用钢量中钢结构用钢量占10%，而美国则达到40%～50%。我国钢产量2008年已达5亿t以上，并不断增长。因此，我国未来钢结构发展的刚性需求也很大。

（3）从国外的发展经历和经验来看，中国钢结构产业在发展的规模、应用的范围等方面仍然偏小，特别是在量大面广的钢结构住宅和低多层公共建筑领域，空白加大，我国发展钢结构的空间很大。

（4）我国今后20年仍将处在土木工程建设的高潮期，城市化进程将不断加快。国家中长期战略发展，将推动加快中小城镇化进程，将使得基础设施和住房需求量增大。西部大开发、中部崛起、东北老工业基地振兴等将形成更大的发展规模。因此，我国未来钢结构应用的刚性需求也很大。

因此，未来20年我国钢结构产业仍是朝阳产业，钢结构学科的发展将面临巨大的需求，仍将持续为我国钢结构学科发展提供巨大的机遇。

3.2 钢结构学科的发展方向、研究重点及关键技术分析

综合考虑目前国内在钢结构领域的发展需求，参考国际发达国家钢结构学科的发展现状和趋势，未来20年我国钢结构学科的发展方向、研究重点及关键技术可能包括：

3.2.1 高性能钢材的研发和应用技术

应加速开展对新型高效高性能建筑结构用钢的研发。对于热轧钢材，需开发新型高强度钢、耐候钢、耐火钢、抗震高性能钢及低屈服点钢等。如日本开发的耐火钢，不但具有与普通钢相似或更好的抗震性能、可焊性能等，而且在600℃时的屈服强度可保证不低于室温屈服强度的2/3。可开发不需预热焊接或预热温度较低的厚钢板。如日本开发的一种超低碳素贝氏体的非调质TS570MPa级厚型高强度钢板，在厚度$t \geqslant 75$mm的情况下施焊时完全不用预热。可开展用于吊车梁下翼缘和桥梁大梁底板等的变厚度钢板的研究。对于冷弯钢材，需与国际接轨，开发Q345以上的高强冷弯型钢以及厚度在6～25mm的厚壁冷弯型钢。

3.2.2 大型复杂钢结构精细化设计理论和设计技术

在高层钢结构方面，应努力开展新型高效结构体系的研究，进一步研究

与推广应用新技术，包括振动控制技术、抗震和抗风的精细化设计技术以及新型高性能钢材的设计理论，继续开展考虑后续地震影响的抗震设计理论及多重因素作用下结构损伤累积分析的研究。

在大跨度空间结构方面，应开展新型张力空间结构体系（索穹顶结构、空腹索桁架结构、索杆全张力结构等）的分析理论及设计方法研究、设计软件开发与推广应用。此外，工程适用的稳定承载力分析方法、空间结构抗火分析理论及设计方法、振动控制技术、新型高效空间结构体系、节点的研发及超大跨空间结构在多维地震作用下的动力反应分析等方面亟待完善。

在高耸钢结构方面，应开展新型塔桅钢结构体系的分析理论及设计方法研究、设计软件开发及推广应用。同时，特别需要开展抗风的精细化设计技术、振动控制技术等方面的研究。

重型厂房钢结构若能采用新型高效钢材如高强钢、耐候钢、耐火钢、厚板钢，则可明显改善结构性能，提高经济效益。如何考虑实际存在的结构空间刚度需要加以研究。若在结构分析时考虑了空间刚度作用，则在构件设计时如何与计算结果互相协调，也需研究。在设置重级工作制吊车的厂房中，疲劳损伤及相关设计成为重要课题。

在轻型钢结构方面，多层轻型钢结构体系特别是针对住宅钢结构体系的研究将是重点，如开发高效又经济美观的结构体系；此外，还包括抗震性能研究，围护结构体系的系统化研究，结构板材的节能、保温、隔热、防火、隔声、防潮问题等方面的研究。

关于冷弯型钢钢结构领域的发展趋势有：新型冷弯结构体系、连接等的研发；超薄冷弯型钢结构体系抗风的精细化设计技术；超薄冷弯型钢构件畸变失稳及不同失稳模式的相互影响；壁厚大于6mm的冷弯型钢的系统化研究；冷弯型钢体系在钢结构住宅中的广泛推广应用。

3.2.3　大型复杂钢结构先进施工技术

注重设计（包括建筑和结构设计）、施工和装备一体化的分析理念，开展复杂张力结构体系的施工跟踪与控制研究、施工中的关键问题研究（如时变结构的施工控制；构件内力、变形随结构生长累积变化及控制；施工过程中结构的稳定性、安全性保障；温度对结构变形及结构内力的影响），以及数值模拟指导下的现代钢结构施工技术的研究、机器人技术在钢结构施工中的应用研究等。为此，必须开发拥有自主知识产权且功能齐全的施工详图软件，实现施工详图设计软件的国产化。

3.2.4 钢结构先进维护技术

随着钢结构在各个领域的应用越来越广泛，钢结构的安全维护技术必将越来越受到重视，其工程实践需求也非常迫切。因此，应开展钢结构检测/监测、安全评定、加固改造技术的研究，形成钢结构安全维护的技术支撑体系。

3.2.5 钢结构技术标准

在技术标准编制方面，应加强专项规程的制定，例如引入大跨度结构抗风设计方法及其他新成果对部分规程进行补充；就新材料的应用、新体系的设计、检测与加固等技术的配套等进行新规范的修订。

同时，必须缩短规范的修订时间间隔。与国际规范 3 ~ 5 年的修订频率相比，我国规范往往 5 ~ 10 年才修改。由于我国规范强制条文多、灵活度小、修改不及时，难免会在规范中出现一些内容不全面、意思不明确、规定不合理之处，对设计人员的使用造成困难。因此，及时补充新的科研成果及思想对提高规范水平至关重要。

3.2.6 住宅钢结构技术

为适应住宅产业化和城镇化的要求，必须开展钢结构住宅技术研发和集成研究工作。在这方面，有志于钢结构住宅产业的企业大有可为，甚至可以起到研发的主导作用。参考国外的发展模式，提高钢结构建筑的工业化建造水平，形成企业自主知识产权的钢结构体系和相关住宅建筑集成技术是未来钢结构发展的一个方向，也是相关企业创立真正自主技术品牌、提高企业在国内外的综合竞争力的关键所在。

3.2.7 钢结构应用领域拓展及相关技术

在交通工程（道路、铁路、隧道、桥梁、港口、飞机场等）、能源工程（火电站和核电站、油气运输管道等）、海洋工程（海洋采油平台、海洋风力发电设施等）多个领域，钢结构将大有用武之地，相关技术的研究将是钢结构发展的重要新兴方向。

3.3 钢结构学科的布局规划需求

随着钢结构应用范围的不断扩大和建筑钢结构产业的不断成熟，我国钢结构学科的布局规划可能存在以下需求：

(1) 不同地域之间的平衡。随着钢结构在全国范围的推广和应用，钢结构研究在我国地域之间的不平衡应该得到改善。

(2) 各个研究方向之间的平衡。目前，大多是科研院所在钢结构学科方面的研究还停留在一些传统方向上，结合地域特点、发展需求的特色不多。因此，可以鼓励建立一些具有地域应用特色的钢结构研究方向。

（3）不同机构研究条件之间的平衡。由于社会经济、地域钢结构发展水平的不同，目前国内钢结构学科研究人才存在区域流失情况，一些钢结构学科的传统优势高校人才流失严重。如何创造更好的研究和生活条件，保障西北、西南地区钢结构学科的传统优势高校在钢结构学科上的稳定和健康发展也是全国钢结构学科布局规划需要考虑的问题。

4 建议

4.1 国家技术政策层面

4.1.1 加强政策引导、着力解决钢结构的绿色和减排优势与建筑造价相对高的短期矛盾

推广建筑钢结构首先将不可避免地遇到首期投资较大的问题。根据目前国内的建筑物全寿命过程中利益的分配体系，一般业主基本不会像国外发达国家一样，关心整个建筑物在使用寿命内的总投资，更不会主动考虑建筑对未来环境的影响、寿命终结后是否可以回收利用等建筑结构可持续发展的问题。对同样规模的建筑，他们首先关注的是拟建建筑物前期的投资额度，甚至连钢结构体系可能带来的使用面积的增大、工期的缩短等优点及其间接效益也视而不见。而最终的代价将是国家土地、资源的浪费及自然、环境的破坏。因此，随着国家改革开放的深入，特别是加入 WTO 后，有必要检讨目前建筑钢结构产业链在具体技术政策及发展环境方面存在的实际问题，提出解决措施；应该积极通过国家或地方政府积极的政策性引导和配套，促进建筑钢结构产业市场的完善和成熟，从而有利于减轻建筑行业对自然、资源、环境方面的破坏。

4.1.2 加强社会宣传、建立钢结构使用的科学观念

目前，整个社会对建筑结构中采用钢结构的合理性和必要性仍存在很大的误解。包括普通百姓、业主、政府官员，甚至部分设计人员都对钢结构耐火性能、抗腐蚀性能等涉及建筑安全性的关键问题存在疑虑，钢材的相对高价以及对施工队伍的专业化要求等也让他们直观上难以接受。由于对建筑钢结构的优势及整体性价比缺乏足够的了解，很容易导致他们认为一般建筑物

首选的结构形式为混凝土结构体系，仅在混凝土结构体系无法实现时才会选择钢结构体系，更加无法认识到一些建筑可能应该或完全可以采用钢结构，从而获得一个整体或长期的经济效益。因此，国家及行业协会等应通过公共宣传和工程示范，改变市场及业主的观念，扩大钢结构的应用范围，让全社会充分意识到钢结构重量轻、强度高，抗震性能好，节能环保、降低碳排放等符合国情的优势，提高全社会对建筑钢结构的认识水平及使用率。另外，必须规范市场行为，特别是招投标，防止不良的恶性竞争，导致只顾压价中标，而在实施过程中难以保证质量，造成工程隐患乃至事故。

4.1.3 强化各级协会在行业技术方向和技术发展方面的引导作用

在钢结构产业链中起着关键作用而至今未被我国钢结构有关行业注意的就是钢结构咨询服务业。而其核心，则是钢结构建筑的“行会”及其研发、信息中心。只有它们才能把钢结构这个概念贯穿始终。它们才是推进钢结构发展的最主动，最自觉的力量。“行会”在是发达国家工业化前手工业的组织形式，但在工业化后，仍以新的形式存在。“行会”及其研发、信息中心以免费服务为主，它们的经费主要来自有关行业，如钢铁业、钢结构加工业、建筑业等。它们不是政府机关，而是市场经济的特有产物。这是值得我们注意和借鉴的。像美国的钢结构咨询服务业拥有美国土木工程师学会、美国钢结构设计协会、美国金属建筑制造商协会等知名协会，这些协会为美国钢结构行业发展提供了实实在在的指导、支持和服务。

4.2 学科技术方面

4.2.1 大力开展新型高效钢材及产品的研发，为钢结构学科发展提供基础

在建筑钢结构材料层面，由于目前建筑钢结构用钢占总钢材产量的比例不大，高性能结构用钢及高效型钢等新材料、新产品的开发未能引起国内钢铁行业的足够重视；对钢材材质、新型高性能钢品种、新型型材的研发等方面与国外存在较大差距，不能完全满足国内市场的需求，产品国际竞争力有待提高。同时，其他经济高效的钢结构配套产品，如用于施工、围护、配套、防腐、防火等方面的新产品研发的投入也非常有限。这进一步限制了新型建筑钢结构体系的推广应用，同时间接增大了建筑钢结构的造价，降低其市场竞争力。这些因素将有可能造成恶性循环，如产品的欠缺导致市场发展缓慢，过度依赖进口，而这些因素又反过来影响上游结构用钢生产、研发企

业对新产品研发的投入及热情。随着钢材在建筑结构领域应用范围的扩大，建筑钢结构对结构用钢材的性能已经提出了更新的要求，如高强度、高延性、耐候、耐火等。发达国家，特别是日本、欧美等在这方面的研究投入较大，满足不同性能的结构用钢类型繁多。因此，我国也应该发展高强、高性能钢材和高效型钢、高集成化钢产品，并积极开展高性能钢材在结构领域的相关应用技术研究，进一步扩大钢材性能的优势。

4.2.2 注重钢结构行业战略性科学研究，推动行业技术的发展与普及

应该在建筑钢结构行业开展战略性的科学研究，譬如形成几个由政府牵头，高水平高校与产业链上骨干企业联合的高水平产、学、研结合的研发中心，开展有体系的基础理论研究及成套技术的科研攻关，建立新型建筑钢结构体系分析理论、设计方法，以及施工和安全监控技术。在系统理论研究和技术创新的同时，面向市场，着力开展成果技术转化及产业化。在此基础上，进一步完善相关领域的设计、施工技术标准，为行业的发展提供强大的技术支撑。

注重设计软件的开发，大幅提高设计人员在建筑钢结构专业设计方面的工作效率及便捷性，提高他们在日常工程设计中主动选择各类建筑钢结构体系的积极性；注重施工实时分析、模拟和监控软件的开发，为施工优化和施工安全提供技术支撑和保障。

积极开展专业技术人才的培养与技术培训，开发和推广 CAD 辅助设计软件，建立建筑钢结构行业高度专业化的设计、施工、维护、检测/监测等专业队伍。

4.2.3 注重钢结构相关技术标准的基础理论研究，提高行业整体技术水平

整体而言，我国钢结构的发展长期以来滞后于国际上的发展水平，在国内也滞后于其他传统材料结构的发展，而这也是 20 年来我国钢结构技术和钢结构产业蓬勃发展的原因之一。因此，在相关钢结构技术标准编制方面，我们参考国外的技术标准较多，基于国内特色的基础研究有限，有些甚至参考国内其他材料结构类似标准，针对钢结构本身特色的基础研究并不充分。譬如在钢结构抗震设计方法上，现有的方法并不能充分反映钢结构在抗震方面的优异性能；在构件可靠度分析方面，许多针对具体结构体系的设计方法并没有完全基于国内材料生产、构件加工制作、施工技术水平等带来的变异性进行考虑，而直接引用国外相关标准的技术条文，由此必将带来结构实际设计可靠度的不同。

因此，在目前我国钢结构技术发展和工程实践已经达到相当水平的情况下，注重钢结构相关技术标准的基础理论研究，是加强相关技术标准的中国特色和针对性，提高我国钢结构行业整体技术水平的重要课题和迫切任务。

4.3 学科人才培养方面

要建立合理、高效的建筑钢结构产业发展人才培养模式。建筑业的持续、健康发展，离不开各类高素质人才的培养。在建筑钢结构行业企业呈现一体化发展的趋势下，要“做大”、“做精”，要提高国内、国际的竞争力，对人才素质的要求也越来越高。具备较好的专业知识背景、熟悉管理和经营、了解国内国际市场的专业复合型人才的需求及合理培养模式也是业内多数专家反复提及的重点话题。

为此，不仅在大学阶段要注重不同层次钢结构学科创新型人才的培养，还要注重建立他们走上工作岗位后的后续教育和培训的长效机制；要注重钢结构领域国内外先进技术的及时交流和培训；要注重人才的国际化水平的提升和复合型素质的培养；要为不同层次钢结构人才的成长和发展提供相应的支撑条件和良好环境。

参考文献

［1］中华人民共和国国务院．国家中长期科学和技术发展规划纲要（2006—2020 年）［R］．2006.

［2］万钢．我国将实施五大措施推进节能减排科技创新［A］．//2009 中国国际节能减排与新能源科技博览会高层论坛［C］．北京：2009.

［3］上海市人民政府．上海中长期科学和技术发展规划纲要（2006—2020 年）［R］．2006. 1.

［4］上海建设交通委员会．上海建设交通“十二五”科技发展规划纲要（讨论稿）［R］．2009. 12.

［5］沈祖炎，李元齐．促进我国建筑钢结构产业发展的几点思考［J］．建筑钢结构进展，2009，11（4）：15-21.

［6］沈祖炎，温东辉，李元齐．建筑钢结构技术发展现状及展望［J］．建筑结构，2009，39（9）：15-24，14.

［7］邹晶，刘德文，李元齐．多层钢结构住宅造价及综合经济性能分析［J］．四川建筑科学研究，2010，36（1）：49-53.

[8] 邹晶，李元齐．钢结构住宅体系环境性能分析［J］．钢结构，2009，24（1）：29-33.
[9] 邹晶，李元齐，钢结构住宅体系在我国的发展现状及存在问题［J］．钢结构，2007，22（7）：10-15.
[10] 中钢协．2007年中国粗钢产量将达4.8亿t［R］．2007年11月2日15：59 新浪财经，http：//finance. sina. com. cn/money/future/20071102/15594133186. shtml.
[11] 詹正富．推广钢结构住宅产业化，培育新型绿色建筑体系［A］//第二届国际智能、绿色建筑与建筑节能大会论文集［C］．http：// www. sigbac. com/igbc/news/ReadNews. asp？NewsID＝450.
[12] 建设部，国家冶金工业局建筑用钢技术协调组钢结构专家小组．建筑钢结构产业“十五”计划和2010年发展规划纲要［J］．新型建筑材料，2001（1）：47-49.
[13] 王仕统．发展钢结构住宅势在必行［R］．http：//www. ycwb. com/gb/content/2005-12/30/content_ 1047272. htm（见习记者任翀）.
[14] 上海钢结构产业发展迅速［R］．中国联合钢铁网，2003-9-18.
[15] 中国西北地区“十一五”将成为钢结构发展新时期［R］．http：//www. bjinfobank. com/IrisBin/Text. dll？ db＝HK&no＝2233241&cs＝6857873&str＝钢结构产业#，2005-09-24.
[16] 隋明义．中国钢结构产业步入黄金发展期［R］．中国建设报，2005-02-26.
[17] 陈支援．中国钢结构产业市场前景无限［R］．市场报，2002-06-28.
[18] 李世俊（中国钢铁工业协会）．中国钢结构用钢情况［A］，中国钢结构协会专家委员会第四次工作会议［C］，江苏，2005-10-25.
[19] 童悦仲．中国未来的阳光产业——轻型钢结构住宅的建设［J］．小城镇建设，2003，3：78-79.
[20] 程志广．以标准化提升钢结构产业发展水平——美国、加拿大钢结构考察有感［J］．建筑钢结构进展与市场，2005，3（2）：6-8.
[21] 林伟凯．台湾地区钢结构市场之现状分析与未来展望［J］．建筑钢结构进展与市场，2005，3（4）：43-47.
[22] 程志广．钢结构产业化发展出路在一体化——对钢结构产业化发展的思考［J］．钢结构，2004，19（5）：65-66.

混凝土和预应力混凝土结构学科现状及发展方向研究

吕志涛　吴　京　王景全　朱　虹

1　国家需求

1.1　发展预应力混凝土学科是我国大规模建设的需要，也是节能减排的需要

自改革开放以来，我国一直是世界上土木、水利和建筑工程建设的大国，在土木、水利和建筑工程中，应用最多最广的是混凝土结构和预应力混凝土结构。因此，我国也是水泥和钢铁的头号生产大国和消耗国。2008 年我国水泥产量 14 亿 t，占到全世界的 50%，仅江苏的产量就超过整个美国。2008 年钢材产量近 6 亿 t。然而，碳排放中水泥和钢铁也占到相当比例，水泥加上钢铁的碳排放量要占到总排量的 30% 以上。

水泥的全部，以及钢材中的很大一部分，都是用于土木、水利和建筑工程以及交通工程建设中的。如果能使得土、水、建工程中的二氧化碳大幅度减排，则可以为我国的二氧化碳减排起到积极的推进作用，为我国在国际上实现减排承诺做出贡献。

减少因为水泥和钢材带来的碳排量，除了从原材料生产的源头来抓，还可以从原材料的使用过程来抓，也就是在土木工程建设过程中实现节能减排。预应力技术是实现该建设过程节能减排的最重要也是最有效的方法之一。

预应力的实现是以使用高强预应力钢筋和高性能混凝土为基础的。高强预应力钢筋的强度是建筑用普通热轧钢筋（HPB235、HRB335、RRB400 及 HRB400 等）的三四倍以上，而单位耗能只是略有增加；类似的，高性能混凝土比普通混凝土的强度可以高 1 倍以上甚至更多，而制备高性能混凝土使用的高性能水泥与普通水泥相比，单位能耗相差也不大。使用预应力技术建筑房屋、桥梁、道路以及水利工程，可能用更少的水泥、更少的钢材，建成同样的工程，从土木工程高技术方法层面实现节能减排。而且，由于预应力的存在，结构混凝土更加密实，有害物质不容易侵入，因此耐久性更好，结构的服役寿命更长。仅从静态经济指标上看，土木工程中使用预应力技术，一般可以节省水泥和钢材 20% ~30%，成本可以降低 10% 以上；从动态全寿命周期角度而言，维护（含加固改造）费用大大降低，社会效益和经济效益将会进一步提高。

1.2　推广应用和发展预应力混凝土结构也是克服片面应用钢结构的需要

在我国大规模进行的土木、水利和建筑工程建设中，其中有一大部分是会展中心和体育场馆等大型公共建筑，尽管我国工程技术人员能承担和完成设计计算，但是，总有人更相信外国人，要外国工程技术人员来设计，结果因为他们对预应力结构知之不多，以致他们设计的不少建筑，其方案很多采用形式怪异的结构形式，方案也不是很合理，浪费了大量材料和人工，造价高昂。其实，预应力结构在很多场合下是合适的方案，既能满足结构设计的要求，又能达到环保、节能、耐久的目的，造价也比较经济。

2　发展现状

2.1　概述

预应力科学技术是当今土木工程领域发展快、用途广、极具潜力的一门科学技术。预应力是实现特大跨结构的关键手段，它提高结构跨越能力，充分利用高强材料，节约材料用量，从而使结构更加轻质、高效、节能。

我国的预应力研究和应用已走过了50余年的历程。经过半个多世纪的发展，特别是随着材料科学、结构分析科学和试验科学的发展，其应用范围日益扩大，由以往的单一构件和简单结构扩大到复杂结构体系，包括建筑结构（多高层建筑结构、大跨空间结构、地下结构）、桥梁结构、特种结构（高耸结构、核安全壳、大型市政储罐）等方面。预应力学科的研究范围已经由预应力混凝土结构拓展到预应力钢结构、预应力组合结构以及新材料预应力结构。

21世纪，可持续发展已经成为人类对社会发展和城市建设的共识，节能减排、环境保护对土木工程提出了更高的要求，预应力正是满足这一要求的关键技术。因此，预应力学科在土木工程领域具有重要的战略地位，其更好更快的发展将为我国的经济建设和社会进步做出巨大贡献。

预应力学科的研究与工程实践紧密相关：一方面，从工程实践中提炼出的科学问题，促进了基础性研究的发展；另一方面，通过基础性研究，揭示预应力的基本特性和基础科学问题，探索预应力新结构体系的力学行为，能动地指导工程实践的开展。

2.2 预应力科技在土木、水利和建筑工程中的应用及发展现状

2.2.1 预应力科技在建筑工程中的应用和发展

20世纪50年代初，中国建筑科学研究院、东南大学等单位最早开始了预应力混凝土的研究。从50年代初至70年代末，预应力技术的特点是采用中、低强预应力钢材，应用对象主要为屋面梁、屋架、吊车梁、大型屋面板、空心楼板等构件。从80年代初至90年代末，现代预应力技术得到巨大发展，其显著特点是采用高强预应力钢材及相应工艺技术，对整体结构施加预应力，特别是框架结构，总体上接近国际先进水平。建设了一大批预应力混凝土工程，其中有代表性的工程有上海色织四厂工业厂房、珠海拱北海关联检大楼等。从2000年至今，以2008年北京奥运会和2010年上海世博会为代表的工程，使我国预应力技术理论、材料、设计、施工技术和设备等得到快速发展。

2.2.2 预应力科技在桥梁工程中的发展

自20世纪50年代以来，预应力技术在铁路和公路桥梁中逐步得到推广应用，尤以大跨径桥梁居多。如南京长江二桥北汊桥跨径为165m，是我国

最大跨度的预应力混凝土连续梁桥，连续刚构桥跨径继虎门大桥达270m后，近年来又建成了主跨为268m的苏通大桥辅桥和330m的重庆石坂坡长江大桥（世界之最）。预应力在大跨度悬索、斜拉和系杆拱桥中都有广泛的应用。

近年来，体外预应力开始在桥梁上得到应用，深港西部通道深圳湾大桥、苏通大桥以及南京长江第四大桥等大型桥梁的引桥均采用了体内—体外混合配束的预制节段拼装桥梁。这一技术具有施工速度快、质量易控制、环保等优点，具有良好的应用前景。

新世纪以来，大量兴建的高速铁路（客运专线）广泛采用了预应力技术，跨度超过100m的高速铁路连续梁桥数量众多，跨度接近200m的预应力梁拱组合结构桥梁在高速铁路上也开始出现。高速铁路桥梁对挠度限制严格，需要对其长期性能进行深入研究。

2.2.3 预应力科技在特种结构工程中的发展

预应力技术在特种结构中也得到广泛应用，主要有竖向超长预应力技术、环形预应力技术等。竖向超长预应力技术主要在高耸结构中应用，代表性工程有南京电视塔、上海东方明珠电视塔等；环形预应力技术主要在蛋形消化池、超大型储罐和核安全壳等结构中应用，代表性工程主要有杭州四堡污水处理厂、济南污水处理厂、秦山核电站、大亚湾核电站安全壳等。目前核安全壳仍整体引进国外技术，随着核电产业的大发展，走国产化道路和进一步创新势在必行。

2.3 预应力学科的研究现状

我国的预应力混凝土理论研究在20世纪90年代取得了显著成果，东南大学联合清华大学、西南交通大学及重庆大学承担了国家自然科学基金重点项目，对预应力混凝土结构进行了较为系统的研究。

在预应力结构体系方面，研究了多层、高层大跨预应力框架结构体系（吕志涛，1986；吴京，1997）、大面积大柱网双向预应力框架结构体系（倪绍文，1991；经杰，1994）、高层建筑预应力转换层结构体系（韩春斌，1996；申强，1996）、多层大开间住宅结构体系（吴京，1999）、预应力巨型框架结构体系（惠卓，2000；张宇峰，2001）、预应力组合结构体系（舒赣平，1997；冯健，1997）等，也对预应力桥梁结构如系杆拱桥结构体系（刘钊，2001）等进行了研究。将基础研究与工程实践相结合，有不少突破和创新。

在预应力结构计算理论研究方面，对国际上有争论的问题，如超静定预应力结构的计算（俞伟根，1995；石平府，1995）、部分预应力结构的计算和裂缝闭合（孟少平，1987）、部分预应力结构的裂缝控制和配筋选择（孟少平、吕志涛，1999）等，都进行了较为深入的研究，基本澄清和解决了这些基础理论难题。

在灾害作用下的设计方法研究方面也取得了不少突破和进展，包括对当时工程中主要的预应力结构体系的抗震能力提出了较为明确的结论和设计建议，并编制了抗震设计规程，开展了部分预应力混凝土结构的抗爆炸设计与试验研究，得出了明确的结论。

进入新世纪以来，现代结构工程正在向大型、复杂、新颖方向发展，对工程质量、安全性、适用性和耐久性提出了更高的要求，并力图通过绿色建造技术，节省能耗和资源，保护环境，实现土木工程的可持续发展。预应力技术正适应了这一发展趋势。因此，需要针对预应力技术面临的新问题，开展更深入的创新性研究。

2.3.1 预应力结构的长期性能

混凝土收缩徐变及其影响是大跨度预应力混凝土结构设计施工中十分棘手而又不容回避的问题，是一些大跨度的连续梁桥和连续刚构桥普遍存在裂缝和长期下挠病害的主要原因之一。我国对混凝土收缩徐变的基础性研究相对薄弱，现行规范中收缩徐变的预测模型主要借鉴了欧美国家的标准。国内现有的研究一般只限于对徐变系数的探讨，且专门针对高强高性能混凝土的收缩徐变研究更少。从收缩、徐变数学模型分析的理论到实验方法，国内外的学者和学术团体主要在进行研究的改进工作。尽管对混凝土收缩、徐变已经进行了几十年的研究，关于收缩徐变对结构的影响分析、计算理论和方法在不断发展，产生了收缩徐变的理论公式（Bazant，1985；周履，1994）和统计公式（CEB-FIP，1993；Bazant，1995），但在预计和控制混凝土特别是高性能混凝土（应用于预应力混凝土结构）的收缩徐变及其对结构物性能的影响等方面，仍然是十分复杂而又难以获得精确答案的问题，一直是世界范围的难题。

预应力的长期损失也是混凝土结构的时变特征之一，包括混凝土的收缩、徐变损失和预应力筋的松弛损失两部分。国外研究考虑混凝土收缩、徐变和钢筋松弛等与时间有关的损失值之间的相互影响，并给出了估算公式。我国学者对预应力长期损失也进行了相关研究（周燕勤，1995），建议了多种实用计算方法。

2.3.2 预应力结构的耐久性

近年来，大量建于20世纪90年代前的预应力结构经历了数十年的服役，有较多的工程在环境作用下先后出现不同程度的耐久性问题，导致构件或整体结构的失效。因此，预应力材料和结构的耐久性问题逐步被研究界所重视。针对预应力混凝土结构的耐久性，国外学者立足于宏观尺度的力学和结构性能（ACI222，1996；Sasson A S，1992），开展过预应力结构耐久性的试验研究，并形成了初步的工艺标准，但对其腐蚀的微观作用机理尚无系统的研究。在微观与宏观一体化方面，开展的工作比较少。国内对预应力混凝土结构的耐久性的研究尚处于起步阶段，东南大学等单位对预应力混凝土结构构件进行了宏观尺度下的碳化试验和氯离子侵蚀试验研究（张德峰，2002；涂永明，2006）。因此，需要构建材料与结构的微观—宏观构架的耐久性模型（Jensen K F，1999；Jun Yue，2007），在此基础上提出预应力结构耐久性设计方法、耐久性寿命预测模型和耐久性指标评估方法及建议。

2.3.3 预应力结构应力复杂区域的研究

混凝土结构中的D区是指应力流复杂的局部受力区域。我国目前的混凝土结构设计规范中，对于D区设计问题几乎没有涉及。实践表明，由于D区在几何构造和受力上的复杂性，加上缺乏规范的设计指导，使得凭经验设计的D区常先天不足。20世纪80年代，德国学者Jörg Schlaich等（1987）全面阐述了拉压杆模型的基本概念、D区的分析原则和应用算例。目前，基于拉压杆模型的设计方法已被纳入美国、加拿大以及欧洲混凝土结构或桥梁设计规范，然而，拉压杆模型的理论及方法还处于发展阶段（刘钊，2008），其中拉压杆模型的基本构形确定方法、拉压杆模型中压杆和结点区域混凝土有效抗压强度的取值等问题，是尚待解决的热点问题。

2.3.4 预应力装配整体结构

随着我国经济的发展，对环境、节能的日益重视，劳动力成本的逐步提高，土木工程工业化将会在我国异军突起（杜拱辰，1995）。环保节能型预应力装配整体式结构、节能结构一体化的绿色结构将成为结构工程的新热点。

有关预应力装配式结构，国外典型的研究项目为PRESSS（Precast Seismic Structural System）研究计划（M J Nigel Priestley，1996）。该计划的目的是研

究开发可应用于地震区的多层预制体系结构形式，由美国自然科学基金会等三个部门从1991年开始进行的长达12年的资助，开展了概念、试验和分析设计研究，表明预制装配式结构具有优良的抗震能力，易于实现损伤可控和方便修复的抗震设防理念。在国内，东南大学针对预应力装配式短肢剪力墙的抗震性能和抗震能力（孙巍巍，2007），合肥工业大学针对预压装配式框架结构及节点（柳炳康，2007）开展了初步的研究，得出了相似的结论。

在混凝土桥梁方面，节段预制拼装与体内—体外混合配束技术的综合运用是现代桥梁工业化的发展趋势（戴竞，2002）。其研究前沿集中在设计、施工和耐久性三个方面：在设计上，主要研究点集中在节段预制拼装桥梁的力学性能及其接缝影响方面，国外还注重桥梁墩台的预制拼装技术，并对其抗震性能进行研究；在施工上，由于短线预制和长线预制已相对成熟，主要的研究点在匹配预制和拼装过程中的线形控制和施工工艺研究；对节段预制桥梁的耐久性研究也一直是广受关注的课题。

2.3.5 预应力空间结构

预应力与空间结构相结合，衍生出预应力空间结构这一崭新的结构形式，在大型公共建筑中应用广泛，具有结构形式优美、经济、跨越能力强等突出优点，引发了研究者强烈的兴趣。虽然我国在预应力空间结构领域的研究工作起步较晚，但是随着近年来工程实践的促进，预应力空间结构的研究水平有了较大的提高，积累了丰富的分析、设计和施工经验，为预应力空间结构的应用和发展创造了良好的条件。哈尔滨工业大学（沈世钊，1998）、浙江大学（董石麟，2001）、同济大学（沈祖炎，1999）、东南大学（吕志涛，1996）、北京工业大学（陆赐麟，1999）等单位在消化、吸收国外最新研究成果的基础上，开展了大量的理论和试验研究工作，缩小了与国外的差距。目前，有关预应力空间结构的研究主要集中在结构体系的研究、结构形态的确定、施工过程的分析与控制，但在预应力空间结构的倒塌分析、极限承载力确定方法、非线性地震响应、设计施工一体化及施工期多因素影响等方面，还存在较多的问题，亟待进行深入研究和完善。

2.3.6 预应力特种结构

在预应力特种结构方面，已有的研究主要集中在内压或贮料荷载作用下的极限承载力、爆炸荷载及地震荷载作用下的受力性能等方面，如NUPEC和NRC共同对核反应堆安全壳在内压作用下的极限承载力进行了较系统和全面的研究。在国内，清华大学、大连理工大学、核工业第二研究设计院、中冶集团建筑研究总院、东南大学等单位开展了安全壳非线性有限元分析和试验分析。此外，国内外也对安全壳结构在爆炸荷载作用下以及地震作用下的受力性能开展了众多研究。整体来看，安全壳和大直径筒仓贮料的温度应力以及预应力、温度应力和内压或贮料静力荷载的耦合效应已成为该领域研究的一个新兴方向。

2.3.7 既有结构的预应力加固

随着既有结构的安全性及耐久性日益得到重视，同时社会发展会对既有结构物的功能提出更高要求，采取合理措施进行性能提升，加固补强结构性能和延缓结构损伤进程，使之更加安全、适用和耐久，不仅具有社会经济意义，还符合可持续发展的战略要求。

采用体外预应力技术对结构进行安全性、适用性和耐久性的加固补强，在土木工程中虽然已得到了较多的应用，并开展了相应的研究（周履，1997；李晨光，2007），但已出现理论研究明显滞后于实际应用的被动局面。目前研究主要集中在静力作用下极限承载力和变形的非线性有限元求解，提出了一些简化计算方法，但大多针对简支梁的正截面承载力，对连续梁和超静定结构的研究还很缺乏，而关于斜截面承载力及裂缝控制方面的研究非常少，动荷载作用下疲劳性能的相关数据不足，完善的理论体系和设计方法还未建立。目前，在体外预应力加固适用性，大偏心、斜拉式等新型加固结构体系，抗剪加固机理和效果，加固效果评价方法等基础性研究方面亟须完善。

随着新材料的发展，近年来逐渐开始关注预应力载体本身的研究，产生了新兴的预应力 FRP 布外贴加固技术（田安国，2006），嵌入式预应力钢—连续纤维复合筋加固技术，预应力高强不锈钢绞线网、预应力钢丝绳加固技术（聂建国，2007；吴刚，2007）。随着对新材料的灵活运用及施工便捷性的更多关注，预应力方法加固结构也将有新的发展。

3 发展战略

3.1 发展趋势

3.1.1 预应力设计理念不断更新

预应力产生之初主要目的是避免混凝土结构产生裂缝，早期的预应力均采用全预应力体系，经过不断研究甚至是争论后，部分预应力的概念逐渐得到认可，并在工程实践中得到越来越多的应用。

早期的预应力以有黏结体系为主，无黏结预应力技术成熟以后由于其施工的便利性，应用场合不断扩大。经过对两者受力性能的对比研究，其适用条件得到了较为明确的界定。近年来出现的缓黏结技术一定程度上发挥了两者的优点（李佩勋，2008），值得进一步研究。

体外预应力技术和体内预应力技术的发展也经历了螺旋式上升的发展过程，最早产生的体外预应力技术由于受预应力索腐蚀的影响，很快就被有灌浆的体内预应力所取代。随着防腐技术的发展，体外预应力技术近年来又得到复苏性的发展。体内—体外混合配束与工业化生产、现场装配整体式结构的结合，具有广阔的应用前景。

3.1.2 预应力的应用范围不断扩展

预应力对结构施加主动作用的特性为设计者提供了灵活的自由度，其应用范围不断得到扩展。在很多场合，它可以起到普通钢筋混凝土或钢结构无法起到的作用。例如，在超长楼盖结构中，施加预应力解决了温度应力下楼板开裂的问题，从而使得大体量结构得以实现；在受拉构件中，施加预应力使其无论在内力的受拉增量还是受压增量下都具有足够的轴向和侧向刚度，从而可以使得结构更轻巧、更合理。值得注意的是，灵活地发挥预应力的基本特性，其应用范围还将得到进一步的扩展。

3.1.3 预应力高性能材料不断出现

新材料、新产品及新工艺的发展直接促进了预应力技术的进步，带来了结构体系的革新（吕志涛，2007）。传统预应力材料由早期的中、低强预应力钢材，逐渐发展为高强度低松弛预应力钢绞线且其强度越来越高，预应力钢索的自防护高耐久性能也逐渐得到提高。高耐久性、高性能、多功能的第三代新材料为预应力技术的发展带来了挑战和新的机遇。

3.1.4 预应力与复杂结构的深度结合

预应力施加对象从单一构件到简单结构，再到复杂结构，且结构形式日益复杂，体量和规模愈来愈大。预应力施加的目的也从单纯的抗裂逐渐过渡到主动引导传力路径、加强结构整体性、综合改善结构的受力性能和能力、提高结构震后的可修复性。在结构中合理地应用预应力可大幅降低材料用量，促进更合理结构体系的创新和发明。

3.1.5 预应力由单一功能向多功能拓展

预应力从应用于新建结构拓展到既有结构的加固补强和延缓结构损伤进

程以及灾后应急结构的快速建造；从仅关注承载能力及中短期结构变形拓展到利用预应力的能动性有目的地对结构全寿命期的安全性、适用性、耐久性进行按需提升，包括抗震、抗爆、稳定、疲劳性能和可恢复性等。

3.1.6 更加关注预应力结构的长期性能

由于大跨度预应力混凝土梁桥的开裂与长期下挠成为困扰工程界的难题，使预应力结构的长期性能得到更多关注。当前，对预应力结构长期性能的研究趋向于采用多层次多因素的试验分析方法，并且关注高强高性能混凝土的收缩徐变模式，将腹板剪应变及其裂缝开展后的长期变形性能纳入研究范畴。

3.1.7 智能预应力的研究崭露头角

常规结构不能感知外界的作用，更不能对外界的作用作出反应，导致结构可靠性与经济性之间存在固有矛盾，在重大灾害发生时的损伤和破坏很难避免。将先进传感测试技术、高性能驱动技术和预应力能动作用特性相结合，形成自感知、自适应的控制环路，构造智能结构，可实时地适应结构在不同阶段、不同时域所处的环境和受力条件，从而控制结构性态，将成为结构工程研究的一条崭新思路（徐伟炜，2007）。

3.2 发展战略

进入21世纪以来，预应力技术在房屋建筑结构、高速铁路和高速公路桥梁的建设中正谱写着新的篇章。预应力用于磁悬浮列车轨道梁结构，结构施工精度要求控制在毫米级，城市轻轨也要求采用高质量和高耐久性的预应力混凝土构件建造。高强度、高品质、高耐久性的预应力混凝土在核安全壳、港湾构筑物、路面及机场跑道、市政工程储罐公共设施方面也得到了充分的利用。此外，研究的多种预应力技术，使结构物的使用寿命获得延长，功能得以提升。而充分应用预制构件和预应力混凝土技术更能创造出多姿多彩的建筑物。随着新材料、新体系、新设计理念的不断出现，预应力技术的应用范围不断拓展，因此在基础研究方面，还有很多关键科学问题急需研究。

3.2.1 预应力工程结构长期性能研究与控制

大跨径预应力混凝土梁桥的裂缝和长期下挠控制问题是一个极具挑战性的课题，因为产生裂缝和长期下挠的原因很复杂，除了设计因素外，还会受到施工工艺与措施、材料和各种不确定环境因素的影响。预应力混凝土梁桥中出现的裂缝和长期下挠问题，已经引起了工程界的高度关注，近年来，已有越来越多针对性的研究，但是距离该问题的根本解决还有很长的路。需要从微结构的损伤机理方面研究裂缝的开展与控制，进行收缩徐变影响因素的随机性分析，研究斜裂缝开展与收缩徐变的耦合作用，斜裂缝引起附加剪切变形的定量化计算，考虑时随剪切变形影响，研究大跨度预应力薄腹箱梁桥长期挠度的合理预测模型。还要对预应力材料长期性能保障和预应力结构长期性能的深化设计原则进行研究。

针对预应力结构 D 区设计理论，应进行基于拓扑优化的拉压杆构形方法、非线性拉压杆模型理论、空间拉压杆模型理论、超静定拉压杆模型求解方法、压杆强度软化机理等的研究。

预应力结构的耐久性问题影响着它的持续发展。该领域的研究前沿是应用微观尺度概念与热力学原理等，结合分子模拟方法对材料、构件与结构进行多尺度耐久性研究。其中的关键科学问题是不同应力水平和环境条件下预应力材料的损伤机理研究，在微观和宏观层面上构架耐久性模型，提出预应力混凝土结构耐久性寿命预测模型和评估方法。

3.2.2 节能环保型预应力结构的创新与发展

现代社会的可持续发展对工程结构及其建造过程的节能环保、工业化生产程度要求愈来愈高。节能环保型预应力结构发展的前沿为预应力装配整体式结构、预应力竹木结构、预应力 FRP 组合结构等。其中，关键科学问题有：预应力装配整体式结构体系的优化及连接节点的抗震耗能性能研究，匹配预制和拼装过程中的多因素线形控制理论，桥梁下部结构节段预制拼装设计理论，预应力作用下剪力键效应、体内体外混合配束结构的受力性能研究，预应力 FRP 组合结构、预应力组合竹木结构体系和关键连接部件性能研究。

3.2.3 预应力高性能结构体系及设计与施工关键科学问题

预应力技术的巧妙应用可以促进更合理高性能结构体系的创新与发明。预应力可视为对结构施加的主动作用，其施工状态的控制与设计意图的体现紧密相关。该领域的前沿问题有预应力结构新体系优化研究，施工过程分析与控制及其对结构安全性和可靠性的影响。应进行的关键科学问题包括预应力结构的倒塌分析及防范、设计施工一体化及建造期多因素影响等。

预应力高性能桥梁结构的研究前沿是预应力桥梁结构的创新及相应的计算理论与设计方法，关键科学问题有预应力组合桥梁等新型结构的动力特性、疲劳性能以及可修复性研究等。

预应力高性能特种结构的建设正面临着许多新问题，产生的研究前沿包括在内压或贮料荷载、温度、爆炸荷载及地震作用下的受力性能及可靠度分析。关键科学问题为考虑材料长期性能的特种结构可靠性、预应力特种结构静动力性能、采用预应力方法减小温度作用的不利效应。

3.2.4 预应力结构的抗灾研究

由于预应力结构往往具有体量大、投资高、社会影响大等特点，保障其在地震、风灾、火灾和爆炸作用下的安全性具有十分重要的意义。这一方向的研究前沿为建立全面客观评价预应力结构抗灾能力的理论和方法。关键科学问题包括结构的抗震能力和动力特性、预应力及风振耦合作用、材料和构件在火灾下的力学行为及高应变速率下预应力结构的响应特性等。

3.2.5 既有工程结构性能提升的预应力科学问题与技术基础研究

既有工程结构性能提升的研究前沿是在充分吸收精细化分析和全寿命性能设计的结构计算和理论成果、高性能多功能材料研究成果的基础上，完善既有预应力方法，研究结构性能提升的预应力新方法和关键部位预应力更换法。关键科学问题包括具有多级设防体系的有黏结分布式预应力技术及配套材料、系列设备和工艺，预应力度与全寿命期内结构安全性、适用性、耐久性控制指标的内在定量关系及性能提升设计方法，主结构对被换关键部件内力变化的敏感性及置换过程中结构的安全性、内力平衡替代关键技术。

3.2.6 新型预应力材料的基础研究

通过材料学科和预应力技术的有机结合，依据结构性能指标提出对新型材料力学性能的基本需求，充分发挥国内制造业的生产能力和创新能力，开发具有自主知识产权的高性能、多功能、高耐腐蚀的预应力新材料，建立成套预应力张拉技术及锚固体系，并研究新材料力学性能指标对结构受力性能的影响，建立 FRP 等新材料预应力结构可靠度评价体系，使我国预应力结构在未来发展中占得先机。

3.2.7 基于智能预应力技术的结构性态控制研究

智能预应力结构性态控制的研究前沿是性态控制的理论与方法、试验与仿真，为应用研究打下基础。关键科学问题有智能预应力的形态对结构受力机制的影响，智能预应力结构性态控制的算法及驱动实现，研究兼具结构功能及传感功能的智能预应力材料，效率高、易调节、精度高的智能驱动系统，以及能针对不同使用环境修正自身控制规则的智能控制算法。

4 建议

4.1 加强学科重大问题的研究

针对上述关键科学问题，设立科研计划，以重点项目和若干面上项目相结合的资助格局，形成预应力学科的创新研究特色和体系，推动本学科与结构工程学科协调发展。

4.2 加强人才培养推动预应力学科可持续发展

我国拥有一批颇具实力的预应力研究机构，除东南大学以外，还有中国建筑科学研究院、中国中冶建筑研究总院有限公司、中国铁道科学研究院、交通运输部公路科学研究院、中交公路规划设计研究院等；同时拥有一大批从事预应力设计施工、材料生产、设备制造的优秀企事业单位，如中冶建筑研究总院有限公司、北京建工集团研究院、中铁大桥局、柳州欧维姆机械股份有限公司、江阴法尔胜集团等。

目前，我国有预应力学科领域的工程院院士，有多个优秀的预应力科研团队，还有如东南大学等培养的一批活跃在祖国各地的博士，从事预应力学科的理论和应用研究。在新世纪土木工程建设规模持续发展的大背景下，我国预应力研究和应用水平上了新的台阶，还在继续培养预应力学科的新生力量。

近年来预应力学科虽然取得了长足的进步，但还需实现跨越式发展。一方面需要进一步加强基础研究、应用基础研究，另一方面也需要促进研究成果的转化。通过重点实验室、国家及省部级工程研究中心或工程技术中心等搭建预应力研究平台，通过一系列重点项目及面上项目的研究提高人才的科研实力，广泛开展国内外学术交流，杜绝低水平重复研究，培养和造就一批具有国际影响力的杰出预应力人才和冲击国际学科前沿的预应力创新团队，在提高自身核心竞争力的基础上争取将我国预应力学科的水平提高至国际前列。

参考文献

[1] A N A Hindi, M E Kreger, Breen J E. Enhancing the strength and ductility of post-tensioned segmental box-girder bridges. Center for Transportation Research, The University

of Texas at Austin. 1991.

[2] ACI Innovation Group. Special Hybrid Moment Frames Composed of Discretely Jointed Precast and Post-Tensioned Concrete Members. ACI T1. 2-03. 2003.

[3] American Concrete Institute (ACI) Committee 222. Corrosion of Metals in Concrete. ACI 222 R-96. Detroit, MI: ACI. 1996.

[4] Andr é Picard, Bruno Massicotte, Jos é e Bastien. Relative efficiency of external prestressing. Journal of structural engineering, 1994, 121 (12): 1832-1841.

[5] Bazant Z P, BwejaS. Creep and Shrinkage Prediction Model for Analysis and Design of Concrete Structure-model B3. Materials and Structures, 1995, 28: 357-365.

[6] C L Roberts, J E Breen, M E Kreger. Measurement based revisions for segmental bridge design and construction criteria. Center for Transportation Research, the University of Texas at Austin. 1993.

[7] C Burgoyne, R Scantlebury. Why did Palau Bridge collapse? The Structural Engineer, 2006, 84 (11): 30-36.

[8] CEB-FIP. Model Code for Concrete Structures. CEB-FIP MC 90. London, UK: CEB-FIP. 1993.

[9] Hsuan-Teh Hu, Yu-Hon Lin. Ultimate analysis of PWR prestressed concrete containment subjected to internal pressure. International Journal of Pressure Vessels and Piping, 2006.

[10] J O Evans, H T Bollmann. Detensioning an external prestressing tendon. Florida Department of Transportation.

[11] J Turmo, G Ramos, A C Aparicio. FEM study on the structural behavior of segmental concrete bridges with unbonded prestressing and dry joints: Simply supported bridges. Engineering Structures, 2005, 27: 1652-1661.

[12] J Mackerle. Topology and Shape Optimization of Structures Using FEM and BEM-a Bibliography. Finite Elements in Analysis and Design, 2003, (39): 243-253.

[13] J Munch-Andersen, O Ditlevsen, et al. Emprirical Stochastic Silo Load Model. J. Engrg. Mech, ASCE, 1999, 121 (9): 981-986.

[14] Jensen K F. Microchemical systems: status, challenges, and opportunities. AIChE J. 1999, 45: 2051-2054.

[15] Jorg Schlaich, Kurt Schafer, Mattias Jennewein. Toward a consistent design of structural concrete. PCI Journal, 1987, 32 (3): 74-150.

[16] Jun Yue, Guangwen Chen, Quan Yuan, et al. Hydrodynamics and mass transfer characteristics in gas-liquid flow through a rectangular microchannel. Chemical Engineering Science, 2007, 62: 2096-2108.

[17] K H Tan, G H Cheng. Size Effect on Shear Strength of Deep Beams: Investigating with

Strut-and-Tie Model. Journal of structural engineering, 2006, 132 (5): 673-685.
[18] Kenji Yonezawa, Katsuyoshi Imoto. Ultimate capacity analysis of 1/4 PCCV model subjected to internal pressure. Nuclear Engineering and Design, 2002.
[19] L C Powell, J E Breen, M E Kreger. State of the art externally post-tensioned bridges with deviators. Center for Transportation Research, the University of Texas at Austin, 1988: 5-10.
[20] L J Leu, C W Huang, C S Chen, et al. Strut-and-Tie Design Methodology for Three-Dimensional Reinforced Concrete Structures. Journal of structural engineering, 2006, 132 (6): 929-938.
[21] M A Ali, R N White. Automatic generation of truss model for optimal design of reinforced concrete structures. ACI Structural Journal, 2001, 98 (4): 431-442.
[22] M D Brown. Design for Shear in Reinforced Concrete Using Strut-and-Tie and Sectional Models. Doctoral Dissertation, The University of Texas at Austin, USA. 2005.
[23] M J Nigel Priestley. PRESSS Program-Current Status and Proposed Plans for Phase III. PCI Journal, 1996, 41 (2): 22-40.
[24] M Rigotti. Diagonal Cracking in Reinforced Concrete Deep Beams- An Experimental Investigation. Doctoral Dissertation, Concordia University, Canada. 2002.
[25] Oral Buyukozturk, Mourad M Bakhoum, S Michael Beattie. Shear behavior of joints in precast concrete segmental bridges. Journal of Structural Engineering, 1990, 116 (12): 3380-3401.
[26] Priestly M. Overview of the PRESSS Program. PCI Journal, 1991, 36 (4): 50-57.
[27] Q Q Liang, Y M Xie, G P Steven. Optimal Topology Selection of Continuum Structures with Displacement Constraints. Computers and Structures, 2000, (77): 635-644.
[28] R J Beaupre, L C Powell, M E Kreger, et al. Deviation saddle behavior and design for externally post-tensioned bridges. Center for Highway Research, The University of Texas at Austin. 1988.
[29] R H Z Ronnie, W Wirat, T C H Thomas, et al. rack width prediction using compatibility-aided strut-and-tie model. ACI Structural Journal, 2003, 100 (4): 413-421.
[30] Sasson A S. Evaluation of Degree of Rusting on Prestressed Concrete Strand. PCI Journal, 1992, 37 (3): 25-30.
[31] Shenghu Cao, Zhishen Wu, Xin Wang. Tensile Properties of CFRP and Hybrid FRP Composites at Elevated Temperatures, Journal of Composite Materials, 2009, 43 (4): 315-330.
[32] Stanton J, Nakaki S. Design Guideline for Precast Concrete Seismic Structural Systems. PRESSS Report No. 01/03-09. Department of Civil Engineering, University of Washington, Seattle. 2002.

[33] T Takebayashi, Y W Leung. A full-scale destructive test of a precast segmental box girder bridge with dry joints and external tendons. Proc. Instn Civ. Engrs Structs & Bldgs, 1994, 104 (8): 297-315.

[34] Vitharana N D, Priestley M J N. Significance of temperature-induced loadings on concrete cylindrical reservoir walls. ACI Journal, 1999, 96 (5): 737-749.

[35] Wu Z S, Iwashita K, Hayashi K, et al. Strengthening prestressed-concrete girders with externally prestressed PBO fiber reinforced polymer sheets. Journal of Reinforced Plastics and Composites, 2003 (9): 1269-1286.

[36] Z P Bazant, Jenn Chuan Chern. Triple Power haw for Concrete Creep. Journal of Engineering Mechanics, 1985, 111: 63-83.

[37] 蔡小宁，孟少平，孙巍巍．张无粘结预应力装配式短肢剪力墙破坏形态研究．工程抗震与加固改造，2009，31（1）：70-73.

[38] 陈勤，钱稼茹．内压荷载下安全壳 1∶10 模型结构非线性有限元分析．工程力学，2002，19（6）：73-77.

[39] 陈肇元．完善标准、法规确保建筑物的合理使用寿命．工程质量，2007，11（B）：5-7.

[40] 戴竞．体内与体外混合体系预应力混凝土桥．公路，2002（6）：75-80.

[41] 邓华，董石麟，包红泽．拉索预应力空间网格结构的计算分析方法．浙江大学学报，1998，32（5）：558-562.

[42] 董石麟．预应力大跨度空间钢结构的应用与展望．空间结构，2001，7（4）：3-13.

[43] 杜拱辰．国外预应力技术发展趋势．施工技术，1995（12）：42-45.

[44] 冯健，舒赣平．预应力钢屋架的研究与实践．工业建筑，1997，27（7）：1-6.

[45] 冯健，张耀康．预应力斜拉网格结构的静力优化分析．东南大学学报，2003，33（5）：583-587.

[46] 韩春斌．高层建筑预应力混凝土梁式转换层结构抗震设计理论及试验研究．东南大学硕士学位论文，1996.

[47] 韩重庆，孟少平，吕志涛．60m 直径水泥熟料筒仓温度作用研究．工业建筑，2000，30（4）：58-60.

[48] 贺志启，刘钊，王景全．基于挠度的体外预应力梁力筋应力增量统一算法．土木工程学报，2008，41（9）：90-96.

[49] 惠卓，秦卫红，吕志涛．巨型建筑结构体系的研究与展望．东南大学学报，2000，30（4）：1-8.

[50] 金陵晚报．竹楼能抗 8 级地震——院士要推广木房子竹房子．2009-02-22.

[51] 经杰．部分预应力井字梁板结构的性能研究．东南大学硕士学位论文，1994.

[52] 李晨光，刘航，段建华，等．体外预应力结构技术与工程应用．北京：中国建筑

工业出版社，2008.
[53] 李佩勋．缓黏结预应力综合技术的研究和发展．工业建筑，2008，38（11）：1-5.
[54] 刘钊，吕志涛，惠卓，王景全．拉压杆模型在混凝土梁桥中应用与研究进展．中国工程科学，2008，10（10）：14-21.
[55] 刘钊．系杆拱桥的结构优化设计及抗震性能研究．东南大学博士学位论文，2001.
[56] 柳炳康，田井锋，等．低周反复荷载下预压装配式 PC 框架延性性能和耗能能力．建筑结构学报，2007，28（3）：74-81.
[57] 陆赐麟．预应力钢结构学科的新成就及其在我国的工程实践，土木工程学报，1999，32（3）：3-10.
[58] 吕志涛，刘钊，孟少平．浅论我国预应力混凝土梁桥的技术与发展．桥梁建设，2001，（1）：52-56.
[59] 吕志涛，梅葵花．国内首座 CFRP 索斜拉桥的研究．土木工程学报，2007，40（1）：54-59.
[60] 吕志涛，孟少平．预应力混凝土在建筑结构应用中的若干问题．建筑结构学报，1997，18（3）：73-77.
[61] 吕志涛，舒赣平．北京西站主站房预应力钢桁架的理论分析与试验研究，建筑结构学报，1996，17（5）：33-40.
[62] 吕志涛，杨宗放，杨建明．多层三跨预应力混凝土框架结构试点工程设计与施工．建筑技术，1986（8）：5-12.
[63] 吕志涛．预应力混凝土结构的未来//结构工程科学的未来论文集．北京：清华大学出版社，1988.
[64] 吕志涛．中国建设工程四十年重大科技成就．北京：中国建筑工业出版社，1990.
[65] 吕志涛．新世纪我国土木工程活动与预应力技术的展望．东南大学学报，2002，32（3）：457-459.
[66] 孟少平，吕志涛，徐百川．部分预应力混凝土矩形梁裂缝开展和闭合计算方法的研究．建筑结构学报，1987，8（5）：16-27.
[67] 孟少平，吕志涛．预应力混凝土超静定结构的弯矩调幅与抗裂度．建筑结构学报，1999，20（2）：60-67.
[68] 倪绍文．预应力混凝土井式梁板结构的非线性有限元分析及试验研究．东南大学博士学位论文，1991.
[69] 聂建国，樊健生．广义组合结构及其发展展望．建筑结构学报，2006，27（6）：1-8.
[70] 聂建国，陶慕轩．预应力钢—混凝土连续组合梁的承载力分析．土木工程学报，2009，42（4）：38-47.
[71] 聂建国，陶巍，张天申．预应力高强不锈钢绞线网—高性能砂浆抗弯加固试验研究．土木工程学报，2007，40（8）：1-7.

[72] 申强．预应力混凝土桁架转换层结构抗震性能的试验研究．东南大学硕士学位论文，1996.
[73] 沈世钊．大跨空间结构的发展——回顾与展望．土木工程学报，1998，31（3）：5-14.
[74] 沈祖炎，等．钢结构学．北京：中国建筑工业出版社，2005.
[75] 石平府．部分预应力混凝土超静定结构的内力重分布和弯矩调幅．东南大学硕士学位论文，1995.
[76] 舒赣平，吕志涛．预应力钢结构与组合结构的应用和发展．工业建筑，1997，27（7）：1-3，39.
[77] 孙巍巍．后张无粘结预应力装配式短肢剪力墙抗震能力及设计方法研究．东南大学博士学位论文，2007.
[78] 唐建民，沈祖炎．悬索结构非线性分析的滑移索单元法．计算力学学报，1999，16（2）：143-149.
[79] 田安国．预应力 FRP 加固混凝土受弯构件试验及设计理论研究．东南大学博士学位论文，2006.
[80] 涂永明，吕志涛．预应力混凝土试件碳化试验及碳化深度预测模型研究．工业建筑，2006，36（1）：47-50.
[81] 王田友，苏小卒，方江生．拉压杆模型方法在钢筋混凝土框架节点计算中的应用研究．土木工程学报，2007，40（11）：36-40.
[82] 王云飞．体外预应力技术在混凝土结构加固改造中的应用研究．东南大学博士学位论文，2009.
[83] 吴刚，吴智深，魏洋，等．预应力高强钢丝绳抗弯加固钢筋混凝土梁的理论分析．土木工程学报，2007，40（12）：28-37.
[84] 吴京，吕志涛，孟少平．高层 PC 大跨结构体系梁预应力效应分析．东南大学学报，1997，27（S1）：1-5.
[85] 吴京，孟少平．预应力混凝土极限抗弯承载能力计算的等效荷载法．工业建筑，1999，29（9）：24-28.
[86] 吴京．多高层建筑无黏结预应力板系楼盖的设计研究．东南大学博士学位论文，1999.
[87] 徐百川，吕志涛．关于部分预应力混凝土理论和计算问题的若干建议．南京工学院学报，1985，15（2）：57-63.
[88] 徐伟炜，吕志涛．轻型立转开启桥设计参数研究．工程力学，2007，24（11）：106-112.
[89] 徐伟炜．智能预应力技术研究．东南大学博士学位论文，2007.
[90] 许曙东，钱英欣，刘航，等．体外预应力加固技术在框架梁改造工程中的应用．建筑技术，2004，35（6）：444-445.

[91] 俞伟根，吕志涛．预应力混凝土框架动力特性的试验研究．工业建筑，1995，31（7）：18-20.
[92] 张德锋，吕志涛．现有预应力混凝土结构耐久性评估研究．建筑结构，2002，32（12）：22-25.
[93] 张继文．预应力加固构件的边界约束对加固效能的影响．东南大学学报，2000，30（4）：63-66.
[94] 张喜刚，袁洪，吴国民．苏通大桥总体设计．全国桥梁学术会议，2004：13-31.
[95] 张宇峰，舒赣平，吕志涛，等．巨型框架结构的抗震性能和振动台试验研究．建筑结构学报，2001，22（3）：2-8.
[96] 张志宏，董石麟．张拉结构中连续索滑移问题的研究．空间结构，2001，9（3）：26-32.
[97] 周履．体外预应力混凝土结构的研究及应用状况．桥梁建设，1997（3）：1-12.
[98] 周燕勤，吕志涛．预应力长期损失计算建议．东南大学学报，1997，27（S1）：76-80.
[99] 朱虹．新型 FRP 筋预应力混凝土结构的研究．东南大学博士学位论文，2004.

高层建筑结构发展现状及前沿发展方向

徐培福　肖从真　王翠坤

1　国家需求

随着中国经济的发展和城市化进程的继续，人口不断涌入城市，对城市居住、休闲、办公和商业等空间都提出了更高的要求，尤其在我国人均土地面积很小的情况下，必须在城市发展高层建筑。高层建筑使各种设施能够就近布局，在有效利用土地和市政资源的同时，也降低了企业成本，使城市的综合竞争力得到提高。我国大中城市新开工的住宅和公共建筑中，高层建筑的比例不断升高，并且这种趋势目前正在向二、三线城市蔓延，高层建筑在我国已经成为量大面广的主要的建筑形式，高层建筑结构的安全及发展与国计民生息息相关。

随着世界技术、经济的不断发展，高层建筑的高度也不断攀升，高层、超高层建筑除了作为标志性建筑成为一个城市甚至国家的名片之外，既解决了大城市中心区用地紧张的问题，也为建筑行业的技术进步和发展提供了机遇和舞台。

高层建筑一直代表着建筑结构技术的发展水平，也是推动建筑结构技术进步的重要动力。随着高层建筑高度的不断提高，新型高强高性能材料、新型组合构件和新的结构体系得到应用，新的结构分析手段、设计方法和施工技术得到发展。这些新技术、新材料和新工艺对推动建筑行业科技进步、提升行业整体技术水平起到了重要作用。

在高层建筑发展的历史上，随着结构高度的不断攀升，框架结构、剪力墙结构、框架筒体结构、筒中筒结构等结构形式不断发展，近年来又发展出交叉网筒、巨型结构等新型的结构形式。这些结构形式的进步，推动了结构技术的进步，提高了建筑材料的利用效率、改善了建筑的使用功能。

建筑材料也随着结构高度的发展不断改进着性能，混凝土强度不断提高，优质高强钢材得到应用，国外超高层建筑中已经开始采用 C100 强度等级的混凝土。我国基本建设规模居世界首位，水泥和钢材用量巨大，在超高层建筑中推广使用高强高性能材料，采用新型组合构件，可以节省大量的资金、材料和能源，而且巨大的示范效应对这些材料和技术的推广应用具有重大意义。

结构设计分析技术也随着高层建筑的高度提高而不断进步。从不考虑地震、风等横向作用，到静力分析方法、动力分析方法，现在已经发展到考虑几何非线性和材料非线性的动力弹塑性分析、抗震性能化设计、结构风振分析等都得以采用。这些技术的采用保证了结构设计的安全性，也提高了结构的经济合理性，对建筑结构领域和行业的发展都起到了促进作用。

超高层建筑对施工工艺和施工机械的要求不断提高，促进了相关技术和行业的发展。

近年来，我国内地成为世界高层建筑发展的中心之一，492m 高的上海环球金融中心已投入使用，拟建的塔顶高度达 632m 的上海中心及 648m 的深圳平安金融中心都已动工，尚有多栋高度超过 500m 的超高层建筑在设计中。此外，由于业主和建筑师为实现建筑功能以及在建筑艺术建筑造型方面体现创新，设计了众多复杂体形和内部空间多变的高层建筑，使得我国高层建筑的复杂程度也处于世界前列。

2008 年 5 月 12 日发生在中国四川的汶川大地震，更进一步引发了人们对高层建筑结构安全性的关注。

从建筑结构的全生命周期看，除了遭遇地震等重大自然灾害的情况，发生破坏的高风险期就是在施工阶段和最终的耐久性破坏阶段。高层建筑越来越高、越来越复杂，也对施工过程的安全性提出了更高的要求，因此加强高层、超高层建筑结构施工阶段安全性的研究也是至关重要的。

高层建筑的防火安全性问题也是尤其值得关注的。因为高层建筑自身的特点，在遭遇火灾时火灾扩散速度快、疏散和扑救难度大。911 事件中纽约世贸大楼就因为恐怖袭击造成的火灾引起倒塌和大量人员伤亡；2009 年 2 月 9 日央视新台址工程电视文化中心大楼也因为火灾造成巨大损失；2010 年 11 月 15 日，上海高层住宅发生火灾，造成 53 人死亡。

高层建筑的建设，是技术进步的体现，也是社会经济发展、改善人民生活条件的需要，因此，加强高层建筑结构研究，提高高层建筑结构的安全性和经济性，是建筑结构领域发展的重要方向。

2 发展现状

2.1 高层建筑结构发展的特点

2.1.1 高层建筑发展迅速，数量多，地域分布更广泛

我国大中城市新开工的住宅和公共建筑中，10 层以上的高层建筑的比例不断升高。1997 年上海市规划局曾组织市规划院等部门对上海市高层建筑建设情况作过一次调查，至 1997 年底，上海中心城区高层建筑总数已达 2258 幢，总建筑面积 3524 万 m^2。对其情况进行分析，得出以下结论：高层数量增长迅速，高层建筑占新增建筑面积比例逐年上升。1971 年至 1980 年十年共建高层 149 幢；1981 年到 1990 年十年共建高层 650 幢，总建筑面积 804 万 m^2，占新增面积比例 9.9%；1991 年到 1995 年共建高层 750 幢，总建筑面积 1133 万 m^2，占新增面积比例 23%；1996 年新建高层 430 幢，总建筑面积 725 万 m^2，占新增面积比例 48.4%；1997 年新增高层 484 幢，总建筑面积 926 万 m^2，占新增面积比例 57.9%。上海目前有 1.4 万幢 24m 以上的高层建筑，其中 100m 以上的超高层建筑就有 400 多幢。从上海市的数据可以看出，高层建筑的数量和比例都在快速增长。

根据中国建筑学会建筑结构分会高层建筑委员会的统计[1-23]，1998 年我国大陆建成的最高的 100 栋高层建筑中，第 100 名的主体结构高度为 150m；2004 年的统计资料中，第 100 名的主体结构高度为 165m，超过 150m 的高层建筑超过 150 栋；截至 2008 年的统计数据中，第 100 名的主体结构高度为 180m，超过 150m 的高层建筑超过 250 栋。从这些数字中我们也能看出，我国高层建筑的迅猛发展。

我国的高层建筑，不仅在数量和高度上不断发展，从地域上看分布也越

来越广泛，原来只是东部沿海的经济发达地区、大中城市高层建筑较多，现在中部、西部的中型城市也大量出现高层、超高层建筑。

2.1.2 建筑高度不断增加，超高层建筑以混合结构、组合结构为主

2008 年，我国的超高层建筑高度又被刷新，492m 高的上海环球金融中心已正式投入使用，450m 的南京紫峰大厦、441m 高的广州西塔均已建成（图 1）。

上海环球金融中心（492m） 南京绿地紫峰大厦（450m） 广州西塔（441m） 上海金茂大厦（420m）

上海中心（632m） 深圳平安金融中心（648m） 深圳京基金融中心（439m） 天津津塔（337m）

天津117大厦（约600m） 天津周大福滨海中心（530m） 苏州九龙仓国际金融中心（508m） 北京国贸三期（330m）

图 1

沈阳恒隆市府广场(350m)　　大连裕景(383m)　　天津嘉里中心办公楼(333m)　　嘉陵帆影(430m)

图1　我国近年来兴建或拟建的部分高层建筑

国内此前的最高楼是1998年建成的上海金茂大厦，高度420m，我们用了10年的时间把这个高度提高了70m。2009年，塔顶高度达632m的上海中心及648m的深圳平安金融中心破土动工，标志着我国高层建筑高度的发展都进入了一个新的阶段。

2010年，439m高的深圳京基金融中心，已经施工到270m；337m的天津津塔结构已经竣工。全国各地尚有一批正在设计中的超高层建筑，如高度超过600m的天津117大厦，530m的天津周大福滨海中心，530m的广州周大福中心，508m的苏州九龙仓—国际金融中心，330m高的北京国贸三期。而且除了高层建筑聚集的南方沿海地区，北方有大量的超高层建筑正在设计或建造，如350m的沈阳恒隆市府广场，383m的大连裕景，333m的天津嘉里中心办公楼等；内陆地区也酝酿建设大量的超高层建筑，如位于西部的重庆“嘉陵帆影”高度超过430m，建成后将成为西部第一高楼、重庆未来的新地标。

超高层建筑高度的不断攀高，其意义不仅仅在于高度的突破，它还带动了整个建筑业的发展，包括材料技术、设备制造技术等行业的进一步发展。超高层建筑发展是经济发展的大势所趋[4-6]。

国外高层、超高层建筑以纯钢结构为主，而我国以钢—混凝土的混合结构应用居多。据不完全统计，在我国已建成的高度超过200m的超高层建筑中，有50%左右为混合结构，超过300m的超高层建筑中，有66%以上都是混合结构。如上海环球金融中心及金茂大厦均为钢筋混凝土核心筒，外框为型钢混凝土柱及钢柱；北京国际贸易中心三期，为筒中筒结构，外部为型钢混凝土框筒，内部为型钢混凝土巨型柱与斜撑及钢梁组成的筒体，74层，高度330m，为我国8度抗震设防地区最高的高层建筑。

钢—混凝土混合结构之所以在我国得到了较大发展，一方面因为它可有效地将钢、混凝土以及钢—混凝土组合构件进行组合，既具有钢结构的技术优势又具有混凝土造价相对低廉的特点；另一方面，我国现场施工的人力成本比国外低，采用混合结构比采用纯钢结构经济方面更有优势。因此混合结构是符合我国国情的超高层建筑的结构体系，预计将来混合结构仍将得到较大的发展。

2.1.3 结构体型日趋复杂

随着国民经济发展，高层建筑除了要满足建筑使用功能的要求外，还越来越重视建筑个性化的体现，使高层建筑的平面、立面均极其特殊。尤其近几年，各种新的复杂体型及复杂结构体系大量出现，如体型复杂的连体结构，带不同类型转换层的高层建筑，楼板开大洞形成长短柱，立面开大洞，楼板与外框结构仅通过若干节点连接，悬挑、悬挂，大跨度连体的滑动连接，多重组合巨型结构体系等。

大底盘、多塔楼连体高层建筑，如深圳大学科技楼[7]（图2）、上海国际设计中心大厦[8]（图3）、苏州东方之门（图4）、北京当代万国城[9]（图5）等。

图2　深圳大学科技楼

图3　上海国际设计中心

图4　苏州东方之门

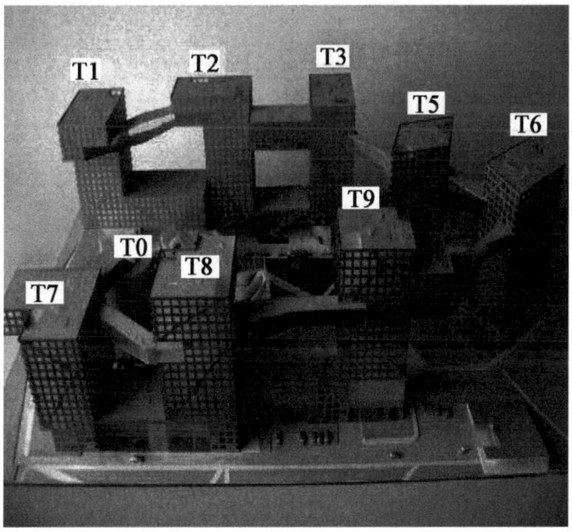

图5　北京当代万国城

深圳大学科技楼东西翼 7 ~ 11 层立面开洞，南北翼 11 ~ 13 层立面开洞，其中东西翼洞口宽 29.5m，南北翼洞口宽 34m，采用型钢混凝土多层空腹桁架整体结构实现洞口跨越构成整体连体结构。上海国际设计中心为不等高双塔钢框架—混凝土核心筒连体结构，主塔楼高度约为副塔楼的 2 倍，主塔楼高 100m，主、副塔楼连体悬挑端长度达 7.5m，且位于地面以上约 50m 处。苏州东方之门由两座塔楼在顶部刚性相连而成，地上部分 1 号塔楼总高度 278m，与 2 号塔楼连体部分共 8 层，构成巨大的空腹桁架。北京当代万国城工程由 8 个最高 21 层的塔楼及其他建筑组成，包括一个中心影院和地下停车库，8 个塔楼在结构顶部通过架空连廊大跨度连接成一个环形超大规模的复杂连体，连廊与主体结构之间采用摩擦摆式隔震支座弱连接。该类结构受力特点及动力反应特点较为复杂，地震作用下连体部分可能会出现较大振动，和主体部分出现碰撞，同时，主体部分扭转效应增强。

采用各种类型转换的结构，如北京中银大厦采用钢结构桁架转换，深圳五洲宾馆、翠海花园采用宽扁梁作转换梁进行转换，深圳大学科技楼采用型钢混凝土空腹转换桁架，珠海信息大厦工程采用斜撑转换结构，深圳福建兴业银行大厦采用搭接柱转换，天津嘉里中心办公楼采用搭接墙转换等。带转换层结构上、下层竖向构件不连续，转换层上下楼层构件内力、位移容易发生突变，对抗震不利，需要采取合理的措施。

某些高层建筑立面复杂、多次体型收进。如成都来福士广场（图 6）立面多次收进，收进形状复杂，顶部小塔楼建筑平面尺寸很小。模拟振动台模型试验表明[10]，经过抗震性能化设计，结构主要指标满足设计规范要求，结构总体可达到预设的抗震设计性能目标。结构立面收进对抗震性能有明显的影响，顶部小塔楼的鞭梢效应非常明显。斜撑转换可以有效地解决竖向构件不连续的问题，避免了截面巨大的转换梁柱，但斜撑的水平分力可能对柱节点区造成剪切破坏。结构设计时，需要对这些问题采取相应措施进行加强。

带大悬挑的高层建筑，如深圳京基大梅沙酒店（图 7）、北京新保利大厦[11]（图 8）、CCTV 新台址（图 9）、陕西法门寺（图 10）等。深圳京基大梅沙酒店采用中心支撑钢结构体系，转换桁架部分存在 20m 左右悬挑。北京新保利大厦建筑总高度约 105m，层 2 ~ 9 局部由钢筋混凝土筒体挑出，并在顶部由 4 根钢索悬挂。CCTV 新台址高约 234m，悬挑部分达 75m。陕西法门寺总高度约 148m，44 ~ 74m 处，以 36°角度向外倾斜，

74～127m处，以36°向内倾斜，并在顶部相互连接形成连体结构，呈双手合十状。悬挑结构体型不规则，而且结构冗余度低，结构设计时应给予足够的重视[12]。

图6　成都来福士广场

图7　深圳京基大梅沙酒店

图8　北京新保利大厦

图9　CCTV新台址

近年来，国内大跨度悬挂结构也有应用，2010年完工的广东省博物馆新馆（图11）建筑总高度44.65m，二层以上的外围23m左右的建筑部分采用钢桁架外挑悬挂。该类结构对地震作用和风荷载作用比较敏感，地震作用下的破坏形态较为复杂。

这些复杂体型的高层建筑，许多超出了现行设计规范的要求，以往的工程经验和震害资料都无法借鉴，需要进行更深入的研究。特别是许多项目采用了国外设计师的作品，但一些境外建筑师来自非地震区，缺乏抗震设计经验，有些建筑方案特别不规则。而在日本神户、我国台湾及汶川地震中，一些特别不规则建筑受到严重破坏。我国绝大部分地区都要考虑抗震设防，因此对这些复杂体型的高层建筑抗震安全问题必须引起重视。

图10　陕西法门寺

图11　广东省博物馆新馆

2.1.4　一批新型结构体系涌现

目前我国已建成的超高层建筑中，结构体系主要有框架—筒体结构体系、巨型柱框架—核心筒结构体系、筒中筒结构体系以及其他新型结构体系。

框架—筒体结构体系比较典型的工程实例有南京绿地紫峰大厦、深圳地王大厦（图12）等。南京绿地紫峰大厦屋顶高度381m，天线顶尖高度450m，是一幢地下4层、地上70层的办公及酒店双用建筑。结构采用了带伸臂桁架的框架—核心筒混合结构体系，采用型钢混凝土柱、钢梁和钢筋混凝土核心筒，在10层、35层、60层处共设置了三个加强层。核心筒位于结构三角形平面的中心位置。

巨型柱框架—核心筒结构体系的典型工程实例有上海金茂大厦、香港国际金融中心（图13）、广州东塔、上海环球金融中心（图14）、上海中心（图15）等。1999年建成的上海金茂大厦，地下3层，地上88层，主体结构高度为372.1m，总高421m，采用巨型柱框架—核心筒—伸臂桁架结构体系。外周边有8个钢筋混凝土巨型柱，与钢筋混凝土核心筒组成主要的抗侧力体系。内筒和巨型柱之间设置了3道伸臂桁架，分别位于24～26层、51～53层及85～87层，伸臂桁架是2层高的钢桁架。上海环球金融中心主楼地上101层，地下3层，地面以上高度为492m。上部结构同时采用以下三重抗侧力结构体系：①由巨型柱、巨型斜撑和周边带状桁架构成的巨型结构框架；②钢筋混凝土核心筒（79层以上为带混凝土端墙的钢支撑核心筒）；③联系核心筒和巨型结构柱之间的外伸臂桁架。以上三个体系共同承担了由风荷载和地震作用引起的倾覆弯矩。前两个体系承担了由风荷载和地震作用

图 12　深圳地王大厦

图 13　香港国际金融中心

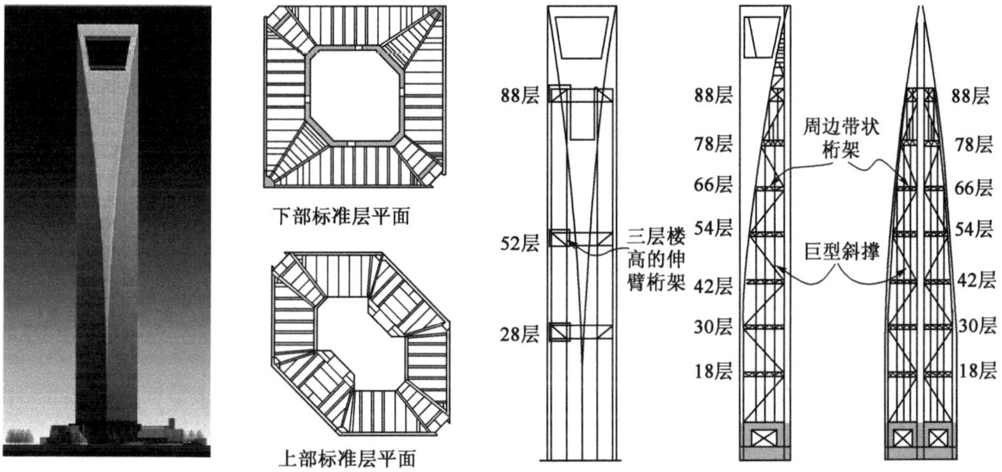

a) 建筑效果图　b) 标准层平面　c) 结构剖面

图 14　上海环球金融中心结构示意图

引起的剪力。上海中心大厦结构塔楼高度约 632m，其体系和上海环球金融中心结构类似，为“巨型空间框架—核心筒—外伸臂”，包括由 8 根巨型柱、4 根角柱及 8 道两层高的箱形环带桁架组成的巨型框架，内埋型钢钢筋混凝土核心筒，以及连接上述两者的 6 道外伸臂桁架，结构竖向分 8 个区域，每个区顶部两层为加强层，设置伸臂桁架和箱型环状桁架。多重结构体系之间的传力关系复杂，结构整体协同工作机理复杂[13]。

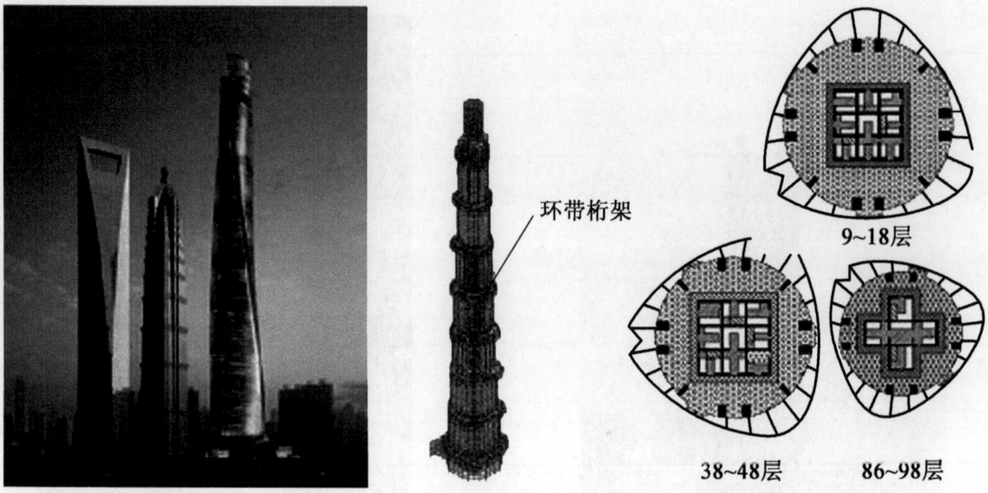

a) 建筑效果图　　b) 结构体系　　c) 结构平面

图 15　上海中心结构示意图

筒中筒结构体系是在结构内部和外部同时布置了筒体的结构体系，该体系的典型工程实例有天津 117 大厦（图 16）、广州西塔、香港中国银行、广州中信大厦（图 17）等。广州西塔采用了外部交叉网格结构体系，该体系具有较强的抗侧刚度及抗扭刚度，能较好地抵御风荷载和地震作用。

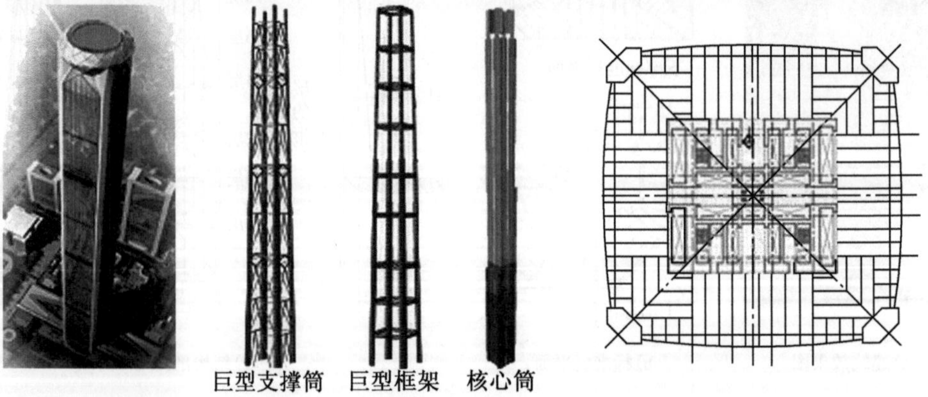

a) 建筑效果图　　b) 结构体系　　c) 结构平面

图 16　天津 117 大厦结构示意图

其他新型的结构体系典型工程实例有北京国贸三期、天津津塔（图 18）等。北京国贸三期主塔楼高 330m，采用钢—混凝土框架—核心筒结构，内筒采用了型钢、钢板混凝土巨型组合柱及型钢混凝土支撑结构体系。在建的 337m 高的天津津塔主要抗侧力体系由钢管混凝土框架 + 核心钢板剪力墙体系 + 外伸臂桁架抗侧力体系组成，具有较高的抗侧刚度和延性，是目前世界上应用钢板剪力墙的最高的高层建筑。随着高层建筑结构的发展，相信会有更多新颖合理的结构体系出现。

2.2 设计工作

我国是一个多地震的国家，而我国大部分高层建筑所在地区恰巧又是地震活动较为频繁的地区，高层建筑集中的地区，如上海、深圳、广州，基本风压也较大，因此高层建筑大多要考虑抗震、抗风问题。

图17 广州中信大厦

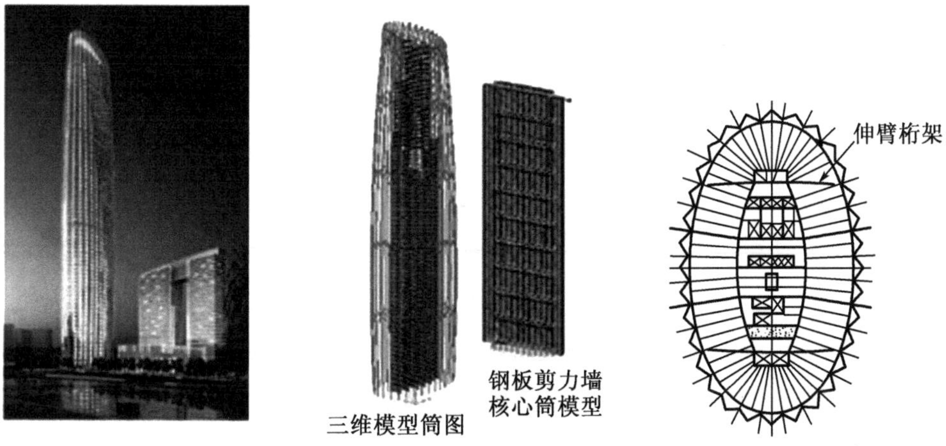

a) 建筑效果图　b) 结构体系　c) 结构平面

图18 天津津塔结构示意图

2001 年前后，国内陆续颁布了新修编的设计规范、规程。与高层建筑整体结构方案布置、内力调整、构造措施密切相关的规范、规程有《建筑抗震设计规范》（GB 50011—2001）及《高层建筑混凝土结构技术规程》（JGJ 3—2002）。上述规范、规程吸收了我国 20 世纪 90 年代的工程经验和研究成果以及国内外震害的经验教训，借鉴参考了国外相关规程、规范的内容，新修订的规范、规程一定程度上提高了结构的安全度。根据近年国内外的几次震害经验教训，上述规范及规程特别加强了对结构方案布置的宏观指标控制要求，补充了结构平面和竖向布置的规则性界限，强调概念设计的重要性。

另外，为保证建筑结构的设计质量，对于特殊的超过规范要求的高层建筑（超限高层建筑），建设部于 2003 年发布了《超限高层建筑工程抗震设防管理规定》（建设部令第111号），设立了全国超限高层建筑工程抗震设防审查专家委员会，编写了《超限高层建筑工程抗震设防专项审查技术要点》。由政府部门组织专家对超限高层建筑进行专项审查（超限审查），在审查通过后方可实施。据不完全统计，全国已审查了近千栋高度100m以上的超限高层建筑工程。通过抗震设防专项审查，可以为相关技术发展进行充分的论证，从而促进建筑技术的发展。进行复杂及超限结构设计时不再局限于"小震不坏、中震可修、大震不倒"，所采取的论证及加强措施体现了基于性能的抗震设计思想。在超限高层抗震专项审查中，中震弹性设计、大震动力弹塑性分析、模型振动台试验、复杂节点分析与试验等新的设计思想和分析、试验方式得到广泛应用，提高了结构的安全度和国内设计水平。

2008年5月12日在汶川发生了8级特大地震，造成了极大的人员伤亡与财产损失，因此高层建筑的抗震引起了大家更进一步的关注。在汶川大地震中，10层以上的高层建筑没有发生倒塌或严重破坏的情况[14]，主要的破坏集中在连梁开裂和底部墙体出现水平或交叉裂缝，这些破坏形态与规范设想的破坏模式是一致的，说明我国的高层建筑经受住了地震的考验。根据汶川地震灾后恢复重建要求，住房和城乡建设部组织对国家标准《建筑抗震设计规范》进行了修订，并已于2008年7月30日正式发布实施。此次地震中，高层建筑虽没有发生严重的倒塌破坏，但震害表明，不规则且具有明显薄弱部位的建筑物，地震时扭转作用对薄弱部位（底层角柱）造成严重破坏，因此抗震规范进一步加强了对建筑抗震概念设计以及建筑结构体系的规定，专门补充规定："不规则的建筑方案应按规定采取加强措施；特别不规则的建筑方案应进行专门研究和论证，采取特别的加强措施"。

2011年，新修订的《高层建筑混凝土结构技术规程》发布实施。规程的这次修订，吸取了汶川地震及国内外其他地震震害的经验，也结合了近年来进行的大量试验、计算分析和工程实践的经验，尤其是吸收了大量经过超限审查的超限高层建筑的设计经验，增加了性能化设计的内容、完善了结构规则性的要求，并提高了部分不规则结构的抗震、抗风措施，对提高我国高层建筑结构的安全性和设计水平都将有极大的帮助。

减振、隔震技术研究及应用有较大进展。隔震技术较为成熟，在工程中有一定应用，主要用于高烈度区的多层、小高层建筑，如北京通惠家园某地铁枢纽建筑、太原某19层高层建筑等。有关资料表明，受此次汶川地震影响的甘肃省陇南市采用了橡胶隔震垫的三栋六层砖混结构楼房完好无损，这说明目前建筑中采用的隔震技术经受住了此次地震的考验。汶川地震后，隔震技术的应用有了突破性进展，中国建筑科学研究院在成都设计了“凯德风尚”隔震高层住宅小区[15]，总计26栋近60万平方米的20层高层建筑采用了隔震技术，成为国内规模最大的采用隔震技术的住宅小区；昆明机场新航站楼也采用了隔震技术，成为最大的单体隔震建筑；还有许多学校、医院等重要项目采用了隔震技术。消能减振技术近年在新建高层建筑工程中开始得到应用，如北京银泰中心主塔楼、上海世茂国际广场、深圳大梅沙酒店等采用了黏滞流体阻尼器；主动控制技术在我国大陆超高层建筑中首次得到应用，上海环球金融中心在第90层安装了两台各重250t的质量阻尼器，它将有效地减小建筑结构在风以及地震时的反应。

2.3 计算分析工作

大量复杂高层建筑的出现，在给结构设计带来挑战的同时，对高层建筑结构的计算分析手段也提出了更高要求。规范要求，体型复杂、结构布置复杂的高层建筑进行多遇地震作用下的内力与变形分析时，应采用至少两个不同力学模型的软件进行弹性整体计算。目前除国内已有自主研发的SATWE、PMSAP、TBSA等商品化程序供使用外，国际通用软件如ETABS、SAP2000、MIDAS也在复杂高层建筑结构中逐渐得到了广泛应用。

近年来随着计算机软件与硬件的发展，在高层建筑结构设计领域的弹塑性分析计算方面也取得了一定的进展。许多体型特殊的实际工程结构，除进行弹性计算分析外，补充进行了弹塑性分析计算，以找出结构的薄弱部位并采取构造措施进行加强。目前弹塑性分析计算方法主要有两大类：静力弹塑性分析和动力弹塑性分析。

静力弹塑性分析方法最早由国外学者Fajfar[16]等提出，国内近十年来也逐渐受到广大学者和工程技术人员重视[17-22]，目前土建领域常用的国际通用分析程序如ETABS、SAP2000、ANSYS等以及国内自主开发的弹塑性分析程序如SATWE-PUSH等均可进行。静力弹塑性分析主要适用于高度不是很高的高层建筑结构。

高层建筑结构弹塑性分析方法的另一类是动力弹塑性分析。这种分析方法可以得到建筑结构在不同地震波、不同烈度、不同输入方式下的损伤破坏和能量转换及耗散等全过程地震响应，是揭示地震作用下建筑工程的损伤累积、失效机理和倒塌机制的有效计算方法。国外很多研究者基于有限元方法对建筑工程的地震响应进行了研究。Ger[23]等使用三维有限元模型模拟了结构在真实地震中的响应，发现结构的大部分纵梁发生显著的塑性变形，导致结构的延性需求超过了结构的延性能力。同时由于梁的破坏引起内力重分布，并导致2~4层柱产生局部屈曲，最终产生很大的侧向位移。有限元模拟结果与地震中结构的反应符合良好，其研究工作的意义在于：采用三维有限元方法建立数值模型，预测结构在地震作用下的破坏过程是可能的。Challa 和 Hall[24]用纤维杆模型模拟框架的梁柱构件，用剪切板模型模拟节点域，成功地模拟了地震作用下框架结构的破坏。

尽管动力弹塑性分析方法很早提出，但由于动力非线性分析比较复杂，对计算软件和计算机的要求比较高，在实际高层建筑工程中的应用还是近年来的事情。尤其是国际通用大型非线性分析程序 ABAQUS 的逐步应用，为弹塑性分析计算工作开辟了新的局面。迄今为止我国许多高度较大的重点建设项目（如上海环球中心、CCTV 新台址工程、国贸三期、广州西塔、上海中心大厦以及深圳平安国际金融中心等）均进行了整体结构地震作用下的动力弹塑性分析，为提高结构抗震设计安全性提供了有力保障。

但需要指出的是，鉴于我国高层建筑结构体型复杂，且多以混合结构或钢筋混凝土结构为主，弹塑性分析工作还有许多值得深入研究、探讨的问题，如合理模拟结构阻尼、合理确定材料本构关系、开发高精度单元、改善非线性分析算法等。另外，针对复杂及超限结构，除进行整体计算分析外，还需作一些补充计算，如对关键部位、关键构件进行中震或大震结构构件内力验算等，是基于性能的抗震设计思想的具体体现。

另外，随着城市高层建筑建设的增多，高层建筑群中的风环境问题日益显著。为了对建筑物区域的风环境进行分析、评估、预测、控制，近年来风工程数值分析计算 CFD 技术（Fluent 软件）的风环境分析在国内实际工程中也得到了具体应用，如北京当代 MOMA[25]、杭州北秀蓝湾小区[26]、济南建大教授花园小区[27]等，进一步提高了我国的建筑设计水平。

2.4 试验研究工作

结合复杂高层建筑的设计工作，高层建筑相关的研究工作也有了很大进展，主要侧重于抗震、抗风的研究。

通过总结国内、外的震害情况，中国建筑科学研究院结合振动台试验及模型静力试验，并利用各种计算机分析软件进行计算分析工作，完成了关于转换层、加强层、体型收进、连体结构等复杂高层建筑结构的研究应用。

国内对混合结构开展了系列研究工作：

1991 年底，中国建筑科学研究院进行了一个缩尺为 1∶20 的 23 层钢框架—钢筋混凝土筒体混合结构拟静力试验[28]。研究结果表明，混合结构模型整体工作性能较好，优于钢结构和混凝土结构。

1999 年，同济大学进行了一个 1∶20 的 25 层钢—混凝土混合结构模型振动台试验[29]。通过对试验破坏现象的观测和试验数据的分析得出结论，只要按照现行建筑结构抗震设计规范进行合理设计，混凝土结构及钢结构 7 度设防要求设计的混合结构能满足“小震不坏、中震可修、大震不倒”的要求。

2002 年，北京市建筑设计研究院和同济大学联合进行了 LG 北京大厦东塔结构 1∶20 整体缩尺模型振动台试验[30]，结构为型钢混凝土框架—核心筒混合结构。

2004 年，同济大学吕西林等进行了上海环球金融中心 1∶50 整体缩尺模型模拟地震振动台试验[31]。该工程主体结构为钢—混凝土混合结构，采用三重结构体系抵抗水平荷载，即：由巨型柱、巨型单向斜撑以及带状桁架构成的三维巨型框架结构、钢筋混凝土核心筒结构以及构成核心筒和巨型结构柱之间相互作用的伸臂钢桁架。

2004 年底，中国建筑科学院完成了一个 1∶10 的 30 层带转换层钢—混凝土混合结构模型拟静力试验[32]。试验结果表明，框架—核心筒混合结构模型表现出良好的抗震性能。

2008 年，中国建筑科学院针对一个 1∶15 的带底部转换层的 30 层框架—核心筒混合模型结构进行了模拟地震振动台试验研究[33]，提出了混合结构抗震设计概念和方法。

现有的研究成果和工程实践均表明，钢—混凝土混合结构是具有良好抗震抗风性能和较好经济性的结构形式，其在高层及超高层建筑中具有广阔的应用前景。对混合结构的延性、耗能及地震作用下构件的协同工作能力、破坏机制和倒塌过程尚未完全了解，混合结构也缺少实际震害的考验，有必要对该种结构开展进一步的研究。

除上述试验之外，中国建筑科学研究院近年来还进行了 CCTV 新台址、北京国贸三期、广州珠江新城西塔等高层混合结构的地震模拟振动台试验（图 19），研究结构抗震性能，对结构相对薄弱部位有针对性采取加强措施[34-44]，除振动台试验外，开展了有关组合结构的多方面研究，进行了 58 个钢管混凝土构件的抗剪性能试验研究，26 个型钢混凝土压弯构件试验研究，15 个组合剪力墙高轴压比压弯性能试验研究[33]。许多工程进行了大比例构件、节点试验研究，以检验结构设计的安全性并为设计提供参考[45]。

在各类组合结构构件及节点研究方面，国内也结合实际工程进行了大量的试验研究，对组合构件的受力、变形性能有了比较一致的认识，形成了相对成熟的计算理论和设计方法[46-49]。

北京国贸三期

CCTV新台址

广州琶州某塔楼

郑州国家干线公路物流港综合楼

深圳福建兴业银行大厦

北京UHN国际村

上海中心

深圳京基金融中心

广州西塔

图 19　部分振动台试验模型照片

抗风研究工作主要针对复杂体型及复杂风环境开展。结合具体的高层建筑工程，开展了大量的风洞试验（图 20），为进行高层建筑结构的设计提供了更为可靠的依据。随着人们对居住环境的重视，风工程研究工作会越来越引起设计人员的关注。

北京国贸三期

北京电视中心

成都来福士广场

大连万达中心

中钢天津响螺湾测压测力

大连星海湾壹号项目

鄂尔多斯国泰商务广场

海螺反应塔架

苏州凤凰书城

图 20　部分风洞试验模型照片

2.5　存在的问题与不足

我国的高层及超高层建筑具有超高超大、功能复杂、造型新奇的特点，不但其规模和复杂程度在国际上可谓少见，而且许多建筑突破了我国现行相关技术标准与规范的要求，而这种发展趋势仍将持续一个时期。由此引发了一系列的安全技术问题，引起了我国政府以及工程技术人员的关注，也成为公众议论的焦点。如何保证这些超高层建筑符合抗震设防、抗风、防意外事件（爆炸与撞击）、防火等的要求，具备适当的安全度，关乎国计民生。

高层、超高层建筑的连续倒塌往往引起惨重的人员伤亡及财产损失。近年国际上关于防止结构连续倒塌问题引起了人们的关注。尤其是 2001 年 9 月 11 日纽约世贸中心大楼由于飞机撞击发生灾难性的连续倒塌，引起工程界的广泛关注，不少专家对防止结构连续倒塌问题进行了研究。中国建筑科学研究院、清华大学、同济大学等科研机构和高校，已经进行了钢筋混凝土结构、砌体结构、钢结构等在多种灾害下（包括地震）的倒塌过程计算机模拟和机理分析，以及小比例振动台试验研究，并基于国内外相关资料，对建筑结构在地震灾害下的抗倒塌能力和结构的整体牢固性等问题进行了分析，但是研究有待深入。目前我国还没有防止结构连续倒塌的有关设计文件和标准。

现行规范的“安全性”目标不能满足重要大型高层建筑工程的需要，现行规范最基本、最主要的目标就是防止建筑物在地震中倒塌，确保人的生命不受损失。然而，近年来，随着国民经济的快速发展，人们对建筑抗震的要求除了基本的生命安全外，还对地震期间建筑的使用功能提出了更高的要求。特别是此次汶川大地震中震害显示，按现行抗震规范设计和建造的高层建筑，在地震中虽没有倒塌、保障了生命安全，但是其填充墙等非结构构件破坏却造成了较大程度的直接和间接的经济损失。鉴于此，需要加强研究基于性能的抗震设计方法。此方法目前在超限及复杂工程设计中得到了较多的应用，但在一般工程中还未得到广泛的应用，还有一些问题有待研究改进，诸如：地震作用的不确定性、结构分析模型和参数的选用存在不少经验因素、震害及试验资料欠缺、对非结构和设施的抗震性能要求和震后灾害估计缺乏研究。此外，此次汶川地震暴露出我们在地震动监测方面的薄弱。美国、日本等先进国家早就建立了大量的数字化观测台网，尤其是高层结构、长大桥梁、核电站等都建立观测台阵，并取得大量有价值的记录，为这些重要结构的抗震设计、建筑抗震规范的修订、抗震设计理论的发展奠定了基础。在日本，所有高层与重要结构都按规范要求布有强震观测仪。

减振控制技术是抗震、抗风设计的一条重要途径，在日本、美国等发达国家得到了较为广泛的应用。我国消能减震技术的研究始于20世纪90年代，并在国内一些重要的建筑抗震加固中获得应用，如北京火车站抗震加固、北京饭店抗震加固、北京展览馆抗震加固等等。隔震技术在我国一些地震高烈度区的高层建筑中进行了试点应用。我国江苏省宿迁市在建的宿迁海关业务大楼、华夏丽景等，但我们的研究工作与世界先进水平尚有较大差距，需要深入开展相关研究工作。

此外，现行规范关于消能和减震结构的规定过于笼统。近十年来，现行规范对我国消能和减震结构的发展起到了积极的引导作用。但是，由于对隔震与消能结构体系的组成和地震反应研究尚不够成熟，2001抗震规范给出了消能和减震结构基本设计原则及方法，对于一线的工程设计人员来说过于笼统，需要加强对隔震与消能结构体系的组成和地震反应研究，细化和改进相关的设计方法，补充完善相关规范标准。我国在消能、减震器件如阻尼器、防屈曲支撑、新型抗拉隔震支座等的研发和生产上仍需要加强，新技术的推广工作仍面临较大的难度，需要在规范及国家政策等层面予以支持。

随着高层建筑高度的增加，结构对风荷载更加敏感，在不少地区，抗风研究和设计已成为控制结构安全性和使用性的关键因素。我国目前的建筑荷载规范尚不能完全满足实际工程需要，应增加横风向响应和等效静力风荷载、干扰效应、行人风环境以及居住者舒适度判据等内容。此外，国际工程界对超高层建筑上的风速风压测试工作亦非常重视。目前，在诸如香港中国银行大厦等某些世界著名的超高层建筑上架设有风速仪、测振仪，进行长期的测风测振工作，积累了一定的数据。我国内地在此方面还有较大差距。

高层建筑的防火安全性问题必须引起充分重视。高层建筑存在竖向连续的井筒，火灾扩散速度很快，而且因为高度高，疏散和扑救都很困难；高层建筑外墙保温和幕墙系统采用了大量的防火性能较差的材料。这些都严重影响高层建筑的防火安全性。在充分关注结构构件本身防火问题的同时，必须重视高层建筑中防水、保温和围护材料的防火性能。2009 年 2 月 9 日，CCTV 新台址工程电视文化中心大楼失火，虽然失火原因是违规燃放烟花爆竹，但着火后，燃烧主要集中在钛合金下面的保温层，具有表皮过火的特点。大楼保温层使用的材料是国家推荐使用的新型节能保温材料，这种材料燃烧后过火极快，因此瞬间从北配楼顶部蔓延到整个大楼。目前这种新型材料在北京市很多建筑中都有使用，北京大学乒乓球馆着火也是这种情况。北京市将对这种新型材料的防火标准进行重新评估和审定。2010 年 11 月 15 日，上海某高层住宅在外墙节能改造过程中发生火灾，造成 53 人死亡。

高层建筑施工过程中结构的安全问题也是需要予以关注。超高层建筑施工周期长，在施工建造过程中，整体结构往往还没有形成，受力性能与建成后的结构截然不同，或者施工过程对结构内力有很大的影响，部分复杂的结构还需要搭设高大的支撑结构。国内有些重要工程施工过程中进行了模拟分析和施工过程检测，中国建筑科学研究院、清华大学、同济大学等多家科研单位进行了相关研究，并成功将研究成果应用在多个工程实践中，典型的有陕西法门寺、天津津塔、CCTV 新台址的施工模拟及预变形分析[50-57]，但仍然缺乏必要的重视，施工过程中的事故也时有发生。

目前国内的试验设备和测试设备仍不能完全满足工程实际的需求，需要提高试验设备的能力，研究更合理的试验方法，在结构抗震、抗风及防火设计方面加强研究，为工程提供必要的技术支持。

3 发展战略

根据高层建筑结构自身的发展，相关的研究工作需要进一步深化。

3.1 超高层建筑结构体系及设计方法的研究

世界上已建成的最高建筑是迪拜的哈利法塔，高度达到828m。目前，中东地区正在酝酿设计中的多栋超高层建筑，高度达到1000m以上，设计中都采用了新颖的建筑方案和结构体系。

超高层建筑往往可以容纳上万人，同时包含商业、居住、酒店、办公等多种功能。因其功能的综合性和人员的密集，在建筑设计中往往需要引入新的理念，以更好地解决聚集人群的全面需求和社会可持续发展的要求，比如设置大型的空中花园、沿高度分布的大空间商业设施、良好的自然采光和自然通风等。我国目前虽然在超高层建筑中也出现了如编织筒体等新的结构体系，但大部分超高层建筑仍采用的是核心筒 + 伸臂桁架 + 巨型柱的结构体系，属于一般高层建筑结构体系的延伸，建筑功能的布局上也是根据这样的结构体系延续了传统的布置方式；应开展300m以上甚至更高的高层建筑结构体系的研究，以适应超高层建筑抗风、抗震及特殊的建筑布局的需求。

目前我国普通高层建筑结构的抗震设计也是延续普通高层建筑结构的设计方法，结构抗震性能设计已在“超限高层建筑工程”抗震设计中比较广泛地采用，积累了不少经验。本轮规范修订中《建筑抗震设计规范》和《高层建筑混凝土结构技术规程》中也增加了性能化设计的相关章节，但仍然主要针对超高、复杂的结构，没有形成完善的、简便可行的成套设计规范，在性能目标的确定及性能验证方面还存在着较大的随意性。国外专门针对高层建筑、超高层建筑结构的设计规范不多，即使应用最广泛的美国设计规范IBC（International Building Code）也是主要针对多层房屋指定的，对于高度大于49m的建筑物只允许使用少数几种类型的结构体系，且未包含适用于超高层建筑的结构体系。在专门针对高层建筑结构的抗震设计的规范中，我国的《高层建筑混凝土结构技术规程》是比较先进的。国际上，日本从1981年起已将基于性能的抗震设计原理用于高度超过60m的高层建筑；美国从20世纪90年代陆续提出了一些有关抗震性能设计的文件（如ATC40、FEMA356、ASCE41等），近几年由洛杉矶市和旧金山市的重要机构发布了新建高层建筑（高度超过 160ft，约 49m）采用抗震性能设计的指导性文件——洛杉矶高层建筑结构设计委员会（LATBSDC）2008 年发布的“洛杉矶地区高层建筑抗震分析和设计的另一种方法”、北加利福尼亚结构工程师协会（SEAONC）2007 年 4 月发布的旧金山市行政管理公报“使用非规范传统方法的新建高层建筑抗震设计和审查的指导准则”；2008 年美国“国际高层建筑及都市环境委员会（CTBUH）”发表了有关高层建筑（高度超过 50m）抗震性能设计的建议[58-60]，尝试在高层建筑设计领域形成一套具有特色的建议“性能设计方法”。洛杉矶高层建筑结构设计委员会（LATBSDC）建议的方法具有较大的创新性，值得我们关注。

高层建筑采用抗震性能化设计已是一种趋势。正确应用性能设计方法将有利于判断高层建筑结构的抗震性能，有针对性地加强结构的关键部位和薄弱部位，为发展安全、适用、经济的结构方案提供创造性的空间。我国应该及时针对基于性能的抗震设计方法开展研究，诸如：地震作用的进一步研究、结构分析模型和参数的选用、对非结构和设施的抗震性能要求和震后灾害估计的研究，以及对“中震可修”、“大震不倒”性能的具体指标需要开展进一步的研究，并应合理确定高层、超高层建筑结构的合理抗震性能水准，尽早形成完善的基于性能的抗震设计规范。

同时，我国应在防止结构连续倒塌问题方面进行深入研究，并基于国内外相关资料，建立我国防止结构连续倒塌的有关设计文件和标准。

随着工程需求的增加，弹塑性分析计算工作会更引起大家的重视，需要开发能更准确反映结构在地震作用下的受力和变形状态的动力弹塑性分析计算方法与程序。

3.2 加强对组合、混合结构的研究

钢—混凝土混合结构在我国高层建筑中的应用比例会持续增加，各种组合构件如型钢混凝土、钢管混凝土、组合梁板的工程应用会越来越灵活多样。目前关于混合结构体系的抗震性能尚有一定争议，许多已建成的混合结构超高层建筑尚未经受实际地震的考验，因此需要进一步开展混合结构体系的抗震性能研究，并结合工程应用，对各种新型组合结构构件开展更加深入细致的性能研究工作。

目前的超高层建筑中，构件的尺寸非常大，如建设中的上海中心和平安金融中心，底层柱的尺寸都接近 $20m^2$，天津 117 工程底层柱更是超

过了 $50m^2$，均采用的高含钢率的型钢混凝土柱；国内正在设计的超高层建筑中，底部圆形钢管混凝土柱的直径也超过了3m。如此巨大的构件，在设计分析中的计算模型、构件设计、节点连接等，都与通常尺寸的构件有很大的差别，而目前我国乃至世界上都对此种构件缺乏研究，需要在今后的研究和工程中予以重视。

在高强高性能材料的应用方面，我国也处于落后的局面。由于高强混凝土存在一定的脆性，在我国目前的规范和工程实践中，柱的混凝土强度等级一般在C70以下，剪力墙的混凝土强度等级一般在C60以下，应加强高强混凝土组合构件的研究，利用钢材的延性弥补高强混凝土延性不足的弱点，提升整体构件的承载力和抗震性能。对高强钢材和钢筋在结构中的应用也需要加强，需要开展大量的基本构件性能的试验研究。充分利用高强高性能材料也正符合我们现在节能减排的发展方向。

3.3 加强对减振控制技术的研究

加强对超高层建筑的振动控制技术的研究。针对关于消能和减震结构的规范规定过于笼统、可操作性较差的问题，应开展隔震与消能结构体系的组成和地震反应研究。主要研究内容应包括：隔震设计适用范围的调整、除橡胶隔震垫以外的各类滑动平移转动支座的应用设计方法和措施；消能减震设计方法的细化与改进、各类速度型与位移型阻尼器的适用范围与设计基本原则、控制指标。除进行相关的文献总结外，此部分尚需进行必要的试验研究。在结构控制方面，除进行必要的理论研究外，更需加大产品的研发力度，而且产品的性能和质量有待提高，迫切需要国产的高性能、高质量、新型的结构振动控制装置。减振隔震技术的应用推广除了技术的研究及产品的开发之外，还需要在规范、政策等方面予以一定的支持，鼓励在增加少量一次性投资的条件下大幅度提高结构的安全性。

3.4 抗风及防火关键技术的研究

随着高层建筑高度增加，结构对风荷载更加敏感，在我国不少地区，抗风研究和设计已成为控制结构安全性能和使用性能的关键因素。在抗风研究方面，应进行超高层建筑的风荷载合理取值（包括风振效应问题）研究、群体建筑的风荷载及响应问题研究、超高层建筑舒适度研究和振动控制研究（主、被动以及半主动质量调谐阻尼减振器）等。

防火研究方面，开展高层建筑火灾安全技术指南与评估验证技术研究、高层超高层建筑在遭受火灾及意外事件时人员疏散问题与防火安全措施的研究等等。从高层建筑结构构件的防火性能、维护结构材料的防火性能、火灾疏散、扑救等方面全方位提升高层建筑的防火性能。

3.5 开展超高层建筑灾害监测预警与集成应用技术研究

在提高建筑物自身的安全性能和使用性能的同时，采取必要的监测预警设施，可以有效降低损失，保障生命财产安全和公共安全。可开展的预警与集成应用技术研究包括大型及重要建筑火灾监测预警及自动处置系统研制，超高层建筑地震、风振监测及数据处理系统研制，超高层建筑结构安全实时监测成套技术与装备研制。并且延伸到施工过程，做到对高层建筑结构全生命周期的监测，提高高层建筑结构的安全性。

3.6 开展城市防灾抗灾研究

鉴于城市在国民经济中的重要性，通常保护城市是防灾减灾活动的中心。由于城市防灾涉及面很广，是一项系统工程，需要有目标、有计划、有部署地进行。目前，国内外在综合防御技术方面上仍缺乏系统研究。近年来，我国高层、超高层建筑结构的大量建成，城市原有的发展规划和防灾减灾规划已经不能适应。由于高层、超高层建筑人员密集、资源集中，在高层、超高层建筑的灾害应急处理、灾害治理，以及可能引发的次生灾害、公共安全方面，可能存在诸多问题。这些对城市原有的发展规划和防灾减灾规划是巨大的考验，需要深入研究。

同时，为了有效开展抗灾减灾，可以通过防灾规划将法律、行政、技术、经济等多种手段综合应用于减轻灾害，将城市发展规划和防灾减灾规划结合在一起编制。

4 建议

我国高层、超高层建筑结构的工程与科研的发展存在两个重大的问题：科研积累落后于工程实践的需求，以及工程实践中缺乏国内自主原创的成果。

我国高层、超高层建筑的发展非常迅速，并且仍处于一个高速发展的时期。从工程实践中可以看出，高层建筑的高度不断突破，我们的科研总是被实际工程推动着向前发展，相当数量的研究是针对具体工程、在工程的设计阶段进行的。科研结合工程当然是必要的，但我国目前的建设速度非常快，设计、建造的周期都非常短，没有充分的前瞻性研究，仅仅结合工程的实际情况、在短期内进行验证性的研究，往往只能得到一些局部的、妥协的研究成果，研究成果也就缺少对工程实践的引领作用。在这点上，我们和国外是有差距的，国外的结构工程师和研究者已经根据高层建筑的发展趋势，对更高的超高层建筑进行方案性的分析和研究，探讨新型的结构形式，也在不断摸索新型的建筑材料和组合构件。

正是因为缺少系统的前瞻性研究，在工程实践中，我们往往缺少原创的方案和成果。中国的结构工程师在解决问题的能力上绝对不比国外的工程师差，甚至在计算分析能力和工程实践经验上比国外的工程师更强，但在创新上仍需要进一步努力。当然，目前我国高层建筑的建设过程中盲目迷信国外建筑师也间接影响了国内结构工程师创造性的发挥，因为在建筑方案的创作过程中，国外的建筑师往往都是和国外的结构工程师配合进行的，我们的工程师只能在设计的后续阶段中介入。

虽然结构工程是一门历史悠久的科学，但基础性、前瞻性的研究仍然是非常必要的，只有具备充分的技术积累，才能在具体的工程实践中得到更好的结果，才能让我们在面对重大的自然灾害时保证人民生命及财产的安全。因此，建议在国家的十二五等科技项目中开展针对超高层建筑结构的研究，如超高层建筑结构体系、巨型构件受力性能、高性能材料应用等，研究要结合工程实践的需求，具体化，避免大而全。超高层建筑作为建筑结构技术的尖端，其前沿的研究、发展必然会带动整个建筑行业的技术进步。

参考文献

[1] 中国建筑学会建筑结构分会高层建筑结构委员会．国内已建成最高的100栋建筑统计．1998.

[2] 中国建筑学会建筑结构分会高层建筑结构委员会．我国大陆2004年底已建成150m以上高层建筑统计．2004.

[3] 中国建筑学会建筑结构分会高层建筑结构委员会．我国大陆2009年底已建成150m以上高层建筑统计．2010.

[4] 徐培福，王翠坤，肖从真．中国高层建筑结构发展与展望［J］．建筑结构，2009，39（9）．

[5] 王翠坤．我国内地高层建筑结构的现状与发展［C］．第十九届全国高层建筑结构

学术会议论文集，2006.
［6］赵西安．我国高层建筑的最近发展（1994—1996）［C］．第十四届全国高层建筑结构学术交流会论文集，1996.
［7］陈朝晖，傅学怡，杨想兵，等．型钢混凝土空腹析架连体结构研究应用——深圳大学科技楼连体结构解析［J］．建筑结构学报，2004，25（2）：64-71.
［8］周颖，吕西林，卢文胜，等．双塔连体高层混合结构抗震性能研究［J］．地震工程与工程振动，2008，28（5）：71-78.
［9］徐自国，肖从真，廖宇飚，等．北京当代 MOMA 隔震连体结构的整体分析［J］．土木工程学报，2008，41（3）：53-57.
［10］成都来福士广场模拟震动台模型试验研究报告［R］．中国建筑科学研究院，2009.
［11］尹华钢，李志强，刘晓华，等．北京新保利大厦结构抗震设计［J］．建筑结构，2007，37（4）：1-5.
［12］徐培福，傅学怡，王翠坤，等．复杂高层建筑结构设计［M］．北京：中国建筑工业出版社，2005.
［13］吕西林．复杂高层建筑结构抗震理论与应用［M］．北京：科学出版社，2007.
［14］肖从真．汶川地震震害调查与思考［J］．建筑结构，2008（7）．
［15］肖从真，薛彦涛，曾德民，等．成都凯德风尚高层建筑隔震设计与研究［J］．建筑结构，2009（6）．
［16］Peter Fajfar，Peter Gaspersic. The N2 method for the seimic damage analysis of RC buildings. Earthquake Engineering and Structural Dynamics，1996，25（1）：31-46.
［17］叶燎原，潘文．结构静力弹塑性分析（push-over）的原理和计算实例［J］．建筑结构学报，2000，21（1）：37-43.
［18］钱稼茹，罗文斌．静力弹塑性——基于性能/位移抗震设计的分析工具［J］．建筑结构，2000，30（6）．
［19］欧进萍，侯钢领，吴斌．概率 Pushover 分析方法及其在结构体系抗震可靠度评估中的应用［J］．建筑结构学报，2001，22（6）．
［20］魏巍，冯启民．几种 Pushover 分析方法对比研究［J］．地震工程与工程振动，2002，22（4）．
［21］尹华伟，汪梦甫，周锡元．结构静力弹塑性分析方法的研究和改进［J］．工程力学，2003，20（4）．
［22］侯爽，欧进萍．结构 Pushover 分析的侧向力分布及高阶振型影响［J］．地震工程与工程振动，2004（03）．
［23］Ger J F，Cheng F Y，Lu L W. Plasitc behavior of Pino Suarez Building during 1985 Mexico City Earthquake，Journal of Structural Engineering，1993，119（3）：850-870.
［24］Challa VRM，Hall J F. Earthquake elastoplastic dynamic analysis of steel structure.

Proc.，11th World Conf. on Earthquake Engineering，1996，23（11）：1199-1281.
[25] 符龙彪，夏育颖，肖从真．北京当代 MOMA 风载及风环境数值模拟研究［J］．土木工程学报，2008（3）．
[26] 王冬梅，刘惠，郝桂珍，等．北秀蓝湾小区风环境模拟分析［J］．住宅产业，2009（Z1）．
[27] 付小平，王远成，许静，等．建大教授花园风环境的舒适性评价［J］．低温建筑技术，2009，1（127）：98-100.
[28] 龚炳年，郝锐坤，赵宁．钢—混凝土混合结构模型试验研究［J］．建筑科学，1994，10（1）：10-14.
[29] 李国强，周向明，丁翔．高层建筑钢—混凝土混合结构模型模拟地震振动台试验研究［J］．建筑结构学报，2001，22（2）：2-7.
[30] 李检保，吕西林．SRC 框架—核心筒高层混合结构抗震性能试验及非线性分析［D］. 同济大学博士学位论文，2006.
[31] 吕西林，邹峋，等．上海环球金融中心大厦结构模型振动台抗震试验［J］．地震工程与工程震动，2004，（3）：57-63.
[32] 薛彦涛．带转换层型钢混凝土框架—核芯筒混合结构试验与设计研究［D］．中国建筑科学研究院博士学位论文，2007.
[33] 混合结构抗震性能研究报告［R］．中国建筑科学研究院，2009.
[34] 王翠坤，郝锐坤，孙慧中，等．深圳加福广场大厦模型振动台试验［J］．建筑科学，1996（3）．
[35] 王翠坤，赵鹏飞，马宏睿，等．深圳大梅沙酒店模型振动台试验及减震阻尼器设计研究［C］．首届全国建筑结构技术交流会论文集，2006.
[36] 程绍革，陈善阳，刘经伟．高层建筑短肢剪力墙结构振动台试验研究[J]．建筑科学，2000（1）．
[37] 肖从真，王翠坤，郝锐坤，等．珠海信息大厦模型振动台试验与分析[J]．建筑科学，2003（6）．
[38] 储德文，梁博，王明贵．钢框架—混凝土筒体混合结构抗震性能振动台试验研究［J］. 建筑结构，2005（8）．
[39] 姜堃，王翠坤，肖从真，等．一幢特别不规则高层建筑结构模型的振动台试验研究［J］．建筑科学，2005（1）．
[40] 刘劲松，裘涛，王翠坤，等．某复杂体型高层建筑模型结构振动台试验研究[J]．工业建筑，2008（7）．
[41] 李永双，徐自国，曹进哲，等．某高层住宅项目振动台试验研究及弹塑性分析[J]．建筑结构，2009（3）．
[42] 张宏，黄小坤，左江，等．南京德基广场二期塔楼整体模型振动台试验研究[J]．建筑结构学报，2009（S1）．

[43] 薛彦涛，赵国扬．高层结构抗震模型试验［J］．建筑结构，1997（6）．
[44] 徐培福，薛彦涛，肖从真，等．高层型钢混凝土框筒混合结构抗震性能试验研究［J］．建筑结构，2005（5）．
[45] 田春雨，王翠坤，肖从真，等．广州珠江新城西塔振动台试验研究［J］．建筑结构学报，2009（S1）．
[46] 聂建国，田春雨，周建军，等．钢—混凝土组合板在某大型烟囱工程中的应用[J]．建筑结构，2006（8）．
[47] 徐培福，薛彦涛，肖从真，等．带转换层型钢混凝土框架—核心筒结构模型拟静力试验对抗震设计的启示［J］．土木工程学报，2005（9）．
[48] 孙建超，徐培福，肖从真，等．钢板—混凝土组合剪力墙受剪性能试验研究[J]．建筑结构，2008（6）．
[49] 孙建超，徐培福，肖从真，等．不同配筋形式混凝土剪力墙受剪性能试验研究[J]．建筑结构，2008（6）．
[50] 徐自国，马宏睿，刘军进，等．陕西法门寺合十舍利塔的施工过程模拟及施工预变形分析［C］．第二十届全国高层建筑结构学术会议论文，2008.
[51] 潘宠平，赵晓花，刘军进，等．CCTV 主楼施工全过程桩筏基础沉降监测技术[J]．建筑科学，2009（11）．
[52] 彭明祥，刘军进，王翠坤，等．CCTV 主楼施工过程结构关键点位的变形监测技术［J］．建筑科学，2009（11）．
[53] 王祥明，彭明祥，王翠坤，等．CCTV 主楼双塔间大悬臂施工过程专项监测[J]．建筑科学，2009（11）．
[54] 徐自国，刘军进，朱礼敏．天津津塔施工模拟及预变形分析中地基沉降因素的考虑方法［R］．中国建筑科学研究院内部研究报告，2010.
[55] 刘军进，徐自国，徐强，等．天津津塔施工模拟计算及结构预变形技术［R］．中国建筑科学研究院内部研究报告，2010.
[56] 汪大绥，姜文伟，包联进，等．CCTV 新台址主楼施工模拟分析及应用研究[J]．建筑结构学报，2008（3）．
[57] 郭彦林，刘学武，张庆林．复杂钢结构施工力学问题的研究与应用［J］．施工技术，2006，35（12）．
[58] Council on Tall Buildings and Urban Habitat. Recommendations for the Seismic Design of High-rise Buildings. 2008.
[59] Los Angels Tall Buildings Structural Design Council. An Alternative Procedure for Seismic Analysis and Design of Tall Buildings Located in Los Angels Region. 2008.
[60] Structural Engineers Association of Northern California. Recommended Administrative Bulletin on the Seismic Design & Review of Tall Buildings Using Nonprescriptive Procedures. 2007.

空间结构发展现状及前沿发展方向研究

董石麟

1 国家需求

空间结构往往是衡量一个国家建筑科学技术水平的重要标志，也是一个国家文明发展程度的象征，因此世界各国都十分重视空间结构理论和技术的研究、应用和发展。

空间结构的应用范围十分广泛，在体育场馆、展览馆、航站楼、影剧院、车站、大型商场、飞机库、工厂车间、煤棚与仓库等各类建筑工程中都能获得应用和推广，满足人们物质生活和精神文化水平日益发展的需要，为国家建设与城镇的繁荣、美化起到非常重要的作用。

以往我国的空间结构主要是在沿海地区、大中城市中获得较多的应用和推广。随着我国西部的开发，中部的繁荣，东北的崛起，城市化进程、城乡一体化的发展，目前空间结构已在全国各大中城市、中小城镇，甚至个别乡村中也都能得到应用。人们普遍认为，中国的空间结构在三四十年内发展空间和应用前景仍是非常良好的，是不会衰退的。

2 发展现状

2.1 我国空间结构的发展简史

我国的空间结构在20世纪50年代末较多地采用薄壳结构（典型实例是北京火车站大厅，见图1）、悬索结构（典型实例是北京工人体育馆，见图2），60年代中采用网架结构（典型实例是首都体育馆，见图3），80年代中较多地采用网壳结构（典型实例是北京体院体育馆，见图4）。一直到21世纪，这些比较传统的近代空间结构，除薄壳结构外，均获得了长期蓬勃的发展，工程项目遍布全国各地城镇。到20世纪90年代后开始采用索膜结构（典型实例是上海八万人体育场，见图5）、张弦梁结构（典型实例是上海浦东国际机场航站楼，见图6）、弦支穹顶（典型实例是天津保税区商务中心大堂，见图7）等一些轻型高效的现代空间结构。由此可见，我国空间结构的发展历史并不长，大致是50年，但发展速度快、应用范围广、形式种类多，且不断有所创新。

图1 北京火车站大厅在施工

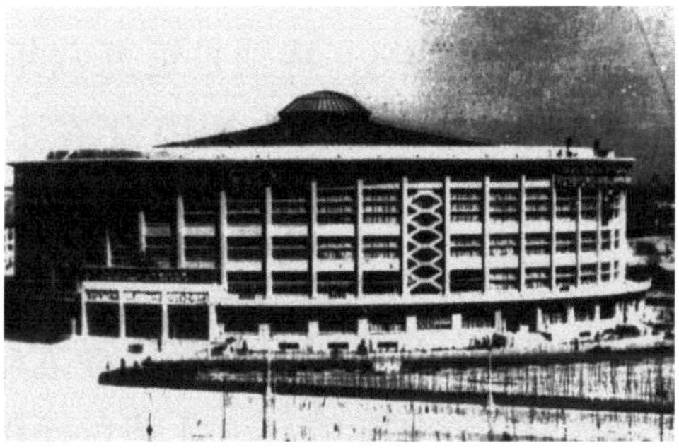

图2 北京工人体育馆

图3 首都体育馆网架在高空散装

图4 北京体院体育馆

图5 上海八万人体育场

图6 上海浦东国际机场航站楼

图7 天津保税区商务中心大堂

2.2 21世纪是我国空间结构创新发展的崭新阶段

进入21世纪，特别是近五六年来，由于北京申办奥运会的成功，2009年在济南召开全运会，2010年在上海召开世博会、在广州要召开亚运会，2011年在深圳召开大运会，我国空间结构的发展又进入了一个崭新阶段，一个重要的特点是应用范围不断扩大、结构跨度骤增，除在体育场馆、航站楼与飞机库、影剧院、展览馆等大跨度公共建筑中大量采用外，在新建大、中型铁路客站候车大厅、无站台柱雨篷、桥梁结构工程和高层建筑结构中也获得了创新应用，并且具有我国自己的特色。

表1给出了自2005年至2010年建成的，国内外有极大影响的大跨度空间结构的公共建筑（包括有标志性的体育场馆、航站楼与飞机库、影剧院、展览馆等），结构形式有双层与多层网架、单层网壳、折板形网壳、空腹网壳、张弦梁（拱）结构、弦支穹顶、索桁结构、索膜结构、斜拉结构等，其构形不断有所拓展和创新，结构跨度达300m左右，凸显了我国空间结构发展的新阶段。与此同时，不少空间结构工程和项目成为国家和城市的标志性建筑，被评为大跨度优秀工程和建筑结构优秀设计项目。图8～图16给出部分工程的照片。

2005年至2010年建成的大跨度空间结构公共建筑 表1

序号	工程名称	结构形式	平面尺寸×厚度(m)	矢高(m)	用钢指标(kg/m^2)	建成年份
1	佛山世纪莲体育场	索膜结构： 环形平面折板形索桁结构+膜+周边支承平面桁架	外圆D310， 内孔D125	20		2006
2	奥运会“鸟巢”体育场	网架结构： 旋转型平面桁架系组成微弯网架+24根立体桁架柱	外椭圆 297.3×332.3×11， 内椭圆孔127.5×185.3		420 (沿曲面)	2008
3	深圳大运中心体育场	单层网壳结构： 空间折板型单层网壳+三道环梁	外椭圆267×281， 内椭圆孔 130.4×179.6		160 (沿曲面)	2009
4	奥运会“水立方”游泳中心	多面体空间框架结构	177×177×7.211	总高31	100 (包括墙体)	2007
5	奥运会国家体育馆	双向张弦桁架结构	114×144		90	2007
6	全运会济南体育馆	三圈肋环形弦支球面单层网壳结构	D122	12	85	2008
7	首都机场T3航站楼	网架结构： 微弯型抽空三角锥网架，柱网36m×41.569m	工字形平面，长2900，最大翼宽790，总覆盖建筑面积35万m^2		50	2005
8	上海浦东机场T2航站楼	张弦梁（拱）结构： 三跨连续张弦梁（拱）结构（间距9m）+空间双层Y形支承柱（间距18m）	(46+89+46)×414			2006
9	首都机场A380维修机库	三层网架结构： 门梁处四层网架	115×(176.3×2)			2008
10	国家大剧院	空腹网壳结构： 144榀平面空腹拱+环向上、下弦杆构成	椭圆142×212×(3~2)		137 (沿曲面)	2007
11	上海世博会世博轴	索膜结构与单层网壳结构： 多跨连续张拉索膜结构+6个喇叭形单层三向网壳	97×84.0			2009

图 8　佛山世纪莲体育场

图 9　深圳大运中心体育场效果图

图 10　奥运会国家体育馆

图 11　全运会济南体育馆

图 12　首都机场 T3 航站楼在施工中

图 13　浦东机场 T2 航站楼内景

图 14　国家大剧院在施工中及结构计算模型

图 15　阳光谷节点试验

图 16　世博轴阳光谷概貌

随着铁路的提速和高速铁路与城际铁路的快速发展，一大批大跨度、大柱网的大型铁路客站建筑便在中国大地上蓬勃兴建。大型铁道客站是集铁路、城市轨道交通、公交、出租车、社会车等多种交通方式于一体的综合交通枢纽，地上建筑与地下建筑结合、房屋建筑与桥梁建筑合一，结构复杂，结构层数多，上部形态各异的大跨度空间结构要与下部结构有机结合，协同工作，这也是大型客站建设设计与施工中要特别关注的科技问题。为方便旅客，体现以人为本的新理念，新建火车站站台大都采用无站台柱雨篷，雨篷横向跨度要求大于或等于 21.5m，支承柱可设在两股铁道的中间。因此，形态各异的大、中、小跨度空间结构都可适用于站台雨篷屋盖结构。表 2 给出有代表性的新建火车站主站房和无站台柱雨篷结构工程，其结构形式有梁系结构、立体桁架结构、拱结构、张弦梁（拱）结构、网壳结构、斜拉结构、弦支网壳结构等，结构形态各异，组合结构体系较多。图 17 ~ 图 20 给出部分工程结构示意图。

有代表性的新建火车站主站房和无站台柱雨篷大跨度空间结构工程　表2

序号	工程名称	结构形式	平面尺寸×厚度（m）	矢高（m）	建成年份
1	上海南站主站房	梁系结构：18根二级分叉Y形大梁+中间梁的下弦杆（钢棒）+四道环索、四圈交叉索	扁圆锥形D294，内压环D26，内柱（18根）环D150，外柱（36根）环D226		2006
2	北京南站主站房	梁与立体桁架系结构：实腹梁（中跨67.5m）+矩形截面立体桁架（边跨40.5m、悬挑19m）共17榀，间距20.6m	椭圆190×350×2.0（中跨）×3.0（两侧）	总高40	2008
3	新武汉站主站房	拱与网壳结构：三跨大拱+变厚度双层网壳+拱上V形支撑，大拱间距65m	（36+116+36）×（4×65）	59	2009
4	北京南站站台雨篷	悬垂工字梁结构：设反向斜拉索，顺轨向最大跨度66m，支承A形柱，间距41.2m	两块月牙形平面126.6×322.6		2008
5	深圳北站站台雨篷	弦支网壳结构：多跨多波单环弦支圆柱面网壳+四角锥柱帽斜杆支承	顺轨向柱距28×横轨向柱距43，总覆盖面积6.8万m^2		2010

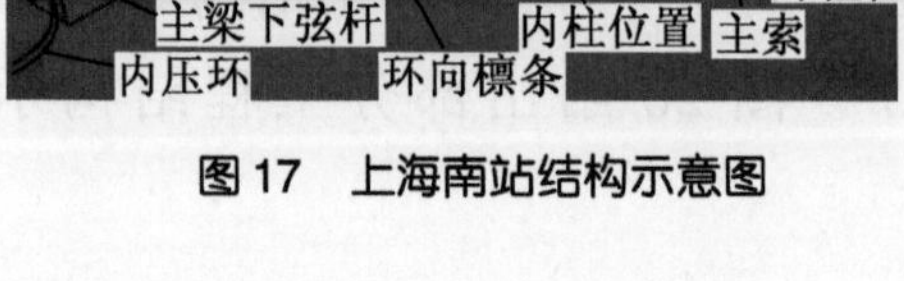

图17　上海南站结构示意图

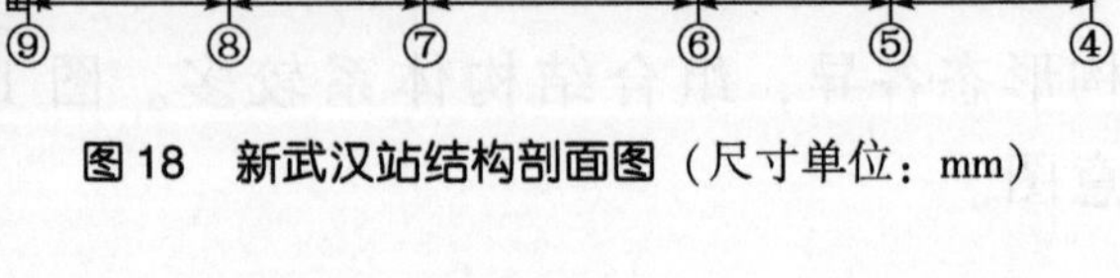

图18　新武汉站结构剖面图（尺寸单位：mm）

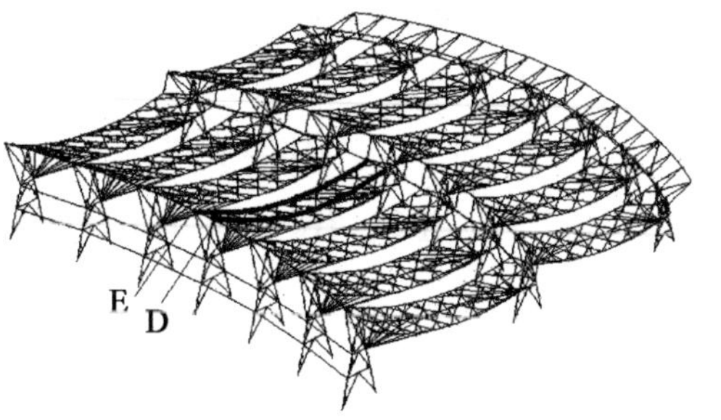

图 19　北京南站无站台柱雨篷结构

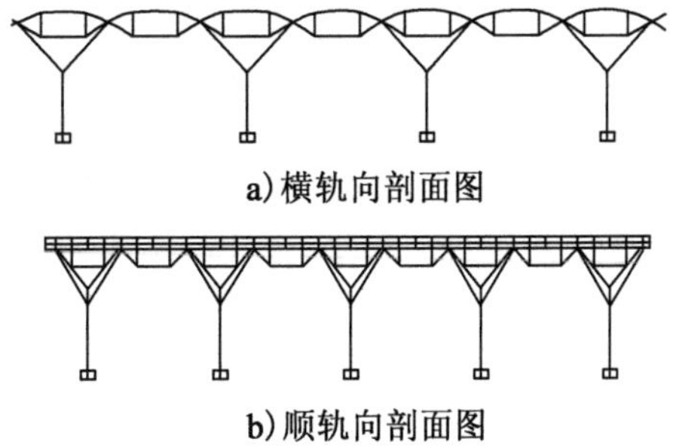

图 20　深圳北站无站台柱雨篷结构局部（剖面图）

3　发展战略

3.1　注重研究和开发轻型与高效的空间结构体系

近年来，我国空间结构蓬勃发展，建筑造型新颖、形式和种类繁多而独特，按传统的空间结构形式和分类方法，即把空间结构区分为薄壳结构、网架结构、网壳结构、悬索结构和膜结构共五类空间结构的分类方法已很难囊括和包络现有各种形式的空间结构。采用按板壳单元、梁单元、杆单元、索单元和膜单元共五种单元组成来分类各种形式的空间结构可避免传统分类方法的局限性，具有鲜明的开拓性，如图 21 所示。

空间结构按单元组成分类方法具有如下一些特性：

（1）国内外现有 38 种具体形式的空间结构可以区分为：由板壳单元和以板壳单元为主组成的空间结构为 3 +4 =7 种，由梁单元和以梁单元为主组成的空间结构为 5 +6 =11 种，由杆单元和以杆单元为主组成的空间结构为 3 +6 =9种，由索单元和以索单元为主组成的空间结构为 2 +5 =7 种，由膜单元和以膜单元为主组成的空间结构为 2 +2 =4 种。

（2）空间结构按基本单元组成分类具有鲜明的直观性、实用性、包容性和开放性四大特点，它不仅可确知各种形式空间结构的组成清晰，而且可初步框定利用哪些计算方法和程序进行结构分析；它不仅可包络当前所有各种形式的空间结构，而且也可包容、囊括今后开发和创造的新型空间结构。

（3）由于板壳单元、梁单元和杆单元可认为是刚性单元，索单元和膜单元可认为是柔性单元，因此各种具体形式的空间结构又可归属为由刚性单元组成的刚性空间结构（见图 21 中用实线框框住的结构名称，小类编号为

1、2、4、5、8、9、11 共 7 类）、由柔性单元组成的柔性空间结构（见图 21 中用虚线框框住的结构名称，小类编号为 12、15、17 共 3 类）和由刚、柔性单元杂交组合而成的刚柔性组合空间结构（见图 21 中用半实线框半虚线框框住的结构名称，小类编号为 3、6、7、10、13、14、16 共 7 类）三大类空间结构。

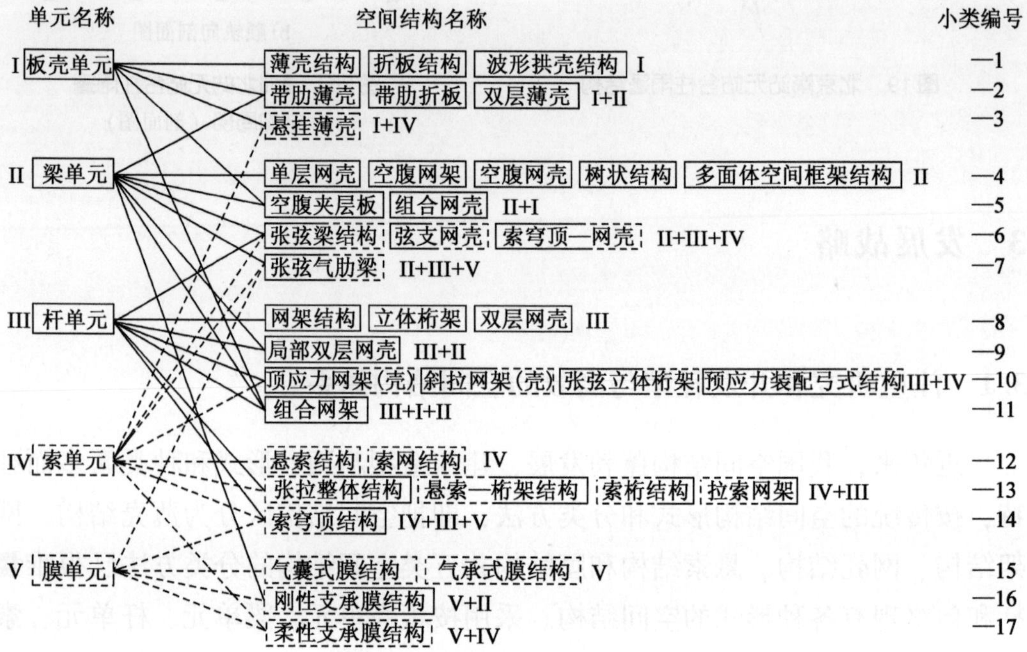

图 21　空间结构按单元组成分类

一般来说，刚性空间结构是传统的空间结构，也是近代的空间结构，其研究工作也比较深入，且有比较成熟的设计与施工经验，当前主要是进一步进行总结和提高工作。柔性和刚柔性组合空间结构，是新颖的空间结构，也是现代的空间结构，可以说是有广阔发展前景的轻型与高效的空间结构体系，其理论和技术问题还不是非常清楚，有待深入研究。归纳起来，如下一些关键问题是应该注意探索研究和重点开发的：

（1）高强度、高性能且价格便宜的索材和膜材尚需进一步研究开发并能控制其材性。

（2）预应力技术的引进，并通过预应力来找形的理论问题、误差分析问题和施工技术与装备问题。

（3）柔性和刚柔性组合空间结构是风敏感性结构，要研究风环境下的流固耦合、气弹模型试验、风振响应、抗风设计和振动控制等问题。

（4）柔性和刚柔性组合空间结构的施工力学问题，研发施工全过程分析方法和计算软件。

（5）轻型与高效空间结构体系在施工与使用期间的健康检测、耐久性全寿命预测和评估方法。

3.2 抓住机遇，从空间结构大国走向空间结构强国

我国的空间结构经过近半个世纪的发展，特别是21世纪后，随着我国钢产量的年年攀升，以钢材为主要建筑材料的空间结构也更是日新月异地得到迅猛的发展，而且在中国创造了多项空间结构世界之最。

（1）空间网格结构（网架与网壳）是一种受力合理、刚度大、材料省、制作安装方便、应用广泛的各类大、中、小跨度的空间结构。据不完全统计，近几年我国每年建成约1800幢网格结构、覆盖建筑面积300万m^2，耗钢量15万t，早已成为名副其实的“网架大国”。

（2）我国有近百家相当规模的空间结构（钢结构、膜结构）制造厂，已形成一个新兴的空间结构制造行业，其中有30多家特级钢结构制造厂（每年超过5万t钢结构的企业为特级企业）和约10家一级膜结构生产公司，形成规模生产，且部分出口国外。这样多的空间结构制造厂在国外是没有的，我国是全球之最。这些企业为我国大跨度空间结构的发展和推广应用做出了积极的贡献。

（3）在中国有跨度最大的空间结构，如142m×212m的空腹双层椭球面网壳用于国家大剧院，114m×144m的双向张弦桁架用于奥运会国家体育馆，跨度122m弦支穹顶用于全运会济南体育馆，椭圆平面297.3m×332.3m网架结构用于奥运会“鸟巢”体育场。

（4）国内外首次在中国采用的新型空间结构也很多，如多面体空间框架结构用于奥运会“水立方”游泳馆（2007年建成），多层多跨网架雕像骨架用于广东南海大佛（1997年建成，见图22），组合网架用于江苏徐州夹河煤矿大食堂（1980年建成，见图23，与国际同步），预应力装配弓式结构用于北京钓鱼台国宾馆室内网球场（1994年建成，有国家发明专利）。

（5）在世界上单体覆盖建筑面积最大的微弯网架如首都机场T3A航站楼，其覆盖建筑面积18万m^2，连同T3B、T3C可达35万m^2；我国是世界上建成组合网架幢数最多的国家（共60幢，而世界其他各国的总和也不足30幢）。

（6）我国已编制和颁发了多本空间结构（如薄壳结构、折板结构、升

板结构、网架结构、网壳结构、索结构、膜结构、预应力结构等）国家和地方的规范、规程、标准，可指导各类空间结构的设计和施工，确保工程质量。

图22 广东南海大佛雕像骨架

图23 徐州夹河煤矿大食堂

（7）此外，我国高等院校和科研机构中有正在攻读空间结构学科的硕、博士研究生和博士后，其保守的估计数达到2500名，每年发表了大量的学术论文。这支空间结构科技队伍的后备力量是不可估量的、世界上少有的。

综上所述，中国不仅仅是世界网架大国，而且已是空间结构大国，现正是机遇，是从空间结构大国走向空间结构强国的最佳年代。如要成为空间结构的强国，在以下几方面必须赶超世界先进国家：

（1）要有一定数量空间结构原创性、自成体系的科技成果。

（2）在世界上现有38种空间结构中，在中国不仅都要有，而且要在原有基础上进一步改进、提高、创建新的标志性空间结构工程。

（3）要撰写一系列国际上有影响的空间结构专著，发表大量的空间结构学术论文和研究报告。

（4）在国内外大批申请空间结构发明专利。

（5）加强空间结构的国内外学术交流，更多地在中国召开国际空间结构学术会议，在历次国际学术会议上多作主题报告。

3.3 空间结构工程国际合作方面要强调自主创新

近些年来，我国一大批标志性的大型公共建筑空间结构工程被国外建筑设计公司中标，不完全的统计见表3。这一现象曾引起国内科技界和工程界极大关注，议论纷纷，褒贬不一，现在似乎冷静下来了。总体看来，应以积极的态度来对待被国外建筑公司中标的大型公共建筑空间结构工程。

国外中标的大型公共建筑空间结构工程 表3

项目	中标单位	国内合作单位
国家大剧院	保罗·安德鲁（法国）	北京市建筑设计研究院
鸟巢体育场	赫尔佐格—德梅隆（瑞士）	中国建筑设计研究院
水立方游泳馆	PTW（澳大利亚）	中建国际设计顾问有限公司
首都T3航站楼	诺曼福斯特（英国）	北京市建筑设计研究院
杭州大剧院	卡洛斯（加拿大）	杭州市建筑设计研究院
浦东机场航站楼	保罗·安德鲁（法国）	华东建筑设计研究院
深圳会展中心	佐藤（日本）	广州市建筑设计研究院
深圳大运会体育中心	GMP（德国）	深圳建筑设计研究院、东北建筑设计研究院
浙江大学体育馆	考克斯（澳大利亚）	浙大建筑设计研究院、浙大空间结构研究中心
深圳T3航站楼	福克萨斯（意大利）	北京市建筑设计研究院
深圳南山体育中心	佐藤（日本）	北京市建筑设计研究院
广州歌剧院	Zaha Hadid事务所（英国）	广州珠江外贸建筑设计院、华南理工大学
上海铁路南站	AREP建筑公司（法国）	华东建筑设计研究院
新天津西站	GMP（德国）	铁道部第三勘察设计院
上海世博会世博轴	SBA（德国）	华东建筑设计研究院

（1）我国加入WTO以后，国外建筑企业进入中国市场，允许并欢迎他们来竞标我国大型公共建筑工程，这是我国改革开放政策的具体体现、不闭关自守的大国风范。

（2）国外有不少优秀的建筑和结构大师及其建筑方案，在建筑设计理念、结构选型、建筑与结构的配合等方面思想活跃、不保守、有所创意和创新，值得学习，要看到国内有差距。

（3）国外中标的大型公共建筑空间结构工程，其建筑和结构的优化和深化设计、工程的加工、制作和施工安装都是我国科技人员和广大建筑工人花了大量的精力和加倍努力工作完成的，现大都已成为国家和城市的标志性建筑，特别是奥运会的“鸟巢”和“水立方”，其意义更是凸显。因此，这些国外中标、现已建成的大型公共建筑，即使在某些建筑和结构方面有不足之处，是属于要总结经验、今后改进的问题，现不宜对这些工程进行不恰当的挑剔和贬低。

（4）然而国内若干建筑领域，包括一些决策部门确也存在一种严重的“崇洋风”，对外形怪异、结构不合理的畸形建筑，缺乏衡量标准和判别能力，与真正的新技术新结构混为一谈，致使国外建筑事务所一些低水平的建筑方案也屡屡中标。

因此，需要强调自主创新、规范招投标工作是非常重要的，并应关注如下事项：

（1）要制定科学的评标标准，我国历来对土建工程评优而提倡的八字方针，即安全、适用、经济、美观仍是非常有效的，到当今21世纪，且在中国建造大型公建工程，还应加上技术先进、结合中国国情（即要有地域文化）。根据这六条评标标准，科学进行综合定量评价，保证相对最优的候选人中标，同时在招投标过程中，要加强政府和社会的监管力度，确保招投标工作真正做到“公开、公正、公平和诚信”。

（2）关于评标专家委员会，要严格评标专家资格认定，实行动态管理，严格执行回避制度。专家组成人员要合理，中外专家比例数合理，专家专业（建筑、结构、设备、施工）比例数合理，官员不能太多，确保评标专家依据评标办法和标准独立负责地进行评标。

（3）国际招标中尚应关注中外设计单位设计收费合理，应同样执行平等的国民待遇。此外，还要对国外设计事务所进行严格的资质审查，防止非本单位挂靠、临时招聘国内人员凑数等虚假现象。

（4）要强调空间结构工程的自主创新，特别是空间结构工程的建筑方案设计水平要提高，建筑与结构工种密切配合，还需做到而且要力争中方的设计方案优于外方的设计方案。这是完全可能的。

4 建议

展望中国的空间结构能成为结构工程学科的重要支柱，能真正走向世界，成为名副其实的空间结构强国，应着力关注和研究以下问题：

（1）在空间结构的推广应用和研发方面，必须着力坚持四个创新的原则，即原始创新，集成创新，引进消化、吸收、再创新和自主创新的原则。

（2）要着力研究、开发技术先进、制造方便、轻型高效和具有鲜明特色的空间结构体系和节点体系，并形成品牌专利，进行批量生产。

（3）要着力倡导和推行空间结构的工厂化、自动化、精细化、装配化、

CAM 和 CAD 一体化的加工制作，力求做到每幢空间结构工程都是优质产品。

(4) 要着力攻克空间结构的流固耦合、静动力稳定、抗风抗震、结构的弹塑性和全寿命性能等方面的分析理论和计算方法方面的难题或有争论、待深化的科研课题。

(5) 要着力进行空间结构的国际学术交流和合作，要着力把我国空间结构的设计与施工队伍进入国际市场，特别是欧美市场。

(6) 要着力培养精通空间结构业务、有敬业精神和国际视野的各类不同层次空间结构学科的教学、科研、设计、施工、管理和经营方面的创新型人才。

参考文献

[1] 董石麟，赵阳．论空间结构的形式和分类 [J]．土木工程学报，2004，37 (1)：7-12.

[2] 董石麟．空间结构的发展历史、创新、形式分类与实践应用 [J]．空间结构，2009，15 (3)：22-43.

[3] 傅学怡，顾磊，赵阳．国家游泳中心水立方结构设计 [M]．北京：中国建筑工业出版社，2009.

[4] 王振华．索穹顶与单层网壳组合的新型空间结构理论分析与试验研究[D]．杭州：浙江大学，2009.

[5] 董石麟，王振华，袁行飞．一种由索穹顶与单层网壳组合的空间结构及其受力性能研究 [J]．建筑结构学报，2010，31 (3)：1-8.

[6] PEDRETTIM，LUCHSINGER R H. Tensairity Patent-A pneumatic tensilc roof [J]．Stablbau，2007，76 (5)：314-319.

[7] 傅学怡，杨想兵，高颖，等．济南奥林匹克体育中心结构设计概述 [J] //第九届全国现代结构工程学术研讨会论文集 [C]．工业建筑，2009 (增刊)：1-10.

[8]《建筑结构优秀设计图集》编委会．建筑结构优秀设计图集 8 [M]．北京：中国建筑工业出版社，2008.

[9] 中国钢结构协会空间结构分会．大跨空间结构优秀工程汇编——第五届空间结构优秀工程奖获奖工程，2009.

[10] 董石麟，袁行飞，郭佳民，等．济南奥体中心体育馆弦支穹顶结构分析与试验研究 [J] //第九届全国现代结构工程学术研讨会论文集．工业建筑，2009 (增刊)：11-16.

[11] 黄泰赟，蔡健．广州歌剧院空间异型大跨度钢结构设计［J］．建筑结构学报，2010，31（3）：89-96.

[12] 郑健．空间结构在大型铁路客站中的应用［J］．空间结构，2009，15（3）：52-65.

[13] 2009中国铁路客站技术国际交流会会议交流论文（设计篇）．武汉，2009.

[14] 董城．京津城际铁路天津站结构设计［J］//第九届全国现代结构工程学术研讨会论文集．工业建筑，2009（增刊）：174-176.

[15] 罗尧治，张彦，余佳良，等．北京北站张弦桁架结构工程［J］//第十二届空间结构学术会议论文集．北京：2008.

[16] 范立础，杨澄宇．空间结构在桥梁工程中的应用［J］．空间结构，2009，15（3）：44-51.

[17] 刘锡良．简述天津市近年来兴建的十座工程结构体系［J］//第九届全国现代结构工程学术研讨会论文集．工业建筑，2009（增刊）：177-186.

[18] 傅学怡．空间结构理念在高层建筑中的应用与发展［J］．空间结构，2009，15（3）：85-96.

[19] 董石麟，袁行飞，赵阳．规范招投标和建筑设计方案，促进我国大跨度空间结构从大国向强国发展［J］．钢结构，2009（增刊）：1-8.

建筑施工技术的发展现状及前沿发展方向研究

叶可明　胡玉银　孔德志

1　国家需求

1.1　建筑工程发展需求

经过60多年的努力，我国在建筑工程建设方面取得了举世瞩目的成就。但是建筑工程发展还不能完全满足人们日益增长的需要。我国建筑工程无论是规模，还是质量都有很大发展空间，建筑工程发展需求是巨大而迫切的。

一是建筑工程规模有待扩大。经过长期努力，我国居民居住条件得到明显改善，文化、教育和卫生设施日益完善。但是建筑工程建设规模与人们需求之间的矛盾还比较突出，特别是城市居民住房紧张状况还没有得到根本缓解，需要加快发展房地产业。近年来中央把推进城镇化作为统筹城乡区域协调发展的有效途径，2010年中央经济工作会议强调“积极稳妥推进城镇化，提升城镇发展质量和水平”。今后我国城镇化进程将明显加快，这将对建筑工程发展规模提出更高要求。我国城镇化率已从新中国成立之初的大约10%提高到大约45%，但与发达国家78%和世界平均49%的城镇化水平相比，仍有很大的发展潜力。据专家测算，今后中国城镇化率每年提高一个百分点，意味着约有2000万农村人口进入城镇居住、生活、就学、就业，对建筑工程的需求将是十分巨大的。

二是建筑工程质量有待提高。我国既有建筑绝大部分是高能耗建筑，单位面积能耗是发达国家的两三倍，对社会造成了沉重的能源负担和严重的环境污染，已成为制约我国可持续发展的突出问题。目前我国人们对居住空间的需求关注较多。随着生活水平的提高，人们的关注点将逐步转向居住舒适性，建筑耗能量将显著增加，这一问题将更加突出。因此既有建筑节能改造任务繁重。另外我国既有建筑，特别是20世纪70年代末以前建造的建筑，抗震设防的标准低，甚至未进行抗震设防，给我国抗震减灾带来巨大隐患。在2008年四川汶川地震和2010年青海玉树地震中，这些问题都不同程度得到反映。同时新中国成立后建设的许多建筑工程使用时间陆续超过设计规定的50年服役期限，需要进行加固才能继续使用。因此既有建筑抗震加固任务繁重。

1.2 施工技术发展需求

（1）工程建设规模不断扩大。随着城市建设步伐的加快，高层、超高层建筑不断增多，建筑高度不断被刷新。比如，在建的深圳平安国际金融大厦，地上115层，建筑高度不低于450m；上海中心高度将达到580m，高121层；待建的大连城市综合体项目，建筑总高度518m；武汉国际金融城，总高度600m。这些高层、超高层建筑日益呈现出结构超高、体态奇特和结构复杂等特点，随之而来的是对建筑施工技术提出了更高的要求。

（2）施工环境保护要求日益提高。随着城市建筑的日渐密集，开阔的施工环境越来越少，中心城区的地下空间开发遇到历史建筑、地铁等城市生命线工程的概率大大增加，环境保护要求日益严格，原有的施工技术面临诸多挑战。采用传统工法，周边建筑物、管线保护成本以及由于施工不当造成的临近建筑物、管线受损导致的增加费用均处于较高水平，研究新型施工设备和新型施工工法成为趋势。

（3）开发利用方式亟待转变。随着我国经济的飞速发展，人民生活水平不断提高，人工费占建筑成本比例越来越大，建筑单位过去那种粗放型发展方式遇到了前所未有的挑战。此外，我国的建筑业是能耗物耗大户。据统计，我国建造和使用建筑直接、间接消耗的能源占全社会总能耗的46.7%，用水占城市用水的47%，使用的钢材和水泥分别占全国总使用量的30%和

25%。我国每年城乡新建房建筑面积近20亿m^2，其中80%以上为高能耗建筑；既有建筑近400亿m^2，95%以上是高耗能建筑。因此，必须转变过去那种粗放型的施工方式，推行节水、节地、节材、节能的绿色施工。

2 发展现状

十一五规划期间，得益于经济持续繁荣，特别是2008年北京奥运会和2010年上海世博会的举办，我国建筑工程进入快速发展阶段。近年来相继兴建了一大批具有世界影响的建筑工程。大空间公共建筑有北京奥运工程（国家体育场"鸟巢"、国家游泳中心"水立方"、奥林匹克公园等）、首都机场3号航站楼、上海世博园工程（世博轴、中国馆、世博中心、演艺中心和主题馆）、浦东国际机场二期、虹桥综合交通枢纽、上海铁路南站等。超高层建筑有广州新电视塔（高610m）、上海环球金融中心（101层、高492m）、南京紫峰大厦（高452m）和天津环球金融中心（高336.9m）等。地下建筑工程有上海外滩通道工程、上海500kV静安（世博）输变电工程、广州市珠江新城核心区市政交通项目等。建筑工程大发展为建筑施工技术进步提供了广阔的舞台，我国建筑施工技术水平得到极大提升。经过60多年的发展，我国建筑施工技术已经跨入世界先进水平行列，其中超高层建筑工程和大跨度钢结构工程施工技术达到国际领先水平。

2.1 深基础工程施工技术

十五、十一五期间，我国超高层桩基础、超深地下空间开发、超大规模地下交通枢纽等一系列深基础工程不断涌现，深基础施工技术得到全面发展。

超高层建筑中，上海环球金融中心高度为492m，主楼工程桩采用ϕ700mm的钢管桩，长度80m，采用圆形基坑，内径100m（图1）。超深地下空间的开发利用以500kV世博地下变电站为例（图2），构筑物为四层钢筋混凝土筒体结构，筒身外径为130m，是目前中国第一、亚洲第二的地下变电站，地下结构埋置深度33.8m。基坑围护采用"二墙合一"地下连续墙，墙厚1.2m，衬墙厚0.8m，深57.5m，采用逆作法施工技术，是深层地下空间利用的标志性工程。上海轨道交通9号线一期R412标宜山路车站为9号线一期工程的终点站及站前折返站，车站主体结构最深地下连续墙为

62m，基坑开挖最深为30.6m，是目前上海在建的最深地铁车站之一。上海地铁4号线修复工程65m超深地下连续墙施工，创造了国内软土最深地下连续墙施工纪录。41m超深基坑开挖，在相当于14层楼高度的基坑内设置9～10道钢筋混凝土支撑，创造了国内软土地层基坑开挖新纪录。43m超深承压水降水，创造了国内软土地层超深承压水降水深度之最。

图1　环球金融中心

图2　500kV世博地下变电站

上海虹桥综合交通枢纽总用地约26.26km^2，基坑面积超过10万m^2，在超大面积基坑施工开挖技术上解决了很多难题。

2.2　高层建筑工程施工技术

十一五以来，我国超高层建筑在模板工程技术、高性能混凝土技术、钢结构安装技术、施工控制技术和工业化成套施工技术上，正逐步走向机械化、自动化、工业化，其施工技术、工艺与设备也在不断创新。

模板体系：主要包括整体提升式钢平台模板体系和液压自动爬升模板体系。整体提升式钢平台模板体系主要由升板机作动力。该体系已经在金茂大厦、东方明珠、世茂国际广场、南京紫峰大厦、广州新电视塔等标志性建筑中获得成功（图3～图6）。

对于体型变化丰富的结构，钢平台体型可以通过高空解体、重组以适应体型变化的需要。液压自动爬升模板体系包括片架式和平台式两种。该模板体系已经在外滩中信城和广州珠江城工程中应用（图7）。另外环球金融中心的斜向巨柱也是采用液压爬模进行施工。液压自动爬升模板系统（图8）具有机械化、立面适应性强等优点，单元布置可灵活避让核心筒外伸钢梁，是解决剪力墙外伸牛腿施工难题的有效手段。对于体型变化丰富的结构，液压自动爬升模板系统可以通过斜爬和调整U形孔的方式适应墙体的收分。

图3　上海东方明珠

图4　世贸国际广场

图5　南京紫峰大厦

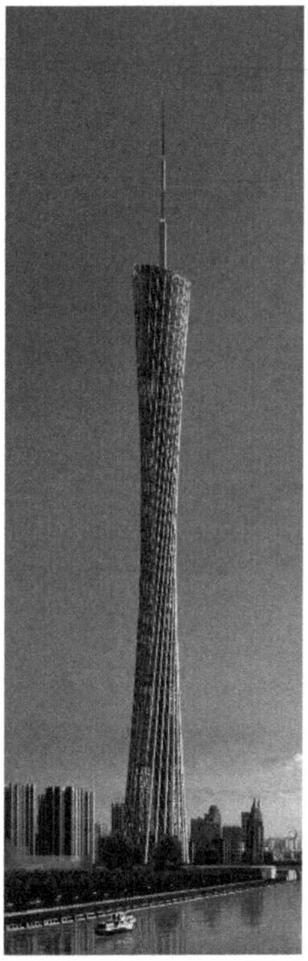

图6　广州新电视塔

超高层泵送混凝土施工技术：包括一泵到底泵送混凝土技术、大流动自密实混凝土的应用、高强度等级混凝土的应用、钢管混凝土的施工技术。上海环球金融中心，地面（±0.00）以上混凝土方量为99800m^3，创下了将C80混凝土一次泵送到420m的世界纪录。在主楼封顶时，单泵将混凝土垂直泵送至492m，保证了施工的高效率和高质量。

图7　广州珠江城

图8　液压自动爬升模板系统

工业化成套施工技术：尽管我国早在20世纪50年代便开始在高层建筑中采用预制装配技术，但由于预制构件投资大、不易满足平面和立面多样化要求，因而影响了预制装配建筑的发展推广。随着建筑施工技术和建筑材料性能的不断进步，越来越多的工程结构设计采用构件工厂预制、工地现场安装的施工工艺。

2.3 大跨度钢结构工程施工技术

安装技术是大跨度钢结构工程施工技术的关键，主要包括滑移法、提升法、旋转吊装法和分块拼装法。

滑移法主要通过胎架支撑钢桁架或网架，由动力系统牵引胎架或桁架沿固定轨道滑动。浦东国际机场航站楼采用此法进行施工。由于静、动摩擦力大小不等，牵引法在牵引过程中存在不稳定的现象，重庆江北机场航站楼又采用了新的整体平移工法——顶推法。上海旗忠网球中心结构复杂，如果按照常规工艺方法，无法按预定工期完成任务，于是采用一种新的安装工艺——圆曲线滑移法（图9、图10），即起重机固定区域吊装，钢结构旋转。深圳机场航站楼和广州白云国际机场航站楼实施了大跨度变曲面的同步滑移技术，取得了成功。

提升法主要通过动力提升装置将屋盖系统整体提升到预定位置并就位，如上海大剧院。

旋转法则成功应用于上海铁路南站（图11），其主站屋面钢结构系为直径278m的圆形建筑，其结构由中心内压环、柱、主梁、檩条和外围拉力环组成（图12）。主站屋钢结构屋盖属于大跨度复杂钢结构体系安装工艺，且周边施工环境复杂，现有施工机械难以满足吊装需要，最后采用123m旋转龙门吊安装（图13）。

图9　钢叶瓣的吊装

图10　第二个叶瓣吊装后正在旋转

图 11　上海铁路南站

图 12　旋转龙门吊大梁下拉索安装

图 13　123m 旋转龙门吊拆除

分块拼装法是将整体结构按照一定的规则，分成若干吊装单元，在分段处搭设可用于承重和作为操作台的支撑平台，将分段在高空合拢，成为独立的稳定体系，然后拆除支撑。

2.4　既有建筑改造关键施工技术

主要包括建筑安全性与保护性改造技术、既有建筑节能改造技术、既有建筑功能提升改造技术和既有建筑改造专用材料和施工设备研究。

图 14　外滩改造

外滩改造工程是上海在世博会期间向世界展示的一个窗口（图 14），其地下通道工程全长 3720m，紧靠外滩老建筑群，基坑开挖深度深、施工风险大、环境保护难度高。该工程周边环境特别是文物建筑在各项施工措施的控制下，得到了良好的保护。

陆家嘴民生银行大厦以“借楼生楼”

的手法，把一幢空置达 10 年之久的老大楼改造成为新一代金融办公物业。该大楼 30 层，外观陈旧、高度偏低、结构不合理、单层使用面积过小，已不适宜现代银行大楼标准。于是，民生银行在大楼原址上扩容，重新进行规划、设计和改造。改造采用了加固结构，加高建筑的方案，将原楼层加高了 10 层，内部原来的钢筋混凝土外框架柱结构改为钢筋混凝土柱结构，楼面体系改为钢梁和压型钢板楼面体系。同时对建筑基础、剪力墙、框架柱和框架梁及楼面体进行全面加固，加固改造之后的大楼旧貌变新颜。

申达大楼是一幢具有现代建筑风格的大楼，2005 年 10 月被列入上海市第四批优秀历史保护建筑。该楼房屋平面形式呈 L 形，结构内大量采用了木结构，如木梁、木柱、木楼板等（图 15）。现对其进行翻新改建，以“修旧如旧”为指导原则，保留其原有建筑风格，展示历史风貌，对主要承重构件之一的木大梁采用钢箍加固的方法；对木梁、木柱、木梁托、搁栅有严重损坏的用最接近原有木构件的木材材质按原样加工更换；对有损坏的木过梁一律换成钢过梁。

图 15　申达大楼改造

已有许多工程实例表明，我国在既有建筑改造技术方面，已经开发并完善了超高层建筑再生改造施工工艺，形成了超高层建筑再生过程中拆除、置换、加固一系列的标准化工艺流程；改进了特殊环境条件下的现代建筑群改造施工工艺，实现了多个单体建筑改造、重建的施工工艺流程。

2.5　混凝土技术

随着我国经济建设的不断发展，大型土木工程不断兴建，混凝土的使用量越来越大，对其施工技术的要求也越来越高。混凝土技术主要包括高性能混凝土技术、大体积混凝土施工技术、清水混凝土预制技术和绿色混凝土技术。

我国对高性能混凝土（高强、高耐久性、自密实混凝土等）制备技术进行了研究。目前混凝土的耐久性可以满足重大工程设计基准期为 100 年的要求；对大体积混凝土施工技术进行了研究，较好地解决了大体积混凝土制备浇注过程中水化热产生的裂缝问题，如CCTV新台址主楼工程和上海中心大厦。上海中心大厦大底板混凝土浇筑是罕见的超大面积、超深厚度、超大方量和高强度等级“四碰头”工程。大底板直径121m，厚达6m，总浇筑方量6万m^3，全部采用强度等级为C50R90的商品混凝土，抗渗等级为P12。底板混凝土浇筑总原则采用由环心向四周“分段定点、一个坡度、薄层浇筑、循序推进、一次到顶”的退捣方法，采用了12台汽车泵（4台56m和8台48m）和6台固定泵间隔布置在基坑边的环形施工便道上进行浇筑（图16）。

图16 上海中心大厦基坑大底板混凝土浇筑

我国已经具备了清水混凝土预制技术。近年来，少量高档建筑工程如海南三亚机场、首都机场、上海浦东国际机场航站楼、东方明珠的大型斜筒体等都采用了清水混凝土。该技术在上海虹桥国际机场西航站楼工程得到大面积应用（总面积达36000m^2）。此外，发展了绿色混凝土技术，包括绿色高性能混凝土、再生骨料混凝土、环保型混凝土及机敏型混凝土等。

2.6 施工控制技术

施工控制技术主要应用于超高层建筑施工和大跨度钢结构施工中，包括信息化施工技术和仿真分析技术两方面关键内容。迄今，对施工方法和施工组织的优化主要建立在施工经验基础上，依靠施工经验对工程施工进行控制和优化，具有一定的局限性。采用虚拟施工技术能够跟踪施工过程的每个环节，对施工生产全过程进行实验，对验证和优化施工技术和施工组织可取得良好的效果。仿真分析技术指采用先进的大型结构分析软件和有限单元法的分析理论，对建筑结构的整个施工过程进行仿真分析，然后根据施工全过程仿真分析的研究成果，对施工过程中的控制技术进行量化，制订详细的施工控制技术措施。

广州新电视塔，高610m，具有超高、纤细、扭转、偏心、镂空等结构特点。这些结构上的特点，使得施工控制的问题变得非常突出。通过施工控制技术，该工程很好地控制了结构平面位置、结构标高、转换桁架标高和结构的内力。北京中央电视台新台址大厦，地上52层，高234m，由两座双面

6°倾斜塔楼和连接两座斜塔顶部的15层高悬臂结构承载，构成由两个巨大的“Z”字交叉缠绕的城市巨型雕塑。CCTV新台址大厦奇特的造型对施工控制技术提出了很高的要求。此外，超高层建筑施工控制技术还在上海环球金融中心等项目中得到了很好的应用。

“水立方”工程，屋面结构平面尺寸177m×177m，最大净跨137m，卸载支承点135个。螺旋千斤顶支撑等距同步卸载技术，在本工程中大范围应用，一次卸载支承点多达90个，这在此前的工程中尚无先例。经过精心的卸载方案论证，应用先进的计算机模拟分析计算和检测技术，最终确定本工程钢屋面卸载分两次进行：第一次卸载点45个，跨度40m；在此经验基础上进行第二次卸载，卸载点高达90个，跨度137m。对钢结构屋面应用人工手动螺旋千斤顶实现了多点等距同步卸载，卸载中杆件应力变化平缓，最终变形值（197mm）小于设计给定值（245mm），取得了圆满成功。此外，大跨度钢结构施工控制技术在“鸟巢”、国家大剧院和上海铁路南站等项目中均得到了很好的应用。

3 存在问题

尽管十一五期间我国建筑施工技术创新取得很大成绩，但是与社会发展需求和国际先进水平相比还存在较大差距，建筑施工技术创新还存在不少薄弱环节。一是技术创新环境有待改善。政府有关部门需要进一步加大技术创新引导力度，将工程建设需求有效地转化为技术创新需求，激发建筑施工企业技术创新积极性。二是建筑施工企业创新能力建设有待强化。政府有关部门需要进一步加大对建筑施工企业技术创新的支持力度，巩固建筑施工企业在土木工程施工技术创新体系中的主体地位。三是建筑施工技术水平有待提高。施工自动化、信息化水平比较低，资源利用效率不高，环境影响严重，建筑施工行业粗放式发展方式还未根本改变。

4 发展战略

4.1 指导思想与发展目标

深入贯彻落实科学发展观，坚持集成创新和原始创新相结合，积极利用高新技术开发施工新工艺，改造、提升传统施工工艺，提高土木工程施工自动化、信息化和绿色化水平。积极运用先进制造技术，开发施工新工艺、新设备和新技术，提高施工自动化水平。积极运用现代信息技术，发展虚拟施工技术、施工控制技术，提高施工信息化水平。增强绿色施工理念，大力开发和推广应用资源节约型、环境友好型施工工艺，提高施工绿色化水平。

基本形成适应行业特点和科技发展要求的科技创新体系，以有效整合科技创新资源为突破，显著提高建筑施工行业科技创新能力，建筑施工自动化、信息化和绿色化水平明显提升，保持和提升我国建筑施工技术的国际地位，确保超高层建筑施工、大跨度钢结构安装等技术处于世界先进或领先行列。

4.2 重点方向

4.2.1 深基础工程

（1）深基础工程施工技术

①气压沉箱工艺在大型深水基础工程中的应用研究；

②软土地区超大承载力钻孔灌注桩施工技术研究；

③狭小空间环境条件下桩基础施工技术研究；

④软弱地基快速高效的处理工艺与设备研究；

⑤深层土体水平加固工艺与设备研究；

⑥曲线钻进加固技术研究；

⑦地下障碍物清理技术研究。

（2）深基坑工程施工技术

①深基坑工程施工新工艺研究；

②深基坑工程新型支护体系研究；

③深基坑工程高效快速施工工艺与设备研究；

④超深地下连续墙施工工艺与设备研究；

⑤承压水防治新技术研究。

4.2.2 高层建筑工程

（1）模板与脚手架施工技术

①整体提升钢平台模板工程技术应用研究；

②液压自动爬升模板工程技术应用研究；

③新型整体提升脚手架研制；

④新型模板体系研制与推广。

（2）600m 超高程高强混凝土泵送技术

①高性能化学外加剂应用研究；

②泵送混凝土工作性评价体系研究；

③超高程泵送设备及管路设计技术研究。

（3）钢结构安装工艺与设备

①钢结构优化—深化设计技术研究；

②重型钢结构安装新工艺与设备研究；

③钢结构塔桅安装新工艺与设备研究；

④特大型塔吊应用技术研究；

⑤钢结构自动焊接技术研究。

（4）工业化成套施工技术

①设计、制作与施工工业化成套技术研究；

②多功能预制构件吊装施工机械研究。

（5）建筑机电安装工程施工技术

①管线综合平衡设计技术研究；

②建筑信息模型（BIM）应用研究；

③管道工程预制装配技术研究；

④管道工程自动焊接技术研究。

4.2.3 大跨度钢结构工程

（1）钢结构深化设计技术研究

（2）钢结构加工与制作新工艺研究

（3）大跨度钢结构安装工艺与设备研究

①新型结构体系吊装工艺研究；

②钢结构安装精确定位技术研究；

③施工控制技术研究。

4.2.4 既有建筑改造工程

（1）既有建筑安全性与保护性改造技术

①建筑拆除、改造、重建的高效再生施工工艺研究；

②既有建筑地基基础改造与加固技术研究；

③既有建筑结构加固施工技术研究；

④既有建筑抗震能力评价与震前、震后加固技术研究；

⑤结构体系转换技术研究；
⑥新老结构结点处理技术研究；
⑦既有建筑改造绿色施工技术和信息化工程管理研究。
（2）既有建筑节能改造技术
①保温节能墙体、屋面、门窗系统研究；
②空调系统自动节能控制技术研究；
③电梯改造技术研究；
④太阳能、风能和地源（水源）热泵可再生能源系统研究。
（3）既有建筑功能提升改造技术
①既有建筑新增地下空间关键施工技术研究；
②既有建筑绿色与智能改造关键施工技术研究。
（4）既有建筑改造专用材料和施工设备研究
①既有建筑改造专用结构材料研究；
②既有建筑改造专用功能材料研究；
③既有建筑改造专用辅助材料研究；
④既有建筑改造专用注浆加固和表面防护涂料施工设备开发；
⑤既有建筑改造的构件专用切割和钢筋连接成套设备开发；
⑥既有建筑改造的物料高效安全运输及施工自动化平台研究。

4.2.5 混凝土工程

（1）高强、超高强混凝土研究与应用
①C80 混凝土工程化技术研究；
②C100 混凝土研制及工程示范。
（2）自密实清水混凝土技术研究
（3）混凝土高耐久性关键技术研究
（4）工业废弃物的资源化再生技术研究
①废渣、废水的循环利用技术研究；
②建筑垃圾（再生骨料）的资源化利用技术研究；
③粉煤灰混凝土应用技术研究。
（5）预制构件标准化技术研究
①预制构件标准化与模数化生产工艺研究；
②预制构件装配工艺与设备研究；
③通用模具设计与精加工技术研究。

（6）混凝土材料特性实时监测技术研究

4.2.6 施工风险控制与防灾救灾工程

（1）施工风险控制技术

①穿越既有建（构）筑物施工风险控制技术研究；

②超大超深基坑施工风险分析与控制技术研究；

③超高结构施工工期风险控制技术研究；

④大跨度钢结构安装施工风险控制技术研究。

（2）信息化施工与控制技术

①远程监控技术研究；

②虚拟施工技术研究；

③施工控制预研究；

④施工控制量化技术研究；

⑤信息化施工设备的设计与改造研究。

（3）施工中的防灾救灾技术

①高层建筑中的钢结构防火与安全检测技术研究；

②重大工程结构的抗风（台风）设防措施研究；

③房屋建筑、构筑物和生命线工程抗震防灾技术研究；

④地下空间（火灾）安全性评价系统与消防救灾技术研究。

5 建议

5.1 加大政府引导力度

要深入贯彻落实科学发展观，进一步完善鼓励建筑企业开展科技创新的政策措施；要在重大工程规划、设计中优先采用具有自主知识产权的新工艺、新设备、新技术和新材料；要在重大工程招标中优先选择拥有先进施工技术的建筑企业，充分发挥重大工程的示范作用，调动建筑企业加大科技创新投入的积极性。

5.2 创新工程承发包方式

要鼓励有条件的企业（集团）向总承包商、总集成商转型发展，积极借鉴发达国家的先进经验，大力推行重大工程设计—施工一体化承包，形成科技创新合力；要鼓励建筑企业通过科技创新优化工程规划设计方案，降低建设成本，提高经济效益，调动建筑企业的科技创新积极性。

5.3 健全技术创新体系

要按照国家大力推进以企业为主体的技术创新体系建设的总体要求，在施工技术创新活动中进一步突出建筑企业的主体作用；要在科研项目安排、科技创新资金投入等方面向建筑企业倾斜；同时要围绕重大工程建设和重大科技创新活动需求，密切产学研合作，充分利用社会优势科技创新资源，提高建设交通行业施工技术创新能力。

5.4 提升技术创新队伍建设水平

要高度重视建筑施工技术创新队伍人才培养；要以重大工程和重点科技攻关项目为载体，大力培育施工技术领军人才及创新团队；要充分发挥专业学会的作用，积极开展学术交流；要大力表彰施工技术创新业绩突出的先进人物和集体，营造鼓励创新的氛围。

5.5 加大技术创新投入

要建立适合行业特点的多层次科技投入格局；要加大财政对施工技术创新的投入；要将科技投入列入重大工程预算，采取措施鼓励建筑企业加大科技创新投入。

道路工程学科的发展现状及前沿发展方向

黄　卫　孙立军

1　国家需求

1.1　国家经济建设和城市化进程的要求

交通运输在我国国民经济发展中具有重要的基础地位，而道路运输是我国改革开放以来发展最快的交通方式（表1）。迄今为止，我国公路里程已达383万km，高速公路通车里程已达6.5万km，颁证机场142个。随着城市化进程的加快，城镇化水平不断提高，城市人口激增，多个都市圈将加速形成，都市圈内部以及城市内部的交通矛盾日益突出。北京、上海、广州等大城市汽车保有量快速增加，道路交通拥堵形势严峻，全国113个大城市普遍面临交通拥堵困境，一些省会城市的交通状况也呈明显的恶化趋势。所以，采用各种工程、信息和管理技术手段解决城市交通拥挤是我国今后大城市所面临的长久性课题。而在中西部地区，经济的发展对公路的依赖性更大。为了支持国家西部大开发的战略，大规模的公路网建设还将持续相当长的时间，并且具有相当大的迫切性。所以预计到2020年，全国还将新建高速公路5万~7万km、民用机场约150个。

交通的发展带来了一系列交通安全和交通环境问题。2009 年，我国有 6.7 万人死于交通事故，万车死亡率大约是日本的 15 倍、德国的 10 倍。城市交通拥挤还造成了城市环境的恶化。据报道，我国大城市 60% 的一氧化碳、50% 的氮氧化物、30% 的碳氢化合物污染来源于机动车的尾气排放。

公路运输的增长 表 1

项　目	2005 年	2020 年
公路客运量（亿人次）	162.5	365
公路货运量（亿 t）	124.5	199
公路旅客周转量（亿人公里）	8748.4	25000
公路货运周转量（亿吨公里）	7840.9	15000

《国家中长期科学和技术发展规划战略研究》指出："交通是经济社会发展的基础和必要条件，但目前还不能完全适应经济社会发展、改善人民生活和保障国家安全的需要。目前存在的突出问题表现在：运输供给能力仍然不足；交通运输体制改革与综合交通体系建设滞后；交通能耗与环境污染问题严峻；交通事故和死亡率居高不下；大城市交通拥堵严重；技术装备总体水平不高，自主创新能力较弱"。为此，提出了具有全局性、突破性、前瞻性、牵动性和紧迫性的"一个重点领域，七个优先主题，六个重大专项"作为交通科技发展的战略任务。

1.2 道路建设、维护、管理的技术水平提升和路网改造提速的要求

随着公路建设重点向中西部转移，不良地质条件大大增加，公路建设技术和管理的难度进一步加大。在进行大规模城市道路、公路设施建设的同时，交通系统信息化和智能化设施的建设也在加速进行。

由于我国许多货物运输主要依靠公路运输，导致公路载荷十分繁重。国外公路运输中载重车辆比例一般 10% ~15%，我国一般超过 30%，一些交通通道上的比例可达 70% 以上。如此大量的货物运输使我国公路交通的繁重程度为国际之最。繁重的交通对公路设施造成了极大的破坏，高速公路路面使用寿命仅为 5 ~8 年，远少于国外的 15 ~20 年。

路面寿命过短所造成的直接后果是公路的维修期大大提前，目前早期修建的高速公路已经进入了大修期。若按照目前 10 年的维修周期计算，在高速公路网建成后，每年的大修里程将超过 1 万 km，这将是一个十分沉重的负担。有效延长繁重交通条件下公路的使用寿命，已经成为目前亟待解决的

重大课题。

1.3　道路交通系统运输效率和安全保障能力提升的要求

由于经济发展迅速，我国的许多高速公路，尤其是大城市入城段的交通通行量已经趋于饱和。一方面，我国的高速公路交通一般缺少有效的管理手段，通行效率不高。另一方面，我国高速公路收费大多数采用的是人工收费方式，收费效率低，严重影响了通行能力，收费口已经成为公路通行的瓶颈。加上交通行为不良，安全管理手段有限，事故率高。鉴于这些问题，实现交通管理和收费的信息化、自动化和智能化的要求越发迫切，已经成为经济发达地区的发展重点之一。

1.4　道路领域节能减排的要求

在全球气候变化的背景下，“低碳经济”、“低碳技术”日益受到世界各国的关注。在支持“低碳经济”发展的各个技术领域中，交通技术是颇受关注的一个方面。汽车交通给经济发展带来了巨大利益的同时，也带来了许多严重的负面影响，如空气污染、交通噪声等等。调查数据显示：全世界大约15%的CO_2、50%的NO和90%的CO都由交通运输所产生。美国加利福尼亚州的研究甚至认为交通领域的温室气体排放大约占整个地区温室气体排放量的40%。鉴于交通行业碳排放的持续增长和农业、工业碳排放的下降，交通将会是一个长期、重点的低碳技术研发领域。

发达国家在交通行业的碳排放控制上已经开始尝试采用综合治理的方法，它们的实践证明，单纯依靠提高车辆的排放标准或改进车辆技术（包括开发电动车辆、替代燃料以及高效、低排放的引擎等）所减少的污染物排放效益，很快会被急剧增长的交通需求所抵消。因此，除了从车辆、燃料技术方面突破外，还要从交通政策和规划控制上采取措施，减少不合理交通出行，提高路网利用率，保障交通畅通，降低交通污染。

2　发展现状

由于历史的原因，我国交通基础设施建设远晚于欧美发达国家，大规模的建设起始于20世纪80年代。目前，我国仍处于建设高潮期，这有力地推进了本学科的快速发展。高速公路等交通基础设施的巨大投资对工程技术水平提出了更高的要求，引领本领域的研发重点聚焦于新结构、新材料、新工艺以及相应的新理论和新方法，这一趋势仍将维持相当长的时间。同时，随着交通基础设施系统的日益完善，以及交通运输系统与国计民生关系的日益密切，解决交通出行的舒适性、安全性、高效性和交通环境污染问题，已成为关注的重大课题。

经过多年的研究和实践，我国在道路和交通领域已经取得了很大的科技进步，为过去20多年的大规模建设提供了有力的技术支撑。

2.1　道路规划与几何设计方面的发展现状

公路和城市道路网络规划采用国际上流行的“四步法”，引进了一系列国际先进的多种规划分析软件，并已经形成了比较完善的制度。这些方法和软件对于西方经济平稳增长的发展模式下的交通规划具有较好的适用性，但对我国经济急速发展时期的适用性较差，不能满足我国复杂交通网络的规划；现有理论难以为我国城市道路网络规划和重构指出明确的方向，导致实践上的迷惘，制约了都市圈道路网络的发展，尤其难以为现有交通网络问题的诊断、改造提供理论支持。

在道路几何设计方面，目前普遍采用CAD技术。现行的CAD技术可大体分为两类：一是专门研发的道路CAD设计软件；另一种是设计单位采用通用CAD技术搭建的设计流程。在道路几何设计理论方面，传统的基于行驶舒适性的设计准则已经成熟，从交通安全和景观、生态环保的角度改进道路几何设计目前已经形成一种趋势。

2.2　路面结构与材料方面的发展现状

20世纪80年代以来，我国沥青路面的技术实践，主要是围绕高等级公路路面设计、建设和管理进行的，在路面设计方法、材料选择、路面结构等方面具有中国特色的经验，特别是在高速公路路面方面，以京津塘、沪宁等高速公路建设为标志，我国半刚性基层高速公路路面技术得到扩展应用，技术不断完善。对工程实践中出现的问题进行了较为深入的研究。20世纪90年代前半期，人们研究的重点是防止半刚性基层引起的反射裂缝。随后的研究，主要针对片面地追求路面平整度，造成路面压实度不足，空隙率过大，主要解决强度不足和“水损坏”问题。为了减少水损坏，许多道路采用了不同类型的密实型混合料，并普遍增加了沥青面层的厚度（图1），大大提高了路面的整体强度，路面问题则主要是车辙。目前，我国路面结构与材料存在的问题突出表现在两方面：一是现有路面结构设计理论与方法的局限，如不能有针对性地反映现实路面的损坏现象；二是现有路面材料性质的表征和设计的局限，不能准确反映材料在路面结构状态下的性能特征及变化规律。

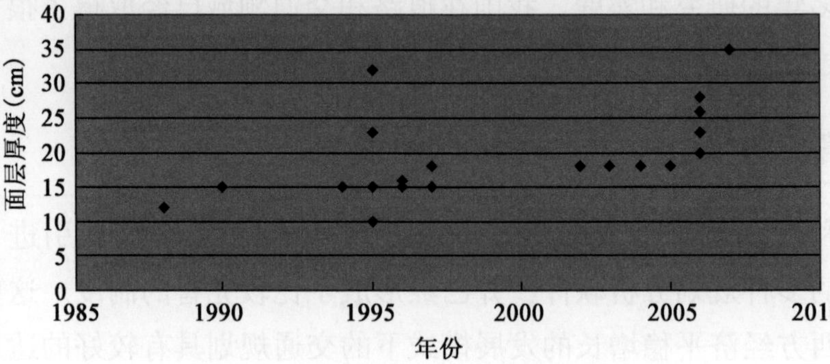

图 1　使用的路面结构中沥青层厚度的变化

在沥青路面的设计理论和方法方面，不同国家采用的设计理论和方法是类似的，即采用基于试验和长期性能观测的经验法或经过大量标定的力学法，但人们在设计理念方面相差较多。在工程设计中存在的问题主要体现在：对设计规范的理解上有很大不同；对规范而不是对工程寿命负责；决策时过于注重一次性投资，忽视了全寿命费用。在设计实践方面，我国重交通道路的路面结构比较单一，沥青层厚度在 15 ~ 18cm 之间，采用 20 ~ 60cm 的半刚性材料作为基层和垫层。即便是轻交通道路，一般也采用半刚性基层。

重交通的作用促使我国在路面建设中大量使用改性沥青。国际上大部分聚合物改性沥青，如 SBS、EVA、PE 和橡胶材料等，在我国都已大量使用，尤其是 SBS，其用量占压倒性多数。在一些特殊的地区，开始使用环氧沥青和天然沥青。特别是我国自主研发的环氧沥青已经推广使用，解决了钢桥面铺装的国际难题。

在建设质量控制方面，较多地采用结果控制而不是过程控制，工程质量的变异性很大；目前的现场质量控制手段比较落后，速度比较慢，只能起到检验作用，难以起到控制作用。

在试验技术方面，我国购买了大量先进的试验设备，许多地区建设了设备齐全的试验室，达到了国际先进水平，对该领域的技术进步和工程质量的提高起到了重要作用。但在传统的技术框架下使用这些先进的设备，未能充分发挥先进设备的作用。

2005 年之后，由于一些专业人员的推动和对既往教训的汲取，沥青路面设计理念发生了很大的转变，全寿命分析和长寿命设计逐步得到了重视，加上路面材料质量的改进和建设质量的提高，路面实际使用状况有了很大改观，前期遇到的重交通路面早期损坏问题已基本上得到了解决。

水泥混凝土路面的结构设计采用的是弹性地基板理论。实际上，我国在水泥混凝土分析理论方面的研究一直处于国际先进行列，尤其在温度疲劳效应与荷载疲劳效应的叠加方面，我国做出了系统的、领先的研究成果。但在水泥路面设计实践中，路面结构设计一直没有得到足够的重视，对其设计依据缺少深入的分析和论证，各地大多凭经验确定路面结构。无论是工程设计还是施工技术，目前存在的问题是规范比较原则，设计人员缺乏有针对性的材料选择论证和材料参数的专门试验分析，施工技术的区域和工况针对性也不够。当然，必须指出的是，我国载货车辆超载现象十分严重，这在其他国家是十分罕见的。近年经国家组织整治，超载问题虽然得到一定程度的缓解，但目前仍然是造成路面过早破坏的原因之一。

不管是哪种路面结构，国外关于设计理论的试验验证和路面使用性能的长期监测都一直受到重视，并据以不断修正设计方法。而我国迄今没有一条长期定量监测的试验路，设计理论的验证也仅限于少量的室内模型试验，成果的可靠性一直受到质疑。

我国目前的设计理论形成于轻交通时期，主要适用于轻交通路面的设计。在轻交通条件下，路面结构和材料的强度储备较大，基于这些方法所设计的路面结构和材料的使用寿命尚能够满足甚至超过设计要求。但随着交通量和重车比例的增加，所设计的路面已经出现了越来越多的问题，路面的实际使用寿命急剧缩短。设计理论的科学性、设计体系的严密性、设计指标的准确性、设计重点的针对性都面临着重大挑战，尤其是结构设计与材料设计的相容性已成为目前亟待解决的核心问题。

2.3 道路管理方面的发展现状

20 世纪 80 年代中期以来，我国开展了道路设施管理技术的研究，在道路设施的数据采集、评价、性能分析和决策等领域取得了许多研究成果，已经形成了比较完整的体系；既有结构的重建设计研究也已经起步。经过 20 多年的努力和世界银行贷款项目的推动，我国大部分省份的公路部门和多个城市的市政部门都拥有了高效率的道路数据采集设备，建立了公路设施管理系统并进行了试用。这些系统具有国际上道路设施管理系统的主要功能，软件设计也达到了国际先进水平。但由于多种原因，只有北京、上海等一些大城市将这些系统延续了下来并长期使用，其他大部分都半途而废。由于使用较少，未能积累大量可靠的实测数据，系统模型的可靠性不高，从而影响了决策结果的可靠性、可用性和科学性。这类技术比较专业，对使用人员的专业技术要求较高，而缺少足够的能够正确使用该类技术的人员正成为系统使用的主要瓶颈之一。

目前交通设施评价和管理的标准同样是建立在轻交通条件下的。设施的重建设计的研究虽已起步，但尚未形成科学的理论和方法，且难以实现资源的循环利用。考虑到即将到来的大规模公路重建需求，研发路面维修和改建设计的理论和技术是十分紧迫的。

在交通管理方面，十五、十一五期间我国的交通信息化技术的研发和应用取得了长足的进步。上海建立了先进的交通管理系统，并开展了城市中心区交通拥挤收费系统的研究。通过这些研究，初步实现了全市交通信息的整合汇聚和共享交换，初步建成了上海市道路交通信息采集发布系统，使公众能够享受到信息服务带来的便捷（图 2）。北京以奥运会的举办为契机，实现了大范围的交通数据采集，实现了交通信号控制、交通综合监测、交通信息服务、指挥调度集成、数字化执法、综合业务应用、交通组织优化仿真和综合网络通信等 8 个系统（图 3），为奥运会的顺利举办做出的了贡献，为我国特大城市交通管理积累了宝贵的经验。

同时，交通运输部主持的全国性的交通信息社会化服务系统“中国公路信息服务网”已经开通，可以为全国道路交通出行者提供全国有关路况、公路气象、出行常识、信息订阅等各类公路出行信息服务。

突发事件的应急管理也开始受到重视，北京等大城市正在建设和完善这方面的工作。

2.4 道路安全方面的发展现状

我国现阶段仍处于道路交通事故的高发期。从历年的交通事故统计数据看，超速、超载、违法停车、违法超车等重点道路交通违法行为是导致交通事故居高不下的直接原因。当前，国内已经建设了大量的交通监控设备，在道路交通安全与运行评价、区域公路网交通安全监控信息网络化集成应用技术以及安全应急指挥技术方面做了大量的工作，但总体上处于起步阶段，公路网交通应急指挥、交通安全监管机制、交通运行安全管控效率、应急指挥水平等还不适应经济社会发展的需要。另外，从道路设计和施工角度考虑道路运营安全系统理论和技术尚得深入研究和形成。

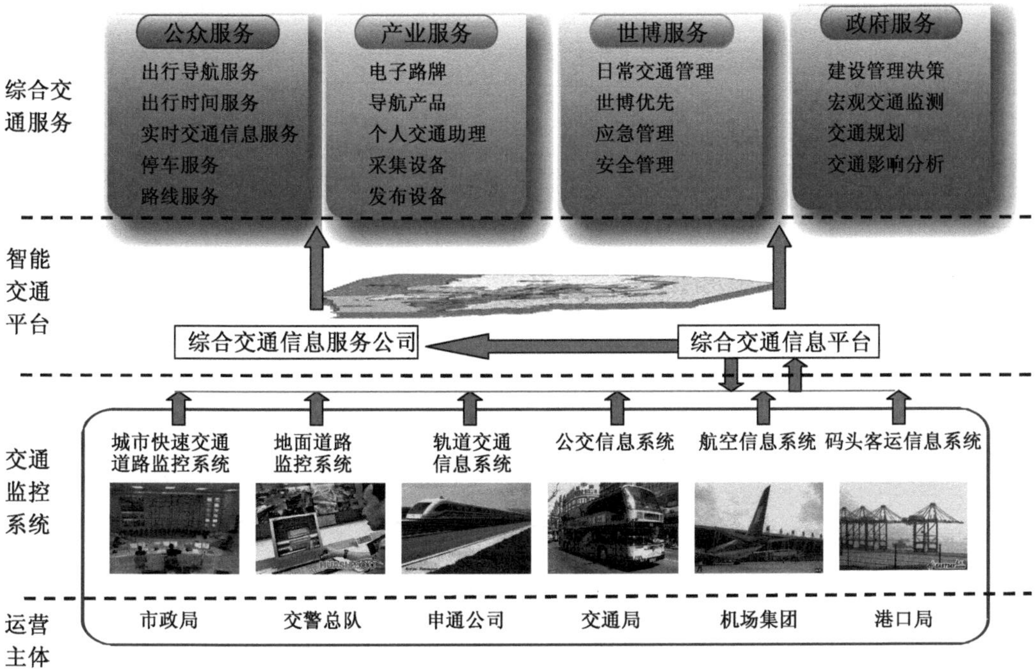

图2　上海智能交通系统组成

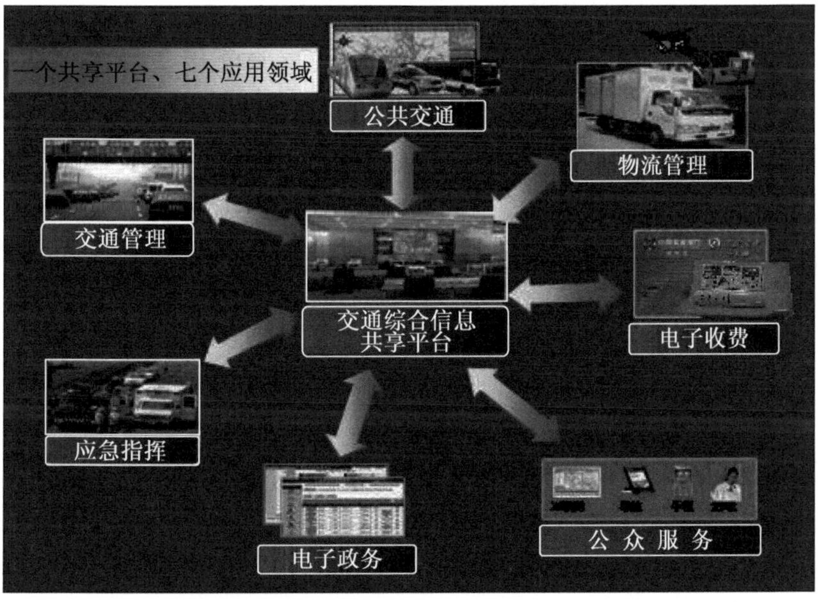

图3　北京奥运前形成的“一个共享平台、七个应用领域”

2.5 道路环境与能耗方面的发展现状

道路交通系统是能源消耗的主要领域之一。根据上海的统计，交通领域的能源消耗已经达到19.6%，而道路交通的能耗又在其中占了相当大的比例。与发达国家相比，除北京市采用了与欧Ⅳ类似的排放标准外，我国其他地区的车辆排放控制标准较低，由此给环境质量带来了很大的负面影响。

道路系统带来的污染涉及大气污染、噪声污染、粉尘污染、水体污染、融雪剂污染以及水土流失、地质灾害、景观和对动植物的影响等方面。汽车污染物排放来源于发动机汽缸的废气排放和燃油蒸发等系统，大约有100多种有害物质。2009年，我国汽车产销量已突破1000万辆/年，居世界第一位。但总体而言，国产汽车的耗油量大，百公里油耗与国外相比平均高出10%～30%；汽车尾气排放控制技术落后；驾驶员环保意识较差，在使用车辆时不注意保养和维护；相当多的车辆超载运行，部分车辆不按规定报废，造成“超期服役”。这些原因都造成了严重的空气污染，成为影响人们生活质量的一个重要污染源。交通量的增加带来了严重的噪声问题。《声环境——2005中国环境状况公报》的数据表明，全国364个市（镇）中，道路交通噪声平均等效声级小于或等于68.0dB（A）的仅占50.8%，对人们的听力、睡眠和视觉器官、神经系统、消化系统以及心血管等生理系统造成了明显的损伤。车辆扬尘是大气污染的另一个重要方面。从江苏某市的情况来看，每天进入市区的机动车中不洁车辆约占30%，每辆车携带泥尘平均约达5kg，成为该市大气污染的主要来源之一；轮胎磨耗与路面的磨耗，将产生微粒、悬浮微粒和气体。据德国轮胎的年用量测算，仅德国每年橡胶磨耗量就达75000t。这些交通粉尘将对水系、农田造成污染，对动植物造成危害。

同时，公路排水系统使周围水位变化，货物运输过程中在路面上抛撒，汽车尾气在路面上的降落，汽车燃油在路面上的滴漏及轮胎与路面的磨损物等，都会随路面径流排入水体或农田，造成污染。虽说这一般不会造成大面积污染，但当道路接近水源保护地、生活饮用水源和水产养殖水体时，这种影响就不可忽略。融雪剂的使用也将对土壤、水体、动植物和臭氧层长生影响，同时还腐蚀基础设施，缩短了设施的使用寿命。

道路建设可能会破坏植被，造成水土流失甚至地质灾害。

交通环境污染已经引起了人们的高度重视。目前，国家和一些地方政府已经就交通环境污染及其防治对策开始研究，但尚未形成清晰的技术框架，总体上处于起步阶段。今后应强化道路功能提升、环境保护和能耗控制一体化的设计施工理念。

2.6 小结

改革开放30多年来，道路网络的大规模建设对我国的经济发展起到了十分重要的作用；我国目前的经济结构和技术发展水平决定了在未来相当长的时间内，经济的发展对道路网络仍然具有相当大的依赖。目前实践中采用的道路技术对于轻交通道路具有很好的适用性，施工和试验设备也已经居于国际前列。在科学研究方面，也逐步形成了自己的特色，并在某些研究方面开始进入领先行列。但我国的交通繁重程度远远超过国外，如何应对交通和轴载的不断增加，如何延长道路的耐久性，是目前道路科技和工程领域所面临的主要任务。

在加强理论和设计方法研究的同时，要高度重视工程应用技术、施工技术和施工管理的研究。我国历来路面施工管理相对粗放，质量控制还不够严谨。原材料的质量、混合料的级配、路面压实度以及环境条件对工程质量的影响，对路面耐久性至关重要。而在实际工程施工中，往往过程质量控制不严，常常不能满足设计意图，这是今后迫切需要解决的问题。

另一方面，由于前期修建的道路的耐久性较差，既有路网评价和维修的高峰将提前到来。道路结构的科学评价、服务寿命的科学预测、大修方案的设计和资源的合理使用等技术需求急剧增长。我国在这个领域已经开展了20多年的超前性的研究。对轻交通道路，这些成果基本能够满足工程的需求，但对于重交通，尚需要进一步深入研究。同时，这是一项专业程度高、系统性强的工作，要使广大技术人员准确掌握这些知识还需要相当大的努力。

“十五”、“十一五”期间，先进交通管理系统的研发和应用取得了长足的进步，对提高交通效率起到了很好的作用，应在一些区域大力推广。在交通安全方面，我们面临的形势依然严峻，交通事故量居高不下。通过教育使驾驶员严格遵守交通规则、严禁超载运输、不疲劳驾驶应是现阶段减少交通事故的主要手段，改进设施的设计、采用新技术则应是现阶段的辅助技术手段。在突发事件的应急管理方面，目前还存在较大的差距。而在缩短这个差距的过程中，技术手段的改进是关键之一，现阶段在道路规划和管理过程中增加紧急事件管理的相关技术内容是十分必要的。

车辆的大量增加和越发严重的交通拥挤使城市和道路沿线的环境污染严重，已经引起了人们广泛的重视，低碳交通也应是下阶段关注的技术重点之一。

关注道路建设和运行中的环境问题和能耗、排放问题，延长重交通条件下道路结构的耐久性，注重资源的循环利用，提高道路网的交通运营效率应是未来的主要方向。

3 发展战略

3.1 可持续的道路设施发展战略

3.1.1 用生态、低碳、可持续的理念重新审视道路工程学科的内涵、外延和相关技术

道路的建设带来了一系列环境问题，已引起了广泛的重视。1979 年，美国已经开始重视高速公路对湿地的生态影响。一些研究机构还研究了道路对动物生态行为的影响。20 世纪 90 年代以来，荷兰和澳大利亚的学者率先研究道路网络和交通廊道对自然生态系统的分割、干扰与破坏，美国学者研究了道路网络、道路影响带等领域。2002 年英国学者 Sherwood 等人在分析了道路网对野生生物巨大的毁灭能力之后，提出有必要全面进行生态道路网设计。同年，Forman 等人的《道路生态学：科学与解答》出版，该书详细论述了道路生态学的形成基础、发展过程以及道路与各种景观要素、动植物区系相互作用的关系。2003 年，国际社会多次召开道路生态学的学术会议，如 2003 年 5 月在美国加利福尼亚州首次召开的道路生态学研讨会以及 8 月在纽约召开的“国际生态学与运输大会”。尽管道路生态学还是一个新兴学科，但是它在协调人工与自然生态系统之间的关系方面可以发挥巨大的潜力，在工程建设中追求生态的概念已经成为一种趋势。

道路系统带来的生态问题涉及道路资源、能源的消耗以及大气、噪声、粉尘、水体、融雪剂污染、水土流失、地质灾害、景观和对动植物的影响等方面。事实上，采取一些单一的技术减少道路的负面影响并不是一个新的课题，而一些传统的技术和研究领域，如延长路面的耐久性、路面材料的再生利用恰恰就是减少道路负面影响的有效技术手段，但作为一个整体，从可持

续发展的角度，重新审视规划、设计、建设和管理技术，梳理每一个技术环节，制定符合可持续发展战略的技术准则并研发新的技术，却是一个崭新的理念。

道路建设和运行中还带来了大量的碳排放。据英国的测算，交通系统的碳排放量占社会碳排放总量的20%以上。作为影响气候变化的主要因素，目前碳排放已经成为各国政府控制气候变化的主要定量指标。研究道路建设和养护中的低碳技术和低碳化技术，也是我国政府关心的重要课题之一。

不仅如此，全球气候变化还将对道路系统产生新的影响。全球变暖已经不仅仅是一个学术问题，而已经变成了一个政治问题，一个涉及每一个人的影响深远的民生问题；它使我们每个人都是关系紧密的利益攸关方，无法置身事外。事实上，全球气候的变化已经有了比较明显的局部表现，例如灾害天气出现得比较频繁、极端气候变得更为极端（雨雪风暴更为严重，高温更高、低温更低等）以及海平面上升等。这些变化都将对道路建设和养护提出了新的挑战。研究气候变化对我国道路系统有什么样的影响，如何对这种影响进行定量分析？我们应该怎样规划、设计道路系统以应对这种变化？如何降低交通出行对气候的负面影响等等。这些都是我们亟待解决的技术难题。

可持续发展战略的实施，将使道路工程的技术内涵有所改变，并大大扩大了其外延和所涉及的相关领域。作为应对这个问题的策略，应鼓励全民参与，从自己的专业和生活角度做出贡献；应使这个理念在每一个工程人员，而不仅是研究人员中深入人心。从这个意义上说，大学教育和技术培训就成为贯彻可持续道路工程所不可缺少的重要环节。

3.1.2 组织提炼前瞻性的重大基础研究课题

我国的道路建设目前仍然处于高潮期。大规模的工程建设带来了复杂的科学和技术问题，也带来了很多研究课题。以交通运输部西部交通科技计划为代表，公路、科技等部门对道路科技研究进行了持续和较高强度的资助，不仅支撑了大规模的工程建设，也取得了一批科技成果。但总体上说，传统课题及其传统研究思路的创新思路和方法较少，应用研究比较多，基础性研究较少。

在经过30多年的学习、引进和消化吸收的过程之后，经过大规模的工程建设的锻炼，我国的道路工程技术和工程实践逐步走到国际先进的行列。但是，面对我国复杂的特重交通状况，目前的研究在时间和课题的组织上，显得比较分散，还缺乏明确的、整体的、共同的目标，研究的力度以及所选择的研究课题的影响程度需要进一步加强。如果能够较好地解决这些问题，我们将可能步入超越和领先的阶段。

造成研究目标分散乃至比较迷茫的主要原因，是我们未能提炼出重大的基础性课题；这种重大基础性课题不仅是作为研究对象，而且可以作为一个时期的总体研究目标，为一般研究人员起到导向作用。由于缺少引导，目前的少量基础性研究处于自发的状态，许多研究只是一种猎奇而不是创新，为创新而创新的现象比较严重；由于基层研究人员对未来的发展也缺少明确地把握，一些研究处于自生自灭的状态。所以，组织提炼具有前瞻性的重大基础研究课题能够为今后全国的研究提供方向性的引导，也是提高今后研究质量的措施的重要组成部分，其必要性是明显的。

3.1.3 显著提高道路领域科研成果应用的可靠性和针对性

目前道路研究的另一个比较普遍的问题是研究成果应用的可靠性不高、针对性不强，这影响了科技成果的使用效果。一些研究选题基本上由现象牵引而不是机理牵引，研究努力不是解决现象背后的科学问题，而是采用已有技术简单集成，重点解决工程问题，研究结论往往因工程的多样性而彼此不同，甚至相互矛盾。还有一些研究成果仅仅是建立在个别现象、个别案例或少量试验的基础上的，缺少一般性，推广应用容易出现问题。

还有一些研究是跟踪国外的研究成果，研究中未能掌握国外成果的适用环境，所得成果的针对性有时不高。

今后要高度重视以下几类重大课题的研究：一是道路工程学科中有代表性的力学、化学和多学科交叉的基础科学问题；二是国家重点工程建设具有代表性的共有关键技术的研究和攻关；三是基于公共信息平台的新一代智能运输系统的开发和研究。

对于重交通道路而言，要显著提高道路工程的耐久性，提高研究成果的可靠性和针对性是非常关键的。

3.1.4 发挥部门、行业的互补作用，形成多学科、多层次的科技队伍

目前负责道路科技的部门或层次较多，包括国家和各省区市的道路主管部门、科技部门以及许多重大工程项目本身。从事道路科技研究的队伍也呈多样化趋势，包括国家和各省区市的科研院所、高等院校以及相关企业等。这种百花齐放对道路科技的发展是一种好的现象。不过，这种局面虽然形成了竞争，但未能形成优势互补，低水平的重复现象比较严重。

未来的道路研究应避免目前的这种低水平的重复性同质化竞争。道路主

管部门可以站在行业发展的角度，发挥引导重大需求的作用，面向全行业，较多地资助应用性的基础研究；科技部部门则可以发挥自身优势，重视前瞻性、基础性研究。一些大型的企业或工程项目，可以主要资助那些应用过程或实践过程中所遇到的技术难题的研究。通过这些研究，形成优势互补的、多学科、多层次的研究和多层次的科技队伍。这是提高道路科技水平和道路科技自身可持续发展的必要保证。

3.2 前沿发展方向与发展对策

我们面临着几方面的挑战，即如何提高耐久性以应对大量的重载，如何评价大量的既有设施并在大修改建中提高耐久性和实现资源循环利用，如何在技术中贯彻环保、生态理念，以及如何应对全球气候变化的影响。根据国际发展趋势和我国面临的挑战，规划五个方面的前沿发展方向。

3.2.1 道路工程可持续发展的策略与技术

如上所述，道路系统的建设和使用带来了一系列的生态影响。采用系统化的方法，从生态和可持续发展的角度审视道路技术的从规划、设计、施工、养护到运行管理的每一个环节，重新审视从结构、材料到能源资源消耗的每一项技术，在满足原有技术性能的同时，注重资源的节约和对环境的影响，鼓励资源的循环利用，提出适应于可持续发展原则的技术政策和技术准则，是未来几年的主要任务。

同时，为了有效指导和实施未来的研究，建立一个科学的可持续道路系统综合评价框架和相应的技术指标是一个迫切的技术任务。

从道路工程的角度，研究全球变暖的影响以及如何应对这种影响都是十分重要的新课题，从近年来的一些灾害现象来看也是十分迫切的课题。我国的经济发达区域大多位于沿海地区，海拔高程较低，如果气候变暖带来海平面上升，对道路系统的影响是显而易见的。同时，由于全球气候变化带来的极端高温和极端低温气候增加、温度变化幅度加大、降雨量增加等等，对道路建设和养护技术本身将提出新的要求。为此，应该认真从战略、系统、经济和技术的角度研究气候变化对我国道路系统的影响，道路线路对周边生态环境的影响，研究如何对这种影响进行定量分析。以此为基础，从国家层面上研究我们的战略对策，提出道路研究和实践的新的政策和指导准则。在这些政策和准则的指导下，研究在实践上我们应该怎样规划、设计道路系统以应对这种变化，研究如何提高道路系统的可靠性。与此同时，同样迫切的任务是研究交通系统对全球变暖的负面影响，提出如何降低交通出行负面影响的政策性、系统性和技术性措施。

研究道路系统与气候变化的相互影响、制定相关政策来规范道路实践是一个战略性的课题。为此，需要采集乃至监测道路系统的相关数据和信息，对现有道路网络适应全球变化的能力进行评估；此时不仅需要道路的平面位置信息（常规地理信息），而且需要一定精度的高程信息。这些，都需要国家层面的长期不懈的努力。

3.2.2 适应发展、多式协调的道路网络、运输政策与城市交通拥挤对策

2009 年底，我国公路总里程已达 383 万 km，高速公路总里程达 6.5 万 km。道路交通系统的快速发展部分缓解了交通运输系统对经济和社会发展的制约，运输的整体紧张状况有所好转，但在超常速度的城市化进程中，由于社会结构、经济结构和空间结构的演变和相互作用空前复杂，新的问题又不断涌现。我国是一个人口众多的发展中国家，这个国情决定了我国交通运输系统呈现多种运输方式并存的、多层次、大运量的特点；现阶段所面对的快速城市化进程使得交通管理的复杂程度处于国际前列。道路交通作为综合交通系统出行链中不可或缺的一环，受环境条件和其他交通方式的综合影响较大。

长期以来，我们在应对道路交通的系统性问题上一直是见招拆招，往往被动地选择工程性措施以满足暂时的需要，缺乏前瞻性、全局性的解决方案，特别是考虑多式交通的道路网络系统规划和政策制定方面，理论研究严重滞后。在道路交通规划经典的四阶段流程中，OD 生成和交通模式划分模型已经不能适应现有土地开发的背景需求，发展新的方法，如基于活动链和离散选择行为分析的需求预测方法，已成为必然；目前单一网络层面的交通分配模型显然也无法支撑特大城市中多式交通网络的分析，考虑交通模式之间的相互影响，解决大规模复杂道路交通网络的分析计算问题也是交通系统管理决策的现实需要。

上述理论的缺失，加上行政体制的制约，使得目前不同运输方式之间的运输分工不尽符合其自身的特点，也不尽符合经济学原理。作为网络规划的组成部分，研究制定相关政策，按照经济学准则引导运输分工，使其向各种运输方式自身特点回归是必要的。

交通需求管理政策的研究是另一个需要重视的方面，这一在发达国家城市交通管理中所广泛采用的政策措施在我国尚处于起步阶段。引入基于出行

者意愿调查分析和不同交通模式间的交叉弹性等运输经济学模型，建立定量分析的方法，是支持这一政策性措施的制定和实施的关键。

3.2.3 道路的耐久性标准及技术

我国道路结构使用性能的耐久性近年来有了显著提高，但站在国际的角度看还有明显的差距。从技术层面上说，由于交通繁重，传统的结构设计方法不能满足繁重交通的要求，需要从结构设计、材料设计和施工要求上根本改变目前的方法，建立适用于重交通的新技术。从质量控制上说，也需要建立与新的设计方法相适应的质量检验标准。

目前路面耐久性较低的主要技术原因是路面结构设计与材料设计的互相脱节，路面结构设计所采用的指标不能反映路面结构和材料的实际路用性能，结构设计指标与材料设计指标是独立的，无法根据交通、环境和结构的不同提出对材料设计的定量要求；试验方法与道路结构缺少相似性，试验结果无法在结构设计中得到定量反映。所以，有必要针对不同交通状况和环境条件，研究制定我国的长寿命路面设计标准，以指导目前的设计实践。

在道路试验方面，目前的试验是小型模型试验，反映的是材料的性能，不能评价路面结构—材料的综合作用。要弄清路面材料在路面结构中的性能，则需要采用现场足尺试验，但代价高昂，目前的主要趋势是采用 APT（Accelerated Pavement Test）试验。

APT 试验是足尺试验，荷载大小、路面结构、材料与路面的实际使用状况一致，试验路面所处的环境也是可以控制的。试验结果是重复荷载作用下材料、结构和环境共同作用的结果，测试、分析这种共同作用，对材料、结构和环境的研究具有重大意义。

另一方面，路基的沉降，尤其是较大的工后沉降，一直是影响道路平整度的主要因素。工后沉降量的控制一直是一个瓶颈课题，最主要的问题是对最终沉降的理论研究滞后，甚至存在误区；技术上也因此一直未有突破。突破路基沉降的分析理论和控制技术，对于改善道路的行驶质量，确保路面的耐久性，十分重要。

道路结构的长期性能是各类结构和材料设计、施工合理性的最终判据，对结构的使用性能进行长期观测，系统积累使用性能数据，对于持续改进道路结构和材料的设计施工技术是必要的。

我国路面结构设计采用的标准轴载是 100kN，轮胎—路面接触压力是 0.7MPa。近期的少量研究表明，这个标准在我国的气候环境下可能偏低，这可能是导致路面耐久性差的重要原因之一。对荷载的标准开展研究，对于延长路面的耐久性、指导轮胎生产是值得尝试的。

3.2.4 道路设施的评价、预防性养护与资源循环利用

道路网络规模的增长和重载交通的持续作用，使得我们面临越来越提前、越来越集中、越来越庞大的养护维修需求。庞大道路规模给养护管理带来的首要问题是，如何高效地获取道路性能数据，并对道路设施的技术现状进行评价。多年来，无破损检测技术在道路工程中的广泛应用为解决这一问题提供了一种有效途径，但是从实践效果来看，可靠性较差仍是当前普遍存在的技术问题。提高检测结果的精度、增强检测装备的适应性是未来研究的重点。

路面结构反演分析技术是一种有效的路面评价新技术，但是由于路面结构的复杂性，使得目前的各种反演方法都较为复杂、难以应用，且反演分析结果不唯一。因此，研究更加简单、实用的分析方法，在分析过程中能够更准确地模拟路面结构和材料的行为特征，提高反演分析的精度，是未来路面结构反演分析技术的改进方向。

道路养护需求激增与养护资源相对匮乏的矛盾日益突出。为提高资源的利用效率，确保道路养护的可持续发展，道路养护管理理念的革新和资源的进一步优化利用是今后重点发展的方向。在管理方面，由传统的注重设施技术性能的设施管理理念向注重设施服务水平和价值的资产管理理念转变是发展趋势，而由传统的单一设施管理向多种设施综合优化管理转变是其中的重点，而多设施之间的协调整合、建立与之相适应的优化方法是研究的关键。在养护方面，预防性养护理念的产生改变了传统的“即坏即修”养护理念，为制定更加优化的养护策略提供了可能。如何将预防性养护技术与传统养护技术相融合，选择更加恰当的养护时机和更加恰当的养护措施，在全寿命周期内实现更大的养护效益，是今后道路养护研究的目标。在环境保护方面，道路建筑废旧材料的再生和循环利用方法，以及以“低碳”、“低噪”等为标准的新材料、新工艺也是未来道路养护可持续发展的研究重点。

3.2.5 智能化的管理技术

综合利用传感技术、计算机技术和通信技术改造和提升传统的道路交通系统，是当前全世界交通领域共同关注的热点和前沿课题，也是提高道路通行效率，解决交通安全、拥堵、环境污染和能源浪费等交通问题的最有效和最经济的途径。从20世纪90年代开始，美国、欧洲、日本等发达国家相继

开始投入大量资金和人力进行智能交通系统的研究试验，美国的 TRAVTEK 系统、欧盟的 RDS-TMC，以及日本的 VICS 都是代表性的成果。进入 21 世纪以来，主要先进国家已将智能交通技术的研发视为未来交通产业发展的重要导向之一。智能交通技术的研究开发也随之出现了两个方面的扩展：第一，智能交通系统从解决道路交通管理技术问题逐渐发展为涉及规划、决策、设计、实施和运营管理等各个方面，甚至影响到交通管理部门的职能转换、机构重组和运作方式；第二，智能交通技术的研究对象不仅仅局限于车辆或是道路的单独个体，而是以推进驾驶员—车辆—道路整个系统的有效整合和智能化运行为目标。

目前，我国道路交通的发展重点也正在从大规模土建向实现道路维护、交通管理和运营组织的智能化转变。在这样的背景下，适度超前地部署和实施智能化交通管控技术，对于未来我国实现复杂路网条件下道路交通运营的高效、安全、节能与环保，将起到积极的作用。以我国现有的道路交通应用需求为核心，结合国际发展趋势，研究的突破重点可集中于两个方面：道路交通物联网和道路交通基础设施综合监控系统。道路交通物联网的核心则是道路设施与运行车辆的互联互通，其相关技术包括了道路环境感知分析技术、车辆静态属性标识和动态态势标识技术、车路通信技术等多个方面。道路交通物联网的发展将成为道路交通车路一体化管理的重要基石。道路交通基础设施的综合监控包含了监控对象（涵盖路面、桥梁、隧道等多种设施）的综合和监控内容（包括设施健康状况、交通流运行状况、交通环境条件等）的综合。以综合监控为基础的决策支持系统可以为在可持续、运行效率、交通安全、经济效益等多个角度为道路交通管理者提供全方位支持。

4　建议

4.1　定期组织小型高端道路前沿论坛

技术的发展需要深入的反思和深度的讨论，而常规的研讨会仅能起到技术交流的作用。为了准确把握道路科技前沿，建议定期组织高端的小型会议，深入研讨未来的发展。这对于提炼具有前瞻性的重大基础性前沿课题、引导我国道路科技的发展具有重要意义。

4.2 定期出版道路学科现状与进展简报

收集国内外最新道路科技动态，结合我国的实际需求，出版道路学科现状与进展简报，以达到尽快交流最新科技成果的目的。

本部分张肖宁、沙爱民提出了修改意见。

桥梁工程学科的现状及前沿发展方向研究

项海帆　范立础

1　国家需求

中国科学院于2009年出版了《科技革命与中国现代化——关于中国面向2050年科技发展战略的思考》一书，其中，第五章中国特色的科技创新道路中指出："我国科技创新总体上还是跟踪模仿"，正"面临从模仿跟踪为主向自主创新的战略性转变"，"必须清醒地认识原始创新是一个国家国际竞争力的源头，重大战略高技术是引不进、买不来的"，"对核心科学问题和关键技术问题必须做出战略安排，重点突破"。

据2006年资料，世界前20位国家属于发达国家，其中前10位最发达国家是美国、瑞典、丹麦、日本、挪威、芬兰、澳大利亚、瑞士、荷兰和德国，21位至45位共25个国家为中等发达国家，46位至84位共39个国家为初等发达国家，85位至131位共47个国家为欠发达国家，其余则为不发达国家。根据北京大学2009年出版的《中国现代化报告2008》一书中的资料，中国于2004年开始进入初等发达国家，但离中等发达国家和发达国家还有很大的差距，特别是人均竞争力指数在世界排名第83位，亚洲第21位，还属于比较弱的国家。正如温家宝总理最近在英国剑桥大学的演讲中所说："中国要赶上发达国家的水平，还有很长很长的路要走。"基于这样的认识，我们一定不能盲目自满，要承认差距和不足，我们的出路在于自主创新。只有真正掌握先进核心技术的自主创新成果才能摆脱发达国家的遏制和操控，才能实现中华民族的伟大复兴。

经过改革开放30多年来的学习和跟踪的努力，中国桥梁科技已经缩小了与发达国家的差距。特别是在已故李国豪院士的带领下，中国桥梁界走出了一条重视学习国外先进技术，但不放弃自主权，立足于自主建设的正确道路，取得了成功。中国桥梁逐渐赶上了世界现代桥梁前进的步伐，也赢得了国际桥梁界同仁的认可和赞许，已成为国际桥梁大家庭中的重要一员，占有了一席之地。然而，自主建设还不等于创新，我们在重大桥梁工程中所用的技术大都还是发达国家在20世纪六七十年代高潮中发明的，虽然我们在使用中有局部的改进和规模尺度上的扩展，但并没有技术创新上的突破。并且，由于在材料、工艺、装备等基础工业上的差距以及管理体制上的问题，中国桥梁在工程质量和耐久性上尚有明显的不足，需要引起我们特别重视和改进。

在未来20年的发展中，我们应当抓住中国大规模基础设施和跨海工程建设的有利时机，努力进取，通过国际交流展示自己的风采，积极参与国际竞争。只有拥有了真正先进的自主创新成果才能赢得国际同行的赞服，才能真正提高中国桥梁的国际地位。随着中国工业现代化的进程，中国桥梁也一定能从大国扎实地走向强国，成为国际桥梁舞台的主角，重现中国古代桥梁的辉煌。

2 发展现状

近代土木工程从17世纪中叶到20世纪中叶的约300年间，经历了最初的"奠基时期"（1660～1765）和以英国工业革命为标志的"进步时期"（1765～1900），以及第一次世界大战前后包括30年代大发展的"成熟时期"（1900～1945），完成了近代土木工程的发展，进入了以计算机和信息技术为标志的现代土木工程新时期，相应地，也开始了现代桥梁工程的发展阶段。

第二次世界大战后，世界进入了相对和平的建设时期。经过一段时间的战后恢复期，欧美各国于20世纪50年代陆续开始实施高速公路的建设计划，出现了许多作为现代桥梁工程标志的创新技术，其中德国工程师成为杰出的先驱者。《现代桥梁工程六十年》一文中列举了现代桥梁工程的约 60 项主要创新技术，其中包括创新桥型和体系、新材料和连接技术、创新结构构造及附属设备、创新工法及装备，以及创新理论及分析方法等五个方面。这些都是原创和发明。下面列出其中 10 项最重要的首创技术：

（1）1955 年，德国工程师 Finsterwalder 运用法国 Freysinett 教授于 1928 年发明的预应力混凝土技术首创了无支架悬臂挂篮施工技术，在 Baldnistin 建成 Lahn 河桥（跨度 62m）。随后，在 1952 年又建成了第一次突破 100m 跨度的 Worms 莱茵河桥（跨度 114.2m，图 1），完全改变了战前在支架上建造钢筋混凝土桥梁的状况。

（2）20 世纪 50 年代初，德国 Leonhardt 教授在修复德国莱茵河钢桥的工作中，创造了以各向异性钢桥面板代替战前钢桥上普遍采用的钢筋混凝土桥面板，减轻了自重，为现代钢桥向大跨度发展创造了条件。

（3）1956 年，德国工程师 Dishinger 在瑞典成功地建造了第一座现代斜拉桥——主跨为 182.6m 的 Strömsund 桥（图 2），成为以后一系列德国莱茵河桥采用斜拉桥的先声。

图 1　Worms 莱茵河桥

图 2　Strömsund 桥

（4）Lconhardt 教授首创的斜拉桥施工控制的“倒退分析法”，并在 1958 年设计的 Düsseldorf 北桥（图 3）中得到了成功应用，改变了战前设置预拱度的近似方法。

（5）1959 年，德国 StrabagAG 公司的 Wittfoht 首创用下承式移动托架（Vorschubrüstung）的施工方法建造了 KettigerHang 桥（图 4），以后又从托架上的现场浇筑发展成预制节段拼装的工法，实现了工业化的建桥方法。

（6）1959 ~ 1962 年，Leonhardt 教授创立的设计公司发明了顶推法施工新技术，并于 1964 年建成了世界第一座用顶推法施工的总长 500m 的委内瑞拉 Cerini 河桥（图 5）。

（7）法国工程师Muller于1964年在设计建造全长3km的Oleron跨海大桥中首创用上层移动支架（又称造桥机）进行预制节段的悬拼施工（图6）。

图3　Düsseldorf北桥

图4　下层移动托架工法

图5　顶推工法

图6　上层移动支架工法——法国Oleron岛跨海大桥

（8）1971年，法国工程师Muller将德国首创的钢斜拉桥和法国的预应力技术相结合，设计建造了采用预应力混凝土桥塔和桥面的单索面斜拉桥——主跨320m的Brottone桥（图7），其中，还首创了万吨级的盆式支座和千吨级的成品拉索。

（9）20世纪60年代的另一项重大创新是英国式流线型箱梁桥面悬索桥的问世，即由英国Freeman & Fox公司的总工程师Wex所设计的主跨为988m的Severn桥（图8），代替了战前美国式的桁架加劲梁悬索桥，成为战后大跨度悬索桥的主流。

图7　法国Brottone桥

图8　英国Severn桥

（10）瑞士 Menn 教授在 20 世纪 70 年代创造了一种新桥型——连续刚构桥，并于 1979 年建成了世界第一座预应力混凝土连续刚构桥——瑞士 Fegire 桥（主跨 107m，图 9）。1980 年，他又首创世界第一座矮塔斜拉桥（板拉桥）——主跨 174m 的瑞士 Ganter 桥（图 10），从而使梁式桥的跨越能力很快超越了 200m，并在 20 世纪 90 年代突破了 300m。

图 9　瑞士 Fegire 桥

图 10　瑞士 Ganter 桥

综上所述，预应力技术及施工工法的成熟、斜拉桥的复兴以及钢箱梁悬索桥的问世，是战后现代桥梁工程的三项标志性的重要发展和成就。它们分别由法国、德国和英国的著名工程师和学者所发明和创造，大大推进了现代桥梁工程的发展。

新中国成立后的第一个五年计划期间，我国的桥梁工程技术也有所进展，如由苏联专家帮助建造了第一座长江大桥——武汉长江大桥，以及由留苏学生带回了当时苏联的钢桥焊接技术和预应力技术。1953 年，从苏联引进了一批标准图，如 T 形和 Π 形预制钢筋混凝土简支梁桥以及带挂孔的钢筋混凝土悬臂梁桥，推进了我国中小跨度钢筋混凝土梁桥的发展。遗憾的是，在 1957 年以后的 20 年间，中国的政治运动不断，致使经济形势恶化、建筑材料匮乏、施工设备落后，基本上处于与世隔绝的封闭状态。尽管如此，中国的桥梁工程师在十分困难的条件下仍创造了一些符合国情的经济桥型和施工技术，为交通建设做出了贡献。

然而，中国的桥梁界还是错过了国外 20 世纪六七十年代高速公路建设大发展的机遇，也失去了与外国同行进行学术交流和提高技术的可能，而只能从少量准许进口的文献中零星地了解一些国外现代桥梁工程蓬勃发展的信息。有一些工程师在预应力技术、斜拉桥技术和计算机方面进行着默默的探求，尽可能做一点新技术的研究和探索，十分难能可贵。

“十年浩劫”结束后，中国人民迎来了“科学的春天”。一些出国访问的学者和工程师发现，发达国家的桥梁技术在 20 世纪六七十年代的基本建设高潮中，上了一个新台阶。改革开放的形势大大激发了中国桥梁界改变落后面貌的积极性，率先开放的广东省成为20世纪80年代初中国桥梁建设的宝地，吸引了全国的桥梁工作者投身于那块热土。

图11　李国豪（1913 ~2005）

1988年，上海建造第一座跨越黄浦江的大桥是一次重要机遇，在同济大学李国豪教授（图11）的大力呼吁下，上海市政府最终做出了自主建设的决策。南浦大桥的顺利建成大大地增强了中国桥梁界的信心，促成了20世纪90年代在全国范围内自主建设大跨度桥梁的高潮，使中国桥梁走上一条自主建设的道路。

改革开放以来，中国桥梁以巨大的规模和飞快的建设速度向前发展，以跨越长江的大桥为例，1980年时仅有武汉（1957）、南京（1968）、枝城（1971）和重庆（1980）四座大桥，到2009年已建成大桥66座，另有11座正在建设中。40年间建成了62座长江大桥，如果再加上长江的主要支流岷江、沱江、嘉陵江、乌江、湘江、汉水、赣江和黄浦江上的无数新建大桥，这是十分惊人的规模和速度。

回顾现代桥梁工程走过的60年，许多桥梁新体系、新结构、新材料、新工法以及新的理论和分析方法的创造和发明使现代桥梁工程呈现出完全不同于近代桥梁工程的崭新面貌：现代桥梁工程的价值源于创新精神。同时，随着新工法的出现和相应施工装备的不断升级换代，使桥梁施工也日益精确、轻便、自动控制，更少依赖人工操作，从而使工程质量更好、更耐久，又推动材料不断向高性能发展。可以说，现代桥梁工程的质量和耐久源于装备的不断创新。我们必须加强质量观念，依靠先进的装备来控制工程质量，大大减少对人力的依赖。

桥梁工程师还应当不断提高美学素养，掌握美学设计的方法，提倡和建筑师合作，在设计中创造出优美的桥梁，以满足人们对桥梁的审美要求。然而，美观并不是靠多花钱，而是通过寻找结构的比例、平衡与和谐，趋向最合理的受力性能、最经济的结构和最方便的施工，同时也能获得最美丽的桥梁。

经过20世纪80年代的“学习和追赶”与90年代的“跟踪和提高”两个发展阶段，中国桥梁界在21世纪初应当进入一个“创新和超越”的新时期，即通过创新的设计和施工，实现跨越式发展。而且，我们必须在一些前沿热点上和国际同行进行同步攀登的竞赛中率先突破才能实现真正意义的超越。中国现代桥梁建设的成就是有目共睹的，特别是在中国的大江大河上建造桥梁，在跨度上必然会有所突破。中国桥梁在世界大跨度悬索桥、拱桥和斜拉桥的排行榜上已名列前茅，而且在数量上也居于领先地位。中国已成为名副其实的桥梁大国，正在从桥梁大国向桥梁强国迈进，有希望在21世纪自主创新的努力中重现辉煌。

中国桥梁建设在改革开放后的30多年中确实取得了巨大的进步和成就，然而，面对21世纪跨海大桥工程任务以及进入WTO以后发达国家同行参与中国市场的竞争形势，必须正视所存在的问题，并尽快克服下列这些影响竞争力的缺陷和问题，为迎接挑战做好准备。

2.1 设计创新问题

设计是工程的核心，它在很大程度上决定了工程的质量、造价、施工难易和工期。改革开放以来，虽然也出现了一批代表这一时代的优秀设计，但是多数设计存在着缺乏创新、经济指标差以及因设计不合理造成浪费和不安全的问题，已经给我国桥梁工程的技术进步带来不利的影响。

创新应当是设计的灵魂，然而，我们似乎缺少对设计中采用新结构、新材料和新工艺的激励机制。首先，设计周期过短，承接任务过多，过分追求经济效益，使设计单位没有足够时间进行创新性思考和优化比较，常常满足于模仿和抄袭已有的设计方案；其次，缺少真正公平公开的竞争体制和严格的设计审核与监理制度，使缺乏创意和经济指标较差的设计方案得以通过和付诸实施；最后，在各级评奖中也存在只看工程规模，不重视设计创新和经济指标的弊端，使设计工程师的创新理念趋于淡薄。这些都是造成中国桥梁设计缺少创意和经济指标差的重要因素。

中国的设计文本也有一种不良的倾向，似乎文本愈厚愈显得是设计精心和投入大。然而，有的中标方案对最重要的设计理念的陈述却十分简略，没有说清所选方案的理由。国外的设计招标文件都限制页数，标书中的设计基本资料和要求不必重复，关键是阐述方案的创新构思和处理手法，从而使文件具有鲜明的特点和说服力。

众所周知，国外的设计院只做到施工招标的设计文件（tender design），相当于我国的扩初设计或技术设计，而大量施工图则由中标的承包商根据企业的设备和经验在招标设计的基础上去完成。这样，设计部门就有充分的精力和时间去做概念设计和技术创新方面的工作。甚至还有一些规模较小的顾问工程师事务所，专长于做可行性研究和方案竞赛工作。这样的分工十分有利于设计的创新和施工技术的创新。因此，应当尽快改变目前由设计院一家完成从可行性研究直至施工图设计全套工作的组织形式。

中国目前流行的工程指挥部体制也是值得商榷的。日益扩大的指挥部包揽了从招投标工作到供应材料、设备以及财务管理和房地产开发的全部工作，成了一个半经营性的企业。这和国外业主仅有一个小规模的协调和服务性办公室是有很大差别的。代表业主的政府官员参与指挥部的工作，一旦与他们的政绩挂钩，就会尽可能压低承包费用，并在重大工程庆功中占据获奖功臣名单的前列，设计和施工承包单位则排名靠后。而且，这种倾向愈来愈严重，挫伤了许多技术人员创新的积极性。

中国是一个崇尚统一、和谐、中庸，而不太鼓励标新立异的国家，往往满足于模仿和重复，比较追求规模和尺度的超越。似乎只要跨度最大、数量最多、尺度最大就是“天下第一”，就是“桥梁之最”，而不是以创新论英雄。

如果说，科学以发现（discovery）为核心，技术就是以发明（invention）和创造（creation）为核心，如法国的预应力技术，德国和美国的现代斜拉桥和组合结构技术，英国和日本的现代悬索桥技术，丹麦的防船撞和桥梁抗风技术以及瑞士首创的矮塔斜拉桥、连续刚架桥和 FRP 新材料等。

建桥是要用技术的，不是用先进的技术，就是用过时和落后的技术；有时用落后的旧技术也能建成今日之新桥，甚至破纪录的大桥。最近一个时期，“自主创新”已成为媒体最热的词，全国遍地都是创新，各行各业都想创新。然而，自主创新能力是一个需要长期努力培养的过程，需要几代人坚持不懈、持之以恒地奋斗，而不是一蹴而就的。只有那些站在技术发展的前沿，掌握现代先进技术的精髓，了解存在的不足和难点，并有志于攀登技术的高峰，又具有十年磨一剑的坚韧毅力的人，才能成为创新的精英。

一些有识之士已经发表了不少文章指出：中国在体制、环境、理念、文化、研发投入、品牌战略等方面存在不少缺陷和问题。然而，也有些人却十分得意于中国已成为“制造大国”、“世界工厂”，甚至认为中国通过引进资本和生产设备就可以获得技术，就有利可图，不需要培育自己的研发力量。这些人满足于“代工”、“贴牌”，在产业链的低端赚一点微利的打工钱，而宁愿消耗大量资源和能源，并付出污染环境的代价。这是中国工业化的大误区！

同样，在桥梁建设中也有一种把创新低俗化的倾向，似乎每一座大桥都有许多“关键技术”，都是“自主创新”。实际上，我们购买了国外的先进设备，其中就包括了专利和技术，只要不超出设备的适用范围，即使跨度大一些，尺寸大一些，并不能构成对技术的突破，只能说是一种技术应用的拓展和延伸（extension）。只有遇到了真正的挑战，而且通过克服困难提出了新的工法和创造了相应的先进设备并获得了成功，或者发现了旧工法和设备的缺陷，有了重大的改进，才是真正的技术创新。一般来说，一座大桥所用的技术大部分还是沿用成熟的技术，能有一两个真正自主的技术创新和一些对传统技术的改进（improvement）就是很了不起的事情了，不可能有很多创新成果。

2.2 工程质量问题

中国桥梁的建设速度常常使外国同行发出“难以置信”的惊叹。然而，过于匆忙的设计周期和施工工期并不是一件好事，它带来了许多遗憾，留下不少质量隐患，这是目前必须正视的问题。由于承包价过低，甚至包工不包料，更有甚者，连施工设备都由业主购买和租赁，施工承包单位只剩下低于定额的一点工钱。为了不致亏本，他们被迫分包给资质较低、缺少经验的工程队去施工。于是，层层分包、偷工减料的现象就难以避免，最终造成工程质量的低下，同时也损害了工程的耐久性。

一些美籍华人同行在参观了中国的桥梁工地后，已经多次发出了警告：“中国的桥梁可能不到30年就要出现维修的高潮。”这和我们的“百年大计、质量第一”的口号是相悖的。“贪污和浪费是极大的犯罪”，如果桥梁工程是不耐久的，达不到设计使用寿命的要求，这也是一种极大的浪费，必将有负于子孙后代。

除了技术、工艺和资质上的问题外，中国的材料市场还存在着假冒伪劣、以次充好的问题。水泥、钢材、预应力器材、模板以及基础工程中的材料都有许多质量问题，有的甚至十分严重。虽有施工监理和质监制度，但仍有许多漏洞和不正之风，难以做到高度负责和严格把关。

中国的质量观念还不够高，和发达国家在质量上追求精益求精、以质量和耐久取胜的理念相比，我们还有不小的差距。中国桥梁建设者往往满足于尽快建成通车，而对它在寿命期全过程中的耐久性重视不够。对于工程中出现的质量问题（如裂缝、过大的尺寸误差、外观不平整等通病）往往给以通融或推诿于客观条件，而不认真加以解决。甚至发生了质量事故会设法掩盖，一些大桥的工程总结也很少提到事故的教训，更不愿意开会讨论，这就使一些质量问题一再重犯，严重影响了中国桥梁的技术进步。

欧洲工程界有一种说法：速度（快）、质量（好）和经济（省）是工程的三个目标。然而，这三个目标是相互制约的，而且三个目标只能追求两个，而不能同时实现。要做到优质和经济，就不能追求速度。如果由于特殊的需要，如抢修某一桥梁以尽快恢复交通，或赶建一座桥梁就要付出额外的代价。中国的桥梁工程往往追求速度，又要尽量压低造价，结果必然是付出牺牲质量和耐久性的代价。路面不到10年就已翻修两次，桥梁建成不足20年就需要加固和维修。如果从全寿命经济性的观点来评价，中国桥梁的一次投资虽低，而全寿命的支出却很高，这也是极大的浪费。而且，大量中小跨度的桥梁缺少及时养护，也是造成中国桥梁不耐久的重要原因。

中国桥梁建设中的工程质量和耐久性问题通过美籍华人和香港同行的传播，已经影响到中国桥梁的声誉，成为他们对“难以置信”的中国速度的一种讽刺和注解。中国桥梁还是要以科学的态度提倡合理设计周期、合理工期和合理造价，给施工承包单位提供更新装备、提高技术的发展空间，彻底杜绝降低资质的层层分包，坚决抑制伪劣材料和欺诈行为，实行严格的监理制度，并且，对建成后的桥梁要加强管理、监测和养护。只有这样，中国桥梁才能以优质的品牌得到国际同行的尊敬。

2.3　桥梁美学问题

改革开放以来，中国的桥梁建设以空前的规模和发展速度令世界惊叹，但是我们匆忙建成的大桥是否给人以美感是一个值得反思的问题。大桥不仅是交通系统的重要组成部分，而且还是一座标志性建筑物。人们希望在通过大桥时发出一声赞叹，得到美的享受。作为一个桥梁工程师有责任在设计中重视桥梁的美学价值和景观功能，满足人们的观赏愿望。

国外的桥梁工程师都长期和建筑师合作，特别是在多方案比较的概念设计阶段，桥梁的美学评定往往是十分重要的因素。在一些大跨桥梁的国际设计竞标中，美学评价甚至会超过技术指标成为决定性因素。反观中国的一些大桥，由于在设计中对美学不够重视，缺少建筑师的参与和合作，对各种可能方案的比较做得不够，往往留下不少遗憾，给人以笨拙、呆板和粗糙的感觉。

过去，中国桥梁的设计方针是：适用、经济，在可能条件下照顾美观。随着我国经济实力的增强，人们对环境和景观的要求也在不断提高。桥梁的美学设计应当成为日益重要的原则，桥梁工程师要不断提高自己的审美情趣和艺术素养，使每一座桥梁成为美化环境，给人民带来欢愉的艺术品。

2.4 宣传报道的问题

中国桥梁建设的规模大，一年要建成几十座大桥，但对外的交流和宣传却很少。中国主要的设计单位和施工单位缺少一种鼓励设计人员走向国际舞台的机制，因而动力不足。国际桥梁界的同行对中国桥梁建设的了解也限于规模和速度，很难在国际刊物上看到中国桥梁工程师关于设计和施工的有创意内容的介绍文章。中国国内刊物的文章和总结常常过于强调尺度的突破，有几个“第一”，很多“之最”，认为尺度突破了，就是最难；建成了最难的桥梁，就是世界第一，就是最高水平。这也是一个误区，有时还会不顾经济性而盲目追求跨度第一。

中国的媒体也热衷于宣传“第一”和“之最”，如“天下第一拱桥”、“天下第一斜拉桥”。报道一座大桥建设应当说明采用了什么先进技术，引进了什么先进高效设备和机具，结合国情有什么改进，或者进行了综合多种技术的集成；对于真正具有原始创新的亮点更要进行详细的介绍；对于因尺度突破造成的困难也要如实说明为克服困难所采用的具体技术措施以及效果的检验，这样才是一种符合科学发展观的正确态度。

还有些工程中引进了国外的先进技术、先进材料或先进的设备，却故意隐瞒不报，还说成是自己的创新，甚至在报奖时也不如实说明引进的情况。这是一种不诚实的行为，会遭致国外同行的非议。中国科学院和教育部的领导都曾说过：中国的科学研究基本上是跟踪型的，原始创新成果很少。获得国家科技进步奖也大都是凭借学习和引进国外先进技术所取得的成果，这是很正常的状态，我们应当承认这一现实。

上面提到的这些问题如不加以纠正，不正视中国同发达国家之间存在的差距，不重视设计的创新和高新技术的应用，不克服体制上的弊端，我国的技术水平仍将是落后和陈旧的，工程质量将是低劣和不耐久的，而且不重视经济指标的设计将会造成巨大的浪费。即使建成数量最多、跨度最大的桥，如果大部分质量是平庸的，又缺少美学上的考虑，中国桥梁也将难以得到国际同行的尊重，中国桥梁界也不可能在国际桥梁竞赛中占有重要的地位。反之，如果中国桥梁界，特别是桥梁设计部门能够抓住大规模交通建设的机遇，努力进取，通过创新性的实践取得技术上的突破，重视经济比较和精心设计，我国将会出现一批技术先进、经济合理的高水平设计，使中国桥梁迅速赶上发达国家的最先进水平，成为真正的桥梁强国。

3　发展战略

3.1　知识经济时代的桥梁

20 世纪末，一场新的经济革命悄然兴起。在 18 世纪工业革命的 200 年后，以信息科学技术为核心的知识产业革命将把人类带入知识经济的新时代。

知识经济时代实质上就是一个智能化和高效率的社会形态。现代通信技术的发展使社会高度信息化，从而也使家庭生活、办公室工作、工厂企业生产、交通运输、工程建筑、教育培训、医疗保健、国家管理等社会活动都可利用可视通信网络、多媒体和“信息高速公路”实现自动化和智能化。人类的智慧与计算机网络的结合将使知识创新成为最有价值的产品，成为经济的主体和各行各业的核心。

知识经济时代的桥梁工程建设也将具有高度智能化、信息化和远距离自动控制的特征。首先，在桥梁的规划和设计阶段，人们将运用高度发展的计算机辅助手段进行有效快速的优化设计和仿真分析。虚拟现实（VR）技术的应用，使业主可以十分逼真地事先看到桥梁建成后的外形、功能，在模拟地震和台风袭击下的表现，对环境的影响以及昼夜的景观等以便于决策。其次，在桥梁的制造和架设阶段，人们将运用智能化的制造系统在工厂完成部件的加工，然后用全球定位系统（GPS）和遥控技术，在离工地千里之外的总部管理和控制各种智能性建设机器人完成野外、水下和空中的各种作业，精确地按计划完成桥梁工程建设。最后，在桥梁交付使用后，管理部门将通过自动检测系统，保证桥梁的安全和正常运行。一旦有故障或损伤发生，桥梁健康诊断和专家系统将自动报告损伤部位和程度，并指示养护和修理对策。这将是一幅 21 世纪桥梁工程的壮丽景象。

3.2 现代桥梁工程的未来

1945年第二次世界大战结束标志着以IT技术和计算机应用为特征的现代桥梁工程的开始，至今我们已经经历了第一个60年。和战前相比，现代桥梁技术有了巨大的进步，其中，高性能材料、有限元法及计算机分析软件、施工工法及大型自动化施工装备等方面的创新，显示出现代桥梁的设计更为精细，施工更为优质和高效，养护管理的监测技术也日益先进。

在20世纪的最后10年中，有许多国际桥梁会议都以展望21世纪作为主题。2006年6月，美国土木工程师学会（ASCE）在弗吉尼亚州兰德斯敦市举行了一次“土木工程未来峰会”，形成了一份展望《2025年的土木工程》的报告。会议文件呼吁全世界土木工程同行一起努力采取行动，为21世纪初期的土木工程创造一个更为美好的明天。

桥梁工程是土木工程的重要分支学科，我们是否也可以仿照近代土木工程的分期认为：1945~1980年是现代桥梁工程的奠基时期；1980~2010年是进步时期，20世纪50~70年代创造的许多新技术在世纪末20年的跨海工程和超大跨度桥梁的冲刺中得到了充分的应用和发展；2010年后，现代桥梁工程将进入成熟期，在这一发展的转折时刻，我们也需要展望一下桥梁工程师在今后20年的行动目标和肩负的重要使命。

3.2.1 桥梁工程的使命和任务

报告说：“土木工程师肩负着创造可持续发展世界和提高全球生活质量的神圣使命。”可见，“可持续发展”和“提高生活质量”是21世纪两个重要的命题，也是过去60年所暴露的主要问题和面临的挑战。因此我们的任务可归纳为以下几个方面：

（1）桥梁工程师不仅是项目的规划者、设计者和建造者，还应当是全寿命的经营者和维护者；

（2）桥梁工程师应当具有可持续发展的理念，成为自然环境的保护者和节约资源和能源的倡导者；

（3）桥梁工程师应当参与基础设施建设的决策，并通过不断的创新建造优质和耐久的工程，成为提高人民生活质量的积极推动者；

（4）桥梁工程师应当成为人们免遭自然灾害、突发事件、工程事故和其他风险的护卫者；

（5）最后，桥梁工程师还应当具有团队合作精神和职业道德，成为抵制各种腐败现象的模范执行者。

3.2.2 桥梁工程的研究与发展

为了实现上述使命和任务，桥梁工程界必须依靠科学技术发展的最新成就，并通过持续的研究和发展（R&D）工作，不断改进现有的技术，创造和发明更先进的技术，克服存在的缺点，解决出现的新问题，以迎接21世纪更大的挑战。重点的研究领域有以下五个方面：

（1）材料性能的提高是桥梁工程不断进步的重要原动力。现代桥梁工程仍以钢材和混凝土为主要建筑材料。过去的60年间，钢材从S343发展到S1100，混凝土从C30发展到C150，有了长足的进步。各种轻质高强复合材料和智能材料已在桥梁工程中得到应用。在可以预见的未来，纳米技术和生物技术可能成为21世纪技术革新的重要动力，并不断进入桥梁工程的应用领域，成为新一代建筑材料的载体。

（2）IT技术和计算机处理能力的提高以及相应结构分析软件的不断进步将使桥梁设计日益精细化，为实现仿真数值模拟和"虚拟现实"（VR）技术创造了条件。因此，大力开展有关桥梁工程的概念设计、结构设计、施工控制、健康监测、养护管理等方面的先进理论和方法研究，并研发相应的软件和数据库技术，是十分重要的研究领域。

（3）智能设备（传感器、诊断监测仪、便携式计算机）以及大型智能机器人施工设备的创造发明，将使桥梁的施工、管理、监测、养护、维修等一系列现场工作实现自动化和远程管理。我国的装备工业还比较落后，大型施工设备、先进测试仪器和精密传感器都依赖进口，我们应当大力开展这一硬件领域的研发工作，逐步加强这一方面的投入，摆脱对外的依赖。

（4）自然灾害和恐怖主义威胁，使未来的世界环境存在高风险性。我国国家自然科学基金会最近启动的关于"重大工程动力灾变"的重大研究计划将有助于降低风险，保证人民生活的安全，也是提高人民生活质量的重要方面。此外，对于风险评估和提高结构耐久性的研究也应该受到重视，以保障重大工程的正常使用寿命。

（5）最后，规范和标准的制定也是反映一个国家建设水平的重要标志。在容许应力法（1923～1963）、极限状态法（1963～2003）之后，发达国家已开始致力于基于性能的设计规范（Performance-Based Design Code）的制定以提高基础设施的建设水平。制定这一新的建立在全寿命设计和可持续发展理念上的基于性能的设计规范和标准，应当是我们在21世纪初期的最重要的任务之一，以跟上世界土木工程的潮流。

3.3 中国桥梁发展的战略思考

3.3.1 可持续桥梁工程及概率性设计方法

在20世纪80年代，由于在60年代建设高潮中所建造的一些桥梁和结构工程出现了影响其耐久性和使用寿命的质量问题，大量养护和加固费用的支出使工程师们认识到结构耐久的重要性，提出了结构全寿命经济性的问题。从20世纪90年代起，对有限资源的节约和对环境的保护愈来愈受到人们的关注，经济的可持续发展成为各国政府的战略目标。在土木工程领域的国际会议上也频繁出现可持续性（sustainability）的议题，并逐渐形成“可持续结构工程”以及“绿色工程”的新概念。

桥梁工程领域的可持续发展最早是由国际桥梁与结构工程协会（IABSE）提出的。1996年6月国际桥协率先发表了《可持续发展宣言》，要求其会员在日常工作中尽可能减小对地球环境的破坏，并努力做到下列三点：

（1）充分认识和理解所从事的工作中优化自然、建筑和社会经济环境的要求；

（2）在建筑施工和结构运营中，增加可更新材料和可循环利用材料的使用；

（3）开展环境影响的理性评价。

传统的桥梁建筑材料主要是钢材和混凝土。铁矿石和石灰岩等原材料的开采肯定不利于保存自然资源，而钢材在冶炼过程中和水泥在烧制过程中所消耗的能量以及产生的废弃物又不利于保护生态系统和保障人类健康。可持续桥梁建筑材料研究面临两大挑战：一方面要进一步完善符合可持续桥梁建筑材料要求的可持续钢材和可持续混凝土研究；另一方面更应该开发研究满足生态环境可持续性要求的新型桥梁建筑材料。

任何一项结构工程的全寿命周期一般包括五大环节，即规划、设计、施工、运营/养护和拆除。以往的结构工程设计研究人员主要关心的是如何将结构设计好、施工好，使其发挥应有的作用，这就是所谓的“现状设计”（design for the moment），而可持续结构工程要求设计研究人员必须着眼于结构工程的五大环节，实现“全寿命设计”（life cycle design）。

现有桥梁设计荷载的规定主要是针对“现状设计”的，因此设计荷载的区分主要是以结构恒载为代表的永久荷载和以车辆活载为代表的可变荷载。而可持续桥梁设计荷载的意义必须突出可持续性，因此持续性环境荷载的定义将显得更为重要，持续性桥梁环境荷载应当包括大气和水的作用、温度变化、自然风作用、随机地脉动或地震作用等等。虽然“全寿命设计”环境荷载中的温度荷载、风荷载和地震荷载在“现状设计”桥梁荷载中也有相应的规定，但后者主要针对极端情况，并且总是偏于安全地取用最不利情况；而在“全寿命设计”的持续性桥梁环境荷载中，将更加注重荷载作用的过程和概率。

可持续结构的设计必然要采用概率性的方法，以充分考虑荷载及其组合、结构及其缺陷、监测误差、自然环境等众多的随机和不确定因素，从而对结构的可靠性、危险性、耐久性、全寿命经济性以及对环境的影响等做出正确的评估。这也是土木工程和概率统计方法相结合的研究领域。

3.3.2 组合结构桥梁的创新设计

19 世纪末，由法国在 1876 年发明的钢筋混凝土结构从房屋开始推广应用于小跨度梁桥和拱桥，建造了首批钢筋混凝土桥梁，并于 20 世纪初编制了欧洲第一部钢筋混凝土设计规范。与此同时，在 19 世纪的公路钢桥中所采用的木桥面板也逐渐被钢筋混凝土桥面板所替代，大大改善了桥面的行车条件。

然而，在 1930 年以前的钢桥都是按各种构件单独起作用的原则设计的，即在组成桥面系统的纵梁和横梁的设计中并不考虑它们和钢筋混凝土桥面板的共同作用，桥面板只是作为传递荷载的一种局部构件而忽视了它在桥梁整体中可以发挥的作用。

20 世纪 30 年代是欧美各国桥梁技术和设计理论的一个重要发展时期。除了大跨度钢拱桥和悬索桥的突破性进展外，在中小跨度梁式桥方面，荷载横向分布理论的问世，使工程师们认识到桥梁各部分之间的空间相互作用。1936 年焊接技术的发明打破了铆接在钢桥中一统天下的局面，同时也为组合结构（composite structures）的发展准备了更有利的条件，即在钢筋混凝土板和钢梁之间的各种剪力连接器可采用焊接以代替最初的铆接方式。

第二次世界大战后的 20 世纪 60 年代是欧美各国和日本桥梁建设的黄金时期，组合结构以其整体受力的经济性，发挥两种材料各自优势的合理性以及便于施工的突出优点而得到了广泛的应用，建造了大量各种形式的组合结构桥梁，其中也包括大跨度斜拉桥所采用的组合桥面系统。

1971 年，欧洲国际混凝土委员会（CEB）、欧洲钢结构大会（ECCS）、国际预应力联盟（FIP）和国际桥梁及结构工程协会（IABSE）组成了组合结构联合委员会，总结了 20 世纪 60 年代组合结构发展中所取得的经验，编制了一本组合结构的模范准则（ModelCode），作为各国编制规范时的指导性文件，如英国 BS5400 标准、德国 DIN 标准、美国 AASHTO 规范以及日本钢·混凝土组合结构设计规范等，进一步促进了组合结构桥梁的发展。

进入 20 世纪 80 年代后，组合结构有了新的发展趋势：除了传统的型钢混凝土柱、钢筋混凝土板和钢梁的上下结合梁，出现了边跨混凝土梁和中跨钢梁的纵向接合，钢筋混凝土边梁和钢横梁的横向组合以及钢筋混凝土下塔柱和钢上塔柱的接合等多种混合形式。在材料方面也已不限于性能不断提高的钢和混凝土两种材料的组合，而出现了钢和混凝土与复合纤维材料、工程塑料、玻璃、木材、各种高强度钢丝索、铝合金等多种材料的相互组合。20 世纪 80 年代中后期，国际桥协曾召开过一次以混合结构（mixed structures）为主题的学术会议，研讨了组合结构的新进展。在 21 世纪初，组合结构以其极富创新空间的一种结构形式已经得到发达国家的广泛应用，许多新建的斜拉桥和梁桥大都采用组合或混合桥面。而且，随着新材料的不断进步，甚至在纳米技术和生物技术的推动下，21 世纪的建筑材料可能会发生革命性的变化，使传统的水泥和钢材逐渐被新型复合材料所替代。相应地，桥梁的体系、构造、设计理论、分析方法和施工工法将会出现完全不同于现代桥梁的划时代的变革。可以预期，到 21 世纪下半叶，桥梁工程将通过新旧材料混合使用的各种组合和混合结构的过渡期，进入一个以主要采用新材料为标志的“后现代”新时期。

3.3.3 桥梁的精细化设计和施工方法

200 多年来的桥梁总体设计一直沿用平面杆件系统的结构力学方法分析内力，20 世纪发展了荷载横向分布理论和薄壁结构的扭转理论以近似考虑桥梁在偏载下的空间作用。在断面总内力的基础上，通过计算平均边缘应力进行强度验算，而三维空间应力分析仅限于锚区和复杂节点等局部部位。

然而，1997 年宁波招宝山大桥在悬臂施工中的破断事故告诉我们：桥梁断面中的应力具有显著的空间效应，并且随着跨度的增大，断面的宽度加大，非线性效应和应力的空间不均匀分布将使某些部位的实际应力大大超过线性平均应力的计算结果。此外，断面上的混凝土强度等级虽然是相同的，但是由于预应力管道的密集布置，混凝土浇注条件的不同，在某些最不利的部位，因管道削弱形成的蜂窝状混凝土强度将有所折减，达不到设计要求值。这样一增一减，薄弱点的最大应力就会突破安全系数的保障而超过了该点的混凝土强度，于是就发生了局部破碎的后果，随后的断面不断退化和变形加大，加上破碎时发生的冲击作用就造成了恶性循环，从而导致全断面的破断。幸好斜拉桥超静定体系的牵制作用才没有造成更严重的坍塌破坏。招宝山大桥的教训是深刻的，桥梁的破坏在于局部点的突破，仅仅用平均应力加安全系数的控制是不可靠的。

计算机技术和三维空间应力分析方法的进步使我们有可能建立一种基于全桥结构空间非线性应力水平的分析和设计方法，并充分考虑配筋和预应力配索以及斜拉索等的实际空间分布，同时计及不同部位混凝土的空间强度分布，以精确地控制实际的应力状况和材料的强度状况，保证结构在施工和运营中的安全。

在比较柔性的大跨度桥梁和空间效应比较强烈的宽桥和曲线桥中应当采用基于精确建模和非线性三维应力水平分析的精细化设计和施工方法，同时还要编制一些相应的设计指南，用以指导配筋、配索等构造设计，以达到合理的设计布局和符合实际的应力控制，而不宜再用近似的处理方式勉强纳入平面杆件内力和平均应力控制的框架中，这对于施工过程中的不利状态尤为重要。

中国人口众多，桥面宽度比欧美各国要大，有必要率先发展基于空间应力水平的精细化桥梁设计方法，以避免由于安全度不足造成的早期破坏和退化所带来的损失，或者因过于保守造成的浪费。希望“桥梁的精细化设计方法”将成为中国的原创性成果，对世界桥梁工程在21世纪的发展做出重要的贡献。

3.3.4 桥梁结构分析的数值模拟方法

在工业革命的200年后，以信息技术为核心的知识产业革命将把人类带入知识经济的新时代。尽管中国尚未完成工业现代化，但信息技术正在帮助中国加快完成这一进程。

知识经济时代的土木工程将具有智能化、信息化和远距离自动控制的特征。数字计算机和无线数字信号传输技术将使工程在规划、设计、施工、管理、监测和养护各个阶段实现计算机仿真、自动控制和快速反应等功能。特别是在工程的规划和设计阶段，虚拟现实（VR）技术的应用使业主可以十分逼真地预见到工程建成后的外貌、各种功能的表现、在各种自然和人为灾害下（强台风、地震、船撞、交通事故）工程的抗灾能力以及工程对周围环境的影响程度，从而做出正确的判断和科学的决策。

应该说，目前的桥梁抗风设计、抗震设计和抗船撞设计所进行分析都还是近似或简化的。如桥梁临界风速计算、桥梁抗震的时程分析以及船撞力估算等，分析中或者忽略了非线性的因素，或者不考虑某些次要因素的共同作用，或者只控制一些转折点的表现，而并不掌握结构性能的全过程。高速度、大容量的超级计算机使结构在各种极端条件和灾害情况下的全过程分析成为可能，而且可以通过三维图形显示逼真地表现出来。

数值模拟和缩尺物理模型试验相比，还可以避免模型制作中带来的材料本构关系的相似性困难和其他的缩尺效应问题。可以预期，随着数值模拟方法的不断进步，将会逐步替代传统的振动台试验、风洞试验等各种物理模拟方法，形成数值振动台、数值风洞等新的结构分析手段。因此，数值模拟方法应当是 21 世纪土木工程师追求的目标。

数值模拟当然需要建立精确的、能反映实际的分析模型和正确的分析方法。通过将现场实测数据和数值模拟计算结果进行对比的案例研究（case study），不断跟踪典型结构的实际反应和表现，可以促进数值模拟技术和监测技术两个方面的不断进步，并最终达到人类驾驭自然的“自由王国”境界。这也是土木工程和 IT 技术和传感技术相互交叉和结合的研究领域，也包括将航空航天领域率先应用的高新技术移植到土木工程领域。

3.3.5 新一代的混凝土桥梁工程

100 多年来，混凝土的强度等级已从最初的 C10、C20 发展到 C60、C80，并已出现 C100 甚至 C150 的超高强混凝土，以适应预应力混凝土结构对高性能混凝土的需要。

在预应力技术方面，20 世纪 70 年代出现的预应力钢丝在管道中发生锈蚀的问题，促使人们将原来用于结构加固的体外预应力技术发展成为一种体外预应力混凝土结构的新技术。由于取消了在壁板中的管道，减薄了箱梁壁厚，也改善了混凝土的浇注条件，提高了构件的质量。体外布置的预应力索不仅有利于预制和安装，又便于检查和更换，大大改变了断面的形式和尺寸，也减轻了自重，取得了很好的经济效果。

体外预应力混凝土梁式桥在欧洲发展的同时，1988 年法国工程师 J. Mathivat 创造了一种新型的矮塔斜拉桥（extradosed Bridge）。这种体系可以看成是把原来连续梁箱内的体外索移到桥面以上用矮塔支撑，从而减少了支点处的梁高，甚至在跨度不大时可以用等高度的箱梁，十分有利于箱梁的施工，具有很强的竞争力。矮塔斜拉桥在欧美和日本等国得到了迅速推广，跨度已从最初不足百米逐渐增加到接近300m的水平，成为梁式桥的一种具有竞争力的新体系。与此同时，新型的碳纤维增强塑料（CFRP）正在开发中以最终代替高强度钢丝索成为完全耐蚀的预应力材料。

混凝土结构的耐久性，特别是跨海大桥在高盐雾环境中的耐久性是国际桥梁工程界十分关注的问题。海港码头混凝土结构的腐蚀、剥落和损坏早就发出了警号，要求工程师们从混凝土质量、保护层厚度和表面抗裂性、配筋和配索的耐蚀等多方面采取措施，以保证跨海大桥中的混凝土桥梁结构能满足使用寿命所要求的耐久性。新一代的耐久混凝土结构将更多采用在工厂条件下预制的高性能高质量混凝土部件和耐腐蚀的体外预应力配筋在工地装配而成的方式，为此，大型预制件、大型起重机械、全装配整体化施工和体外预应力的应用必然是今后混凝土工程的发展方向，以尽可能减少现场浇注和管道灌浆所带来的质量隐患。

3.3.6 桥梁健康监测及振动控制技术

包括桥梁在内的土木结构健康检测与养护管理是目前国际土木工程学科领域的研究热点之一，这主要与发达国家的基础设施建设阶段与相关学科的进展有关。该方向的特点是学科交叉性较强，结构识别理论和方法较多来自航空航天领域，新智能材料和传感技术以及IT技术在土木工程的监测中得到应用。主要研究动态有：新检测和通信技术的研发活跃并部分进入应用阶段；健康监测系统在实际桥梁上得到实施（在中国内地和香港、韩国尤其活跃）；桥梁养护管理系统趋于成熟和规范化；结构耐久性问题更加得到关注。另一方面，由于土木结构的复杂性的特点，结构损伤识别理论研究进展艰难，结构状态评估方法也难有突破。目前国际上较多的研究更注重于个别监测技术和监测系统的实用化研究，对桥梁状态进行的评估仍采用了传统的方法，并没有革命性的变化。

我国大规模的土木基础设施建设虽然期间不长，但由于发展速度过快以及设计规范、施工质量等方面的问题，带来了许多结构安全性、使用性和耐久性方面的隐患。因此，结构健康监测和养护管理也应是今后国内土木学科研究的主攻方向之一，但研究内容应从实际工程需求出发，重视以下方面的研究：

（1）结构耐久性（如疲劳、锈蚀、腐蚀等）检测技术与评估方法研究；

（2）基于健康监测系统的结构状态评估方法和养护管理系统（BMS）研究；

（3）相关技术指南、规范的建立。

数年前结构振动控制的研究曾是土木工程研究领域中的最热点之一，但其中的主动控制研究成果并未得到广泛的应用，目前主要注重半主动控制、被动控制、隔震和结构高阻尼化等的理论和装置研究。隔震技术经过数十年的检验已在多地震国家得到普遍采用。同时，提高结构阻尼的各种被动措施也越来越多地在新结构的设计中采用。半主动控制理论和相关的智能材料与技术的开发研究受到重视。

我国目前在建的大量工程中有许多振动问题，如：大跨度斜拉桥超长拉索和施工阶段桥塔和主梁的振动；城市中交通荷载（汽车和轻轨）引起的结构振动（舒适性和使用性）等。而且随着土木设施功能的高级化和人们对使用性和舒适性要求的提高，结构振动问题会显得更加突出。振动控制的实现多数依赖于制振装置，与国外相比我们的差距更多的在于对装置的应用开发研究及制造工艺。在该领域的研究应在工程需求背景下注重以下四个方面：

（1）超长、超高结构的风致振动的被动和半主动控制；

（2）针对地震荷载作用的结构隔震和高阻尼化研究；

（3）制振装置的开发应用研究；

（4）设计理论和方法的研究。

3.3.7 桥梁概念设计中的创新和美学理念

大跨度桥梁的概念设计是桥梁工程前期工作（工可和初步设计阶段）中的一个十分重要的环节，它决定了桥梁的总体布置和主要构造的格局，对桥梁的美学价值、结构安全性能、可施工性以及经济指标，甚至建成后的耐久性、可养护性、可检查性等都有决定性的影响。也可以说，概念设计是桥梁设计之魂。由于中国大桥设计的前期工作时间过短，对概念设计的重视不够，加上业主的不适当干预又难以避免，就造成了设计中的一些缺憾和不合理的布局。

桥梁的概念设计是一个创新思维的过程。首先，设计者要始终树立创新的设计理念，而不要满足于模仿和抄袭，每做一个工程就要力图有自己的新意，不能给人以类同于某一已有桥梁的感觉。这点在桥梁设计竞争中往往是首要的评价因素，创新的而且又能和环境相协调的桥型布置将以独特的“创新美”而赢得人们的赞誉。

桥梁主孔布置首先要满足桥下通航的要求，同时要考虑主墩防撞的安全，经过经济和安全的权衡确定了合适的主孔跨度后，桥型选择的范围也就基本上明确了。桥面高度和主跨之间合理的比例关系决定了桥梁的“比例美”，过分追求跨度第一反而会造成比例失调和压抑感，从而破坏了桥梁的美感。

桥梁作为标志性建筑需要造型美，然而它又是一个承重的结构物，而不是一个装饰品。因此，“力学美”是十分重要的因素。结构的尺寸要适应力的变化，给人以安全感和稳定感，同时又有物尽其用的经济感。因此，轻巧而不单薄，稳重而不笨拙，简洁而不粗糙是我们应当追求的境界。完美的结构性能、优良的经济指标、合理的构造和连接以及可施工性考虑都是桥梁结构中“力学美”的表现形式，再加上组合结构的创新设计使各种不同的材料得以发挥各自的优势，将使概念设计中的创新和美学理念得到充分的体现。

最后，在桥型、比例、造型、力学等各方面都得到创新和美学的充分考虑和合理安排后，对结构的细部进行美学处理也是很重要的。线条、阴影、各部分的呼应，跨度变化的韵律，都能增加桥梁整体的统一感和美感，使整个桥梁无论从远看和近看都有一种美的享受，让人发出一声美的赞叹，而其中包含的创新成果更是对桥梁科技发展做出的重要贡献。

4 建议

2006 年 1 月的全国科技大会号召建设“创新型国家”。此后，“自主创新”成为最热门的话题和媒体的焦点。一时间，几乎天天有创新，处处有创新，人人要创新，事事求创新。然而，冷静下来思考后感到，自主创新和建设创新型国家不是一件容易的事，而是需要几代人为之奋斗的艰难过程。

在世界近 200 个国家中大约有 30 多个经济发达国家，可能只有 10 多个最发达国家可以称得上“创新型国家”。这些创意之国的标志是拥有最多的发明专利和核心技术，他们的品牌进入世界前百强行列，引领着世界科技的发展。中国希望在 21 世纪 50 年代能进入中等发达国家之列，即排在前 30 位国家中，这是一个比较现实的目标，而要建成创新型国家就必须进入发达国家的前列。因此，《国家中长期科学和技术发展规划纲要》中所要求的

“2020年进入创新型国家行列”的提法还是过于急了，因为即使在2050年进入了中等发达国家的行列，还不一定就能算是进入了创新型国家的行列。从中等发达国家、创新型国家到世界科技强国是三个台阶，即相应地从中等发达国家（前40位）、发达国家（前20位）到最发达国家（前10位）的发展过程。

中国是一个人口大国，虽然GDP总量已名列前茅，但按人均计算仍排在世界的100位之外。因此，任重而道远，需要克服自满和浮躁情绪，做耐心和不懈的努力，通过自主创新成果的积累，逐步建成一个创新型国家，从大国扎实地走向强国。

4.1 “中国的出路在创新”

2006年7月28日的科技日报刊载了前国家科委主任、前中国工程院院长宋健同志的长篇文章《中国的出路在创新》。他提醒我们：“我们有理由为过去的成就感到兴奋，但远没有资格骄傲。”“中国的科学技术和工业化比欧美晚了200年，20世纪末才进入大发展时代，社会生产力还较低，2005年的人均国民生产总值才1700美元，是日本的1/22，美国的1/20，仍属于中低收入的国家，农村贫困人口仍有2000万人……中国仍处于工业化初级阶段，要全面工业化和现代化还需要艰苦奋斗至少50年”。他最后说：“我们的出路在自主创新，只有自主创新才能打破限制、摆脱遏制、顶住威胁、冲出围堵……只有创新才能掌握发明权和知识产权，才能获得国际平等合作的机会”。宋健同志以十分清醒的认识分析了国情，为中华民族的复兴指明了道路。

前国家科委主任朱丽兰同志也在《科技日报》载文说：“中国20多年的对外开放，并没有在创新这个核心问题上取得满意的结果……市场被占了，高水平的最先进的技术并未得到，成了外商的生产基地……核心技术是自主创新的灵魂，而核心技术是买不来的。”这是她作为国家科委主任的深切感慨之言。她和李贵鲜同志还在研讨会上呼吁：“自主创新要树立三个气：不甘落后的骨气，为国争光的志气和敢于和外国同行竞争的勇气。”

国家科技部副部长程津培在2006年3月的《科技日报》上以《我们与创新型国家的差距有多大?》为题载文说：“我国汽车、机床、纺织行业的先进设备，70%要进口；集成电路设备，90%靠进口；高端医疗设备的95%依赖进口；光纤制造设备的100%，电视、手机、DVD的核心配件全是外国生产的。中国发明专利中有影响力的仅占0.2%，63个外国汽车品牌占据了90%的中国市场，我们每年要花1000亿美元购买加工设备，而且还是10年前技术……不自主创新就要反复引进设备，受制于人，就会永远落后。”这些话说明我们必须大力发展装备工业，掌握自主核心技术，有了这些创新型国家的重要标志，中国才能成为真正的经济和科技强国。

中国商务部也以《中国离强国有多远?》为题撰文指出：“95%的企业无专利，自主知识产权和核心技术仅万分之三”，“90%的出口商品为贴牌产品”，“发明专利数为美、日的1/30，而且有影响的极少”，文章最后说：“差距在专利和品牌，即使外贸总额世界第一，也不能成为强国”。

《科学时报》2006年7月28日所载《关于自主技术创新的对话》一文中还说：“外资企业在中国创造的产值都计入中国的GDP，但外资企业在中国的技术创新，包括中国雇员在外资企业里开发的新技术，都不能算作中国的自主创新……我国设备投资的三分之二依赖进口，光纤制造设备和发电机控制设备几乎百分之百依赖进口。结果是有了一流的生产设备，但却只能在跨国资本安排的技术轨道上生产产品，不可能进行自主创新”。

世界经合组织发表的《2006年科学、技术和工业展望》一文称中国研发投入为1360亿美元，已超过日本，居世界第二。然而，中国自己的投入只占3000亿人民币，约1/4，其余大部分是750个跨国公司在中国所设研究中心的投入。同样，中国的GDP总量中也有相当一部分是外资企业在中国的工厂所创造的，因此，什么才是真正的自主创新是值得深思的。

4.2　“创新必须站在巨人肩上”

虽然“创新型国家”的提出已有多年，而“创新”的真正含义是什么还需要统一认识。当前普遍的说法是沿用《中华人民共和国国民经济和社会发展第十一个五年规划纲要》中的三种创新形式，即原始创新、集成创新以及引进消化吸收再创新。很显然，原始创新居于最高层次，它是原创（origination）或首创（initiation），发明专利就是保护原始创新的一种法律手段，而“核心技术”就来自于这些具有发明专利的原始创新成果。具有原始创新能力和拥有许多发明专利的发达国家就站在科学技术的高端，引领着科学技术的发展。

关于后两个层次的“创新”，2008年10月中国工程院徐匡迪院长在《落实科学发展观，建设创新型国家》的文章中有一段说明：总体设计自主，核心零部件选购国外先进的，组装而成的产品（如动车组和支线客机）就是“集成创新”。我国的家电和信息技术产业则是采用“引进、消化和吸收再创新”的方式。有些虽然仿制成功了，还有水平的高低，只能说是“填补了空白，替代了进口”。这后两种“创新”并没有真正掌握最先进的核心技术，或者仍需要高价购买核心部件，或者对国外原创者付专利费，这还不能算是真正的自主创新，也不应当说成是“完全自主知识产权”，实际上只是在跟踪阶段的仿制和改进。

前中国科学院院长周光召院士在 2006 年 3 月的《中国基础科学》上所载《学习、创造和创新》一文中说：“创造性源于好奇心和想像力，但必须建立在已有知识的基础上”。可见，创造力的培养必须从小开始，通过努力学习，并勇于探索新事物，才有可能在学科前沿“站在巨人的肩膀上，做出创新的贡献”。而站到巨人肩上就是一个掌握前人知识的艰苦学习过程。

他还说：“一个创新能力强的人应当不怕失败，不计得失，坚持到底，即要有敢为人先，勇于革新的精神……创新的产生需要在创新的环境中孕育和成长”。总之，首先要站在学科前沿掌握已有的知识，还要有创造力和洞察力，并在有利的创新环境中成长。因此，自主是创新的前提。首先要独立自主，不依赖。

周光召院士在纪念国家重点实验室建设 20 周年大会上也曾说过“中国的科学研究大都是跟踪性的，原创的成果不多”。当一个国家还处于落后的状态，面前有一大批领先者，掌握着许多先进技术，我们的首要任务就是“学习和追赶”，靠近以后才是“跟踪与提高”，能够并驾齐驱了才是真正竞争的开始。当前面是一片未知的空白，大家都在探索和攀登，谁找到了正确的路线，就能率先突破，也就是通过创新实现了超越。为什么古代中国有四大发明和许多创新技术？因为那时中国领先于世界，前面没有强者，面对未知的世界，就必须自己独立去发现和创造新的世界。

4.3 桥梁工程的自主创新

中国面临的根本问题就是缺少核心技术，因而在技术上落后于发达国家。我国每年要花几千亿美元购买设备和装备，如不通过自主创新掌握核心技术，就要反复引进，而且往往引进的还是解禁后的 10 年前技术，或者只能高价购买核心部件，就会永远落后。

核心技术是任何工业产品的先进性标志。一种技术的先进和落后就是在于核心技术的不同。核心技术是发达国家的竞争力所在，一些著名的品牌企业都组织高水平的队伍，注入巨资，不断研发新的核心技术，以改进产品的性能，并用“发明专利”保护其知识产权，有的甚至用“密封式”部件以防止别国仿制。而且，进入市场的产品一般都是10年前开发的、已批量生产的“解密技术”，最新、最先进的核心技术只生产少量的产品在企业控制下试用，以不断改进和完善，直至完全成熟后再组织批量生产，成为下一代包含更先进的核心技术的新产品。

中国一定要承认和发达国家在核心技术方面的差距，认清“核心技术是买不来的”这一至理名言，老老实实地通过自己的努力，从学习和引进、消化和吸收、仿制和改进，直至和发达国家同步竞争，并在竞争中通过创新超越对手，最后用最先进的核心技术创立中国自主的著名品牌。

桥梁的大型先进施工设备也大部分依靠进口，中小型的设备虽然自己能仿制一些，但质量、工效、耐久性等方面都有差距，而且仿制的样品往往还是国外10年前的过时商品。我们必须实事求是地承认这一情况，不能盲目自满，自欺欺人。

美国工程院院士、中国工程院外籍院士，美国林同炎国际设计公司总裁邓文中先生在《浅谈城市桥梁创新》一文中说：创新可以简单地定义为“有意义的改进”。所谓“有意义”必须是价值的增加，只是为了“不同”而改变，那是没有意义的，不能算得上“创新”。而桥梁工程的大量创新活动就是邓文中先生所说的“有意义的改进”，使已有的技术获得更多的价值，它们“体现在改善功能、降低成本（经济性）增强耐久性和美观效果”。还有一种形式是在应用传统的概念和方法时对其应用范围进行了拓展，因为大部分原始创新的体系和工法开始都用于较小跨度，通过不断实践和改进逐步推广应用于更大的跨度，这种拓展或延伸（extension）也大大推动了桥梁的进步，也是一种具有创意的成就。

概括起来说，桥梁的创新有以下三个层次：原创（origination）或发明（invention）、有意义的改进（improvement），以及对已有技术应用上的拓展（extension）。我们应当十分尊重原创和首创的成果，如重庆石板坡大桥首创的混合桥面连续刚架桥（图12）、法国米约大桥首创连续斜拉桥顶推施工（图13）、希腊Rion-Antirion海峡大桥的加筋土抗震基础（图14），以及美国旧金山海湾大桥的抗震柱（图15）等。要鼓励桥梁工程师们大量“有意义的改进”，每做一座新桥就能比前一座桥做得更好，克服缺点、消除隐患、一步上一个台阶。对于技术应用的拓展也要肯定，但不要刻意去追求跨度之最，

图 12　重庆石板坡大桥

图 13　法国米约大桥

a)　　b)

图 14　希腊 Rion-Antirion 海峡大桥

更不应去勉强拓展，造成浪费，从而放弃对发明创造更好的新技术的探索。因此，必须是“有意义的拓展”，即必须有利并增加价值，具体地说，在结构性能、经济、方便施工、增加耐久性等方面获得更多的价值。

图 15　美国旧金山海湾大桥

4.4　走向桥梁强国之路

纵观 300 多年近代和现代桥梁的发展史，工业革命的发源地英国引领了最初的铁桥和 19 世纪铁路钢桥的辉煌。紧接着，欧洲的法国、德国和新大陆美国为铁路和城市建设修筑了许多大跨度铁路桥以及城市桥梁。19 世纪下半叶法国发明了混凝土，引领了混凝土桥梁和20世纪预应力混凝土桥梁的发展，也带动了欧洲大陆（包括瑞士、比利时等国）中小跨度桥梁的不断创新。同时，德国学者在桥梁结构理论上的建树为大跨度桥梁如悬索桥和斜拉桥的发展做出了重要贡献。

上述英、德、法、美、瑞士诸国，加上后起的日本和丹麦，构成了国际桥梁界的核心力量。其重要标志有以下几点：

（1）这些国家都有较长的发展历史，积累了成熟的经验，拥有许多技术创新和专利，形成了某一方面的优势。一些品牌设计公司和施工企业都在世界各地建立了分支机构，在全世界享有很高的声誉。

（2）这些国家的品牌公司都积极参与国际重大工程的设计竞赛和施工竞标，并屡屡获胜，有很高的信誉和竞争力。他们有雄厚的技术储备、完备的软件和研发能力，能够快速应对各种困难问题的挑战，提出解决方案。特别是设计人员所具备的创新理念，能出奇制胜，用创新的设计构思赢得评委的赞赏。

（3）这些国家的品牌公司中的技术负责人大都是国际重要学会的领导人或世界知名学者和工程师，他们经常应邀在重要国际会议担任主旨报告人介绍重大工程的创新经验，或者获得国际重要学会的各种大奖。

可以说，只有具备了这些特征，才能成为一个名副其实的桥梁强国。

中国桥梁建设规模大，如能抓住机遇，树立创新理念，每做一项工程都有一两项真正的自主创新，就能取得扎实的进步。因此，我们一定不要满足于规模大、速度快的成就，而要走出误区，瞄准世界前10名的设计公司和施工企业，努力缩小和它们的差距，在创新、质量和美学上狠下工夫。只有自主创新技术才能获得国际同行的尊重，才能树立自己的品牌，提高中国桥梁的国际地位。

全世界的十几个创新型国家都把科技创新作为国家基本战略。他们的研发投入占国民生产总值的比重都在2%以上，甚至达到4%以上，他们的专利总数占到全世界的99%，引领着世界科技的发展。特别是美国，占世界研发总投入的44%，论文总数的26%，都超过了七国集团中其余六国（日、德、英、法、意、加）的总和。在美国，大学承担了国家主要基础研究和创新人才的培养任务。政府科研机构主要承担国家要求的基础研究和关键技术攻关。企业则是技术创新的主体，他们同时也是研发投入的主体，其研发投入占70%，而且其中有一半的创新发明是由中小企业完成的。

创新型国家的大型企业都有庞大的研发机构（研究所、技术中心），如德国西门子公司，职工总数有40余万，其中有2万人的研发队伍，从事未来产品的开发和技术储备。企业将利润的一定比例投入研发进行技术创新，不断提高核心技术水平，以保持竞争力。技术中心有高水平的团队和实验设备，对计算机软件和硬件（如建筑行业的施工机械，技术设备，高性能材料）的更新换代，规范标准的制定都有持续的创新和专利。他们的水平就体现在这些包含核心技术的装备之中。而落后的国家就只能高价购买这些设备，而且大都还是10年前的技术水平。

因此，要建设创新型国家，企业就要有利润空间进行稳定的研发投入，要有高水平的研发队伍，还要提前10年，为10年后的技术做储备。如果没有“投入、队伍和时间”这三个创新的基本要素，我们的企业就不可能掌握自主的核心技术，就会永远落后。中国的桥梁设计和施工企业一定要培养和创建一支研发队伍，才能像发达国家的品牌企业那样具有国际竞争力，表现出桥梁强国的标志。

中国桥梁界要走强国之路，出路只有“自主创新”，而且希望寄托在年轻一代的努力。中国桥梁界已经走上自主建设的道路，由于自主，也得到国际同行的尊重，但是我们在创新、质量和美学方面还存在不足。要成为强国必须从培养具有创新理念和能力的新一代桥梁工程师入手，作长期的努力。

中国桥梁建设30年的成就是有目共睹的。即使我们还没有原始创新技术，但能够将西方的先进技术在中国的大桥实践中加以改进和拓展也是很了不起的，但我们仍不能骄傲自满，要看到不足和差距。在材料性能、软件、硬件设备、规范等方面仍有差距；在创新、质量和美学方面仍有不足。要成为强国必须在与发达国家的竞争中，以技术的先进性、经济性和全寿命期中优良的养护服务等方面取胜，才能使对手信服，业主满意，并为国际桥梁界所公认。桥梁强国绝不是自封的，更不能自吹自擂。

中华民族是智慧的民族，中国五千年历史的文化积淀和底蕴将会帮助我们实现复兴。只要我们不盲目自满，就一定能在不久的将来通过自主创新的努力，发展成为世界经济强国和科技强国。衷心希望年轻一代的教授和总工程师们努力加强自主创新的理念和动力，逐步走向国际桥梁舞台的中心，成长为代表中国的国际活动家，并在国际竞争中逐渐崭露头角，为中国从桥梁大国走向桥梁强国贡献力量。

5 结束语

回顾自第二次世界大战结束以来现代桥梁工程所走过的60年历程，发达国家在20世纪六七十年代的现代化建设和城市化的高潮中创造和发明了许多完全不同于战前近代桥梁工程的新材料、新体系、新结构和新工法以及基于计算机时代的新理论和分析方法。并且，在进入21世纪以后，一些发达国家的桥梁界又积极探索未来20年的前沿发展方向，从材料、软件（理论和方法）、硬件（测试仪器和施工装备）、防灾、节能和环保、规范等方面，为实现绿色经济和可持续发展进行了规划，也正在继续努力向前发展。

中国改革开放30多年来，经过学习—追赶—跟踪的努力，已缩小了与发达国家的差距，应该有条件通过自主创新实现局部的超越，为在21世纪中叶实现全面小康做出桥梁工程界应有的贡献。

然而，在对中国经济和科技实力的宣传上确实存在两种不同的声音：

一种是强调GDP总量，认为2017年中国将超越美国成为第一经济体，每年发表的论文数已居世界第二，高校大学生总数也是世界第一，“2020年肯定能成为创新型国家”。

另一种较为低调的则认为“中国的人均GDP仍在100位之外，属于初等发达国家。到2050年，成为中等发达国家（前40位）的概率仅为15%。总体而言，到21世纪末，中国进入发达国家行列（前20位）的概率仅为4%”。“中国还谈不上崛起，主要是发展问题”（徐匡迪院长语）。“中国要赶上发达国家水平，还有很长很长的路要走”（温总理语）。

对于桥梁技术创新也有两种相差很大的解读：有的大桥在建成时宣传有250项“创新成果”，而且大都介绍打破了多少纪录，桥梁的总数、跨度，都已是世界第一、世界之最，已处于世界领先水平；另一种看法则认为中国桥梁大多只是在引进和使用国外先进技术中的一些“改进”和“拓展”，真正能超过发达国家的原创技术极少。

笔者比较倾向低调的、承认差距的理念。在本文中既肯定中国桥梁30年来所取得的成就，也指出存在的不足。鲁迅先生说过“承认不足是前进的车轮”，宋健同志也说过“我们有理由为过去的成就感到兴奋，但远没有资格骄傲”。更何况，中国的GDP总量中有相当比例是外资品牌企业在中国的工厂中所创造的。中国面临的根本问题还是缺少核心技术，处于产业链的低端，我们有什么理由可以唱高调呢？最近热议的“钱学森之问”更显现出中国教育中存在的问题，而培养具有创造力的领军人才正是中国未来的希望所在。

现在国外媒体吹捧中国的论调不断升温，我们应当保持清醒的头脑。在为取得的成就而自豪的同时，也要看到中国还有许多落后的方面。而且，为了这些成就，我们在环境和资源方面已付出了沉重的代价，我们还是一个有着 13 亿人口的发展中国家。然而，不管还有多长的路要走，勤劳的中华民族一定会建成令世人称羡的美丽而富强的伟大国家，雄踞在世界的东方。

参考文献

[1] 范立础．混凝土桥梁安全性与耐久性//中国工程院．结构安全性和耐久性的研究报告，2002.

[2] 中国工程院．工程科技与发展战略咨询报告集.2004（13）.

[3] 中国现代化报告．北京：北京大学出版社，2008.

[4] 邓文中．浅谈城市桥梁创新．桥梁，2008（2）.

[5] 项海帆，肖汝诚．现代桥梁工程 60 年．桥梁，2008（2）.

[6] 中国科学院．科技革命与中国的现代化．北京：科学出版社，2009.

[7] 项海帆．中国桥梁的耐久性问题．桥梁，2009（4）.

[8] 项海帆，潘洪萱，张圣城，等．中国桥梁史纲．上海：同济大学出版社，2009.

隧道及地下工程学科发展现状及前沿发展方向研究

王梦恕　郭　璇　张德华

1　国家需要

隧道及地下工程是我国基础建设的重要领域之一，也是土木工程最重要和最具有发展前景的领域之一，为国民经济和社会发展创造必要的基础和环境条件，对提高人民的生活质量和水平、建设小康社会具有重要的作用。

隧道及地下工程是研究和建造各种隧道及地下工程的规划、勘测、设计、施工和养护的一门应用科学和工程技术，是土木工程的一个分支。隧道及地下工程也指在岩体或土层中修建的通道和各种类型的地下建筑物，包括交通运输方面的铁路、道路、运河隧道，以及地下铁道和水底隧道等，工业和民用建筑方面的市政、防空、采矿、储存和生产等用途的地下工程，军用方面的各种国防坑道，水利发电工程方面的地下发电厂房以及其他各种水工隧洞等。

公元前 2180 ~ 前 2160 年，在巴比伦城中的幼发拉底河下修筑的人行通道是世界上第一座交通隧道。各文明古国曾修建过地下墓室，灌溉、给水、排水隧洞，采矿巷道及地下粮仓等。中国汉代在今陕西褒城修隧道时，曾用火煅石法（用柴烧炙岩石，然后泼以水或醋，使之粉碎）开通了长 14m、宽

3.95～4.25m、高4～4.75m的石门隧洞。19世纪20年代，蒸汽机的出现及铁路和炼钢工业的发展，促进了隧道及地下工程的发展。1826～1830年英国修建了长770m的泰勒山单线铁路隧道和长2474m的维多利亚双线铁路隧道；1860年开始修建伦敦地下铁道。19世纪60年代以前，修建隧道都是用人工凿孔和黑火药爆破施工。1861年修建仙尼斯峰铁路隧道时，首次使用风动凿岩机。1867年修建胡萨克铁路隧道时用硝化甘油炸药。20世纪初采用中央导坑法施工，年平均进度达4.5km。中国第一座铁路隧道是1887～1889年台湾省台北至基隆窄轨铁路上的狮球岭隧道，长261m。京张铁路八达岭隧道，长1091m，建于1907～1908年。1950年以前中国建成238座隧道，总延长8.9km；1950～1984年共建成铁路隧道4274座，总延长2014.5km。至20世纪50年代，人们才总结出各类隧道及地下工程的规划、设计和施工的基本原理，并在土木工程中形成一个独立的工程领域。

隧道及地下工程以开辟利用地下通道和地下空间为目的，与地面建筑相比，隧道及地下工程具有节约土地资源、快捷便利、节能、环保、抗震防灾、防御战争损毁等优势，因而在铁路、公路、城市交通、水利水电、能源、停车场、地下商场、仓储、物流、国防等各方面都得到了广泛采用。据2005年底的初步统计，我国在铁路、公路、水利水电等领域已建成近万座隧道，总延长7000多公里；目前仍以每年新修隧道450km以上的速度增加。北京、上海、南京、深圳、广州、天津、重庆、武汉、大连、青岛等大城市有400km的轨道交通投入使用或试用，其中半数为地下铁道。我国已成为世界上隧道数量最多、建设规模最大、发展速度最快的隧道大国。

加强隧道及地下工程技术研究，使之更好地为国家基本建设服务具有战略意义。我国的广大工程科研和技术人员不畏艰辛，勇于探索，大胆实践，敢于创新，在隧道和地下工程领域不断创造新的理论和方法，不断提高隧道及地下工程的技术水平，积极地吸收国外先进技术和经验，推动我国隧道及地下工程事业不断向前发展，使我国的隧道和地下工程在施工技术上居于世界先进水平的行列，建立了具有中国特色的隧道及地下工程建造技术体系。

1.1 概述

21世纪是地下空间作为资源加以大力开发利用的世纪，是隧道和地下工程大发展的世纪。

第一，我国铁路隧道数量以及总长度均居世界第一，是目前世界上修建铁路隧道最多的国家。截至1999年末，我国建成的铁路隧道多达6877座，总延长3670km。多项工程打破世界铁路隧道建设方面的纪录。近年来，随着大规模铁路建设的展开，将有大批铁路隧道投入建设。以下列举有代表性的建成隧道：我国自主设计建成的第一座铁路隧道是京张铁路八达岭单线越岭隧道，全长1091m，工期仅用18个月；中国第一条长铁路隧道——西康铁路秦岭双线特长隧道，两线长度均为18.456km，线间距30m，居当时世界山岭隧道第六位、亚洲第二位，平面出口120m半径为500m的曲线，最大埋深1600m，洞身通过岩层为混合片麻岩和花岗岩，有断层、岩爆、高地热、高辐射等地质灾害，Ⅰ线隧道首次采用TBM施工，标志着中国铁路隧道机械化施工跨入世界先进行列；中国第一座长度超过3km的隧道是兴安岭隧道；中国特长双线铁路隧道乌鞘岭隧道（长达20.05km）；“世界第一高隧道”——青藏铁路风火山隧道坐落于海拔超过5000m的青藏高原风火山，轨面海拔4905m，全长1338m，全部位于永久性冻土层内，是世界上海拔最高的高原永久性冻土隧道；世界最长的高原冻土隧道——青藏铁路昆仑山隧道，全长1686m，地处高原多年冻土区，地质结构复杂，自然条件严酷，隧道穿越多条断裂带，进口处存在厚层地下冰，出口处存在乱石堆积体，中间穿越裂隙水、地下水、融冻泥流等恶劣环境。

第二，目前是我国城市轨道交通大发展的时期，目前已有10个城市轨道交通开始运营，还有20多个城市在建设和规划中，今后五年至少将新建城市地铁500～600km。

第三，沿海沿江地区进一步发展，加快了大量的穿越江河湖海的交通隧道规划和建设。

第四，水利水电资源的开发以及南水北调工程的实施，将修建更多的输水（引水）隧洞及地下厂房。

第五，国家能源储备的增加需要建设更多的地下储藏洞室等。

总之，伴随我国铁路客运专线和高速公路建设蓬勃发展，目前每年仍有大量铁路、公路隧道工程、城市地铁工程、大型水利水电工程、超大超深基坑及地下储存洞室需开工修建。对这些形势的分析充分表明：在我国建设小康社会和和谐社会的进程中，随着国家经济建设的进一步发展，对隧道和地下工程的需求将会继续加大，隧道及地下工程的修建将向高难度发展，修建的数量仍会大量增加，建设的技术标准要求将更高，这对我国隧道及地下工程界来说既是机遇又是挑战。经过几代人的努力，尤其是新中国成立以来数次基本建设大潮的强力推动，我国隧道及地下工程建设已取得了世人瞩目的伟大成就，已成为世界上隧道数量最多、建设规模最大、发展速度最快的国家。但就目前我国隧道及地下工程事业发展的总体水平来看，可说是数量上的大国，但仍算不上是真正的技术强国，在技术领域中的许多方面，较之世界先进水平尚有不少差距。

本调研报告分析我国未来 10 ~ 20 年内土木工程隧道及地下工程的发展规划，预测其对相关土木工程隧道及地下工程二级学科发展的需要，为正视我们面临的机遇和挑战提供参考。

1.2 隧道及地下工程学科发展规划

交通拥堵已成为制约城市发展的瓶颈，人们在拥堵中等待、愤怒、失望，也开始因为渴望速度而寻找方向。地铁可以让交通烦恼消却、实现快速交通，几乎成为大城市的标志和别名。隧道及地下工程专业是根据中国城市发展的趋势和当前城市地下工程人才匮乏的实际情况而设立发展的新专业，主要培养具有坚实的数学、力学等自然科学基础和人文社会科学基础，掌握城市地下工程勘察、规划、工程材料、结构分析与设计、机械基础及工程机械、电工技术、工程测量、施工组织和工程概预算、工程监理等方面的基本技术和知识，具备从事隧道及地下工程规划、设计、研究、开发利用、施工和管理能力，具有较强的计算机应用能力和较高的外语水平的高级技术人才。主要运用在国家交通工程、市政工程、引水、排水工程、地下油气库和输送油气隧道工程、国防及战备工程等方面。

（1）地下交通工程规划

地下交通工程主要指地下交通隧道工程，主要包括铁路隧道、公路隧道及城市地铁工程三大方面。

我国幅员辽阔，又是多山国家，山地面积占全国 2/3 以上，高原起伏、群山连绵、崇山峻岭密布、水系发育、江河纵横、地质复杂，为发展完善全国铁路交通网络，需要修建大量山岭隧道，且必须修建许多长隧道和特长隧道，铁路隧道建设任务极其艰巨、复杂。新中国成立后，自 20 世纪 50 年代起，开始了大规模铁路建设，经 60 年代西南铁路大会战和 70 年代路网扩展，共建成铁路隧道 4072 座，总延长 2001km，其中 3km 以上的单线隧道 57 座，当时我国大陆建成最长的铁路单线隧道是京原铁路驿马岭隧道（7.032km）。隧道较多的铁路干线有：宜万线、丰沙线、宝成线、成渝线、天兰线、鹰厦线、川黔线、贵昆线、成昆线、京原线、襄渝线、阳安线、湘黔线、枝柳线、京通线等。目前我国铁路隧道在数量、长度、设计及施工技术上处于行业的领先地位，截至1997年，我国铁路线已建成并交付运营隧道约5200座，总长度2458km，平均占铁路网总长度的0.47%。我国已建成铁路中隧道占线路长度在30%以上的有：襄渝线34.3%，成昆线31.6%，渝怀线38.6%，西康线50.42%等，隧线比最大的宜万铁路达到55.7%。已建成的西康线秦岭单线隧道，长18.4km；其他较长的还有1987年建成的衡广铁路复线上大瑶山双线隧道，长14.295km；南昆线上的米花岭隧道，长9383m；正在建设的还有兰渝线、贵广线等高隧线比铁路线。

我国地下公路隧道在20世纪80年代前由于公路等级较低，同时限于设计、施工及短期投资大等多种原因，很少设计长大隧道，且数量（总长度）上也不多，当公路翻越山岭时，大都采用盘山展线绕行，隧道仅有几十座，最长的山岭公路隧道仅361m，主要是为实现截弯、降坡、提速、提高运营安全及实现长期运营收益提高等目的。改革开放后相继修建了一批长大公路隧道，如辽宁的八盘岭双线公路隧道（长1600m）、吉林的小盘岭公路隧道（长600多米）等。但近十几年来，随着我国高速公路的快速发展，公路隧道工程在总量、单体长度上有了突飞猛进的发展。能够缩短线路里程、提高线路等级、绕避地质病害、保护生态环境的长大公路隧道修建开始受到各地交通主管部门重视。国家及时制定了公路隧道的设计、施工、通风、照明、养护等技术规范，对公路隧道建设起到了促进与推动作用。隧道单体长度纪录不断被刷新，早已提高到4km以上水平，如川藏公路上的二郎山隧道全长4160m等；目前我国海拔最高，2000年竣工通车的重庆铁山坪路隧道双线全长5424m；北京至八达岭高速公路上单向三车道潭峪沟公路隧道主隧长3455m；以及新建通车的南京长江公路隧道、厦门翔安海底公路隧道等。我国大规模的公路隧道建设虽然起步较晚，但由于重视引进消化国际先进技术和学习铁路隧道建设经验，建设技术迅速提高并成熟，建成了不少大跨隧道、连拱隧道、小间距隧道、高海拔隧道和穿越江河湖海的水下隧道，取得了世人瞩目的成就。特别是实施西部大开发战略以来，高等级公路向西部延伸的进程中修建了不少长隧道、特长隧道以及隧道群，隧道占公路里程比重不断增大。到2000年，我国公路隧道通车里程已达628km/1684座，隧道平均长度已达373m，其中长隧道、特长隧道150多座260多公里。进入21世纪，国家提出新世纪前10年中建成40万公里新路，使公路总里程达到210万公里，高速公路达到3.5万公里以上的发展规划。截至2007年底，我国已建成公路隧道2555.5km/4673座。已建成的我国目前最长的公路隧道西汉高速公路秦岭终南山隧道（18.02km）、海拔 3400m 的国道 317 线鹧鸪山隧道（4.448km）、双洞六车道的重庆施家梁隧道（4.303km）、双洞八车道的重庆白鹤嘴隧道（1.240km）、穿越黄浦江的 10 条上海越江隧道，在建的武汉、南京、上海 3 座长江隧道和厦门、青岛 2 座海底隧道等[1]，都是新世纪以来我国修建的重大公路隧道项目。

自 1965 年 7 月北京地铁开工至今，我国地铁建设已有 45 年的历史。由于地铁具有运量大、无污染、安全舒适且不受地面道路情况影响的特点，很快由军用战备设施变为城市公共交通设施。但是在国民经济停滞甚至倒退的 20 世纪 60 年代末到 70 年代的十多年间，造价昂贵的地铁建设在我国并没有大的发展。直到 1984 年，我国大陆仅北京和天津有总计不足 50km 的地铁。近 20 多年来，随着改革开放进程的加快，我国经济建设驶入快车道，经济实力的迅速增强和城市规模迅速扩展使地铁建设在我国大陆进入繁荣发展阶段，成为世界上最大的地铁市场。我国地铁建设的资深城市（已有并正扩建地铁网络）有北京、天津、上海、广州、台北、香港等。北京拥有中国第一条地下铁路，到 2015 年，北京轨道交通线路将达到 18 条，规划总里程 561.5km。上海是我国目前城市地铁发展速度最快、运营里程最长、线网规模最大的城市；上海 1990 年开始修建地铁，截至 2008 年底，已有 9 条地铁线路投入运营，总里程 238km，覆盖全市 13 个行政区。上海城市轨道交通规划 2012 年将形成总计 13 条线路、237 座车站、总长 500km 以地铁为主的轨道交通网。广州地铁始建于 1993 年，截至 2008 年，已有 4 条线路建成通车，运营总里程 146.98km。广州现有的地铁运营线路远远不能满足迅速扩展的城市规模和客流需求，正在加紧扩建。根据广州地铁建设规划，2010 年将全部开通 2 号线南延和北延段，3 号线北延段，5 号线一期，8 号线、广佛线及 APM，总里程达到 200km；远期规划线路共 9 条，总长 600km。深圳地铁开建至今仅 10 年，已开通运营线路 2 条、总长 21.866km；在建和续建线路 5 条、总长 156.6km，计划 2011 年 6 月全部建成。深圳轨道交通中期发展规划列出了 8 条地铁、轻轨和城市铁路，总长 272.78km。成都市快速轨道交通网由 7 条线路组成，线路总长度 274.15km，其中地下线长度 144.24km，地上线 129.91km。到 2030 年，成都市中心城内，线网密度将达到 $0.34km/km^2$，居住在中心城区的市民出行 5min 内就能找到一个地铁车站。

[1] 厦门翔安海底隧岛和青岛胶州湾海底隧道分别于 2010 年 4 月和 2011 年 6 月建成通车。编者注

此外西安、沈阳、哈尔滨、武汉、杭州等城市的轨道交通网络规划也在不断完善。为确保地铁建设与城市经济发展水平相适应，国家有关部门明确了申报发展地铁的城市的基本条件，并对经济条件较好、交通拥堵问题比较严重的特大城市发展包括地铁在内的城轨交通项目予以优先支持，使城市地铁建设健康有序发展。我国“十一五”期间，全国包括地铁在内的城市轨道交通建设预计投资2000多亿元。目前，除北京、天津、上海、广州、深圳、南京、香港、台北、重庆、武汉、大连10个城市已有地铁或轻轨投入运营并继续扩展线网规模，成都、西安、沈阳、哈尔滨、杭州、大连、济南、佛山、青岛、郑州、长沙、福州、宁波等城市已获准修建城市轨道交通工程，其他还有十多个城市正在筹划和申报修建城市轨道交通工程，全国筹划修建地铁和轨道交通工程的城市规划线路总里程超过1700km。

国家公路网、铁路网的建设任重道远，尤其广大的西部地区地势以山岭、丘壑为主，交通不便是经济发展的主要障碍之一。在解决我国西部交通发展问题的各个主要环节中，长大隧道工程的位置十分突出，提高隧道修建能力甚为关键。近些年来，以隧道方式穿越江河湖海的实例明显增多，对其安全可靠、能够实现全天候运输且易于维修养护的优势已形成共识。我国较大城市交通堵塞的问题最为突出，在人口密集的大中城市的公共交通方案中，地铁有着极大的、甚至是无可替代的优势。目前已有少数大城市建成总里程约500km的地铁线路在运营，另有十几个城市在规划、修建或试验地铁项目。我国城市地铁建设高潮方兴未艾，隧道及地下工程技术革新是其重要的支持力量。

（2）市政工程

现代市政工程将越来越多转入地下建设，除原来常规的地下给排水项目外，地下停车场、地下宾馆、地下仓储、地下商场、人防工程、输油输气输电管廊、供水排污隧洞、通讯、供热等市政工程充分利用地下空间是发展的必然趋势。隧道及地下工程技术能为人民提供更加广阔和便利的生活空间，帮助形成现代化大都市的规划理想。建设部颁布的《城市地下空间开发利用管理规定》要求各级政府在组织编制城市总体规划时要根据城市发展的需要，编制城市地下空间发展规划，鼓励社会各方投资城市地下空间开发，强调编制城市详细规划并对城市地下空间开发利用作出具体规定。

（3）引水、排水、供水工程

新中国成立近60年来，特别是改革开放30年来，作为改造自然、兴利除弊、造福人民的水利水电事业不断取得新成就、新突破，建成了一大批规模宏大、科技含量高的水利水电工程。我国水电资源开发集中的西部山区总装机容量可达3.78亿千瓦。目前我国已修建大中型水电站120多座，其中黄河流域15座、长江流域39座、珠江流域19座。其他小型水电站、调水引水工程、河湖治理工程、城乡供排水工程、灌溉工程等数以千计。所有这些水利水电设施中的土建工程相当部分是隧道（洞）及地下工程，如引水输水洞、导流泄洪洞、排沙清淤洞、调压洞、尾水洞、地下厂房以及进场铁路或公路隧道等。积极开发这种无污染、低成本、可持续的能源意义重大。输水隧洞和地下发电、变电厂是此类水利枢纽工程的重要组成部分，隧道及地下工程所占比重相当突出。国家已规划和正在实施的南水北调工程是改善我国水资源分布状况，进而对国土大面积生态环境有着重大影响的项目。中线穿黄盾构隧道工程以及西线工程，已经出现单座上百公里的长大隧道，无论是规模还是技术难度都属于世界之最。

在我国已建成的，或正在进行施工的，以及进入规划的区域性的引水、排水工程还有许多，其中的隧道项目多为重点工程。水利工程随着传统水利向现代水利的转变，长距离输水、跨流域调水工程中出现了许多长大隧洞。20世纪80年代末修建的引大入秦输水总干渠有隧洞33座总长75km，占线路总长的86.2%，其中盘道岭隧洞长达15.73km；90年代开始修建的引黄入晋工程引水线路总长451.91km，隧洞总长约205.70km，最长隧洞长达43.70km；2003年开始修建的辽宁大伙房输水工程主洞直径8m，长度达85km；正在兴建的南水北调中线下穿黄河工程，双线输水隧洞各长3.45km。

随着水电工程规模的不断扩大，水工隧洞的规模和标准的要求也越来越高。新中国最早的水电站地下厂房福建古田一级水电站地下厂房长仅59.6m，而正在建设的龙滩、糯扎渡、溪洛渡、拉西瓦、锦屏二级等水电站地下厂房长度达300多米，最长的396m。20世纪70年代建成的黄河刘家峡泄洪洞最大流速40~45m/s；而90年代末建成的溪洛渡水电站泄洪洞设计最大流速50m/s。目前我国许多水电地下工程规模和标准居于世界前列，如设计最大水头800m的天荒坪抽水蓄能电站压力隧洞，在断面约1km^{2}的山体内集中布置16条引水洞口的小浪底水利枢纽进水塔，净断面402.5m^{2}的雅砻江二滩水电站导流洞，净断面876m^{2}的长江三峡工程右岸地下电站尾水洞。据有关资料显示，2008年下半年到2009年，我国水电重大新开工项目有110多个，总投资近3000亿元。随着水电事业的快速发展，水工隧洞的建设水平也必将得到快速提升。

(4) 地下油气库和输送油气隧道工程

油气储备有着重要的战略意义。在有条件的地方利用地下空间进行油气储存极具优势，它容积大、节约土地、安全、经济。我国在这方面认识不足，起步较晚，进展缓慢。当前国际上水封地下油气库技术较成熟，我国亦有相当研究，随着地下水封式液化石油气储藏洞库修建技术的开发，我国于1997年在汕头修建了第一座利用裸岩洞室储藏液化石油气的大型海底洞库工程。此后，珠海、宁波、青岛等沿海城市也相继修建了海底储气洞库。进入21世纪，国家西部大开发战略中的标志性工程西气东输工程开工，输气管线穿越山岭和江河时多处采取修建隧道的方法。正在建设的西气东输二线工程除隧道外，还将在湖北、河南、江西各建一座大型地下储气库。特别是穿越水面障碍时，输气工程多采用隧道方案，长江、黄河下已建成数条输气隧道。隧道及地下工程技术在国家油气能源储备和转输方面的运用前景将被十分看好。

在我国未来二十年战略规划中，应大力提倡开发地下油气库和输送油气隧道工程的应用技术开发。

(5) 国防及战备工程

隧道及地下工程技术在国防及战备上的用途众所周知。其中，特大断面、特殊结构和特种用途隧道及地下工程代表着该领域工程的技术水平和重要方面。

1.3 预测及展望

人口爆炸、资源短缺、环境恶化、土地衰退、水资源奇缺、气候变暖等六大难题，使得人类赖以生存的地球已不堪重负。各国在这种情况下除采取综合性的政治、经济措施以外，必然日益注重地下空间和地下工程的开发利用。虽然有观点提出21世纪在海上、空中建造大城市，实现人类海市蜃楼的梦想，但较可行的还是“入地”。国际上一种非常普遍的观点是“19世纪是桥的世纪，20世纪是高层建筑的世纪，未来的21世纪则是人类开发地下空间的世纪”，号召人们“往深处想”（Think Deep），迎接岩石工程的“第四次浪潮”（The Forth Wave of Rock Engineering）。

近几十年来，随着地下电站（水电、火电、核电、地热电）、地下城市、地下储能（二氧化碳，热能、超导电能、石油、天然气、压缩空气），地下铁道及轻轨建设，深部矿山及深海石油开采，放射性核废料地下储存，国防、人防工程的发展，岩石力学的研究重点日益转向地下，不但注意人工洞室的开挖，且注意利用天然洞室或废旧矿井做地下工程。

近年来，地下空间利用已成为众所关心的热点。在一些发达国家，大城市的地下铁道网络已基本形成。当前各国纷纷把重点转向综合性地下城市建设，并制定了相应的总体规划及法律、法规。在日本新宿已建成一个地下城市的雏形，还计划在东京青山地区深10m、50m、100m的地下分三层修建球形地下城，使地下同地上一样成为一个现代化大城市。最近日本提出了地下爱丽丝城（Alice City）规划，开发深度达200m。日本计划在市中心区50～100m深处建设地下飞机场，地下飞机库，使其成为新的地下交通枢纽。2001年1月日本政府决定在东京地表以下40m深处建两条宽13m，双车道的外环高速公路，取代原计划的地表高架桥方案。美国堪萨斯市利用矿山采空区建立了一个30万平方英尺的商业、工业中心。明尼苏达、得克萨斯等地区约有一万多户中产者移居地下。在德国、意大利等国家也有类似举动。据估计，到21世纪末，人类约有1/3将重新“穴居地下”。我国上海黄浦江底用于旅游观光的越江人行隧道，青岛海底世界为隧道及地下工程应用开辟了新天地。当前，许多发达国家都把地下空间当成一种新型的国土资源，并在总体上称之为“地下产业链”。为适应形势的发展，国际上成立了不少与地下工程有关的组织，其中比较著名的是：国际隧道协会（ITA），国际城市地下空间联合研究中心（ACUUS，Associated Research Centers for Urban Underground Space），隧道工程与快速开挖会议（RETC，Rapid Excavation & Tunelling Conference），美国地下建筑协会（AUA，American Underground－Construction Association），意大利隧道学会（SIG，Societa Italiana Gallerie）等。

可以说科技的发展必将推动地下空间向更加广泛的领域拓展。在看到我们取得的成绩的同时，还要清醒地看到，我国在隧道及地下工程建设领域还存在着一些亟待解决的问题：

一、地下空间资源现在的开发利用方式仍属粗放型。

二、总体装备水平低，配套机械的国产能力低，施工效率低、环境差。

三、施工超前地质预报的技术水平偏低，不良地质条件下的修建综合技术水平不高。

四、施工管理信息化水平低，管理能力弱，工程质量问题还时有发生。

五、尽管在长大隧道修建过程中引进、吸收、消化了一些国外的先进技术，但总体上与国际先进的施工管理和装备水平相比还有较大的差距。

六、虽然核心技术国产化的进程不断加快，但隧道掘进设备的核心技术（如轴承、密封、监控系统等）的稳定性堪忧，目前国家在建大型重点隧道及地下工程还主要依靠进口设备和技术，这种局面没有根本上解决，建设成本仍居高不下。

2 发展现状

调研分析相关土木工程隧道及地下工程二级学科国内外的发展现状、研究重点、学科布局、研究方法及有关策略。

2.1 隧道及地下工程建设的卓越成就

根据上述调研情况分析，可以说我国土木工程隧道及地下工程学科在60年的发展历程中取得了卓越成就。依据国内不完全业绩报道估算，我国铁路、公路、水电、市政等行业中已投入使用的各类隧道超万座，延长超七千余公里。隧道及地下工程的建设成就有力地促进了国家交通运输、水利电力、能源开发、市政环保等事业的快速和健康发展。例如，20世纪80年代采用钻爆法大型机械建成了大瑶山铁路双线隧道，长达14.3km；90年代使用较先进的全断面掘进机（TBM）施工建成秦岭铁路Ⅰ线隧道，长达18.5km；新世纪初建成秦岭终南山公路隧道（18.02km）；已开工数年，使用多台全断面掘进机（TBM）施工的辽宁大伙房水库引水工程穿越长白山脉，自流引水隧洞直径8m，单座长达85km；已建成并投入运营的广东汕头地下水封油气库首开我国大陆地下油气储存工程的先河。其他如城市地铁、人防战备等工程项目的建设成就也十分突出，不胜枚举。

2.2 隧道及地下工程技术的进步

（1）20世纪70年代末，由于新奥法的引进和推广，使得我国隧道及地下工程技术有了显著的进步。我国隧道及地下工程界的新成就，进一步证明了新奥法理论和原则的实际意义，突出的有两点：

①为充分利用围岩的自承能力，要尽可能地了解围岩的力学特性，要尽量地减少对围岩的扰动，必要时采取预加固措施。

②切实地进行信息化的设计与施工，在现场建立有效的监测、控制系统，严格实行以项目为主体的动态管理。我国隧道及地下工程界在实践中对

新奥法的改进和创新也做了大量的工作，丰富和完善了新奥法，并在矿山法、新奥法及其他技术方面引进的基础上建立了自己的工法系统，如浅埋暗挖、复合式盾构等工法。

（2）隧道及地下工程勘测设计水平有了较大的提高。地质勘查手段的进步，如现代物探工具和高速地质钻机的使用，地球卫星定位系统（GPS）的运用，使野外勘测工作效率增加，费用减少，控制精度提高；设计理念方面，环保意识有所加强；新奥法强调的两阶段设计原则得到了推广；计算机技术的采用使得隧道及地下工程的构筑和使用过程中，结构、围岩、地层和临近建筑物的受力、变形、位移或破坏的数值分析量化、三维化，为设计提供了量化依据；计算机辅助设计（CAD）手段普及，使绘图工作的效率大为提高等等。在以上技术进步的基础上，隧道及地下工程的设计质量有了较大提高，隧道及地下结构的新形式、新结构不断涌现。

（3）自20世纪以来，我国隧道及地下工程施工技术及装备走过了明显的四个阶段：

①20世纪50年代及以前的手工工具时代，一般只能够在中、硬岩中开凿小断面的坑道，进而逐步扩大成隧道。

②60～70年代的小型机具施工阶段，以相当复杂的分部方法“化整为零”构筑隧道。

③80年代的大型机械化作业时期，在中、硬岩层中采用全断面的方法开挖隧道成为首选，大大地提高了隧道施工进度，且避免了分部开挖对围岩的多次扰动。

④90年代以使用大型全断面隧道掘进机（TBM）、盾构机为代表的现代化施工技术出现，使得特长隧道和软土隧道的修建能力有了突破性的发展。

我国隧道及地下工程技术正在大步向世界先进靠拢，某些工程项目的规模和技术指标已达到或超越了世界纪录，国家级、省部级和企业内关于隧道及地下工程的建筑工法大量出现和产生。

（4）近些年来，我国在开发、生产用于隧道及地下工程的设备、机具、材料和用品方面也有了不小的进步。如测量、监测、钻孔、支护、衬砌、运输、通风、排水、供电、通讯等机具设备在国内都能批量生产且基本满足需要；爆破器材已普遍使用纯度较高的乳化炸药和非电导爆管毫秒延时系统；用于防排水的涂料、浆料、卷材、管材等的品质和质量已有明显的进步及提高；钢纤维混凝土作为喷射支护新技术、新工艺正在越来越多地被推广使用；更可喜的是国内已有厂家在研制、开发、生产或组装盾构机和掘进机，国家关于隧道及地下工程安全性的基础理论研究"973"计划和多项相关"863"开发计划、国家自然科学基金、霍英东基金项目等正在积极实施。

2.3 国内外发展现状

经过半个世纪的发展，我国隧道及地下工程领域已经发展形成大跨度、长距离的山岭铁路/公路隧道、越江铁路/公路隧道、城市地铁、水利枢纽、地下输水、导流洞、泄洪洞、地下厂房洞群、地下储库、地下管廊、地下人防工程多领域发展的趋势。目前隧道及地下工程领域已经逐步走上正规化、科学化的轨道，建成了一批质量高、幅员大、效益好、种类齐全的隧道及地下工程设施，成为国家建设的重点工程，满足国家经济建设、城市建设和人民生活的需要，在社会上产生了巨大影响。

2.3.1 我国隧道及地下工程建设事业的发展现状

根据不完全统计，我国已建成通车的铁路、公路隧道有9500余座，总延长5200多公里；在建的铁路、公路隧道项目众多，单是长度在10km以上的隧道十多座；输水输气的隧道工程规模也很大；已建成的和在建的LPG储油储气工程；已通车的城市地铁隧道总延长有200多公里，下穿江河及湖泊的各类用途的隧道已有十多条；我国大陆上第一条穿越海底的双向三车道、四车道公路隧道已经顺利通车。在隧道及地下工程技术上我国已有了较大的进步，克服了许多不良地质难题，甚至在地质禁区也能成功地建成隧道，形成了门类齐全的工法技术。从施工手段来看，已有了较大直径的盾构机和TBM硬岩掘进机，拥有了相当数量的隧道及地下工程建设管理技术骨干和专业设计、施工队伍。

2.3.2 发展中存在的问题和不足

我国目前在隧道及地下工程技术的运用程度和建设管理水平上与先进国家相比还有较大差距。如重大工程的决策尚缺乏系统、长远和全面的规划考虑，可持续发展的规划和实施手段及政策尚待完善，缺少大型工程建设的环境保护和工程经济合理性比较；大型机械产业化的程度低，施工机具、设备和建筑材料品种还比较稀少、品质比较低劣；大型施工专用设备如大型、特种盾构机、TBM掘进机、液压凿岩台车及其关键配件、设备的核心技术等仍依赖于从国外进口；建设管理综合水平仍然比较落后，工程的质量水平仍待提高，质量稳定性差，施工安全保证和措施上仍需系统化，人身事故率仍比较高；施工队伍专业化水平比较低，尤其施工现场具有较高素质、专业水平的管理技术人才奇缺，施工机械化水平、信息化水平仍需要快速提高，这些问题和现状与国家快速发展隧道及地下工程建设的经济形势以及需求是不相适应的。

2.4 研究重点

与同属土木建筑工程的桥梁、道路、房屋建筑等地上设施相比，隧道及地下工程建设研究重点具有强烈独特的行业建设特点。

2.4.1 隧道及地下工程建设需要采用先进的信息化建设组织管理方法

隧道及地下工程位于地层中或江河湖海下，由于所处地质和水文情况的极端复杂和多样性，使用一般常规探测手段很难调查全面、详细。通常用于描述围岩物理力学性质的各项重要指标和参数在延续的介质中却往往是不连续的，有时会是非常离散的状态。加之地层的原始状态和由于工程实施而引起的动态变化十分复杂，难以建立起准确的符合实际情况的物理数学模型，因此结构的受力、变形和位移等解析计算结果只能起到定性的指导作用或用于参考比较。大量的不确定因素给工程设计带来了很大的不确定性。为了保证建筑结构的安全运营和满足工程设施的使用功能，在工程建设的实际操作中，则要根据揭示出来的客观情况，及时地修正原来的设计。而且在整个建设过程中勘测手段的使用和依照工程经验的判断显得尤其重要。

2.4.2 隧道及地下工程的技术进步依赖工程建设管理实施手段的发展与提高

隧道及地下工程的许多新技术、新工艺其原理并不见得太复杂，过去没有现在才有或以往人们想做却没能做到而现在做到了的，其重要的原因是社会生产力的提高，尤其是依靠机械设备的现代化，如光面爆破技术，关键在于孔眼的布置和新型爆破器材的运用，假使没有高效率的钻孔凿岩设备作支持，要实现光面爆破技术是难以想像的；另外如新奥法原则的使用、推广和普及，也是因为隧道及地下工程施工的掘、喷、锚、支等新的手段出现或有了比较大的改进之后才能成为现实的；如在软土、富水等复杂地层中快速修建地铁隧道和洞穿数十公里的崇山峻岭，没有现代化的盾构机和 TBM 是难以实现的。

2.4.3 隧道及地下工程的施工生产劳动组织和资源组织要求高度的技术专业化水平

隧道及地下工程施工的基本特点是：作业场面小，环境条件差，地质影响大，工序流程多。尤其在工期非常紧迫，对工程有特殊要求的情况下，施工组织的难点颇多。施工现场围绕着开挖、支护、构筑三大基本作业和人、机、渣、料、水、电、风、气八个要素，组成了多个作业循环，多条物流线。因此施工组织管理就显得非常重要，要求科学配置，统一指挥，优化组合，动态管理，使之达到时间和空间的高度协调，人和物的有机结合，进而才能实现安全、质量、效率和效益的最优化。所以说现代化的施工管理手段如统筹学、概率论、优选法和电脑技术等在隧道及地下工程施工中都会有比较大的作用。再就是隧道及地下工程施工对机械设备和物资材料特殊的要求，它需要能够适应特定的空间和环境又能够满足效率要求的机械和工具；它需要能够达到防水、防潮、抗腐、耐蚀而又不会造成地下环境污染的工程材料。

2.4.4 隧道及地下工程建设事业有着广阔的发展空间和庞大的产业关系链

隧道及地下工程技术是综合性应用学科，应用范围广泛，交通、物流、地下仓储、地下厂房、地下店铺及办公设施等均有应用，在采水、开矿、建筑物基础处理和国防建设方面也有较多用途。我国目前在地下空间资源的有序开发和利用技术的水平还很落后，有许多工作迫切等待开发，在西部大开发的交通和水电建设中隧道及地下工程的比重之大可能是世界上罕有的，隧道及地下工程建设除对施工机械设备和工程材料有比较大的需求外，其防水、排水、通风、除尘、采光、照明、防灾、救灾设施及各种自动控制设备也有着突出的位置，隧道及地下工程建设事业可以带动相关行业的发展，其相关行业的发展又支持着隧道及地下工程建设事业不断地走向成功和繁荣。

2.4.5 发展隧道力学和广义岩土介质力学理论及方法

隧道及地下工程技术的发展必须以深部岩土体、深部重大地下工程为依托和背景；发展深部复杂环境下岩体、岩石、深部土体、人工冻土体的系统研究；研究高围压、高水压、高气压、开挖卸荷、静力荷载、动力荷载等系统荷载特征；发展深部复杂地质环境精细探测、深部围岩稳定、深立井井壁稳定、冻结壁工程稳定、地下工程动力稳定、深部岩体地热综合利用关键技术；从宏观层面（地质环境、地质构造）到中观层面（破碎岩体、节理岩体、裂隙岩体、软岩体、冻结壁、复合井壁），到细观层面（岩石、深部土、结构面、岩土介质、物理结构及破坏过程的细观演化），再到多相（固体、液体、气体）、跨相变温度（人工冻结、地热利用）的系统、形成完整的隧道及地下空间安全稳定性保障研究体系。

我国地下工程开发整体技术水平还比较落后，制订统一的开发规划和与之配套的法律、法规迫切需要解决，使隧道建设及地下工程开发工作能够有法可依、有章可循。

此外，建议应注意以下几个问题：

（1）发展全断面隧道掘进机技术

大、中型及微型隧道工程可考虑采用掘进机施工方案。在城市微型隧道施工中，应大力推广非明挖技术（Trenchless Technology，TT）。全断面隧道掘进机（Tunnel Boring Machine，TBM）的研制和使用，体现了一个国家的综合科技和工业水平。早日建成具有我国自主知识产权和关键核心技术的国产掘进机工业体系及相应科研学科体系对我国21世纪整个隧道及地下工程学科的可持续发展非常有利。

（2）加强地下防护工程研究

美国积极研制的“蓝色太平洋”超级计算机可精确模拟核试验。2003年4月美国国会取消研制小型核弹头的禁令，政府加大了研制低当量核武器的力度。为满足当前复杂国际政局形势和国家军事防御的需要，我国必须加强隧道及地下防护工程的研究，岩石（土）动力学及基础理论必然是理论研究的重点。

（3）充分利用溶洞、黄土等资源建造地下工程

我国在云、贵、川及闽、浙一带可以有选择地利用天然溶洞；在西北黄土高原可利用喷锚支护和加强通风照明来修建窑洞民居。我国黄土覆盖面积约为63万平方公里，大部分具有地层完整、强度较高、自稳能力较强的特点。我国在黄土中修建民居已经有几千年的历史，但只限于民居显然是不够的，在未来的建设发展中应考虑运用近代岩土力学原理和方法、新型探测技术对我国丰富的溶洞、黄土等地下空间资源在国防、战备等领域加以充分利用。

2.5 学科布局

隧道及地下工程学科主要相关学科是岩土工程、铁道工程、公路工程、结构工程、矿业工程、水工结构、交通规划、工程地质等专业方向及学科。学科布局在相关规划、勘测、设计、施工和管理部门。

目前，全国有隧道及地下工程勘察设计甲级资质的单位有上百家。为规范隧道及地下工程建设，确保安全施工和工程质量，各相关行业都先后制定了勘察设计技术规范、规程和规定，并在探索完善的基础上定型为标准设

计，形成了既有交叉统一，又符合行业特定需要的科学体系。

在技术实力方面，我国隧道及地下工程勘察设计队伍已经拥有从地质勘测到工程测量，从选型选线到绘图出图等一系列具有先进水平的技术装备，为设计出具有高水平的隧道及地下工程提供了强有力的现代化手段。更可贵的是，这支队伍经过数十年征战磨炼的考验和改革开放的洗礼，培育和锤炼出一种科学指导下的勇于创新、勇闯禁区的精神和智慧。正是这二者的结合，在有“地质博物馆”之称的崇山之腹、在高楼大厦的根基之下、在“生命极限”的高原高寒地带、在水深涛涌的江河湖海，描绘出打通地下通道，开拓地下空间的蓝图，为我国成为隧道及地下工程大国强国发挥了先锋作用。

2.5.1　中国中铁隧道集团

中铁隧道集团（China Railway Tunnel Group，缩写 CTG）是国内隧道和地下工程领域最大的企业集团。1978 年 5 月，为修建黄河水下隧道，经铁道部报请国务院批准，在河南洛阳成立铁道部 4501 工程指挥部，同年 10 月，国务院批准将 4501 工程指挥部改组为铁道部隧道工程局。1999 年 9 月，隧道工程局与铁道部脱钩，更名为“中铁隧道工程局”。2001 年 5 月，隧道工程局实行公司制改造，组建了以中铁隧道集团有限公司为核心企业，集勘测设计、建筑施工、科研开发、机械修造四大功能为一体的中铁隧道集团，隶属于中国中铁股份有限公司。集团现有 10 个施工子（分）公司，1 个勘测设计院，1 个科研所，1 个制造公司，及北京、南京、广州、西安、成都、武汉等 6 个片区指挥部，在建工程项目 300 个，施工队伍遍布全国各地。

中铁隧道集团经营范围和施工类一级以上级别资质包括：隧道工程、桥梁工程、水工隧洞工程、公路路基工程、机电设备安装工程、地基与基础工程专业承包一级；铁路工程施工总承包特级；公路工程施工总承包一级；市政公用工程施工总承包一级；房屋建筑工程施工总承包一级；机电设备安装工程施工总承包一级；城市轨道交通工程专业承包资质（不分级）；公路水运工程试验检测机构综合乙级；市政行业（桥梁工程、城市隧道工程、轨道交通工程、道路工程）专业甲级、公路行业（特长隧道）专业甲级、公路行业（公路）专业乙级、铁道行业（隧道）专业甲级设计；工程勘察综合类甲级；测绘资质甲级；工程咨询甲级（铁路隧道、公路隧道、城市轨道交通、市政公用工程——桥梁和隧道、岩土工程、工程测量、水文地质）；工程咨询乙级（建筑、市政公用工程）；科研、设计及技术服务等。集团公司及主业子公司先后通过了 GB/T 19001 标准质量管理体系、GB/T 24001 环境管理体系和 GB/T 28001 职业健康安全管理体系认证。员工 15116 人，拥有各类专业技术人员 7437 人（高级职称 501 人、中级职称 1381 人），各类技术工人 7000 余人。技术装备率 12.65 万元/人，动力装备率 54.18kW/人，现有 TBM、盾构 46 台，是国内拥有盾构、TBM 门类最齐全、数量最多的施工企业，年隧道施工能力 500km 以上。

近 30 年来，中铁隧道集团完成了一大批科技含量高的国家重点工程建设任务。铁路工程先后参加了东陇海、衡广、大秦、侯月、宝成、京九、南昆、朔黄、西康、内昆、株六、梅坎、神延、西安南京、渝怀、赣龙、青藏、兰武、宜万、大丽、洛湛、石太、武广、合武、武康、襄渝、温福、甬台温、太中银、青藏二线、南疆吐库二线、广深港、北京地下直径线、龙厦、厦深、沾六、京石、渝利、贵广、西平、南广、兰渝、玉蒙、库俄支线、沈阳枢纽东北环线、东北东部通灌等铁路干复线建设。建成或参与建成的著名长大隧道有：国内最长的铁路双线隧道衡广复线大瑶山隧道（14.3km）、国内最长的铁路单线隧道兰武二线乌鞘岭隧道（20.5km）、国内首次采用 TBM 掘进机修建的西安安康秦岭特长隧道（18.5km）、国内最长的岩溶隧道渝怀铁路第一长隧圆梁山隧道（11.1km）、国内最长的瓦斯隧道侯月铁路第一长隧云台山隧道（8.2km）。公路工程已建成或参与建成的著名长大隧道有：国内海拔最高的国道 317 线鹧鸪山隧道（4.4km、海拔 4000m）、川藏公路最长的二郎山隧道（4.2km）、广渝高速公路最长的华蓥山隧道（4.7km）、重庆忠石高速公路最长的方斗山隧道（7.6km）、武汉长江公路隧道（3.63km）等。城市地铁先后建成了北京、上海、天津、南京、广州、深圳、沈阳、西安、杭州、无锡、重庆、成都、武汉地铁等大量的车站和区间。

中铁隧道集团生产经营规模不断扩大，市场由铁路内向铁路外、由境内向境外不断拓展，牢牢坚持技术研发战略，致力于隧道与地下工程领域新技术、新工艺的研究、开发与运用，率先在国内引进、吸收并全面掌握了新奥法施工技术，尤其是在断层破碎带、软弱围岩、膨胀性围岩、高地应力、含煤瓦斯地层、涌水、岩溶、岩堆、流沙、黄土等复杂特殊地质条件下的隧道和地下工程施工方面，有其精湛的工艺和独到的技术。近几年在运用大型先进设备施工技术方面取得突破，已施工的盾构工程 51 项 195km；已施工的 TBM 工程 8 项 140km。迄今，共有 351 项科研成果通过企业或省部级等科技主管部门评审、鉴定和验收，其中具有国际领先水平 2 项，国际先进水平

32 项，国内领先水平 63 项，国内先进水平 51 项。获国家科技进步奖 9 项(含特等奖 1 项)、获“中联重科杯”华厦建设科学技术奖 2 项、省部级科技进步奖 70 项。已获得专利 26 项，其中发明专利 6 项，实用新型专利 20 项。创国家级工法 17 项、部级工法 43 项、企业级工法 111 项。集团奉行“至精、至诚，更优、更新”的企业精神，精心锻造精品工程，先后荣获国家建筑工程鲁班奖 12 项，国家土木工程詹天佑大奖 12 项，国家优质工程金奖 3 项、银奖 11 项，国家设计金奖 3 项、银奖 2 项，省部级优质工程奖 68 项。国家科技部将“盾构及掘进技术国家重点实验室”设在集团公司，中国土木工程学会将隧道与地下工程分会设在集团。

2.5.2 北京交通大学隧道及地下工程试验研究中心

北京交通大学隧道及地下工程试验研究中心由北京交通大学与中国铁路工程总公司联合组建，于 1999 年 3 月 6 日正式成立，2006 年 7 月 10 日获教育部批准立项建设“隧道及地下工程研究中心”。中心凝聚了我国土木工程界，尤其是隧道及地下工程领域具有较大影响的院士和知名学者，作为中心技术委员会指导学科研究方向。以王梦恕院士为领衔人物、14 名教授和 13 名副教授为主要科研骨干组成 30 余人的科研队伍，涵盖隧道及地下工程领域各个研究方向，长期从事科学研究和人才培养工作，重视结合工程建设实践需要，具有技术开发、成果转化和工程应用等方面的丰富经验，尤其在长大隧道修建技术、地下铁路区间隧道及车站修建技术、安全风险管理、地下结构抗震等方面的研究具有自己的特色，主持完成了一系列重大隧道及地下工程的科技攻关项目，承担国家、省部级及横向科研项目 100 余项，并在基础理论和关键性技术等方面取得了丰硕的科研成果，获得国家科技进步特等奖 1 项、二等奖 2 项、省部级特等奖及一等奖 6 项，二等奖 10 余项，是我国隧道与地下工程领域一支高素质、高水平的科研和技术开发团队。

中心依托在北京交通大学土木建筑工程学院，紧密围绕我国交通运输及地下空间开发的技术需求，在重大工程项目技术咨询和人才培养方面做出了积极的努力，多次举办各类国内外大型技术交流会及科学研究和技术培训班。结合北京交通大学土建学院研究生培养，设有隧道工程、岩土工程、地下工程、环境岩土工程、防灾减灾工程及防护工程五个博士和硕士点，一个土木工程的博士后工作站。另外，“建筑与土木工程”工程硕士点可在隧道工程和岩土工程两个专业方向为设计、施工和其他有关单位培养工程硕士研究生。

隧道中心承担隧道与地下工程和岩土工程领域的基础理论和应用技术研究、工程项目咨询服务、工程科学和技术人才培训、本科教学以及研究生培养工作，是一所综合性研究机构。中心联合国内外隧道及地下工程领域的有关单位共同工作，为地下工程项目的研究、咨询、论证、设计、施工、试验、监理提供技术支持，促进隧道及地下工程领域的交流与合作，培养硕士、博士、博士后及其他高级人才，开展不同层次、不同类型的继续工程教育，为21世纪中国隧道及地下工程的发展做出积极贡献。

中心的宗旨是以技术开发和技术服务为核心，联合国内外隧道及地下工程领域中设计、施工、科研、工厂、院校等机构，共同为工程项目的科研、论证、设计、施工、监理等提供支持，促进隧道及地下工程领域的交流与合作，为隧道及地下工程的发展做出积极的贡献，成为我国隧道及地下工程领域重要的技术研发、工程咨询、信息交流和技术培训中心。

中心的主要研究领域为：隧道及地下工程基础理论、隧道及地下工程环境影响研究、隧道及地下工程防水、注浆及堵漏研究、隧道及地下工程施工方法及施工机械装备研究。中心的主要工作：

①承担国家重大隧道与地下工程建设研究和决策论证；

②开展隧道与地下工程设计理论和施工关键技术研究；

③开发隧道与地下工程新材料、新工艺、新仪器和新设备；

④参与制定行业规范、法规和标准；

⑤开展隧道及地下工程领域内技术咨询、试验测试工作；

⑥授权承担隧道及地下工程所使用的有关产品、材料的鉴定工作；

⑦开展不同层次、不同类型的继续工程教育、学术交流等活动，为提高专业技术人员素质服务；

⑧开展国际交流，提供国内外隧道及地下工程领域最新学术和技术信息服务；

⑨与设计施工单位共同承担重点工程的修建和科研攻关。

中心在注重学科前沿研究的同时还积极开展成果转化，尤其重视对工程建设的指导作用，与国内大型施工企业建立了密切的合作关系，与国内建筑领域的中国铁路工程总公司、中国铁道建设总公司、中国建筑总公司和中国交通建设集团等均建立了长期合作的关系。在对外交流与合作方面，中心与美国、日本、德国和挪威等国家以及香港和台湾地区的大学和科研机构进行相互之间的技术和学术交流、项目合作，并与日本各工程局成立了“中日隧道技术交流中心”。中心多次举办国际、国内学术交流会议，如2000年与中国工程院土木、水利与建筑工程学部联合在海口举办琼州海峡铁路隧道工程技术研讨会，2003 年与日本早稻田大学联合在北京举办了首届中日盾构交流会，2004 年与中国工程院合作在北京主办了城市地下空间开发与地下工程施工技术高层论坛，2005 年在北京主办了海底与水下隧道国际学术交流会。为及时掌握国内外隧道及地下工程领域研究新进展，加强国内外的学术交流，中心每 2 年拟举办 1 次国际、国内学术交流会。学术带头人每年至少到国外参加一次国际学术交流和访问，并与世界一流的研究机构开展合作研究，使工程中心及时了解并力求处于该领域的国际最前沿。

2.5.3 西南交通大学

西南交通大学桥梁与隧道工程学科是西南交通大学传统特色优势专业与学科，是国家首批具有硕士、博士学位授予权的学科，是国家重点学科，“211 工程”重点建设学科，设有“长江学者奖励计划”特聘教授岗位。学科包含隧道与地下工程部分，有我国高校最早开设的隧道与地下铁道本科专业（现为地下工程专业方向）为基础教育支撑，为我国培养了包括王梦恕院士、施仲衡院士、史玉新设计大师在内的大量隧道及地下工程领域的高级专业技术人才。建国以来一直是我国铁路隧道、公路隧道、水工隧道等各类重大隧道与地下工程建设与决策的主要咨询者和参加者，是我国最早参与地下铁道规划、修建技术科研工作的高校专业及学科点，主持完成了一系列重大隧道及地下工程的科技攻关项目。近 10 年来共承担了国家级、省部级及横向科研项目 100 余项，完成科研总经费超过 5000 万元，并在基础理论和关键性技术等方面取得了多项重要成果，多次获得国家级和省部级科技进步奖，在全国享有很高的知名度，在国际隧道与地下工程学术界也有重要影响力，国际隧道协会（ITA）第 16 届年会即选择在西南交通大学召开，为国内在隧道及地下工程教学与研究领域最具实力的高校学科专业之一。现有博士生指导教师 6 名、教授 11 名，骨干教师均有博士学位或有博士后研究经历，本学科年均在研科研项目 20 余项。具有工学博士、工学硕士、工程硕士、高师硕士招生资格，是西南交通大学土木工程博士后流动站成员，设有“长江学者奖励计划”特聘教授岗位。

研究生主干专业课程：隧道力学、地下结构可靠度与耐久性、地下工程抗减震设计、隧道力学数值方法、隧道与地下工程施工、隧道与地下工程防灾原理、隧道与地下工程规划、地下空间利用、隧道与地下工程试验与现场测试、地下工程力学原理、地下结构数值方法、盾构隧道设计理论、耦合分析与结构非线性力学、高速铁路隧道空气动力学、地下结构动力学与抗减抗震分析、地下工程信息化方法、既有隧道安全性评价等。

主要研究方向：隧道与地下工程理论和设计方法。

隧道与地下工程理论和设计方法是本学科的传统与优势方向。代表性成果有：在岩体分级和隧道设计理论上开展了大量的工作，处于国内领先、国际先进水平，为隧道规范按可靠度理论改革，解决了关键性理论问题；结合秦岭特长隧道问题，研究并形成了高地应力与渗流场，耦合分析理论问题与方法，解决了建设中的重大技术问题；开展了现代盾构法隧道结构设计理论与施工过程控制研究，总体达到国际先进水平，解决了北京、南京、杭州、广州、武汉、南京、深圳、成都等我国各主要城市地铁盾构隧道和几乎国内全部重大越江（海）盾构隧道工程建设的多项关键理论与技术问题；在大断面隧道、连拱隧道、小净距隧道、重叠隧道等特殊隧道的设计与施工中的力学研究达到了国际先进水平，并成功解决了大量国内铁路、公路、市政地下工程的重大技术问题。

多项研究成果被鉴定为处于国内领先或国际先进水平。“浅埋、偏压、大跨隧道修建新技术”获得1996年度铁道部科技进步二等奖，“北京地铁浅埋暗挖区间隧道标准参数断面优化”获得了1996年度北京市科技进步三等奖，“高等级公路大断面低扁平率长隧道修建新技术研究”获2002年度重庆市科技进步二等奖，“北京地铁五号线盾构隧道设计与施工技术研究”获2003年度北京市科技进步二等奖，“深圳地铁车站暗挖技术研究”获2004年度安徽省科技进步一等奖，“南京地铁区间隧道盾构法施工关键技术研究”获2005年度南京市科技进步一等奖。

专业重点研究领域为：

（1）特殊复杂隧道和地下结构与周围岩土体的相互耦合情况下的结构物稳定、计算与施工控制技术的基本力学行为，城市地铁及大型越江（海、湖）盾构隧道结构理论与施工过程对周围环境的影响预测理论及控制技术研究，考虑隧道与地下结构环境的热固、液固多场耦合问题分析，长大、深埋隧道的围岩分级问题，结构物可靠性设计理论，寿命评估与耐久性设计问题及大断面地下结构的施工力学、流变力学等基本问题，高寒地区隧道抗防冻技术问题等。

（2）隧道与地下工程防灾控制理论与技术是本学科在今后重点发展的方向之一。以高速铁路为主要背景，同时兼顾公路、市政、水电、人防等行业。目前，已经取得了一大批代表性研究成果：研制成功国内第一套高速铁路隧道空气动力学问题模拟发射实验系统，整体水平达到国际先进水平；完成了京沪高速铁路南京越江隧道振动安全评价，达到国际先进水平；在隧道火灾自反应灭火系统以及灾后评估与加固方面完成了铁道部的重点科研项目，并达到国内领先、国际先进水平；地下工程电腐蚀问题研究达到国内领先水平。在长隧道纵向通风理论与实践方面达到国际先进水平，其中《公路长隧道纵向通风研究》获得1997年度重庆市科技进步一等奖、1998年度国家科技进步三等奖。主要结合秦岭隧道、南京长江隧道、武汉长江隧道、终南山隧道、鹧鸪山隧道等重大建设工程，解决建设中提出的诸如高地应力、高地下水压条件下的结构与围岩稳定问题，高速铁路隧道中的空气动力效应带来的瞬变压力的减缓，高地震烈度区隧道的抗震减震设计与施工方法，大变形的预测预防等重大工程问题，特长公路隧道营运通风及防灾救灾研究。

（3）其他研究方向：高速铁路隧道设计理论与施工；盾构隧道结构理论与施工控制；隧道与地下工程信息化理论与方法；地下铁道与轻轨工程结构理论；铁路隧道与公路隧道设计与施工；水工隧洞与特种隧道技术。

2.5.4 同济大学

同济大学土木工程学院地下建筑与工程系前身始建于1952年，1958年正式成立系，迄今已有50多年的历史，是我国最早从事岩土工程和地下结构研究及教学的单位之一。本系汇集了土木工程传统的优势学科，由隧道及地下建筑工程、岩土工程和地质工程组成，是同济大学历史最悠久、综合实力最强、专业特色最鲜明的学科之一，承担了土木工程、地质工程等专业的本科生和研究生教学工作。多年来取得了享誉海内外的科研成果和辉煌业绩，培养的专业人才桃李满天下。现有教职工90人，其中教授27人，副教授25人，中国科学院院士1人，中国工程院院士1人。设有两个本科专业、三个硕士点、三个博士点以及土木工程博士后流动站，所属学科为国家级重点学科、上海市重点学科和“长江学者奖励计划”特聘教授设岗学科，被列入国家十五“211工程”和“985工程”一期、二期重点建设学科，并拥有岩土及地下工程教育部重点实验室和教育部城市环境与可持续发展联合研究中心。承担了教育部建设部“土木工程专业结构工程系列课程教学课程体系改革的研究与实践”以及“土木工程专业实践网络教学系统”等项重大教改课题。近五年来，获得了多项上海市教学成果奖、上海市精品课程和国家精品课程，凸现出土木工程教学改革的盎然生机。

积极开展国内外学术交流，近年内主办国际性学术会议和全国性学术性会议各十余次，有许多学者曾赴国外和我国香港地区从事博士后研究或合作科研，扩大了学科的国际影响力。并经常邀请国际知名专家前来访问讲学，以拓宽国际视野。拥有设备先进的岩土工程实验中心，为教学、科研提供了良好的条件。其中“GDS 非饱和土三轴试验仪”、“土体三轴流变试验仪”、“岩石双轴流变试验仪”、“真三轴仪”、“GDS 循环三轴仪”、“GDS 应力路径三轴仪”、“TLJ-150 复合型岩土离心试验机”等设备在国内处于前列，已应用于许多重大工程研究。

积极响应国家大规模基础设施建设战略，跟踪国际研究的前沿，以快速发展的城市化进程、西部大开发和可持续发展中的岩土及地下工程的科学问题和关键技术研究为总目标，逐步形成理论研究、室内试验和现场实践紧密结合的学科特色，成为与国际复杂条件下岩土及地下工程研究前沿接轨的、培养高层次人才、开展高水平科学研究和学术交流的国家级基地和国际性中心，承担并完成了多项国家级重大科研项目。

重视产学研结合和科研成果转化，近年来承担了大量的国家级重大工程项目的科研任务，包括上海长江隧桥工程（崇明越江通道)、厦门东通道跨海隧道、琼州海峡跨海公路隧道、上海国际航运中心洋山深水港；苏通大桥、润扬大桥和江阴大桥基础与锚锭；上海光源工程、上海世博园区地下空间、世博地下变电站；上海地铁、上海外环隧道、上海中环线、机场飞行区地下穿越工程；西部高速公路隧道、三峡水利工程、龙滩大型水电站等。教师们在工程中倾注了大量的智慧和心血，近五年共获得三十余项省部级以上科技进步奖，成绩斐然。

研究方向涵盖：软土渐进破坏理论与变形控制、环境土工学与多场耦合效应、复杂环境下隧道及地下工程的安全控制理论以及数字岩土与地下工程及防灾减灾理论。直接依托的学科涵盖隧道及地下建筑工程、地基基础工程、城市工程地质和环境地质以及港口航道与海岸工程。研究工作在岩土流变理论、损伤与渐进性破坏理论、节理岩体破坏力学、饱和多孔介质土动力学、地面沉降控制理论、动态施工反馈方法、岩土力学数值新方法、岩土工程智能化及信息化技术、城市地下空间开发与利用技术等多个领域处于国际先进水平，并积极与上海及全国各地重大土建工程相结合。完成的或正在进行的科研项目有：国家高技术研究发展计划（863 计划）“盾构地层适应性设计理论、方法和模拟实验平台研究”，“线路下部结构形式优化研究（高速磁悬浮交通技术重大专项子课题)”；国家自然科学基金重点项目“受施工扰动影响的土体环境稳定理论和控制方法”等；同时承担了上海东方明珠、杨浦大桥、地铁一号线、大连路隧道、洋山深水港、东海大桥，秦山核电站，连云港及东巴基斯坦核电站等重大工程建设的试验研究工作。获国家科技进步奖 2 项、省部级科技进步奖 20 余项。

2.5.5 中国中铁股份有限公司

中国中铁股份有限公司是由中国铁路工程总公司以整体重组、独家发起方式设立的股份有限公司，其前身是成立于 1950 年的铁道部工程总局和设计总局。公司是集基建建设、勘察设计与咨询服务、工程设备和零部件制造、房地产开发和其他业务于一体的多功能、特大型企业集团，成立于 2007 年 9 月 12 日，注册资本 128 亿元人民币。

中国中铁股份有限公司辖有全资公司 28 个，控股公司 15 个，分公司 4 个，参股公司 3 个，共 46 家二级子公司。2005 年及 2006 年分别位列全球第四及第三大建筑工程承包商。在 2007 年公布的世界企业 500 强名单中位列第 342 名，在同年公布的世界最具影响力的 500 强品牌中排名第 417 位，在中国企业 500 强中排名第 13 位。

截至 2007 年 6 月 30 日，中国中铁股份有限公司拥有中国工程院院士 3 人，国家勘察设计大师 7 人，教授级高工 390 人，以及高级技术人员 8000 多人。拥有众多具有自主知识产权的科研成果，共获得鲁班奖 70 项，国家优质工程奖 64 项，获国家科技进步奖 72 项，有效专利 202 项，创造国家级工法 61 项，省部级工法 359 项。

中国中铁股份有限公司先后参与国内所有主要铁路建设，新建、改建、扩建铁路总里程超过 50000km，占全国已建设铁路总运营里程的 2/3 以上；参与建设电气化铁路超过 22600 多公里，约占 2007 年 6 月 30 日以前建成的全国电气化铁路总运营里程的 95%；本公司还参与建设桥梁 4230 多公里，隧道（不含地铁）3900 多公里，高速公路 3400km，城市轨道 566km。此外，公司还在逾 55 个国家和地区进行工程建设及提供建设相关服务，包括铁路、高速公路、公路、桥梁、隧道、楼宇施工、疏浚、机场和市政工程项目。20 世纪 80 年代以来，在工程、建筑、研究及设计领域荣获 200 多个国家级最高奖项。创造了诸多国内乃至亚洲和世界桥梁、隧道、电气化铁路等建设史上的“第一”、“之最”，为国家基础设施建设做出了巨大贡献。

2.5.6 中铁建股份有限公司

中国铁建是我国最大的铁路建设集团之一，参与建设了我国几乎所有的大型铁路建设项目，截至 2006 年 12 月 31 日独立修建铁路里程累计近

34000km，占我国建国以来修建铁路里程的50%以上。

中国铁建是我国最大的公路工程承包商，主要业务集中于高速公路和高等级公路的修建，尤其擅长修建难度大、技术标准高的公路桥梁和隧道。修建高速公路超过100条，高速公路高等级公路累计里程超过22600km。

中国铁建的桥梁和隧道建设水平在国内乃至世界处于领先地位。参与或独家承建了国内主要的跨江、跨河和跨海大桥，以及国内几乎所有的标志性隧道，包括穿越长江、黄河及海底的隧道。

中国铁建是我国城市轨道交通建设市场的领导者，参与了我国已建及在建城市轨道交通项目的所有城市的勘察、设计和建设，参加建设的地下铁路和城市轻轨工程达148项。成功地修建了我国第一条地铁——北京地铁一号线；参加上海磁悬浮列车示范运营线的建设，是中国目前唯一拥有磁悬浮轨道梁技术自主知识产权的企业；建设的重庆轻轨项目入选2005年度中国十大建设技术成就奖。

中国铁建还是中国水利水电、机场、码头建设项目的攻坚力量，房屋建设的主要承担者。参与了130多项水利水电项目，30多个大型机场和其他工程项目的建设，房屋竣工面积4.114万平方米。

2.5.7 铁道部工程管理中心及规划院

铁道部工程管理中心主要职责：

（1）按部批准的设计和总概算，对建设项目的投资、规模、标准、工期和质量等实施全面控制和管理。

（2）负责建设项目实施中的招标工作，择优选定承包单位，签订勘测设计、施工承发包、施工监理等经济合同。

（3）编制建设项目的指导性施工组织设计、年度计划，并监督实施。

（4）负责建设项目资金的调配，管理工程价款的拨付与结算，监督建设资金的运用。

（5）负责施工图审查、变更设计管理及设计优化工作，参加设计鉴定和重大技术方案研究。

（6）组织建设项目施工监理，经部批准承担部分直接监理，监督管理建设项目的质量、安全。

（7）提交《验收交接申请报告》，组织竣工验收和后评价工作，组织办理组成固定资产和移交工作。

（8）协调项目建设中与路内外有关问题，履行部与有关省（自治区、直辖市）关于项目建设中有关约定的工作。

(9) 面向社会，承揽建设项目的管理、咨询业务，开展经营活动；受业主委托，根据签订的合同，对建设项目进行管理。

铁道部经济规划研究院主要职责：

(1) 受铁道部和其他业主委托，承担铁路建设项目立项及可研决策咨询、路网发展和运量规划、软科学研究和管理咨询工作。

(2) 受铁道部委托或授权，负责铁路建设项目的初步设计审查、Ⅰ类设计变更审查、概算清理工作。

(3) 受铁道部委托承担铁路工程技术标准的具体业务管理工作。

2.6 研究方法及有关策略

针对隧道及地下工程特殊的专业特点，研究方法和策略主要针对勘测设计和施工两大阶段开展。

2.6.1 勘测设计

隧道位置的选择一般服从路线走向。由于隧道工程数量、造价、工期控制等因素，隧道位置在选线方案中是经济技术比较的重要组成部分。对不良地质地段的隧道建设，特别是长大复杂隧道线及全线或局部线路方案的成立与否，必须精心依靠勘测设计。通过对隧道位置所处的地形、地质、水文等要素的测绘、勘测、测试及综合评定，设计正洞和明洞的长度和结构，决定施工方法，设计辅助坑道、排水系统和附属工程。

2.6.2 施工

隧道及地下工程施工过程指按设计图纸实施掘进、衬砌（结构）和安装作业的过程。施工方法分明挖法和暗挖法，前者多用于浅埋隧道和地下建筑，对于大多数隧道和地下工程，多用暗挖法施工，并按开挖方法和所用机具分为矿山法、盾构法和地下连续墙法。此外，修筑水底隧道时，可用沉管法；穿越铁路、道路、河流或建筑物时，可用顶管法；修建地下的池槽、厂房、仓库和地下井时，还可使用沉井法。

隧道及地下工程修建方法已由最初单一明挖法发展到现在的明挖、暗挖、浅埋暗挖、矿山法、盾构法等多种方法并存，施工技术不断发展提高，初步形成了专门的学科体系，极大地推动了地下工程建设事业的快速发展。各种施工方法研究上必须针对各种方法的优缺点，选择适合的施工条件。

在地面条件允许的情况下，地铁区间隧道宜采用明挖法，但通常对社会环境影响很大，仅适合在无人、无交通、管线较少之地应用。现在施工技术多采用盾构法和浅埋暗挖法。浅埋暗挖法是一种适合不同断面、造价偏低、灵活多变的施工方法；盾构法在较软弱、富含流沙之地、断面不变的区间应用，设备一次性投入大，但施工速度快，是广泛推广的机械化施工方法。主流的工程技术如下：

（1）浅埋暗挖法

浅埋暗挖法又称矿山法，起源于1986年北京地铁复兴门折返线工程，是中国人自己创造的适合我国国情的一种隧道修建方法。该法是在借鉴新奥法的某些理论基础上，针对中国具体工程条件开发的一整套完善的地铁隧道修建理论和操作方法。与新奥法的不同之处在于，它是适合于城市地区松散土介质围岩条件下，隧道埋深小于或等于隧道直径，以很小的地表沉降修筑隧道的技术方法。突出优势在于不影响城市交通，无污染、无噪声，适合于各种尺寸与断面形式的隧道洞室。边开挖边浇注，其施工技术的原理是：利用土层在开挖过程中短时间的自稳能力，采取适当的支护措施，使围岩或土层表面形成密贴型薄壁支护结构的不开槽施工方法，主要适用于黏性土层、砂层、砂卵层等地质，可省去许多报批、拆迁、掘路等程序，现被多数施工单位采纳。

浅埋暗挖法的核心技术概括为18字方针：管超前、严注浆、短开挖、强支护、快封闭、勤量测。其主要的技术特点为：动态设计、动态施工的信息化施工方法，建立了一整套变位、应力监测系统；强调小导管超前支护在稳定工作面中的作用；研究、创新了劈裂注浆方法加固地层；发展了复合式衬砌技术，并开创性地设计应用了钢筋网构拱架支护。该工法在有水条件的地层中可广泛运用，加之国内丰富的劳动力资源，在北京、广州、深圳、南京等地的地铁区间隧道修建中得到推广，已成功建成许多各具特点的地铁区间隧道，在大跨度车站的修筑中有相当应用。除了隧道工程，浅埋暗挖法也广泛应用于地下车库、过街人行道和城市道路隧道等工程的修筑。

（2）盾构法

我国应用盾构法修建隧道始于20世纪50到60年代的上海。最初是用于修建城市地下排水隧道，采用比较老式的盾构机（如网格式、压气式、插板式等），80年代末、90年代初开始采用土压式、泥水式等现代盾构修筑地铁区间隧道。

盾构法具有安全、可靠、快速、环保等优点，目前该方法已在我国的地铁建设中得到了迅速的发展。据不完全统计，我国各城市地铁采用的盾构机已有60多台，其中上海30台，广州20台，北京、南京、天津、深圳各4台，大多是土压平衡盾构机型。随着盾构法研究的深入、工程应用的增多，盾构法施工技术以及盾构机修造配套技术也得到了发展提高。上海地铁隧道基本全部采用盾构法修建，除区间单圆盾构外，目前正在使用双圆盾构一次施工两条平行的区间隧道，此外还试验采用了方形断面盾构修建地下通道；采用直径11.2m的泥水盾构建成了大连路越江道路隧道。广州地铁采用具有土压平衡、气压平衡和半土压平衡模式的新型复合式盾构机成功应用于既有软土、又有坚硬岩石以及断裂破碎带的复杂地层的地铁区间隧道修筑，大大拓展了盾构法的应用范围。深圳、南京、北京、天津等城市虽然地质、水文条件各不相同，但采用盾构法修建区间隧道均取得了成功。

目前我国盾构技术水平进步表现在：①基本掌握盾构机的选型和配套技术，与外国合作设计生产盾构机，配套施工设备包括管片模具完全能够自行设计制造；②基本掌握盾构隧道的设计和结构计算技术以及防水技术；③基本掌握盾构掘进控制技术，如盾构掘进参数选择控制、渣土和压力管理、地表沉降控制、盾构机姿态和隧道轴线控制、管片防裂、同步注浆等，实现了信息化施工，可确保盾构施工的安全、优质、高效和环保；④基本掌握不同地质条件和复杂环境条件下的施工及相关的施工技术。

我国盾构掘进最高速度已达到月进400m以上，平均进度一般为月进160～200m，最高平均进度可达月进240m。地表沉降可控制在+10～-30mm以内，可在距既有建（构）筑物不足1m的距离安全掘进隧道，既有建（构）筑物的变形量可控制在2～5mm以内；隧道轴线误差可控制在30～50mm以内。

（3）掘进机（TBM）法

TBM（Tunnel Boring Machine）隧道掘进机是利用回转刀具开挖，同时破碎洞内围岩及掘进，形成整个隧道断面的一种新型、先进的隧道施工机械。相对于目前常用的方法，TBM集钻、掘进、支护于一体，使用电子、信息、遥测、遥控等高新技术对全部作业进行制导和监控，使掘进过程始终处于最佳状态。在国际上，现已广泛应用于水利水电、矿山开采、交通、市政、国防等工程中。目前隧道掘进机械基本上有两种：一种是臂架式钻进机械，在隧道内部进行钻孔的机械，或是小型的小段面直接钻岩机械；另一种就是全断面隧道掘进机（TBM）。一般把TBM分为两大类（Grandori，1996年）：

①在岩石中开挖隧道的TBM：通常用这类TBM在稳定性良好、中～厚

埋深、中～高强度的岩层中掘进长大隧道。这类掘进机所面临的基本问题是如何破岩，保持掘进的高效率和工程顺利。

②在松软地层中掘进隧道的 TBM：通常用这类 TBM 在具有有限压力的地下水位以下的基本均质的软弱地层中开挖有限长度的隧道。这类掘进机所面临的基本问题是空洞、开挖掌子面的稳定、市区地表沉降等。

对于全断面隧道掘进机，目前在国内有两种提法：其一是岩石掘进机（TBM），其二是盾构机。TBM 就是适合硬岩掘进的隧道掘进机，盾构机指的是适于在软岩、软土中的隧道掘进机。这种说法有些言不符合实际，因为现在许多硬岩 TBM 也采用盾构技术，而 TBM 本来就是隧道掘进机的意思。鉴于学术及现实中称法混乱，建议国内采用统一称法，采用“硬岩 TBM”和“软岩 TBM”两种来规范，其中硬岩 TBM 又可分为敞开式 TBM、护盾式 TBM。

硬岩 TBM 适用于山岭隧道硬岩掘进，代替传统的钻爆法，在相同的条件下，其掘进速度约为常规钻爆法的 4～10 倍，最佳日进尺可达 150m；具有快速、优质、安全、经济、有利于环境保护和劳动力保护等优点。特别是高效快速可使工程提前完工，提前创造价值，对我国的现代化建设有很重要的意义。

软岩 TBM 是适用于软弱性围岩施工的隧道掘进机，是目前城市地铁建设中速度快、质量好、安全性能高的先进技术。采用盾构机施工的区间隧道，可以做到对土体弱扰动，不影响地面建筑物和交通，减少地上、地下的大量拆迁。这两种设备的技术开发与应用，在我国地下工程领域具有十分广阔的前景。

（4）喷锚构筑法

喷锚构筑法是以喷射混凝土、锚杆为主要的支护手段，通过对围岩的监控量测指导设计和施工，使得围岩成为支护体系的一部分，合理利用围岩的自承能力，以保证围岩稳定的隧道修建方法。新奥法与挪威法也就是“锚喷构筑法”，该法修建地下隧道时，对地面干扰小，工程投资也相对较小，已积累了比较成熟的施工经验，工程质量可得到较好的保证。此方法施工对岩石地层可采用分步或全断面一次开挖，锚喷支护和锚喷支护复合衬砌，必要时可做二次衬砌；对于土质地层，一般需加固地层后再开挖支护、衬砌，在有地下水的条件下须降水后方可施工。广泛应用于山岭隧道、城市地铁、地下贮库、地下厂房、矿山巷道等地下工程。

当前，世界范围内应用锚喷构筑法设计与施工城市地铁工程取得了相当大的发展。我国1987年在北京地铁首次采用锚喷构筑法修建车站跨度达26m。针对我国城市地下工程的特点和地质条件，锚喷构筑法经过多年的完善与发展，又开发了“浅埋暗挖法”新方法，与明挖法、盾构法比较由于可避免明挖法对地表的干扰，又较盾构法具有对地层较强的适应性和高度灵活性，目前广泛应用于城市地铁区间隧道、车站、地下过街通道、地下停车场等工程。根据锚喷构筑法的基本原理，采用“群洞”方案修建广州地铁二号线越秀公园站及南京地铁一期工程南京火车站站，断面复杂多变的折返线工程、联络线工程等。尤其在施工场地受限制、地层条件复杂多变、地下工程结构形式复杂等情况下，锚喷构筑法已经成为我国目前修建地铁的一种主要施工方法。

(5) 钻爆法

隧道施工主要有两种施工手段：一种为钻爆法施工，即传统的打眼、放炮、化整为零的掘进方法；一种为掘进法施工，即采用TBM掘进机整体掘进。我国地域广大、地质类型多样，重庆、青岛等城市处于坚硬岩石地层中，广州地铁部分区段处于坚硬岩石地层中等，复杂地质条件下修建地铁通常采用钻爆法开挖和喷锚支护方法（与通常的山岭隧道相当）。钻爆法施工包括钻爆、装运出渣，喷锚支护，灌注衬砌，再辅以通风、排水、供电等措施。在通过不良地质地段时，常采用注浆、钢架、管棚等一系列初期支护手段。根据隧道工程地质水文条件和断面尺寸，钻爆法隧道开挖可采用各种不同的开挖方法，如上导坑先拱后墙法、下导坑先墙后拱法、正台阶法、反台阶法、全断面开挖法、半断面开挖法、侧壁导坑法、CD法、CRD法等。爆破技术有光面爆破、预裂爆破等。隧道初期支护有锚杆、喷混凝土、挂网、钢拱架、管棚等支护方法。并及时辅以测量和信息反馈，监测施工安全并验证岩石支护措施是否合理。防水基本采用截、堵、排等几种方法，其中在喷射混凝土内表面张挂聚乙烯或聚氯乙烯板，再灌注二次混凝土衬砌的方法被认为是一种效果良好的防渗漏措施。

我国隧道钻爆法施工已达到世界先进水平。钻爆法施工具有资金、设备投入低，成本低廉，适应于各种自然环境和地质结构，快速、机动、灵活和适应力强等特点，更适合我国国情。考查钻爆法隧道施工水平的标志主要有单月进尺、负伤频率、通风和应付复杂地质条件的能力等指标。

(6) 沉埋管段法

沉管法是水底建筑隧道的施工方法之一，将若干个预制段分别浮运到海面（河面）现场，逐一沉放安装在已疏浚好的基槽内，以此方法修建水下隧道。施工顺序为先在船台上或干坞中制作钢板和混凝土或钢筋混凝土隧道管段，两端用临时封墙密封后滑移下水（或在坞内放水），使其浮在水中，拖运到隧道设计位置。定位后向管段内加载，使其下沉至预先挖好的水底沟槽内，管段逐节沉放，并用水力压接法将相邻管段连接，最后拆除封墙，使各节管段连通成为整体隧道，在其顶部和外侧用块石覆盖以保安全。主工序包括：地槽浚挖、管节制作、管节防水、管节驳运沉放、地基入理等。钢结构一般为圆形断面，钢筋混凝土结构一般为矩形断面。矩形断面有效空间利用率优于圆形断面，矩形断面隧道的高度和覆盖层都比圆形隧道小和薄，隧道的长度也相应减小。

沉管隧道的优点是对地质条件的适应性强、隧道的覆盖层薄，减小隧道总长度，隧道断面利用率高，防水可靠度高，施工周期短及工程造价合理等。目前沉管隧道的设计施工正向大型化、长距离的方向发展。正在大力发展管段间的联结水力压接法，防止沉陷变形技术和止水胶带等新型防渗漏防水技术。沉管隧道基础处理方法是施工难点，先后发展了先铺法，后填法等。管节预制技术采用纵向预应力措施，加钢纤维或化学纤维防止混凝土管节开裂，制作由传统的干坞预制发展到工厂化流水线生产。

（7）明挖法

明挖法是先将隧道部位的岩（土）体全部挖除，然后修建洞身、洞门，再进行回填的施工方法。具有施工简单、快捷、经济、安全的优点，是城市地下隧道工程发展初期首选的开挖技术，缺点是对周围环境的影响较大。关键工序是：降低地下水位，边坡支护，土方开挖，结构施工及防水工程等。其中边坡支护是确保安全施工的关键技术，主要有：

①放坡开挖技术：适用于地面开阔和地下地质条件较好的情况。基坑应自上而下分层、分段依次开挖，随挖随刷边坡，必要时采用水泥黏土护坡。

②型钢支护技术：一般使用单排工字钢或钢板桩，基坑较深时可采用双排桩，由拉杆或连梁连结共同受力，也可采用多层钢横撑支护或单层、多层锚杆与型钢共同形成支护结构。

③连续墙支护技术：一般采用钢丝绳和液压抓斗成槽，多头钻和切削轮式设备成槽。连续墙不仅能承受较大载荷，同时具有隔水效果，适用于软土和松散含水地层。

④混凝土灌注桩支护技术：一般有人工挖孔或机械钻孔两种方式，钻孔中灌注普通混凝土和水下混凝土成桩，支护可采用双排桩加混凝土连梁，还可用桩加横撑或锚杆形成受力体系。

⑤土钉墙支护技术：在原位土体中用机械钻孔或洛阳铲人工成孔，加入较密间距排列的钢筋或钢管，外注水泥砂浆或注浆，并喷射混凝土，使土体、钢筋、喷射混凝土板面结合成土钉支护体系。

⑥锚杆（索）支护技术：在孔内放入钢筋或钢索后注浆，达到强度后与桩墙进行拉锚，并加预应力锚固后共同受力，适用于高边坡及受载大的场所。

⑦混凝土和钢结构支撑支护方法：依据设计计算在不同开挖位置上灌注混凝土内支撑体系和安装钢结构内支撑体系，与灌注桩或连续墙形成一个框架支护体系，承受侧向土压力，内支撑体系在做结构时拆除。适用于高层建筑物密集区和软弱淤泥地层。

施工方法包括三种基本类型：

①先墙后拱法：适用于地形有利、地质条件较好的各种浅埋隧道和地下工程，是最常用的一种方法。施工步骤：先开挖基坑或堑壕，再以先边墙后拱圈（或顶板）的顺序施作衬砌和敷设防水层，最后洞顶回填。当地形和施工场地条件许可，边坡开挖后又能暂时稳定时，可采用带边坡的基坑或堑壕。如施工场地受限制，或边坡不稳定时，可采用直壁基坑或堑壕，进行支护。

②先拱后墙法：适用于破碎岩层和土层。施工步骤是：从地面先开挖起拱线以上部分。按地质条件可开挖成敞开式基坑，或支撑的直壁式基坑，修筑顶拱，然后在顶拱掩护下挖中槽，分段交错开挖马口，修筑边墙。

③墙拱交替法：混合使用上述两种方法，边墙和顶拱的修筑相互交替进行，适用于不能单独采用先墙后拱法或先拱后墙法的特殊情况。施工步骤是：先开挖外侧边墙部位土石方，修筑外侧边墙；开挖部分堑壕至起拱线，修筑顶拱；分段交错开挖余下的堑壕，筑内侧边墙。

(8) 辅助工法

辅助工法主要指冻结法、注浆法和帷幕法等。

①冷冻法主要用于止水和加固地层，多用在盾构隧道出发、到达端头、联络通道和区间隧道局部具流塑或流沙地层的止水与加固。

②注浆法主要用于止水或加固地层，以防坍陷或用于结构止水。方式主要有软土分层注浆、小导管注浆、TSS 管注浆、帷幕注浆等，注浆材料有普通水泥、超细水泥、水泥水玻璃、改性水玻璃、化学浆等。

③帷幕法指为通过不稳定含水地层，顺利掘进，在衬砌结构周围用钻孔加压注入混凝土灰浆或合成胶结浆液，形成胶结体帷幕后再继续掘进的

方法。

④高压旋喷桩或搅拌桩加固法主要用于地层加固，如采用浅埋暗挖法或矿山法施工的隧道局部特别软弱的地层或有重要建（构）筑物需要特殊保护时采用，盾构法隧道的始发和到达端头常用高压旋喷或搅拌加固，联络通道也常用此法加固地层。近年来也开发了隧道内施作的水平旋喷或搅拌加固技术。

⑤钢管棚用于暗挖隧道的超前加固，布置于隧道的拱部周边，常用的规格主要有：直径 42mm、长 4～6m，直径 108/159mm、长 20～40m，前者采用风镐顶进，后者则用钻机施作。或采用直径 300～600mm 的钢管棚，采用定向钻或夯锤施作。管棚一般都要进行注浆，以获得更好的地层加固效果。

⑥坑壁支护：锚索或土钉主要用于基坑维护结构的稳定，以提供较大的基坑内作业空间。直壁式基坑必须进行支护。岩石地层和一般黏土地层通常采用木支撑支护，配合锚杆支护。在不稳定含水松软地层中施工时，常用板桩支护，根据具体情况选用工字钢或钢板桩。当基坑较大不便于架设横撑时，可用土层锚杆代替。

⑦施工防排水降水（回灌）：使地表水和地下水不流入基坑以保持坑壁的稳定和创造良好的施工条件。在基坑开挖之前，必须在其周围开挖排水沟拦截地表水。在含水地层中施工时，根据水文地质条件可选用集水坑水泵抽水、井点降水、钢板桩围堰、压浆堵水、真空降水、电渗降水或冻结法等施工防排水方法。北京等北方地区多采用基坑外地面深井降水和回灌，也有采用洞内轻型井点降水；上海及其他南方地区则多采用基坑内井管降水，真空或电渗降水。

（9）水下隧道施工方法

水下隧道已成为跨越江河湖海的主要方式。在海底水下特殊的水文地质条件下，主要可以选用新奥法、TBM 法、盾构法、沉管法、围堰明挖法和悬浮隧道等隧道施工方法。

（10）不良地层隧道施工方法

不良地层隧道施工方法指穿越软弱围岩、岩溶、瓦斯、软岩大变形、湿陷性黄土、断层破碎带、富水砂层等不良地质条件下的施工方法。

除加强衬砌结构外，改善围岩力学性质，提高围岩的自稳能力，充分发挥围岩潜在的自承能力，是利用和开发围岩自身潜能的一条最有效、最根本的围岩维护途径。发展超前支护体系、超前锚杆预加固、小导管注浆预加固、注浆加固、大管棚超前支护、水平旋喷、机械预切槽、插板法等开发改善洞周围岩力学性能的预支护技术，以提高围岩抗压强度、弹性模量、黏聚力和内摩擦角等岩石力学指标。开挖后应尽快施作锚杆、喷射混凝土、敷设钢筋网或钢支撑、衬砌防止围岩松动，配合采用超前小导管注浆、超前锚杆支护加固等辅助施工措施，大力发展简单有效的拱棚超前预支护技术。超浅埋、大偏压、松散、不良地层中可采用超短台阶、中隔壁法、双侧壁导坑法、留核心土法等施工方法配合现场变形监测数据顺利通过。

3 发展战略

提出我国相关土木工程隧道及地下工程二级学科的发展战略，重点关注前沿发展方向、关键技术与发展对策，注重前沿性、前瞻性和重要性。

我国隧道及地下工程学科在近60年尤其近十多年来快速发展，丰富和创新了我国规划、设计、施工、管理运用、防灾救灾设备维修的技术方法及工作制度。我国地域广大、地质情况多样，隧道及地下工程修建技术也必然极具复杂性和高难度。就目前来讲，已有的技术手段可应付除西部和东北地区外大部分区域的修建任务，展望未来，为使隧道及地下工程修建技术日臻完善，保证工程质量，实现社会经济效益最大化，我国尚需在以下几个方面努力。

（1）尽快统一隧道及地下工程修建的设计、技术标准、施工技术规范和工程验收技术标准，以便使工程设施和设备产品规范化、系列化，对国产化也十分有利。

（2）组织力量对大型隧道及地下工程设备进行系统研制开发。国家应对研制企业单位给予政策扶持，这对施工速度、安全、质量和成本影响重大，而我国在这方面比较落后。如盾构主机及关键技术还部分依赖进口技术或产品，成本昂贵，设备适应性差；再如浅埋暗挖法虽为大型隧道及地下工程的主要手段之一，但机械化程度太低，基本上靠手工操作，速度慢、工效差，最终核算成本也很高。

（3）加强地下工程施工辅助工法的研究开发和创新。在大型隧道及地下工程中，安全质量事故往往是由于辅助工法不善而引起的。近些年，在我国的大型隧道及地下工程工艺工法方面，虽然维护结构工程有了较大的进步，但是改良地层实施疏水、止水的工法起色不大，有些工法由于使用条件难以掌握，风险很大，稍有不慎易酿成大祸。目前隧道及地下工程队伍普遍存在着专业不专、技术不精的问题，应在施工资质上严格限制和要求，以利于专业队伍的组建和成长。

(4) 在地下工程防水施工工艺、新材料、新技术方面加大研究的力度和进程。国产防水材料品种不多、品质不高，很难满足地铁工程的要求。地铁衬砌结构防排水的研究和开发，特别是防裂、防渗的课题日渐突出，应在材料上下功夫。

(5) 强化环保意识，地铁的修建较大地改变了城市区域地层的地应力和水文地质的原始状态，尤其是水土流失会造成生态环境的改变，甚至会形成灾害隐患。国家应指定有关科研单位就地铁修建的环保问题开展工作，制订相应的工程措施，以确保城市人居条件的不断改善和地铁设施的安全运营。

3.1 发展战略

21 世纪人类面临着人口、粮食、资源和环境四大挑战，这绝非是危言耸听、杞人忧天，它如晨钟暮鼓，告诫人们必须从现在开始认真研究对策。隧道及地下工程“可持续发展”已被作为国策提出来了，摆在每个学科、每个产业的面前，土木工程界也应顺潮流而检讨自己。大量的土建工程拔地而起，每天都看到大片良田被钢筋混凝土所取代，并且无法再生，居住、交通、环境的矛盾日益突出。把地面活土多留点给农业和环境，使地下空间成为人类在地球上安全舒适的第二个空间，是土木建筑工作者的紧迫课题。国际上已提出把“21 世纪作为人类开发利用地下空间的年代”，日本提出要利用地下空间，把国土扩大数倍。中国也开始重视地下空间利用的立法工作，各地区已开始进行地下空间的开发规划，由于技术立法不够，在这方面还有不少问题需要解决，应对这些年来在地下空间开发所产生的问题进行思考，供 21 世纪参考。

我国隧道及地下工程建设事业的产业化发展方向是历史进步的必然趋势。根据我国的国情以及上述隧道及地下工程的行业特点，决定了欲使其快速健康地发展应该走产业化的路子。

(1) 隧道及地下工程产业化是国家和社会可持续发展的需要。

我国是人口众多、资源相对贫乏的国度，尤其是可耕用的土地资源人均水平远低于世界平均水平，因此开发利用地下空间资源就显得非常重要。隧道及地下工程建设事业的发展有利于国土资源的充分开发利用，如果应用得当还具有环保和节能的优势。在形成我国交通网络，改变我国水利资源条件及油气能源储备等方面隧道及地下工程具有特殊重要的位置。它又是个劳动密集型产业，能够安排较多人员就业。比之较为发达的国家，我们在地下空间资源的开发利用方面还差得很远，可以说是刚刚起步。国家在交通和能源建设方面对隧道及地下工程有着巨大的需求，

隧道及地下工程有着非常广阔的市场前景和发展潜力，连同其他相关行业，形成庞大的产业链。发展和繁荣这个产业链是国家振兴和富强的需要，是社会历史进步的必然。

（2）隧道及地下工程行业特点及出路在于实现行业的产业化。

虽然我国经济体制已经转向市场方向，但是由于以往长期的计划经济体制的束缚和影响，国家工业化程度低，市场上生产资料供应远不能满足隧道及地下工程建设的需要，经常是找些“代用品”或很落后的产品来凑合使用。如国内并没有形成规模的隧道及地下工程施工专用设备的生产厂家，在组织隧道及地下工程施工时往往要搞所谓的“机械选型配套”，其实就是把用于一般矿山开采和路基土石方挖运的设备拿来塞进隧道，要不就是以高价从国外买进施工生产线。这种残缺不全的现状已经持续很多年了，应该尽快改变以促进隧道及地下工程建设事业的发展。因此大量的专用的机械设备和专用的工程材料需要我们自已去组织开发，不然它就会严重阻碍隧道及地下工程建设事业的发展。所以我们要把隧道及地下工程从单一的施工建筑领域带到产业化的路子上来。闭门造车式的“技术研究”解决不了任何实际问题，更代表不了隧道及地下工程产业发展的方向，只会走入“死胡同”。

3.2 关键技术与发展对策

隧道及地下工程的产业化发展方向有极其辉煌的前景，围绕着隧道及地下工程建设所形成的产业规模巨大，前景诱人。

（1）国家快速发展的计划和目前发展形势对隧道及地下工程建设的巨大需求。

铁路大建设的高潮已经到来，若2020年我国大陆铁路干线达到10万公里，从现在起每年平均应新筑铁路干线2000km，而且有半数分布在中西部重丘和高山地区，按照以往的隧道含量比例统计计算，平均每年应建隧道在300km以上。国家公路建设一直保持着较高的速度，这些年来平均新建等级公路在50000km左右，其中建成公路隧道每年也在150km上下。

这个发展速度近期内不会减弱。我国已有和正在修筑轨道交通的大城市近十个，正在规划和设计轨道交通的大城市有七个，在未来15年内有修建城轨交通的愿望和打算的城市则更多，初步估计到2020年我国城市轨道交通里程将会达到2500～3000km，其中半数以上为地铁。正在不断推进和已部分实施的“南水北调”工程将会开创隧道及地下工程建设史上的新篇章，规划中的西线方案可能会有多条数十公里长的输水隧洞以及出现单座上百公里长的输水隧洞。加上其他水利电力开发、输送和储存油气、煤炭和矿山开采及市政工程，隧道及地下工程的规模非常可观，堪称世界第一。

由此可知，我国快速持久的经济发展将会给隧道及地下工程建设事业带来空前的发展机遇。

（2）隧道及地下工程虽是古老的建筑行业，但从市场需求和社会发展来看它却是个有光辉前景的新兴产业。

我国在地下空间开发利用的规划和设计方面要做的事情很多，只有少数大城市在这方面走在了前头，而大多数城市还没有起步。国内在这方面只有为数不多的可以称得上有专业水平的设计咨询企业，覆盖能力远远不够，所以隧道及地下工程的研究、设计和咨询业是大有可为的。国内隧道及地下工程所必须使用的专项材料，如用于防水、防灾和环保等的专项材料，需求量很大。隧道及地下工程使用钻爆法开挖施工时所用的火工品也有特殊的型号和品质要求，但是国内厂家专门针对隧道及地下工程而组织开发和生产的很少。火工品的用量很大，现在每年隧道施工使用炸药量在4万吨左右，各种雷管在3000万发上下。隧道及地下工程施工所用的专项机具和设备需求量非常大，靠从国外进口费用很高，施工企业往往无法承受。如用于城市地铁建设的盾构机目前保有或在用的约有60台左右，依据近些年的发展要求计算，十年内应该再增加200台以上，单靠从国外进口要耗费外汇10亿美金，若能在国内组织开发生产，其效益则十分可观。同时还有在水电开发、道路交通等项目上所需要使用的TBM和盾构机，数量和规模也很大。因此我国自主开发此项的意义非常重大。就目前来看我国大陆范围内隧道及地下工程建设的规模估算每年在300亿元左右，加上为之服务的厂家和商户的相关经营额度可能会是每年450亿上下。直接从事隧道及地下工程建筑的企业员工约是15万人，民工也有15万人左右，其他相关人员约有8万人。如果目前的发展势头能够持续下去，再考虑到这个产业的开发和整合，其产业的总规模可能会达到600亿，从业人员总数将会在45万人左右。而且这个产业走向国外的潜力很大，外部也有非常大的市场。

(3) 国家及政府应对隧道及地下工程产业化发展进行适当的行业扶持。

正因为我国在隧道及地下工程建设的运用和实施手段上同发达国家相比有着较大的差距，因此国家及政府应给隧道及地下工程产业以适当的扶持。地下空间是非常重要的有限资源，应建立各级政府部门的管理职责，使其能够充分合理地使用，避免浪费。主要负责人在相关工程方案的选择和取舍上应从长远的和全面的观念去考虑，决不能急功近利，造成不可弥补的重大失误。国家应将隧道及地下工程作为一个相当规模的、综合性的产业来发展，制订有利于这个产业发展的相应的法律、法规和政策，鼓励隧道及地下工程建设中所使用的高新技术设备和产品国产化。国家还应出台政策对相关行业、企业和单位进行改组整合，以有利于形成若干大的隧道及地下工程建设产业集团，实施专业化管理，避免恶性的无序竞争。隧道及地下工程事业的前途虽然光明远大，但它毕竟是个很艰苦的工作，很难留住人，尤其是高级人才。国家教育部门和机构应高度重视各个土木院校隧道及地下工程专业的建设和人才的教育和培养，使其能够源源不断地为国家基本建设事业输送新的力量。机会空前，时不待我，作为建设者应当抓住目前的良好机遇，为加快实现隧道及地下工程产业化而努力。

4 建议及对策

建议学部大力支持并积极推进隧道及地下工程学科方向的发展，提出建议和对策。同世界上隧道及地下工程技术发展强国相比较，我国存在的差距主要如下：

(1) 从决策层面看，在重大工程方案的比选过程中，隧道及地下工程技术的运用仍有较多的阻碍。近几年来这种状况虽然有所改进，但是从整体来讲还远远不够，仅在局部经济、文化高度发达的城市和地区隧道及地下工程技术才真正得到了应有的重视和恰当的运用。

(2) 隧道及地下工程技术的使用在我国历史久远，我们现在的技术虽有从国外引进的成分，但更多的是我们自己的发现和创造。学术界和技术界对自己的成就和经验总结不够，创造性的东西则更少，没有能够形成在世界上独树一帜的、自己的工程理论和技术体系。

(3) 地质勘查手段仍不能满足实际需要，对复杂地质情况的特性认识不足，致使隧道及地下工程设计水平的提高受限，准确度和针对性较差，甚至埋下了事故隐患。现场严重缺少合格的地质技术人员，即使有先进的仪器设备也不能够起到应有的作用。

（4）隧道及地下工程施工劳动强度大、作业环境条件差、人身安全事故多的基本状况虽然比较过去有所改观，但是没有根本性的好转。国内对于劳动保护技术、施工安全技术的研究处于落后状态。

（5）隧道及地下工程施工专业化程度低，技术装备普遍落后，不利于重点、难点工程的顺利进展，甚至于影响到工程质量。像掘进机、盾构机等大型施工设备的关键部件和特种材料仍依赖于进口，使用范围受限，成本很高。国家虽然在技术设备引进方面花费了大的代价，但是在自主研制开发方面力度不大，进展缓慢。

（6）隧道及地下工程防、排水和灾害防治仍是薄弱环节，如：水下大型沉埋隧道和盾构隧道的防水密件仍需使用国外进口产品，国内生产的多数防水材料品质达不到使用要求，隧道及地下工程的混凝土结构及防、排水设施缺陷较多，自防水性能较差，难以达到设计标准。

（7）较之国外同类项目，我们现场技术管理相对落后。有些隧道及地下工程项目虽然自称是采用了新奥法设计、施工，但是并没有真正有效地开展两阶段的地质勘测和设计工作，施工过程中信息收集、处理、传递和反馈不及时，监测控制系统形同虚设，以致酿成事故。

造成以上技术差距虽然有历史上的原因，但是也有现实中存在的问题。目前主要是：

（1）决策者的价值观和短期行为使得隧道及地下工程技术运用的合理性遭到了曲解、偏见和冷遇。

（2）建筑市场上普遍存在的恶性竞争、低价中标、违规分包等现象严重阻碍着隧道及地下工程技术的发展和提高。

（3）国家现行法规和政策中缺少有利于环境保护及节约国土方面的正向激励机制和执行措施。

4.1 建议

4.1.1 提高科技含量

改革开放以来，国民经济持续稳定快速地发展，国家的经济实力逐步加强，固定资产的投资也逐年增长，我国已成为世界上公认的土木工程建设的大国。如何由土木工程的大国变为土木工程的科技强国，这是摆在我们面前紧迫而又艰巨的任务。为此，必须弄清在土木工程各个领域中我们与世界先进国家的差距。针对一些问题和差距，加大科学技术方面的研究和投入，在一些工程项目中制定赶超的目标和措施，特别要注意一些工程项目的前期工作，避免仓促上马、赶时间、抢工期。

4.1.2 建设理念和方针研究

工程项目关系到人民生命财产的安全，必须体现百年大计质量第一的思想。因此建设理念必须把坚固、耐久、安全放在第一位，能够延长建筑物、构筑物的使用寿命，即使多花一点钱也是应该的。首先保证坚固、耐久、安全，其次是经济、适用、美观。

4.1.3 探讨在隧道及地下工程建设领域中如何合理有效引入风险评估与管理制度

在隧道和地下工程项目中如何合理有效引入风险评估与管理制度尤为重要。因为隧道及地下工程项目种类繁多、且每一个工程项目其条件也不尽相同，存在不同的风险。如何借鉴过去隧道地下空间规划、设计、施工过程中的经验，在隧道和地下空间的规划、设计、施工过程中树立起风险管理的意识，即对隧道地下空间规划、设计、施工中可能出现的事故风险进行预测、评估，提出消除事故风险的措施，尽量降低工程项目的风险，减少事故损失，并提高工程质量和水平。进行工程项目的风险评估与管理所增加的投资远小于工程事故所造成的损失，这也是风险评估与管理作为一门新兴事业受到国内外工程界重视而发展起来的原因。考虑如何把工程责任保险与工程风险管理、评估制度有机地结合起来，贯穿于工程项目的建设全过程，即从规划设计开始一直到竣工。把工程责任保险工作与土木工程学会的工作密切结合起来，探索走出一条符合中国国情的工程责任保险的新路子，这是我国土木工程界应该重视的一个新问题和新领域。

此外，尚需发展高、精、尖岩土探测和控制技术，提供较准确的现场参数，研发大型、小型配套机械掘进设备。

4.2 对策

因地制宜地开拓地下空间资源和发展其经济效益，是当前各国在隧道及地下工程领域中总的发展趋势。例如，我国在云、贵、川及闽、浙一带可以有选择地利用天然溶洞；在西北黄土高原可利用喷锚支护和加强通风照明来修建大型地下窑洞群。各大城市应加强地下交通运输系统和公用管道的规划，以及民防和市政地下工程的总体规划。隧道及地下工程的结构理论研究中，新的学科——地下结构施工力学正在形成。在长大隧道和重点地下工程中，推行施工综合机械化。在软土地层中，采用适合地层条件的盾构、顶管、沉管和连续墙施工方案；在硬岩中采用新型掘进机或高效水钻台车，以及光面爆破和预裂爆破等先进技术。在一些长隧道中采用水平钻井已取得成功。以喷锚支护为基础的新奥法施工，可大力推广。

针对铁路、公路、城市轨道交通、市政地下工程、水利水电和能源地下储藏等行业，围绕21世纪初的隧道及地下工程的新理论新实践，在研究试验、勘测设计、施工技术、机械设备、信息技术和管理方法等方面需要进行深入研讨。

为实现隧道及地下工程大发展的历史新使命，必须依赖岩土、岩石介质力学与工程的理论概念和技术方法应该相应的转变。转变的方向是由相对比较单一、范围比较小的裂隙岩体问题的解决转向复杂的、大范围的地体系统问题的研究和解决。研究对象的多种因素相互作用，极大地增强了非线性问题的不确定性和解决难度。岩石力学中的耦合问题和系统分析变成不可回避的研究任务。

至少在以下五方面的问题应成为隧道及地下工程的主攻方向。

（1）岩土、岩石介质力学研究由局限的岩体走向解决山体和地体等大范围、大尺度的工程和资源开发问题。力学上均一体的尺寸效应进化为大尺度和多尺度问题，因此不可避免地将面临多尺度模型及其耦合。非线性分形理论的应用为这方面研究提供了初步的科学方法。

（2）岩土、岩石介质力学由研究单一的固体不连续材料向多场耦合和多相运动研究发展。专家早就了解到水在岩体的力学行为中的重要作用，但是随着岩土、岩石介质力学问题的拓展，热、流、固、化多场并存时其相互作用与耦合机制有待深入研究和突破。同时，在岩土体由小变形到大变形，并发展为体内外物质运动时将包含固、气、水、微粒的多相复合运动，这种复杂状态的描述也成为新的未解出问题。甚至在包含岩石和软土的许多岩土系统中岩土耦合的力学行为也是不清楚的复杂介质耦合问题。

（3）岩土、岩石介质力学从单纯的地球内动力驱动或外动力驱动模型向内外动力耦合作用模型的转变。内外动力耦合作用可能是瞬间动态力（如地震力）和静态力（如自重力）的耦合，也可能是极慢的时效力（地形变力）和静态力的耦合，或者是三者的耦合，表现为多种性质荷载作用的耦合。它们造成对隧道及地下工程系统的力学行为影响将有待进一步的研究。

（4）岩土、岩石介质力学从工程岩体稳定性研究向极端灾害的非线性动力过程的预测及防治进军。高烈度地震，巨型山崩、滑坡、泥石流，大型矿山的塌陷等从孕育、形成、发展到成灾的非线系统动力学过程和时空预测将是重大的研究难题，其不确定性更加严重，而统计例数则甚为稀罕。

（5）从常规的岩土、岩石介质开挖的失稳防治到新型大规模暴力攻击的防护，以及人地关系的协调。人类工程活动诱发岩体的失稳破坏及其控制，曾是岩土、岩石力学研究的重要命题，但是新的命题是人地关系协调。此外，人类暴力和战争仍阴云密布，人类还在不断发明大规模破坏性武器，21世纪我们还必须注意到高强暴力攻击的地下防护。年轻一代岩土、岩石力学专家和工程师们将会不断探索新的途径去完成新世纪的任务，实现新的使命。

要解决上面提出的那些复杂的系统耦合问题，采取系统的综合集成，显然是明智的选择。认识问题的思想方法同被认识问题的实际理应具有一致性。这里提出多重综合集成途径（Multiple Meta-synthetics）作为这一思路的基础。

（1）多源知识的综合集成。钱学森倡导“经验、推理、测量”的复杂系统综合集成原理。在复杂的隧道及地下工程和环境系统中，不确定性极强，以致任何一种来源的知识都难以支持可靠的决策。多源知识的综合集成显然是最佳的选择。当多源知识结论一致时，决策的可靠度较高。当多源知识互斥时，应分别自检，并互馈信息，以期得到结论的一致。

（2）多种手段的综合集成。多种手段的综合集成包括地质、物探、测量、力学试验、数理分析、化学分析等多种技术方法组合，也可理解为以力学为主，与地学、物理、化学等学科交叉结合。

（3）多尺度的综合集成。岩土、岩石介质力学问题的大尺度拓展，则其微观、细观、宏观及宇观的研究皆甚重要，而综合集成则是决策的必要途径。多尺度的研究和相互耦合将使研究得到应有的深化。

为解决隧道和地下空间利用和建设问题并满足国家经济发展的需求，建议学部应在宏观政策调控如下几个方面加以努力：

（1）建议政府部门、城市政府建设主管部门科学制定地下空间资源的开发利用规划，优化资源配置，实现隧道及地下空间开发的可持续发展。

（2）提高整体装备水平，争取早日实现隧道掘进机的国产化，降低建造成本，改善施工作业条件，提高劳动生产率。

（3）加强隧道和地下工程新设备、新材料、新工艺、新技术的研究开发和推广应用，全面提升隧道及地下工程建设水平。

(4) 督促改革建设经营管理体制，研究探索投融资、招标投标、建设管理等的新机制，以促进我国隧道及地下空间市场的健康有序发展。

(5) 在隧道及地下工程建设中必须贯彻科学发展观、坚持可持续发展理念，应加强对节能型、环保型隧道及地下工程建设的研究，以确保我国隧道及地下工程的良性、健康、有序发展。

(6) 积极推动隧道及地下工程领域的“引进来”、“走出去”战略，加大力度引进国外的先进技术、先进经验、先进管理方法，使我国隧道及地下工程领域的科技水平上一个台阶；在引进来的同时，也要把我国好的技术、好的经验、好的管理方法，在海外工程中体现出来，造福人类。

铁路和城市轨道交通工程学科的现状及前沿发展方向研究

何华武

1 国家需求

从国际上看，金融危机后世界经济格局正经历着深度调整，经济增长速度减缓，全球需求结构出现明显变化，对我国现有的经济结构构成严重影响。从国内看，工业化、信息化、城镇化、市场化、国际化深入发展，经济结构转型加快，科技水平整体提升，未来10年将建成惠及十几亿人口的更高水平的小康社会，新中国成立100年时将建成富强民主文明和谐的社会主义现代化国家。内、外部形势要求铁路和城市轨道交通运输统筹国际、国内，既要为拓展外部发展空间提供支撑，又要为国内经济社会又好又快发展提供保障。

经过改革开放特别是近10余年来大规模、高速度的建设，铁路和城市轨道交通网络骨架达到一定规模，技术装备水平得到较大提升，初步具备了构建便捷、安全、经济、高效的铁路网和城市轨道交通网的基础条件。未来中长期，是铁路和城市轨道交通高质量快速发展的关键时期，更是铁路和城市轨道交通工程科学发展的战略机遇期。

1.1 必须进一步提升综合交通网络技术

随着我国交通运输业的不断发展，建立综合交通运输系统，对交通运输设施进行系统规划、布局，使轨道交通、公路、民航、水运等各种运输方式协调配合，建立既有分工，又紧密联系、相互协调的现代综合交通体系将成为未来交通业发展的重大需求。在铁路和城市轨道交通领域，要进一步提升大型综合客运枢纽建构技术，包括枢纽设计、施工、建设、运能协调、交通疏解等技术；要进一步提升铁路与城市轨道交通的互联互通技术，包括路网规划、过轨贯通运营、互联互通的运输组织和售检票等技术；要进一步提升综合交通运输网的信息共享技术，使交通运输管理实现数字化、网络化，实现智能交通、数字交通功能。

1.2 必须进一步提升铁路基础设施安全技术

随着一大批高速铁路建成并投入运营，我国高速铁路里程将占到世界各国高速铁路总里程的50%以上。同时，随着区际干线铁路、煤运通道等项目的建成并投入运营，我国铁路将长期处于高速与重载、客运与货运并举的局面。高速铁路不同速度等级和既有快速铁路要实现跨线运营，区际干线、既有铁路要速、密、重兼顾，我国铁路运输体系所面临的安全保障技术复杂性、艰巨性，是世界铁路所从来没有过的。在新的发展形势下，进一步提升铁路基础设施的可靠性和耐久性，进一步提升铁路线路养护维修、防灾减灾、应急救援技术，是铁路工程科技工作面临的综合性、前瞻性重大课题。

1.3 必须进一步提升跨海桥隧、复杂地质铁路修建技术

未来中长期，我国规划建设跨越琼州海峡、渤海海峡、台湾海峡等跨海通道。跨海通道工程面临诸多技术难题，需要深化工程场地的断层活动性与地壳稳定性及地震安全性、海峡土层岩性与工程地质条件、海洋水文条件与海床稳定性等多项专题研究工作，特别在实现超大跨径桥梁结构、软弱地基深水桥梁基础、耐高水压大直径盾构设备及深水施工技术等重大关键技术方面要加强攻关。同时，还规划修建川藏、滇藏铁路。川藏铁路约1600km、滇藏铁路约1900km，主要自然障碍集中于川西、滇西北的横断山脉以及藏东南的高山峡谷区，沿线地形地质特别复杂、工程艰巨，需要进一步做好地质调查和技术经济比较，探索复杂高原铁路项目的勘察设计、环境保护、修

建技术及运营管理成套技术。

1.4　必须进一步提升特殊地区高速铁路建设技术

随着我国大规模铁路建设的深入推进，特别是一批特殊地理、地质条件下的高速铁路项目的开工建设，有的穿越复杂艰险山区，有的经过高裂度地震带，有的跨越大江大河，有的通过深厚软土地区和人口稠密区。随着工程的不断扩展，面临的建设环境越来越复杂，技术难度越来越高，必须在已经掌握的高速铁路建设技术基础上，结合新的建设工程，进一步提升艰险山区、特殊地质条件下高速铁路建设技术，包括铁路勘测设计一体化、数字化、智能化技术，特殊路基处理技术，轨道铺设技术，长大桥梁和长大隧道的建造技术等，以适应不同地区高速铁路建设需要。

1.5　必须进一步提升智能铁路技术

从世界各国铁路运营实践来看，综合运用现代通信和信息技术，建设信息化、智能化铁路，是提高铁路运营管理效率、提升运输服务水平的不可或缺的重要手段。我国铁路高速与重载、客运与货运并举，铁路运输组织、运营管理的复杂性、艰巨性是世界铁路从未有过的。并且，随着经济社会的发展，人们对铁路客货运输服务质量的要求也越来越高。推进铁路信息化、智能化建设，加快智能型铁路的建设与发展，实现铁路系统自感知、自诊断、自决策，将是今后铁路科技创新的发展方向。

1.6　必须进一步提升绿色铁路技术

随着我国经济社会持续快速发展，资源环境约束日趋显现。未来中长期，国家将把增强发展的可持续性、建设“两型社会”放在更加突出的位置，实现经济效益、生态效益的有机统一。因此，建立能够充分发挥各种交通方式优势，向综合、集成、绿色可持续发展转变的综合交通体系已十分迫切。铁路和城市轨道交通具有占地少、运量大、能耗低、污染小的优势，在构建绿色综合交通运输体系中的作用十分突出。并且，在低碳经济发展模式下，我国铁路和城市轨道交通需要进一步加快技术创新，综合利用新能源、新材料等领域的科技创新成果，在节能减排、减振降噪、清洁生产、环境保护等方面探索新的技术和措施办法，为建设资源节约型和环境友好型综合交通运输体系做出更大贡献。

2 发展现状

近10余年来，铁路和城市轨道交通工程科技发展取得了举世瞩目的成就，有力地支撑了经济社会发展。铁路以高速铁路和区际干线铁路建设为重点，加快新线建设；同时以实施时速200公里等级提速和重载运输为重点，对既有线进行大面积技术改造；工程科技的提升，保障了路网建设取得巨大成就。

到2010年底，全国铁路营业里程9.1万公里，居世界第二位，其中快速铁路2万余公里，复线率、电化率分别为41%、47%。城市轨道交通快速发展，2010年底运营里程达1400余公里。

2.1 高速铁路工程技术达到世界先进水平

针对我国高速铁路标准高、规模大、工程艰巨、技术复杂等特点，我国铁路加大科技攻关力度，通过京津、武广、郑西、沪宁、沪杭、合宁、合武等高速铁路的建设与运营，以及2011年6月30日京沪高速铁路开通运营，系统掌握了时速200～250km、300～350km速度等级的高速铁路工程建设技术。目前，我国已经成为世界上高速铁路系统技术最全、集成能力最强、运营里程最长、运行速度最高、在建规模最大的国家。

线路工程技术方面，掌握了高平顺线形技术、复杂地质条件下高速铁路地基处理和路基填筑技术、长大桥梁建造技术、大断面隧道建设技术、无砟轨道成套技术、精密测量定位技术、重要轨道部件研发技术。基础设施养护维修技术方面，初步建立了高速铁路养护维修技术体系，研制了现代化高速综合检测列车，整体提升了基础设施检测监测和养护维修水平。安全防灾预警技术方面，开发了安全防灾预警系统，对风、雨、雪、异物侵限等灾害进行实时监测和自动应急处理，建立了全方位综合视频监控平台，建立并完善了铁路应急救援体系，提升了铁路安全技术水平。铁路客运枢纽建设技术方面，掌握了多线引入同站列车进路疏解技术、大跨度钢架结构、悬垂结构无柱雨棚设施等先进技术，构建了集城市道路、城市轨道交通与铁路一体化的客运综合交通枢纽，北京南、上海虹桥等客运综合交通枢纽表现出完善的服务功能和高水平的服务品质。

2.2 高原铁路工程技术达到世界先进水平

青藏铁路是世界上海拔最高、线路最长的高原冻土铁路。在工程建设中，攻克了多年冻土、高寒缺氧、生态脆弱三大世界性工程难题，系统掌握了高原铁路建设成套技术，达到世界先进水平。

冻土工程技术方面，研究提出了反映铁路冻土类型特点的青藏高原多年冻土分区标准、工程地质平纵断面资料；确立了“主动降温、冷却地基、保护冻土”的设计思想；创新了系列冻土工程措施，采取桥梁通过、片石气冷路基、碎石护坡护道路基、热棒路基、通风管路基等工程措施，在高原多年冻土建路关键难题上取得重要进展。卫生保障技术方面，研制出高原医用制氧设备，创造性地实现了风火山隧道掌子面弥漫供氧和工地氧吧车供氧；在海拔4500m至5100m的高度创造性地运用高压氧舱，填补了国内外医学空白；推广使用一氧化氮治疗仪、“高氧液体”新技术。生态环境保护技术方面，成功实施了高海拔地区大面积路基边坡植草、取土场植被恢复等水土保持措施；成功设置了多种形式的保护野生动物迁徙通道；成功采取了防止江河湖泊污染，以及垃圾分类收集、选用太阳能等清洁能源、加强车站污水处理等环保措施，成为我国重大工程项目建设环保的典范。此外，还研发了重点工程技术装备，研制了JQ140G型架桥机，满足了架设高原耐久梁的要求；改进了铺架机械的走行系统及制动系统，从整体上提高了铺架、运输设备的高原适应性、可靠性。

2.3 既有线提速工程技术达到世界先进水平

我国铁路以提速、扩能和电气化为重点，采用先进技术对既有线路进行了大规模技术改造，先后成功实施了六次大规模提速。特别是通过2007年实施的第六次大面积提速，我国铁路全面掌握了时速200km等级既有线提速成套技术，达到世界铁路既有线提速的最高速度目标值。以此为标志，中国铁路进入高速时代。

土木工程技术创新主要有：①路基工程按土木结构物设计，压实标准按物理和力学双交叉指标控制，设置路堤与横面构筑物的过渡段；②桥梁设计采用刚度设计理念，多片T梁应用横向连接，提高梁体的横向刚度；③将空气动力学效应概念全面应用于隧道提速改造，从瞬变压力、洞口微气压波、瞬时列车风力等因素确定隧道断面、缓冲结构、提速改造方案；④研制了

18 号有砟道岔，并验证了其平顺性和适用性；⑤铺设了自主研发的适用于高速、重载运输并达到世界先进水平的 PD3 钢轨、重型轨枕、高强度耐磨一级道砟，正线全部采用超长无缝线路；⑥配备了非接触式激光摄像轨道检查车，全面采用清筛、捣固、稳定等大型养路机械，实现了养路机械化。

2.4 重载铁路技术达到世界先进水平

我国铁路通过在重载线路、重载装备、重载通信信号和重载运输组织等领域的持续创新，建立起了我国的重载运输技术体系。特别是以大秦铁路为依托，围绕山区铁路通信可靠性、长大下坡道周期循环制动、长大列车纵向冲动三大技术难题，在列车同步操纵、无线数据传输、牵引、制动、牵引供电、集疏运一体化等方面取得了系列科技成果，使我国铁路重载运输技术达到世界先进水平。在重载线路技术方面，研发并采用了轨道强化、桥梁加固等技术，使大秦铁路具备开行 2 万吨重载组合列车的条件。大秦铁路用 5 年多的时间，年运量提高到 4 亿吨，成为世界上年运量最高的重载铁路。

2.5 铁路安全技术水平显著提升

以科技保安全为原则，我国铁路大力研发安全技术装备，强化基础设施安全检测和防灾安全监控，显著提升了铁路安全技术水平。

基础设施安全检测方面，研发了各种固定设施综合检测设备，如轨道检测车、钢轨探伤车、接触网检测车、通信信号检测车、综合检测车等先进技术装备，综合检测车最高检测时速达到与线路运营时速等速。防灾安全监控方面，研发了应对自然灾害和突发事件的系列防灾安全监控设备，通过采用挡风墙、挡沙墙、截沙沟、积沙平台等技术手段，建立了完整的风沙防护体系；研制了道岔电热除雪装置，使寒冷、积雪地区的行车安全保障措施更可靠。

2.6 节能环保新技术广泛应用

通过加快电气化铁路建设、促进节能减排项目推广等措施，充分发挥了铁路运输节能环保的比较优势。

节能降耗技术方面，大力提高电力牵引比重，至 2010 年底，电力牵引完成铁路运输工作量的 65%。采用先进设计和施工技术，加大节能、节水、节地、节材力度。积极利用太阳能、地热等新能源和可再生能源，在铁路站场推广使用高效光源、灯具及照明智能控制技术，加大地源热泵空调系统推广力度，不断降低非牵引能耗。环境保护技术方面，采用降噪减振、废弃物处理、废气排放控制、电磁辐射防治、铁路沿线绿化及生态保护、铁路运输煤炭抑尘等相关技术，有效地降低了铁路运输对环境的影响和污染。通过一系列节能环保技术的创新和应用，我国铁路在运输量增长的同时，单位运输工作量综合能耗、二氧化硫排放、化学需氧量排放大幅降低。

3 发展战略

3.1 铁路工程科技发展战略定位

铁路是支撑国家经济社会发展的重要基础设施，是统筹区域城乡结构、产业分布、各种大型公共设施布局科学合理，便于各种经济、人文活动有效开展的重要纽带。铁路工程科技进步可以提高工程质量，降低工程投资，有效提高设施的利用效率和运输体系的管理效率，有效降低交通污染和能耗，节约土地。铁路工程科技发展必须满足国家交通运输发展战略要求，成为推进国家科技进步的重要组成部分。

3.1.1 促进中国铁路发展为铁路大国、强国

随着以“四纵四横”为骨架的高速、快速铁路，长三角、珠三角、环渤海等地区城际铁路的开工建设，京津、武广、郑西、沪杭、京沪等时速300~350km等级高速铁路已投入运营。青藏、仓西、太中银等铁路建成投产，向莆、兰渝、云桂、山西中南部铁路等区际干线、煤运通道和西部铁路有序推进。北京、上海、广州等中心城市新客站建成投产，形成与其他交通方式便捷换乘的客运综合交通枢纽。铁路路网规模迅速扩大，国际竞争力显著增强，产业整体规模已位居全球第二位，已经成为铁路运输网络大国。铁路网络规模的迅速增长和运输能力的显著提升，为结构优化、网络衔接和交通运输一体化发展创造了条件。具备了实现由大到强、向更高层次拓展、实现科学发展的基础和条件。

近年来通过高速铁路、重载铁路、高原铁路等一批高标准工程的建设，积累了大量工程建设成功经验，部分工程项目建造水平已跃居世界先进行列，我国正逐步从铁路网络大国向铁路技术强国转变。

未来我国经济社会仍将快速发展，客货运量增长潜力巨大，对运输质

量、效益、速度、安全提出了更高要求。我国铁路运输网络不仅要做大，更要尽快做强。不仅要保持高速发展，更要实现科学发展、全面协调可持续发展，实现铁路运输网络畅通、高效、平安、绿色。实现这一目标必须通过技术进步加快铁路运输网络发展实现。以尽快完善铁路运输网络为重点，发挥网络的整体效益和组合效益；以坚持科技创新为工程建设重要手段，全面提高网络质量和优化功能结构及布局，实现铁路运输网络结构的全面优化；优先发展快速铁路客运、重载铁路货运及无缝衔接枢纽。

3.1.2 支撑国家经济社会全面、协调、可持续发展

铁路运输网络建设是一项综合性的系统工程，与引导和促进物流转换、使用和消耗土地、影响或改变自然风貌等紧密相连；同时路网结构配置与城镇规划的协调、土地资源保护、环境保护等方面均可对可持续发展产生重大影响。因此加强铁路运输与经济、社会、环境之间的协调发展，加强多种运输方式的协调和衔接，构建可持续发展的综合交通运输体系，已成为当今世界交通运输业发展的主要趋势。

铁路运输网络工程科技必须坚持可持续发展原则，保护生态环境，减少铁路运输对自然环境和人文环境的负面影响，实现与经济社会和谐发展；要努力构建铁路交通绿色走廊，减少运输造成的污染。在线网工程建设中，全面贯彻国家可持续发展战略，处理好运输网络工程与环境的关系，实现运输网络工程与环境发展相协调。积极采用新材料、新设备、新技术和施工成套工艺，完善铁路工程建设节能环保标准和措施。

3.1.3 在引领国际铁路运输网络技术发展中发挥更大作用

随着经济全球化、区域经济一体化和地缘政治关系的影响，能源危机、环境污染、交通安全等问题不断出现，全球均面临着优化和改善交通运输状况的要求。改革开放以来我国铁路运输网络的飞速发展，把我国铁路运输网络的技术水平直接展示给世界，目前我国铁路运输网络也正处于历史性的最好发展阶段，做大做强铁路运输产业，适时走向世界已经成为我国铁路发展的必然选择。

我国铁路运输业已经走出了一条引进消化吸收再创新与原始创新、集成创新相结合，包括高速铁路、重载铁路、高原铁路建设的自主创新之路。铁路现代化建设发展，带动了工程施工和装备制造的现代化，从设计施工、装备制造到运输管理已达到世界先进水平，并产生了广泛的国际影响与带动作用。我国铁路工程科技要抓住扩大对外开放、实施“走出去”战略的机遇，

努力构建具有国际先进水平的基础理论与技术标准体系，提高我国铁路工程技术的国际市场竞争力。通过开拓国际市场，带动我国工程设计、施工、管理走向世界，进一步提高我国铁路工程对外开放水平，为世界交通运输网络工程的科技进步作出贡献。

3.2 铁路工程科技发展战略思路与目标

3.2.1 战略思路

(1) 坚持集政、产、学、研、用力量对关键核心技术联合科技攻关

强化科技创新是铁路工程领域提高核心竞争能力、实现又好又快发展的关键，更是打造国际一流大型科研、设计、施工队伍，实现我国从铁路网络大国到强国转变的客观需要。要瞄准世界铁路工程科技前沿，围绕我国客货运输发展需求，发挥政、产、学、研、用相结合的作用，坚持自主研发与引进、消化相结合，对关键核心技术联合科技攻关，努力突破重大工程项目技术难题，掌握关键核心技术，提升我国铁路工程科技实力。

一是要充分发挥国有大型企业的创新主体作用。科技创新活动只有以企业为主体，才能切实做到以市场为导向，才能更加准确地反映市场需求。发挥企业的创新主体作用，不仅要使企业成为研究开发投入的主体，同时更要使其成为科技创新活动的主体和创新成果应用的主体。发挥企业的创新主体作用，尤其要发挥中央企业在产业重大科技创新活动中的领军作用。中央企业在关系国家安全和国民经济命脉的关键领域拥有一批重要骨干企业，同时拥有一批综合技术实力较强的科研院所，这些科研机构具有学科比较配套、领域相对完整、科技人员集中、科研成果丰富、实验条件齐备的特点。强大的人才、技术基础，保证了中央企业在参与国家重大产业技术攻关、解决行业关键与共性技术难题等方面能够发挥重要作用。

二是要发挥政府在交通运输网络工程科技创新方面的政策支持与宏观引导作用。特别是在单一企业无法完成或无法较快完成的重大工程项目，如跨海通道修建技术、铁路网可靠性生命周期监控及修复技术、进藏铁路修建技术等，如果仅仅依靠单个企业的力量，很难在核心技术研究方面取得突破，因此需要有效发挥政府的政策支持与宏观调控的引导作用，集全国之力，整合行业优势科技资源，联合科技攻关，加速实现突破。

三是要着力加强产、学、研、用力量结合，形成铁路工程科研技术创新的合力。企业是科技创新体系的主体，有资金、市场及生产优势，但我

国铁路工程领域企业整体上创新能力不足。目前我国科研机构、高等院校经过多年来的积累，已经具备了比较充足的技术条件和潜力，科技成果积累丰富，有人才及信息优势。因此，应高效利用科研机构和高等院校的科技资源，同时充分发挥企业的资金、市场与运输管理优势，实现优势互补，从而加快完善创新体系建设，切实提高铁路工程的整体创新能力，加速实现核心技术突破。

（2）坚持促成自主创新科技成果转化及推广应用

行业主管部门要加强对重点领域技术创新的指导，建设高新技术研究实验平台，促成自主创新科技成果转化及推广应用工作。对已经取得的重大科研成果，要尽快转化为生产力，形成拥有自主知识产权的铁路工程技术标准体系。技术标准体系是技术创新成果的集成，是实现再创新的基础，通过建立和完善我国铁路工程自主知识产权的技术标准体系，推动技术创新向更高层次、更广领域发展，同时扩大我国铁路工程科技水平在世界上的影响，为我国的铁路工程技术走向世界创造条件。

（3）坚持关键核心技术形成产业规模

铁路工程科技发展要突出重点，加大关键核心技术研发投入力度，在重点工程领域实现重点突破，力争在较短时间内创造出一批具有自主知识产权的高科技成果，全面提升我国铁路工程产业的核心竞争力。在全面掌握铁路工程关键核心技术的基础上，迅速形成产业规模，既弥补我们技术上的薄弱环节，又及时跟上国际高新技术发展步伐。要结合重大工程项目建设，针对目前具有较好基础的高速铁路、重载铁路等重点领域技术的创新成果，充分依托已有的技术优势和产业基础，加强单元技术和上下游技术集成，构建创新型企业及重点研发中心，使产业发展逐步向高端、核心、高附加值技术拓展，使铁路工程所涉及的关键技术达到国际先进水平，产业规模达到国际同等水平企业规模，具有国内国际市场竞争优势。

目前中国铁路产业相对许多国家具有优势，特别是中国铁路在高原冻土筑路技术、既有线提速、高速铁路、重载运输技术、海峡轮渡、施工建设技术等方面取得的成绩处于国际先进水平、部分达到领先水平。中国铁路企业已经具备规划咨询、勘察设计、施工监理、设备制造、管理运营、维修维护等整合资源集成能力，也已具有几十年承担对外援助与国际工程的经验，在我国大规模基础设施建设中经受了考验，具备了较强的国际竞争力。我国铁路工程领域要依托掌握的关键核心技术，在原有合资合作模式的基础上，全面提升国际合作层次，创新国际合作模式，进一步开发海外资源，拓展国际市场，全面提升企业参与国际分工的核心竞争能力。

3.2.2 发展战略目标

满足和谐交通需要。围绕高速铁路、重载铁路、海峡通道等重大工程，实现特殊地质路基、长大桥梁、特长隧道等关键技术的突破，全面掌握世界一流的工程建设技术，主要关键技术达到世界领先水平。

保证线网能力充足。结合我国交通运输发展方式的转变，在继续扩大基础设施规模的同时，依靠勘察设计、建设施工等先进的工程手段不断优化网络结构和布局，保证运输网络畅通、质量优良，网络运输能力基本满足客货运输发展的需要。

提高工程装备水平。工程质量、速度和安全性除需要高超的施工技术与经验外，还需要有先进的施工装备作保证。一流的工程体现了高水平的施工技术和高质量的先进设备的完美结合，为保证交通运输网络工程项目成为优质工程，必须确保施工装备先进；同时，对于线路养护维修需要，积极采用先进可靠的安全保障设备，加快实现线网检查、监测、控制手段的现代化。

确保运输安全可靠。运输安全是一切工作的重点，确保工程项目设计、施工安全是必须抓好的一大关键。依靠运输网络先进的工程技术及现代化施工手段，确保运输网络安全、稳定、可靠，确保网络工程质量优良，是运输网络工程建设的重要任务。

建立科学创新体系。建成铁路工程专业系统配套、设施一流、合作开放的具有世界一流水平的铁路工程专业研究试验平台，培养高水平的铁路工程科技专家和创新团队，提升运输网络工程科技持续创新能力。

健全节能环保机制。积极采用新材料、新设备、新技术和施工成套工艺，完善铁路工程建设中节能环保标准和措施，实现运输节能减排目标，为加快建设资源节约型、环境友好型社会发挥积极作用。

实现工程优质服务。加强建设工程项目监督管理，完善工程项目优质服务长效机制，健全完善工程项目联动机制，确保工程项目安全、优质。

4 发展战略——铁路重大工程科技专项建议

4.1 跨（越）海通道关键技术

未来中长期，我国将建设跨越琼州海峡、渤海海峡、台湾海峡等跨海通道。琼州海峡位于广东省雷州半岛和海南岛之间，海峡东西长约80km，南北平均宽度为29.5km，最窄处直线距离约18km；渤海海峡北起辽宁大连老铁山，南至山东烟台蓬莱阁，直线距离约100km；台湾海峡北起福建省闽江口和台湾富贵角，南界福建省官口港和台湾鹅銮鼻，南北长约333km，东西平均宽230km，最窄处的福建平潭岛与台湾新竹市，相距约130km。修建以上海峡跨海通道，需要研究解决以下关键技术难题。

4.1.1 跨海桥梁修建技术

（1）特大跨度（跨度3000～5000m）及多主跨的大跨度（多个跨度2000～3000m）桥梁设计建造技术。为满足通航要求、减少基础数量，跨海桥梁工程跨度很大，需要从保障结构安全、满足使用要求，兼顾经济性等方面出发，研究合适的桥梁结构方案，研究以高强度、高耐久性为基本目标的新型高性能材料（钢材、非金属材料），研究抗风、抗震等安全技术，研究大跨度铁路桥梁风—车—桥耦合振动分析及提高有风状态下列车运营性能措施，研究船舶通航净空和船舶撞击力标准。

（2）大型深水基础施工技术（水深100m）。由于水深、海上有效施工期短、船舶撞击力大，选择合适的基础形式、安全快速的施工十分必要。基础工程规模浩大，需要在目前已完成的桥梁工程基础上，借鉴海洋工程的经验，研究合适的基础形式，研究大型预制基础的制造、移运、接高及下沉方法，研究海洋深水环境下软弱地基加固施工方法等。

（3）跨海桥梁的重大施工装备技术。跨海桥梁的施工干扰因素多，需要开展大型结构整体预制、海上运输等相关设备研究，并研制设置基础需要的大型水下挖泥船、深水下地基整理设备等。

4.1.2 越海隧道修建技术

（1）宽海域、大水深水下隧道工程地质综合勘察技术。为保障工程的安全建设，需要选择适合隧道施工的地层，并根据地层起伏确定隧道纵断面，隧道工程必须采取水下地面勘察与洞内超前地质预报相结合的办法进行综合勘察，但对于采用盾构法施工的隧道，超前地质预报仍是一项世界难题。

（2）高水压条件下衬砌结构及防水技术。目前世界上采用管片拼装式衬砌的隧道最大水压力一般小于1.0MPa，个别隧道的局部地段最大水压力达到了1.7MPa。高水压力对衬砌结构和防水材料的耐久性、可靠性提出了严格要求，需对抗水压、减压与抗水压相结合的设计方案进行深入的理论研究，并对高耐久性混凝土和防水弹性密封垫材料进行研究。

(3) 海底隧道的重大施工装备技术。目前世界上盾构机最大外径为15.4m，一次掘进最长距离约20km。海底隧道同时集超大直径（盾构直径估计约17.2m）、长距离、高水压、强透水地层等诸多难点于一体，难度空前，需要对开挖面稳定、刀具更换、盾尾密封、主轴承密封、大功率驱动机械、盾构机械设计与制造等诸多技术进行研究。

(4) 高水压软弱地层中、海中盾构对接与联络横通道修建技术。尽管国内外有许多在软弱地层中采用冻结法修建横通道的实例，但针对海底隧道超大直径、高水压和强透水的修建条件，如何确保冻结成功、如何减少解冻对工程结构的不利影响等，是一个需要及时解决的技术难题。

(5) 深水竖井修建技术。目前水下隧道修建的竖井最大水深不到30m（东京湾海底隧道）。鉴于深水竖井的施工难度，隧道工程设计中尽量采用长距离掘进的方式避免修建深水竖井。目前日本正在研究采用远程控制机械开挖的气压沉箱法，该方法理论上适用于大水深竖井修建，但机械故障维修与紧急情况的处理是最大的难题。如能在深水竖井修建技术上取得突破，可以大幅缩短施工工期、利于运营及防灾救援。

4.2 川藏、滇藏铁路关键技术

青藏高原东缘进藏铁路（川藏、滇藏）的主要自然障碍集中于川西、滇西北的横断山脉以及藏东南的高山峡谷区。受控于区域地质构造格局与环境大背景的重大工程问题有：印度板块对欧亚板块碰撞推移作用力带来的板块内部地震活跃、高地应力与地热等问题；青藏高原强烈隆升所造成显著的地势高差和急剧的气候差异，以及内外动力耦合作用形成的山地灾害效应；在全球气候变暖的趋势下冰雪消融诱发的超常规模地表灾害。修建川藏、滇藏铁路，需要研究解决以下关键技术难题。

4.2.1 特殊灾害分布、活动规律及其对线路的影响

进藏铁路除面临规模特别巨大的滑坡、泥石流灾害外，还有诸如冰湖溃决、冰川泥石流、雪崩、溜砂坡以及缝合带破碎地层带筑路等铁路部门尚未遇到过的新灾种和新课题。需首先确定对进藏铁路线路方案起控制作用的重大环境地质灾害的类型、分布和活动规律；完成线路行经地区环境地质灾害区划；对新灾种，研究提出减灾防灾对策。

4.2.2 基于区域环境地质整体特性的选线与总体设计技术

进藏铁路选线需要克服巨大的高程障碍，线路途经多个差异巨大的地貌

单元，以及高地震烈度区、山地灾害频发区等灾害集中区。定线需同时克服地形、地质、气候等综合性问题，前期线路方案的选择十分困难。需要基于对环境地质问题和空间分布整体特性的把握，提出以大范围绕避为主导思想的线路基本走向；研究沿河线路按重灾群灾上界高度定线的线路高程确定方法；遵循山地灾害在不同发育阶段河谷、岸侧、坡向的分布规律，建立平面定线的方案比选程式；基于规划线路行经地区强震条件下地表形变场规律的定量预测，研究线路预留调坡，以及通过主干断裂的隧道预留变形量等减灾策略，从源头上控制灾害。

4.2.3 大埋深高围压比隧道变形及控制技术

进藏铁路由于受地形条件限制，隧道所占线路比重可能高达70%，且存在多座大埋深（超过1800m）隧道。必须研究大埋深高围压比隧道围岩变形规律，明确大埋深高围压比等级划分方法，最终确定各级围压比隧道合理有效的变形控制措施和支护体系设计方法。

4.2.4 大跨度桥梁抗风技术

进藏铁路经过多条江河和峡谷需采用大跨度桥梁跨越，桁架梁是大跨度铁路桥梁主要的主梁型式，必须研究自然风作用下主梁可能发生的颤振、涡激振动、抖振等，研究风、车、桥耦合振动特性，控制风致有害振动。需要预先开展藏区局部风环境实测数据分析，解决设计参数的取值问题。在施工图阶段，研究解决桥梁结构及施工人员的安全性问题。

4.3 都市圈及城市群交通网络技术

4.3.1 铁路与城市轨道交通互联互通技术

铁路与城市轨道交通应当实现以下互联互通形式：铁路干线车站是综合交通枢纽，与城市轨道交通密切衔接，达到大规模集散客流的目的；铁路和城市轨道交通两个系统可以独立运营，也可以在市域边缘采取对接方式，过轨贯通运营；铁路可以穿城而过，连接远郊和其他城市，市内的地铁和轻轨列车也可以运行到近郊；铁路应与地铁、轻轨接驳，可以单点换乘，也可以多点换乘。需要解决以下技术问题：

（1）轨道交通的路网规划技术。确定线路，合理设置车站，充分考虑资源共享，重点是共用车站。采用综合规划和客流分析技术，进行车站设计和换乘研究，从“以人为本，方便乘客”角度出发，实现同站换乘、同台换乘。

（2）铁路与城市轨道交通的过轨贯通运营技术。过轨贯通运营需符合建筑限界、线路限界、车辆限界要求，而且车辆、供电、信号等系统制式应统一或兼容。当系统供电制式不一样时，可以开发双流制或多流制列车；信号系统不一致时，需研究采用兼容技术。

（3）互联互通的运输组织、售检票技术。重点研究非共线多点换乘和共线运营的行车方案，实现同站接发铁路和城轨列车；研究铁路与城市轨道交通车票（如IC卡）相互通用的自动售检票技术。

4.3.2 综合交通枢纽建构技术

在铁路、航空、城轨、公交等旅客集中换乘地区，建设大型综合交通枢纽，为旅客换乘提供便捷条件。主要研究和解决以下技术问题：

（1）交通仿真技术。模拟包括铁路及城市轨道交通在内的各类道路交通网络，详细逼真地分析大范围多种出行方式的交通流，用动画的形式把交通流的状况、信号灯的运作以及网络的综合性能直观地表现出来，显示复杂交通系统的行为和因果关系。

（2）综合交通枢纽的设计和布局技术。基于“到发分层”（多层面、多通道、多出入口、多车道边）的理念，在各种交通换乘，人流、物流导向方式，各种问询、标识系统，各种商业、生活设施安排等方面，充分考虑用户需求，进行人性化的设计，提供舒适的换乘空间，实现高效换乘。

（3）综合交通枢纽的信息服务技术。发展现代信息服务技术，为旅客提供交通指南、互联网、呼叫中心、广播、短信息、引导显示屏、触摸屏等多种交通信息服务方式，充分利用各种发布手段的特点，为不同信息内容选择合适的发布手段。

（4）综合交通枢纽的信息管理技术。建立枢纽专用通信网，为电话语音、低速数据、宽带数据、以太网数据、视频、宽带音频等基础信息和系统设备控制信息提供承载平台，完成枢纽控制指挥中心与所辖区域二级控制室间的信息交换；设置综合信息管理控制中心，包括枢纽防灾指挥调度、通信、综合监控、安全防范指挥、交通指挥调度等中心。

4.3.3 综合交通运输网信息共享技术

重点开发和完善交通运输行业信息网络管理系统，建成适应交通信息化需求的公共基础平台，搭建智能化综合交通管理公共信息平台，推广应用国内外先进、实用的交通信息技术，推进交通信息标准化建设，实现信息在不同运输行业的共享与对接，提高各行业系统间的信息共享度、实时度，实现各行业联动、协调调度指挥，使交通管理全面实现数字化、网络化和协调化，实现智能交通、数字交通功能。

4.4 铁路网可靠性和生命周期监控技术

4.4.1 铁路工程结构耐久性

铁路工程结构的耐久性与使用寿命，是使用期内结构保持正常功能的基础。需重点开展以下研究：

（1）混凝土结构耐久性。大多数交通工程结构由混凝土建造，混凝土结构的耐久性是当前困扰交通工程结构的普遍性问题，也是当前国际上结构工程学科最为重要的前沿研究领域之一。应系统安排交通工程混凝土结构研究项目，研究影响混凝土结构耐久性的主要因素，研究增强混凝土耐久性的相关技术，编制交通工程桥梁、隧道、线路等工程结构耐久性设计的技术条例，研究运营过程中工程结构的检测与维护技术，使交通工程结构达到“全寿命周期”的目标。

（2）钢结构耐久性。钢结构防护技术。钢结构的耐久性问题主要是钢的腐蚀问题，重点研究钢结构的永久或半永久性涂装防护技术，具有耐磨性的各类元素共渗、金属喷涂防腐技术，钢箱梁内气相缓蚀防腐等技术。

耐磨钢轨和淬火钢轨技术。为适应铁路重载线路的发展，减缓或防止接触疲劳伤损（波浪磨耗、剥离裂纹或接触疲劳裂纹、磨耗和压溃、核伤），提高钢轨使用寿命，采用强度高的耐磨钢轨和淬火钢轨是唯一途径。

防潮防腐新型钢轨技术。研究能够预防或延缓锈蚀的产生和发展的钢轨品种或经表面防腐处理的钢轨，用于潮湿环境以及隧道等线路，延长钢轨使用寿命。

（3）桥梁工程结构物耐久性。桥梁工程结构物的耐久性对于我国交通运输的安全和经济性起着决定性作用。桥梁工程结构物的耐久性必须建立面向结构耐久性的结构设计方法与施工技术体系，从材料、结构设计和施工等环节，保障结构具有预期的使用寿命。

（4）高速铁路无砟轨道结构耐久性。高速铁路无砟轨道结构体系具有长而连续、边界约束强、各部件初始应力分布不均、服役期工作环境复杂等特征，同时还受到桥梁、路基等下部结构累积变形的影响。为保证结构体系长期稳定工作，并通过养护维修进一步延长结构的服役寿命，需要研究解决以下关键技术难题：

无砟轨道结构体系变形协调机理包括：多因素长期共同作用下无砟轨道结构体系经时行为仿真分析，无砟轨道结构体系局部伤损机理研究，无砟轨道结构体系各部件材料性能指标及匹配性研究。

无砟轨道结构体系经时行为。研究多因素长期共同作用下无砟轨道结构的经时行为及变形机理，下部结构长期累积变形对无砟轨道结构经时行为的影响及限值，无砟轨道结构体系及下部结构经时变形监控，基于运营安全的无砟轨道结构状态评估，砂浆充填层的维护与修复技术，轨道板与底座板裂缝修复技术，轨道下部结构的变形控制技术。

无砟轨道结构体系性能退化机理。研究施工缺陷、不均匀应力作用对砂浆充填层伤损、劣化和失效的影响及其规律，研究轨道板和底座板裂缝、干湿循环、温度应力、列车荷载对无砟轨道结构体系性能退化的影响。

无砟轨道结构体系状态评估与寿命预测技术。研究有害介质在具有初始损伤的无砟轨道结构部件内的传输机理、多因素长期共同作用下无砟轨道结构的经时行为退化模型、基于时变可靠度的无砟轨道结构体系状态评估与寿命预测理论、无砟轨道结构体系状态评估方法、无砟轨道结构体系寿命预测方法。

(5) 轨道交通工程构件及设备部件耐久性。针对钢轨、道岔、扣件、桥梁部件等，考虑长期载荷、突变载荷、疲劳载荷、振动和冲击载荷、复杂接触应力场、温度场、潮湿、酸雨等多因素耦合作用，研究在铁路及城市轨道交通复杂服役环境下材料的损伤特征、失效机理、退化或失效规律、失效准则、仿真和试验的理论与方法、损伤的检测监测和控制方法、安全评定方法、寿命及可靠度预测方法、改进与预防对策措施。研究轮轨接触表层材料性能演化规律、关键结构材料的服役行为和损伤演化规律、配合结构材料的微动磨损和微动疲劳、复杂载荷和环境耦合作用对材料的作用效应机理及性能退化规律、复杂载荷下材料的超长寿命疲劳行为和失效机制、复杂环境下材料和构件服役性能的评价方法与维修加固决策方法。

4.4.2 铁路网络工程状态监控与可靠性评估

我国铁路运输网络建设进入了快速发展时期，各种运输形式及工程结构的状态与可靠性直接影响着铁路运输网络的安全正常运行。应加快研究、建设铁路网络工程状态监控系统，并建立一套行之有效的检测制度。

保障交通基础设施安全性，一是要对重点铁路网络工程结构及与之相关的防灾工程建立健康监测系统，实时监测工程结构的使用环境、荷载效应、结构变位和应力的变化情况，及时对铁路工程结构使用状态做出科学的判断。二是要针对工程结构受力特点、损伤机理及使用环境，进行病害诊断分析和可靠性评估。三是要从设计、施工、检验、管理等环节入手增强交通工程结构的可靠性，做到可靠性设计、可靠性施工、可靠性管理、可靠性试验及可靠性分析，准确预测和预防各种工程结构可能发生的故障和隐患。

（1）基础设施服役状态智能诊断技术。开展系统化、网络化、智能化的铁路网络工程基础设施长期服役状态综合检测技术研究，利用更为先进的技术手段，对线路、桥梁、隧道、地铁、轻轨等交通工程基础设施长期服役状态进行实时在线检测、监测、诊断和综合评估，及时向运营维护部门预警并辅助其作出决策，为保障交通运输安全、指导养护维修及保证基础设施使用寿命提供技术支撑。

（2）铁路网络工程 RAMS 管理技术。对铁路网络工程系统（可靠性、可用性、可维护性、安全性）RAMS 管理的政策策略、关键要素、组织架构和基本方法等方面进行分析，结合交通网络工程系统特点，对各构成子系统的 RAM 和安全要求、可靠性和可维护性等工作任务进行详细评估。在评估基础上，提出系统 RAMS 保障体系、流程和方法，提高系统的本质安全程度。研究建立基于系统生命周期的可靠性、安全性管理和评估的基本理论、方法、体系。研究建立铁路系统部件级、系统级和整体系统级可靠性评估的层次结构、评估流程、实施细则、分析方法和组织模式等。

4.4.3 铁路工程维护与结构加固技术

随着我国铁路运输的快速发展，大量的铁路工程结构出现了裂缝、破损、变形等病害，需要开展铁路工程结构维修与加固技术研究。

（1）桥梁维护与结构加固成套技术。围绕既有桥梁技术状态、使用性能、安全性评价方法及指标，耐久性状况及结构承载力评定，维护加固措施，远程实时监测、无损检测技术及其相应关键装备研发，偶发状况应急响应及处置等主要技术内容，通过科研攻关与示范工程应用，形成适用于我国交通网桥梁结构检测评定与维护加固成套技术，用以确保我国交通网安全运营、提高桥梁养护维修水平、延长交通基础设施生命周期。

（2）高速铁路基础设施养修技术。基于高速铁路基础设施服役行为状态演化规律，分析研究高速铁路基础设施劣化损伤种类及其等级，研究确定基础设施养护维修原则和方法；建立高速铁路基础设施状态信息系统，实现基础设施损伤状态及养护维修的信息化管理。根据无砟轨道状态演化规律及受荷特征、桥面防水系失效特征、路基不均匀沉降、冲刷和冲蚀等病害特点，研究基础设施养护维修关键技术。针对高速铁路基础设施不同损伤形式和不同养护维修方法，研究对结构功能、力学性能、耐久性等的整体要求，研究养护维修效果的评价技术。

4.5 铁路工程节能环保技术

4.5.1 铁路工程环保技术

深入贯彻循环经济理念，采用先进的施工工艺、施工设备使工程建设过程中废弃物减量化，促进废弃物的资源化利用。研究可代替钢筋混凝土材料的新型建筑材料、城市垃圾无害处理技术在铁路工程建设中的应用、隧道出渣用于路基填筑或混凝土骨料的处理技术。研究路基边坡绿化技术，利用有机废料与土壤混合，添加营养剂、黏结剂和土壤稳定剂制成客土，涂喷于坡面上，选择速生植物及当地野生灌、乔木，以达到边坡早期绿化。

深入开展铁路基础工程减振降噪理论研究，积极推广应用新型减振降噪材料，开发减振降噪型轨道等基础工程设施。对于基础设施沿线噪声敏感点，安装新型降噪设施，并与景观方案同步实施。

4.5.2 铁路工程节能降耗技术

（1）建筑设计通风调温技术。研究建筑物和围护结构的整体热工性能优化技术，研究大型客站空间分割与空调能耗关系，研究大型客站地下层利用自然通风结构设计，研究大型客站利用空气对流调节温度建筑结构设计，研究透光材料的保温隔热性能。

（2）客站空调与采光隔热节能技术。研究客站暖通空调及采光系统综合节能控制技术、大型客站空调分区自动控制技术、客站屋顶采光与隔热自动调节技术、大型客站地上层与地下层换热空调技术、客站屋顶采光及热辐射反射自动控制技术、空调系统自动控制技术。

（3）高耗能设备节能智能控制技术。研究车站照明、空调、电梯等高耗能设备的智能控制系统。

（4）绿色照明技术。研究 LED 等新型高光效、长寿命光源在交通工程中的应用。

4.5.3 新能源在铁路工程中的应用

积极开展新能源技术在铁路工程中的应用研究，开发地热应用技术，推广地源热泵的应用；在大型车站建设中推广应用太阳能光伏发电技术；在风能充足的地区利用风能发电技术，满足车站用电需求；研究潮汐能、核能等新能源在铁路建筑中的应用。

4.6 复杂环境、特殊地区高速铁路建设及安全技术

目前，我国修建的高速铁路多在地形较为平坦的东部地区，通过自主创新、集成创新，已形成了一套较为完善的平原地区高速铁路修建技术，但在西南艰险困难山区、在高海拔、高寒地区、严重腐蚀和干旱的戈壁地区修建高速铁路还没有先例，需要研究解决以下关键技术问题：

4.6.1 勘测设计技术

研究高精度航空航天遥感图像处理及遥感地质判释技术；研究高山峡谷地区、岩溶发育地区、活动构造发育等地质条件复杂地区的地质选线原则和方法；研究各类地质条件下的综合勘察模式及遥感、物探、原位测试等勘察技术；研究高陡边坡、长大隧道、高墩桥梁等复杂工程及地质灾害勘察评价和防治设计技术；研究地质条件复杂和长大隧道施工超前预报技术。

研究艰险困难山区综合选线技术，提出优化线路走向及绕避原则；研究地质构造、新构造运动及活动断裂对线路走向的影响；分析可能诱发崩坍、滑坡、泥石流等地质灾害的不利地段及其影响范围；研究基于预防和减轻地质灾害的综合选线原则，开发智能仿真选线软件。

4.6.2 路基关键技术

研究路肩（堤）支挡结构侧向位移对路基沉降的影响、斜坡地段不均匀沉降控制处理措施、干旱风沙大风戈壁地区路基设计和施工技术等；研究岩溶地区岩溶范围及对路基稳定性的影响、精确性控制注浆技术、岩溶注浆后质量检测技术。

4.6.3 高墩、大跨桥梁技术

针对艰险困难山区及特殊地区的槽谷众多、岩溶发育、煤系地层分布广泛等特征，研究艰险困难山区高墩、大跨桥梁设计、架设及评价关键技术。

4.6.4 隧道关键技术

针对艰险困难山区煤系地层、瓦斯地层、溶洞、暗河、滑坡等不良地质条件和极易发生地质灾害的特点，研究艰险困难山区长大隧道设计、施工及安全保障等技术。

4.6.5 无砟轨道关键技术

研究长大跨度桥梁的挠曲变形、桥梁在温度荷载作用下的收缩、列车荷

载以及风荷载作用下桥梁的振动、轨道结构与桥梁结构振动模态关系以及大跨度桥梁上梁轨相互作用等对桥上无砟轨道行车性能的影响。研究桥墩在温度荷载作用下伸缩对桥梁结构的影响，以及对梁面无砟轨道结构的轨道几何形位的影响。研究长大连续梁及钢桥、桁架桥、刚构、系杆拱等特殊结构或曲线地段的大跨度连续梁桥铺设无缝线路技术。

4.6.6　防灾及安全监控技术

艰险困难山区及特殊地区一般为地质灾害多发区，地质灾害性质上多表现为突发性。需重点开展以下研究：

（1）山区铁路抗震工程设计技术。研究山区铁路不同结构工程在地震中的破坏模式；研究由于地震而产生的滑坡、崩塌等山区地震次生灾害防治技术；研究高烈度地震区铁路工程结构抗震与加固改造技术；研究铁路工程震灾防御能力提升技术；研究铁路抗震防灾减灾综合技术。

（2）泥石流、滑坡、崩塌和严重水土流失等山地灾害的区域规律、预测、评价、风险分析、减灾理论和减灾关键技术。建立具有中国特色的山地灾害评估体系和防治理论体系，攻克一些关键的防治技术和工程设计难题。

4.7　智慧轨道交通技术

智慧轨道交通技术是集成物联网技术、传感网技术、电子技术、计算机技术、云计算技术、大容量通信技术、现代信息处理技术、控制与系统技术、管理与决策支持技术和自动化技术等，以实现移动装备和固定基础设施状态的自感知、自诊断、自决策为基础，通过高效利用与轨道交通相关的移动、固定、空间、时间和人力等资源，以较低的成本达到保障安全、提高效率、改善经营管理和提升服务质量为目的的新一代现代轨道交通技术。

4.7.1　基础设施技术

研究安全巡检关键技术（含轨道几何检测技术、钢轨表面断面视觉测量技术、多源异构检测设备时空同步技术、钢轨内部伤损检测技术、路基探地雷达探测技术、接触网非接触式测量技术等），基础设施状态性能分析评估系统关键技术（含多源异构数据预处理和集成融合分析技术、列车—轨道系统动力学仿真技术、时频分析技术、检测数据挖掘分析技术、安全性和舒适性分析评价技术等）。

4.7.2　调度指挥技术

研究基于宽带无线通信、卫星通信的高安全、高可靠车地高速信息传输系统，形成调度指挥中心与固定地面设备和移动车载设备间的高性能网络，完成对各类重要信息的采集与控制指令的下达，实现对列车的精确定位，在此基础上实现对列车的精确控制与精确调度。同时，还需研究轨道交通网络运输计划统一编制与调整技术、列车运行预测与冲突解决技术、基于虚拟环境的系统构建技术等。

4.7.3 智能列控技术

研究实现列车自动运行的人工智能技术。用计算机代替司机驾驶列车，使计算机系统具有事物识别功能、分析判断功能、控制功能、发现异常情况的感觉功能、警戒功能，成为智能列车控制。随着智能列控的进一步发展，将实现列车群控，最大限度地提高线路通过能力。

4.7.4 服务和运营技术

研究物联网技术、云计算技术（包括基于互联网的高可用性、可靠性资源服务技术、容灾备份、高性能计算、服务计算技术等）、虚拟化技术（计算资源和存储资源管理技术、资源调度分配技术、可信安全技术等）、电子商务系统（基于第三方的安全认证技术、电子支付技术等）、旅客行为识别系统（图像处理技术、基于 Markov 逻辑推理的人工智能接口技术、社会网络分析技术等）、轨道交通系统综合集成技术（ESB 技术、EDI/EAI 技术等）、列车和基础设施状态检修决策支持系统等。

4.7.5 智能决策技术

研究基于神经网络和灰色系统理论的智能决策技术。以智能决策支持系统的理论方法为基础，综合运用灰色系统和人工神经网络理论，研究综合评价智能决策支持系统（RLIDSS）的基本结构模式，为决策者提供一个更接近于实际的智能化决策支持环境。

4.7.6 智能安全技术

研究可实现可视化、智能化、定量化、网络化目标的智能预警系统。可视化：基于 CSGIS、卫星定位等技术，实现安全规划、预警应急管理和危险源管理的可视化；智能化：基于风险智能分析、智能接警等技术，实现安全预测和安全预警；定量化：基于定量风险分析软件，实现不同公共区域的危险等级划分；网络化：基于网络化技术、Internet 技术，实现在网络环境下提高交通系统事故应急救援的速度。在此基础上，预警系统可以实现“三位一体”，即智能安全规划、智能预警应急决策与管理、危险源辨识、分析与管理为一体，并具有科学性、完整性和有效性。

土木工程防灾学科发展现状及前沿发展方向研究

周福霖　崔　杰

灾害是人类社会中的一种特殊现象，其主要特点是给人类社会带来了生命危害、严重经济损失等，并导致社会的不稳定。由于成灾的机理和灾害的载体不同，灾害的种类也多种多样。土木工程防灾是指针对以土木工程为载体的灾害，通过工程技术来达到防灾减灾的目的。从灾害种类上来区分，有地震、强风、火灾、爆炸、地质灾害、洪水等；从涉及的学科上来区分，它包括结构工程、生命线工程、岩土工程、交通工程、水利工程等诸多学科；从其包含的科学问题上来讲，它包括灾害源的发生机理、灾害特征及其作用机制、工程结构的抗灾力学分析、工程结构的抗灾性能与现代设计理论、工程结构的灾害模拟与控制等。因此，土木工程防灾包含众多内容，是一门综合性很强的新兴学科，在工程学科中占有重要的地位。

综上所述，土木工程防灾，既涉及诸多的学科（结构工程、岩土工程、水利工程等），又涉及各类科学问题（静力学、动力学、材料力学等），因此土木工程防灾减灾问题不仅包含的内容和学科众多、问题复杂，也是当今土木工程学科中最重要、最活跃的领域之一。由于时间和学识所限，本文不能涵盖所有的工程防灾问题，拟以其主要的科学问题为主线，同时重点讨论地震、强风和爆炸等动力灾害，兼顾地质灾害和火灾等其他灾害，抛砖引玉，探讨该学科的发展现状及前沿发展方向。结合国际上的最新发展态势，重点讨论灾害的物理机制和灾变过程，研究抗灾防灾的理论与现代设计方法和措施。主要阐述工程结构抗震与减震、工程结构抗风、工程结构抗爆防爆、地质灾害和火灾的监测防治以及工程结构抵御多重极端灾害方面的新理论、新方法和新技术。

1　国家需求

1.1　灾害日趋严重

自然灾害直接危害人类生命和健康，一次灾害会导致千百万人乃至上亿人受灾，其对人类社会的影响至深至远，在人类历史上留下过惨痛的教训。以我国地震灾害为例，1556 年陕西华县、潼关大地震，造成 83 万人遇难；1976 年通海地震，造成 1.6 万人遇难；1976 年唐山地震，造成 24 万人遇难；2008 年汶川地震，造成近 8 万人遇难。据统计资料，1949 ~ 1959 年，因灾害死亡人数 94914 人，年平均 8629 人；1960 ~ 1967 年，因灾害死亡人数 43084 人，年平均 5386 人；1978 ~ 1997 年，因灾害死亡人数 131511 人，年平均 6576 人。由此可见灾害对人类生命的严重威胁。

重大自然灾害的特点是突发性和严重性，它往往也带来巨大的经济损失，也严重制约国民经济的持续发展。据统计，在发达国家中，自然灾害损失占 GNP（国民生产总值）和财政收入的比例均很小。如，美国灾害损失仅占 GNP 的 0.27%，占财政收入的 0.78%；日本灾害损失仅占 GNP 的 0.5% 或更低；而我国 1949 年以来的灾害损失占 GDP 的 5.09%，占财政收入的 27%。可见，我国是世界上自然灾害最严重的国家之一。每年因灾害造成的直接经济损失，约占国民生产总值的 3% ~5%。我国 70% 以上的大城市，半数以上的人口，75% 以上的工农业产值位于灾害频发区，自然灾害严重地威胁着国民经济和社会的可持续发展。

在我国建设小康社会的伟大历史进程中，城市化是社会进步的主要标志之一。今后 20 年，我国将增加 3.4 亿城镇人口，这是一项人类历史上从未有过的重大而艰巨的任务。城市规模的迅速扩大导致人口与财富的高度集中，也导致城市安全问题与灾害危害性的日趋加重。据统计，2003 年至 2008 年，我国频发的自然灾害所造成的直接经济损失年均高达 2000 亿元以上，其总量及占 GDP 的百分比也呈现出逐年增加的趋势。从 1991 年至 2000 年间全球范围内发生的灾害与前一个 10 年相比并无显著异常，然而因灾害造成的损失却比前一个 10 年增加了 3 倍，比 20 世纪 60 年代的 10 年增加了近十倍。灾害所造成的人员伤亡、经济损失和社会震荡也愈来愈严重。例如：1995 年日本神户地震的直接经济损失达 1500 亿美元之多，死亡 5438 人；2001 年美国“9.11”事件，不仅造成了 3000 多人死亡，而且对美国的经济和社会留下了严重的创伤。历史的经验教训也表明，由于我国是人口大国，各类灾害造成人员伤亡和对城市威胁的风险程度往往要高于其他国家。例如：世界上造成人员死亡最多的 2 次大地震就是我国历史上的华山大地震和近代的唐山大地震；20 世纪最后 10 年世界上一次死亡人数多于 300 人的 2 次火灾均发生在中国（1994 年克拉玛依特大火灾死亡 323 人、2000 年河南洛阳东都商厦火灾死亡 309 人），热带气旋每年平均在我国登陆 10 次。其中，1994 年 9417 台风和 2004 年“云娜”台风造成的直接经济损失都在 200 亿左右。2008 年 5 月 12 日的汶川 8 级大地震，已确认 69227 人遇难，失踪 17923 人，直接经济损失高达 8451 亿元。我国有 22 个省会城市和 2/3 的百万以上人口的大城市位于地震高危险区。这深刻地说明：在我国城市化进程中防灾减灾的重要性和迫切性。

1.2 防灾减灾的任务日趋迫切和重要

世界各国对防灾减灾工作都给予了极大的重视。在 1984 年召开的第八届世界地震工程大会上，美国前总统的科学特别助理、美国国家科学院院长、地震学家 F. Fress 提出了“国际减轻自然灾害十年”的活动设想，随后联合国正式发起“国际减灾十年（1990~2000 年）”行动，促进了全球联合的高科技减灾行动，160 个国家分别成立了国家减灾委员会。其后，在 2005 年，由联合国在日本神户市召开的世界减灾会议上，探讨了未来十年如何减轻灾害对全球造成的损失，形成了《兵库宣言》、《兵库行动框架》等重要文件。近十年来，国际组织和有关国家减灾委员会设立了诸如“联合国全球灾害网络”、“欧洲尤里卡计划”、“日本灾害应急计划”、“全球分大区的台风监测计划”以及“美国飓风、洪水预报及减轻自然灾害研究”等数以百计的防灾减灾研究项目，取得了许多重要的研究成果，为 21 世纪防灾减灾的深入研究奠定了基础。

中国政府历来重视防灾减灾工作，为配合联合国发起的“国际减灾十年

(1990~2000年)”行动，国务院成立了由28个部委、局组成的中国国际减灾十年委员会，目标是减轻灾害损失的30%，并协调组织重大防灾减灾综合行动，投入近2000亿元，实施了一系列重大减灾项目。于1993年在北京召开的中国灾害管理国际会议上提出的“中华人民共和国减轻自然灾害报告”，引起了世界各国的高度重视。在灾害防御的指导原则上，强调了灾害的监测预报、灾害防御、应急救援、灾后重建的防灾减灾的指导思想，并取得了可喜的成果：在自然灾害监测方面，不仅加强了设备更新和改造，而且开展了一系列的技术攻关；在城市减灾工程建设方面，加大了对城市减灾关键工程的投入；在城市减灾应急管理方面，开展了城市灾害快速评估、灾害区划与灾情评定标准的研究工作以及应急能力的建设。我国政府加大了对减轻灾害方面的经费支持，科技部、国家自然基金委、中国地震局、中国气象局等主要部门除日常经费支持外，都投入的专项资金，设立了“973”重大科学研究计划和行业基金等专项基金，并取得了显著的成绩。中国21世纪议程优先项目8-8A在此基础上开展了全国性的自然灾害评估，取得了重大进展。2008年10月12日至10月17日，第十四届世界地震工程大会在北京成功召开，我国科研人员积极参加此次大会，与国内外专家广泛交流地震工程最新研究成果。

然而，我们面临的减轻灾害的任务却并没有减轻，并且随着人口的急剧膨胀，经济的不断发展，防灾减灾的形势日趋严重。首先是灾害发生的危险性并没减少，反而有不断增长的趋势。近期不断发生的自然灾害，如2008年汶川地震（69227人遇难）、2009年海地地震（20多万人遇难）、2010年智利地震（近700人遇难），这些灾害时刻在提醒我们要加强防灾减灾的工作。其次，由于区域的限制，人类也正不断向自然条件较为恶劣的区域进发，如开发大西北的建设、海洋重大工程的不断涌现。这些区域的自然条件更为复杂，所面临的灾害的风险也不断加大。再其次，虽然我们对灾害的研究投入了巨大的精力和财力，但在灾害面前，我们仍表现出了一些无奈和无力。这表明目前人类所掌握的知识和技术，还远不能实现防灾减灾的目标，尚有新的科学问题等待我们研究，新的技术等待我们开发和应用。加强防灾减灾科学研究和技术开发应用，是保障人类社会和谐持续发展的重要环节。

2 发展现状

如前所述，土木工程防灾是个复杂的问题，涉及诸多学科。为便于阐述问题，下面主要从灾害源的发生机理、灾害特征及其作用机制（包括工程结构的抗灾力学分析、抗灾性能与设计理论、灾害模拟等)、灾害的控制等三个方面叙述。

2.1 灾害源的发生机理和特征

自然灾害的预测是个十分复杂的问题，解决这问题要从灾害发生的机理，以及掌握详细的观测数据为基础。然而遗憾的是，目前人类对灾害的预测尚不能完全过关，但通过不懈的努力，对灾源的发生机理和特征也具有了一定的了解。毫无疑问，这对达到最终防灾减灾的目的是极为重要的。尽管从学科角度出发，这不是土木工程的范畴，但它却和解决土木工程的防灾问题密切相关。

2.1.1 震源机制和地震动场

地面运动特征和地震动场的空间变化是抗震减灾的重要基础。与其他学科相比，工程地震的研究进展较为缓慢，主要的原因：一是对震源机制的了解不够，二是地震动数据、观测数据不足。

震源的机制研究，主要依靠地震学的研究成果。20 世纪 80 年代后震源反演技术得到发展，主要是利用近场地震动观测记录，并结合新的反演方法，得到了一些有意义的结果。而在最近的几十年里，强震记录的数据积累很快，尤其 1989 年、1994 年的美国地震、1995 年的日本地震、1999 年台湾地震，以及最近我国的汶川地震，几乎每一次地震中都积累了几十、上百条强震记录。并记录到了地震动强、宽频谱的地震动，以及大的长周期加速度脉冲。这些记录对研究地震动特征具有重要的价值，使得人们可以进一步研究地震动场的空间分布特性，以及地表的破裂、地震波的传播等。此外，场地条件对地震动的影响也得到关注，以往历次大地震中均显示，不同场地条件上的建筑物震害差异十分明显。场地条件不仅影响地震动幅值，还影响其频谱特性。我国不同区域场地条件对地震动影响不同，东部沿海是深厚软土，而西部高原区是浅埋岩层，对山区和盆地地区，局部盆地（谷地）效应显然更为重要。

目前我国工程地震研究应充分吸收大陆强震机理与预测的研究成果，以强震动观测记录和大城市地震活动断层探查资料为依托，将震源破裂过程的模拟、地震波传播和场地条件影响的研究紧密结合，开展强地震动特征、近场强地震动、场地条件对地震动的影响以及地震地表变形和破裂的研究。

2.1.2 风场

人们对强风的机制认识也在不断进步。在结构抗风中，通过长期的现场观测，对近地风有了更清晰的认识。由国际著名风工程专家 A. G. Davenport 教授于 20 世纪 60 年代提出的方法以及以此为基础的各国规范仍然是有效的。对平均风和脉动风的描述和特征研究，已得到一些有用的推荐值和推荐公式。在风气候预测方面，目前主要是将灾害性风气候分类成几种不同的形式，并分别采用最优方法分类进行分析。在空气动力作用方面，主要进展在于发现了来流湍流的空气动力效应并建立了线性准定常计算方法和相关气动参数的实验识别方法。在理论研究方法方面，计算流体动力学已经在均匀流动和钝体绕流等风工程应用方面显示出了巨大的发展潜力。在物理实验技术方面，边界层风洞一直是风工程的主要工具，风洞试验的精度有了很大的提高。

在未来的一段时间内，对风场的理论研究，要从平稳到非平稳、均匀到非均匀、线性到非线性、高斯到非高斯，从定常到准定常再到非定常最后到瞬间态，从单因数分析转变到多因数耦合效应分析，并且要建立和完善各种风荷载或抗风设计规范。在现场实测方面，坚持长期的系统性的良态气候风场近地风特性的现场实测，加强对飓风和雷暴等灾害性风场的现场实测和统计，开展各种风效应敏感结构的 Bench Mark 现场实测、模型试验和数值模拟修正。在风洞试验方面，研发从简单良态气候风场模拟到复杂飓风气候风场和雷暴气候风场模拟所需要的仪器和设备。全面研究雷诺平均模型（RANS）、大涡模拟模型（LES）、直接数值模拟（DNS）和分离涡模型（DES）等湍流模拟模型，将对气象物理场的数值模拟与风流场的数值模拟相结合。

尽管前述的内容同地震学、气象学的关系更为密切，但进一步加强对于地震、风场本身的发生机理和特性的研究，预测其发生的危险性，对预测和防御灾害的危害性，是十分必要的，也将得到防灾学科的高度重视。

2.1.3 火灾

火灾的发生、发展并不是瞬时形成的，而是要经历一系列演变的过程。建筑物中可燃物、助燃物、点火源同时存在并发生作用，以上“三要素”是构成火灾的必要条件。在必要条件具备的同时，还要具备足够的致灾因素（如建筑结构、强度及材料，火灾负荷特性及分布，点火源形成的可能性及强度，消防报警系统、扑救设施，应急对策和人群状况等），才构成火灾的充分条件。只有具备上述必要条件和外在“环境”条件，火灾才会发生、发展和蔓延，才会导致人员的伤亡和财产的损失。相对来讲，火灾的灾害源相对简单，但火灾的蔓延，烟气的传播，往往受到结构的设计和材料耐火特性等因素的影响。

对于高层建筑，火灾还具有如下特点：

（1）火灾蔓延快。由于高层民用建筑的功能多，内部比较复杂，设有楼梯间、电梯井、管道井、电缆井、排风道等很多竖向的管井。这些井道一般贯穿于若干或整个楼层，如果防火分隔或防火处理不好，发生火灾时，就好像一座座高耸的烟囱，抽拔烟火成为火势迅速蔓延的途径。在火灾起始阶段，因空气对流而产生的烟气，在水平扩散速度达到0.3m/s；在火灾燃烧猛烈阶段，由于高温状态下的热对流而造成的水平方向烟气扩散速度为0.5～3m/s；烟气沿楼梯间或其他竖向管井扩散速度为3～4m/s。因此，火势蔓延极快，许多高层建筑火灾都证明了这一点，建筑越高，烟囱效应越强烈。

（2）风力作用。高层建筑所承受的风力，也是火灾蔓延的主要因素。建筑物越高，风速越大，火灾扩散速度越迅猛。据实测，建筑物高度10m处风速为5m/s，相应在90m高处风速为15m/s。风通常能使微弱的火源变得十分危险，或使蔓延可能性很小的火势急剧扩大成灾难。

（3）可燃物品繁杂。在高层建筑中的高级旅馆、综合楼以及重要的图书楼、档案楼、办公楼、科研楼等的室内装修、家具及用品等，绝大多数是可燃的，一旦发生火灾，火势将迅速蔓延。

（4）纵横交错的各种管道。高层建筑内设置的空调风管、排烟管道、电缆管道、吊顶等比较复杂，既有水平方向，又有垂直方向，这是火灾发生时烟气火势发展扩大的重要途径。

2.1.4 地质灾害

中国是一个滑坡灾害极为频繁的国家，而其中大型和巨型滑坡占有突出的地位。导致滑坡的机制虽然十分复杂，滑坡发生的岩土介质主要有以下几类，即岩质滑坡、土层滑坡和松散堆积层滑坡。除松散堆积层滑坡外都涉及复杂的演化机制及过程，其典型的地质—力学模式包括滑移—拉裂—剪断三段式模式、挡墙溃决模式、近水平岩层的平推式模式、反倾岩层大规模倾倒变形模式、顺倾岩层的蠕滑（弯曲）—剪断模式等。每一类模式都具有其对应的岩体结构条件和特定的变形破坏演变过程。导致该类灾害的因素很多，主要包括地质地貌条件、岩土介质的特性等内在因素，也包括诸如强震、极端气候条件、强降雨、春季冻结层的融化等，以及全球气候变暖导致的气温上升、雪线上移、冰川后退、冰湖溃决等气候变化等因素，这些是构成滑坡发生的主要触发和诱发因素。同时，绝大部分的地质灾害的发生与人类活动有密切的关系。总体来说，人们对地质灾害发生机制的认识仍处在一个不断发展和完善的阶段。

在人们对地质灾害现有的认识水平的基础上，开展了地质灾害的监测预报。主要基于以下基本原则：不同的预报主体其预报方法、内容和用途不同；预报的结果就是不同预报内容在时空的分布特征，时空特征体现了预报结果的类别。地质灾害预报方法种类繁多，但归纳起来可以分成定性预报和定量预报两大类。由于地质灾害形成机理的研究尚不成熟，基于地质灾害形成机理的机理预报尚处于探索阶段。从地质灾害的预报分类来说，根据不同的分类依据，可以将地质灾害预报分成许多类型，如根据孕灾体分类的预报灾害、根据时空关系分类的灾害预报、根据时间段分类的灾害预报、根据性质和用途分类的灾害预报、根据地质灾害要素分类的灾害预报、根据灾害结果分类的灾害预报等。但不同类型的预报之间又存在相互交叉和包容关系。随着对地质灾害认识的深入和科学技术的发展，在研究方法上从初期的定性评估、半定量评估，发展到定量化评估和预报。目前的地质灾害预报研究处在3种方法并存，侧重发展定量化方法的阶段。在定量化研究上，目前主要以统计方法为主，正在向以地质灾害形成机理为主的机理预报方向探索。同时，随着地质灾害规模、流量等地质灾害要素预报的不断发展，地质灾害泛滥的范围、灾害造成的损失等灾害结果预报也开始受到重视，成为地质灾害预报研究的一个新方向。

2.2 灾害的作用机制、分析及抗灾设计

2.2.1 工程结构抗震

工程结构的抗震研究，经过众多学者多年的努力，已经在力学机制、分析方法、抗震设计等方面取得了一系列卓有成效的研究成果。

传统观念的工程结构抗震非线性计算理论，已经在整体结构分析模型、单元分析模型、构件恢复力模型、数值计算方法等方面取得了诸多重要成果。目前，已能够从材料本构层次开始，进行整体结构（包括地基和基础，考虑土—结相互作用）的动力非线性分析。结构与地基的动力相互作用的数值分析已经从频域向时域发展，从线性分析向非线性分析发展，其中介质材

料非线性力学行为的描述、土与结构界面接触问题等也取得一些重要进展。

在未来，研究人员将更加关注非线性破坏机理的研究，包括从基本构件向材料本构关系、结构性能两端延伸，工程结构非线性破坏机理与灾害反应分析理论，复杂结构的多维及动态本构关系、破坏准则，非线性动力学行为下的结构非线性抗灾动力分析，在连续介质和多尺度力学的框架内、考虑结构劣化直至破坏过程中的多尺度损伤与失效机理的结构多尺度动力分析，以及结构的多场耦合振动分析及结构抗灾动力分析的智能计算方法等。同时，近十年来几次破坏性大地震发生后，工程结构的抗倒塌研究和设计也逐步引起了研究人员的高度关注。建筑结构在地震下的抗倒塌能力是建筑抗震设计的一个最重要、也是最核心的性能目标。美国、日本的相关多地震国家都投入大量力量进行结构地震倒塌研究。

相对来说，生命线工程的研究发展较晚，但却得到人们的日益重视。目前，国际上生命线工程防灾方面的研究集中在埋地管线、大型复杂生命线网络抗震连通可靠度和功能可靠度分析方法、复合生命线工程系统的灾害模拟与地震灾场仿真、生命线工程系统灾害快速评估和健康监测以及城市综合防灾方面。上述的研究，除了在埋地管线及生命线特种结构方面的研究相对较多以外，其他方面的研究尚处于不成熟或者刚刚起步阶段。但研究不断向着精细化、符合工程实际的方向前进。在系统层次，进行了大型复杂工程网络的连通可靠度分析，并向着功能评价方向发展，进行了供水系统的抗震功能可靠度分析。进一步，在多系统地震耦合作用方面，国内采用时—场域相结合的离散事件仿真方法来研究，国际上则主要从系统相互作用的角度展开。生命线工程系统灾害快速评估和健康监测已经引起了国内外的重视，相关的研究已经逐步展开。城市综合防灾方面的工作涉及城市灾害及次生灾害危险性评估、灾害和损失快速估计、灾后应急反应决策等方面，3S 和网络技术等高新技术的应用研究将成为城市综合防灾的重要发展方向。

未来人们将更关注生命线工程系统网络分析问题，复合生命线工程系统的灾害反应分析及其控制，生命线工程的安全性监测、灾害预警技术与应急处置技术，复合生命线工程系统的灾害模拟与灾场控制，复杂生命线工程结构抗灾可靠性分析理论研究，大型生命线工程网络抗灾可靠性分析基础理论研究，大型复杂工程网络的破坏机制与基于可靠性的设计理论，生命线工程系统优化设计理论等。

工程结构抗震与减震研究的核心是工程结构抗震设计理论。反应谱理论的提出是地震工程领域的一个重要里程碑，目前世界各国的抗震设计理论都是在反应谱和延性设计的基础上形成的。20 世纪 90 年代中期，中国、美国、日本学者先后提出了基于性能的抗震设计方法（Performance Based Seismic Design，PBSD）。目前，基于性能的抗震设计理念已经受到了人们的广泛关注，世界各国的学者纷纷投入了这一研究热潮。

目前，基于性能的抗震设计理念已经受到了人们的广泛关注，世界各国的学者纷纷投入了这一研究热潮。目前在基于性能的设计方面已有了各种设计标准和指南，国内在一些重大工程中的应用已在国际上产生了重要影响。

实验研究仍为检验理论的重要手段，模型试验、数值分析、现场实验以及多实验室联合实验等多种手段，以及结合现代的计算机科学、观测学等方面的研究成果，实验手段和方法不断得到充实和发展。在室内实验方面，把振动台（台阵）和快速拟动力结合的混合试验方法近年来也受到了较多的关注。互联网技术的快速发展为结构抗震试验技术的提高与推广提供了新的机遇，远程结构协同实验已成为国内外学者的重要研究内容之一。未来人们将更加关注如何将试验技术与数值模拟技术结合，如何进一步充分利用先进的复合材料、智能材料、先进的传感技术、现代信息技术，使得实验更为精确。

2.2.2 工程结构抗风

风洞试验是结构抗风的主要内容和重要的研究手段。气动弹性风洞试验是目前直接获取响应和识别风荷载的重要方法。该方法对不同的研究对象，如大跨桥梁、高耸结构，具有不同的模型。由于风洞试验主要是借鉴航空领域的技术和方法，这使得风洞试验与土木工程的模型试验有很多不同之处。虽然在风荷载的模拟上有了一些重要的成果，但还有许多问题有待研究，如紊流度的模拟。

大型复杂结构风荷载和响应机理、结构抗风性能和设计方法方面，已基本上建立了抗风体系，并在多数国家的建筑荷载规范中体现。但随着建筑高度和柔性的增加及外形的更加个性化，横风向的响应也越来越重要。而对于低矮建筑的抗风问题，虽然近地高紊流模拟十分困难，但在现场观测、室内实验方面较为便利，弥补了不足。

目前人们将主要关注：边界层风场特性研究和结构风效应的实测，风洞试验理论和数值模拟方法研究，空气动力学和气动弹性力学机理研究，大尺度结构风效应及抗风设计，大型复杂结构风致灾变物理和数值模拟，结构风致灾变安全控制和城市风灾评估，风效用敏感结构的风荷载和风效应理论研究和现场实测，强风作用下重大工程结构风荷载和风效应控制。

2.2.3 工程结构抗火、抗爆

工程结构抗火研究是从灾害作用——火灾作用的特性研究开始，然后研究火灾作用对结构的影响。其中，结构材料在高温下和高温后的特性研究是工程结构抗火研究的一个重要基础领域。进行工程结构抗火研究一般都是从工程结构的火灾作用研究和结构材料在高温下的材料特性研究开始入手，然后基于工程结构分析理论和结构计算方法，最终建立工程结构抗火设计理论与评估方法。

工程结构抗火研究主要集中在火灾作用、结构升温计算、高温下各种常用结构材料的性能、火灾下结构反应、火灾后的结构性能几个方面。研究对象以建筑结构为主，主要包括钢结构、钢筋混凝土结构、钢—混凝土组合结构和木结构。目前对一般建筑结构的火灾作用特性、结构构件升温及一般结构构件在火灾下的结构反应和构件抗火承载力计算方法研究已经比较充分，2000 年后国内外已开始针对隧道结构和桥梁结构的火灾作用特性、构件升温及其在火灾下的结构性能开展了少量研究。

目前，人们更为关注：重大工程结构火灾灾变行为与抗火理论研究，结构抗火可靠度设计理论及灾后可靠度评估理论研究，新型材料结构抗火性能的基础研究。包括：开敞空间、大空间及狭长空间火灾作用特性及计算模型；以结构受火升温计算为目的的结构防火保护措施隔热性能的评价理论与参数测试方法，及结构防火保护措施（特别是膨胀型防火涂料），隔热性能参数随温度和时间（即老化）的变化规律；混凝土的爆裂机理、新型结构材料（如铝合金、不锈钢、高强钢、高强钢索、高强混凝土、碳纤维、隔振与减振结构材料等）在高温下的力学特性及钢结构连接（包括焊接和高强螺栓连接）和混凝土在火灾后的特性；火灾下考虑结构整体约束的构件性能、火灾下关键构件失效引发结构连续性倒塌的机制与判别准则及降温过程中工程结构的结构性能；高温后材料力学性能随机性对结构安全性的定量影响规律及火灾后结构实际受力状态和剩余可靠度评估方法。

对于高层结构的防火问题，鉴于其特殊性，如灾害发生时疏散困难（疏散距离长、疏散手段有限、疏散人员集中）、火灾扑救难度大（外部救援扑救进攻难、消防设施不够完善）、登高困难（供水困难、排烟困难）、火灾隐患多等特点，防火设计则显得更为重要。因此，对于土木工程来讲，上述提到的抗火材料等内容也同样是高层结构的抗火问题中灾害的作用机制、分析及抗灾设计中的主要问题。

近十年，为减轻工程结构的爆炸灾害，国内外学者在工程结构抗爆与防爆研究方面开展了大量的研究工作，较为系统地研究了梁、柱、板、拱、墙和壳等结构构件在爆炸荷载作用下的动态响应行为和抗爆加固方法，取得了较为成熟的研究成果。研究了砖石建筑、钢筋混凝土建筑、钢结构建筑及多、高层建筑等地面建（构）筑物在爆炸荷载作用下的破坏效应及抗爆设计的准则和方法，以及建筑结构在爆炸荷载作用后连续倒塌的机理及实用分析方法，取得了试探性、阶段性进展。研究了爆炸冲击波在岩石和土层中的传播规律，以及地铁车站、隧道、停车场等地下结构在爆炸荷载作用下的动态响应行为和损伤破坏机理。较为系统地研究了工程结构外部远距离爆炸环境下爆炸波在空气中和地面上的传播规律和爆炸荷载模型，取得了较为实用的研究成果，提出了一系列新的抗爆减爆装置和方法。初步研究了建（构）筑物门窗玻璃在爆炸荷载作用下的动态响应规律及破坏效应，并提出了门窗玻璃及玻璃幕墙抗爆设计的初步方法。

目前，人们也将更为关注下列一些问题：复杂城市环境中爆炸冲击波的传播规律及其作用于工程结构上的爆炸荷载模型；爆炸荷载作用下工程结构常用材料的动态性能和适用模型，以及工程结构构件的动态响应分析、损伤破坏评估和失效模式预测的数值模型与理论方法；爆炸荷载作用下工程结构的非线性响应、损伤破坏与连续倒塌的数值模拟模型以及理论与试验方法；工程结构对爆炸荷载的被动与主动防护的概念设计及构造措施以及抗连续倒塌的新体系及其设计理论与方法。

2.2.4 地质灾害

地质灾害的机制十分复杂，而对于一些能导致巨大灾害的大型滑坡其分析、预测和治理更是十分困难。国内外学者开展了大量的研究工作，对其形成的机理和诱发的因素做了系统的深入研究，主要的结论有：

（1）我国是一个滑坡灾害极为频繁的国家，大型和巨型滑坡灾害也十分突出，尤其是在我国的西部地区，大型滑坡更是以其规模大、机制复杂、危害大和防治难度高等特点著称于世。

（2）复杂的地形地貌特征是导致严重地质灾害的主要原因之一。我国地形三级台地的基本景观，以及形成巨大的大陆坡降地带构成我国地形从西向东骤降的特点，奠定大型滑坡等地质灾害发生的地貌基础。

（3）我国也是世界上板内构造活动最为活跃的地区。印度洋板块与欧亚板块的强烈碰撞与青藏高原的持续隆升地壳内动力自西向东传递，波及范围远及中东部并在西部地区表现得特别的活跃，高地应力强活动性构造及其伴随的强震过程构成这一地区内动力条件的突出特点。这也是地质灾害在我国西部地区较为集中的主要原因之一。

（4）极端气候条件和全球气候变化是构成大型滑坡发生的主要触发和诱发条件。青藏高原的形成和秦岭东西山脉的阻隔导致我国形成南北两个条件迥异的气候分区，要受印度洋暖湿气流的控制。我国南方天气夏季多局部强降雨过程，从而易触发严重的地质灾害；我国的西北地区主要受季风气候影响，在春季冻结层融化诱发形成大规模的黄土滑坡；青藏高原及新疆的天山、阿尔泰山等高海拔地区近年来还表现出全球气候变化对当地气候条件的影响，直接的结果是气温上升、雪线上移、冰湖溃决、冰川后退等因素都已经表现出对地质灾害的诱发和触发作用。

（5）大规模人类活动是导致自20世纪80年代以来我国大型滑坡发生相对频繁的主要因素。人类社会活动的加剧是导致地球环境变化和日益恶化的主要因素，相关数据显示的事实也正好印证这一点。

（6）我国的大型滑坡通常具有复杂的生成机制。总的来看我国大型滑坡发生的岩土介质主要有以下几类，即岩质滑坡、土层滑坡和松散堆积层滑坡，具有复杂的演化机制及过程。大型滑坡的发生是一个复杂的地质—力学过程，或者说是一个时效过程。这个过程的发生是以滑动面的贯穿过程为主线的滑动面的形成及贯穿，往往具有累进性破坏的特征。大型滑坡发生的地质—力学模式包括以下的典型类型：滑移—拉裂—剪断三段式模式挡墙溃决模式、近水平岩层的平推式模式、反倾岩层大规模倾倒变形模式、顺倾岩层的蠕滑—剪断模式等。每一类模式都具有其对应的岩体结构条件和特定的变形破坏演变过程。实践结果表明，查明边坡（滑坡）变形破坏的地质力学模式是滑坡地质灾害防治的基础。

2.3 灾害控制

2.3.1 工程结构的地震和风致灾害的控制

结构振动控制可以有效地减轻结构在风和地震等动力作用下的反应和损伤，有效地提高结构的抗震能力和抗灾性能，是抗震减灾积极有效的对策。土木工程结构振动控制技术的研究和应用可以追溯到20世纪50年代，日本的Kobori提出了结构变刚度的减振概念，开启了通过在结构上安装附加元件减轻结构振动的结构振动控制新思路。结构振动控制按照其工作机理的不同，大体上分为基础隔震、耗能（阻尼）减振、主动和半主动控制以及近年发展起来的智能控制。

基础隔震通过在上部结构和基础之间设置水平柔性层、延长结构侧向振动的基本周期，从而减小水平地震地面运动对上部结构的作用。超高层建筑由于自身重量较大，不适用于采用基础隔震的控制方案。结构被动耗能减振则是在结构中设置阻尼耗能元件和吸振系统、耗散结构振动的能量，从而减轻结构的动力反应，是适用于超高层建筑抗震和抗风的优良控制装置。20世纪70年代初，美国的Kelly提出在结构中设置非结构构件的耗能元件金属软钢屈服耗能器，来分担和耗散本来由结构构件耗散的能量，由此形成了结构耗能减振的一个重要方向。此外，美国在已倒塌的纽约世界贸易中心双子塔上安装的1万多个黏弹性耗能器，美国西雅图的Columbia SeaFirst大厦上就安装的260个黏弹性耗能器，意大利那不勒斯的一幢29层钢结构悬挂建筑安装的软钢耗能器，都是耗能减震装置在提高结构抗震和抗风性能的成功工程例证。结构中设置耗能元件通常可以给结构附加10%、甚至20%以上的阻尼比，对多数结构都具有较好的减振效果。由于被动耗能减振装置是较早进行开发和研究的振动控制装置，目前已有大量的耗能装置的力学性能分析理论和试验，以及安装相关控制装置的结构分析、设计和试验成果。被动耗能减振结构已在国内外建成了数百座，并在一定程度上经受了地震的考验。

结构主动控制通过实时测量结构反应或环境干扰，采用现代控制理论的主动控制算法，在精确的结构模型基础上运算和决策最优控制力，最后作动器在很大的外部能量输入下实现最优控制力。主动调谐质量阻尼器HMD和主动质量阻尼器AMD等主动控制系统在高层建筑、电视塔和大型桥塔结构的风振和地震反应控制应用中取得了很大的成功。目前已有50余座高层建筑、电视塔和大型桥塔结构（包括桥塔施工阶段的风振控制）应用了HMD或AMD主动控制系统。但是，由于主动控制系统需要提供较大的外部能源，在一定程度上限制了主动控制技术的工程应用。此外，传统的AMD控制系统中的液压伺服作动器或伺服电机/马达存在液压作动系统构造复杂、制造成本高、需要定期换油、维护成本高、经常由于密封不严而漏油、污染环境、系统运行噪声大、经过电液能量转换后能源利用效率降低等缺点。针对上述问题，提出了电磁驱动AMD控制系统，借鉴磁悬浮列车的驱动原理，利用电磁场耦合产生的电磁力作为结构振动主动控制力的来源，通过引入非接触式电磁场电磁推力驱动技术，可以有效避免传统AMD控制系统中接触式传力的诸多问题。

结构半主动控制和以磁流变阻尼器为典型代表的土木工程智能控制的原理与结构主动控制基本相同，只是实施控制力的作动器需要少量的能量调节以便使其主动地、甚至可以说是巧妙地利用结构振动的往复相对变形或相对速度，尽可能地实现主动最优控制力，目前已成功地将磁流变液阻尼器应用于桥梁和海洋平台的振动控制。

20世纪中后期在美国、日本和台湾发生的几次大地震灾害表明，按照目前抗震规范设定的“大震不倒”的安全目标进行设计的建筑，虽然可以保障室内人员的安全，但是由于结构损伤所带来的巨额修复费用和结构功能失效所引起的经济损失无法估量。针对上述问题，1994年美国加州结构工程师协会（Structure Engineer Association of California，SEAOC）在加州紧急事务管理厅（California Office of Emergency Service）的组织下，由Vision 2000 Committee编写出版了《Performance-Based Seismic Engineering of Building》一书，系统地提出结构性能设计的概念和理论框架。1996年，ATC出版了ATC-40报告，将PBSD的核心思想纳入其中。同年，由美国联邦紧急事务管理厅（Federal Emergency Management Agency，FEMA）出版了FEMA273和FEMA274报告。上述3个文件是搭建了PBSD概念体系的基础和理论框架。

SEAOC Vision 2000的文件中对结构基于性能设计的概念、结构性能水准和性能目标、结构性能设计的可行设计方法进行了详细论述；ATC－40则主要针对钢筋混凝土建筑结构，提出基于能力谱法的性能设计方法；FEMA273则针对在不同概率意义下的地震地面运动，提出结构的不同性能目标，以及在不同性能目标下结构从线性静力分析到非线性时程分析的方法。在结构基于性能设计的理论发展过程中，美国和我国学者等开创性和持续的研究工作，为该理论的发展奠定了基础和原动力，发表了一系列理论研究成果。此外，SEAOC和FEMA以及ATC三家研究机构围绕PBSD展开了一系列的研究。

在PBSD的理论框架下，如何对结构进行分析并评估损伤，是PBSD设计的重要内容之一。目前，用于PBSD的钢筋混凝土结构抗震设计方法主要包括线性静力分析法、线性动力分析、非线性静力分析法和非线性动力分析法。Pushover是一种基于增量静力非线性分析的结构非线性静力分析方法，其核心是假定结构承担某一特定分布形式的侧向力，对结构进行增量加载的全过程非线性分析，直至结构发生破坏为止。由于其简单、高效，而且能够得到较满意结果，因而在结构非线性静力分析和基于性能设计中得到广泛重视。Pushover 分析由于假定结构反应受单一振型控制，忽略了高阶振型的影响，因此在多振型结构，尤其是超高层建筑分析中存在较大误差。

在地震作用下采取合理的损伤模型和损伤指标来评估结构的损伤和破坏程度，是 PBSD 中在不同设防水准下以及确定的性能目标下，评估结构性能水准和安全水平的重要内容。目前，被地震工程界所普遍接受的局部或构件损伤模型包括结构最大塑性变形、结构累积耗能以及 Park 和 Ang 提出的最大位移与滞回耗能线性组合的双参数地震损伤模型。大量试验结果证明，结构的损伤和倒塌与结构最大塑性变形（或采用层间位移角或延性系数）之间具有密切的关系，因此被广泛应用于结构安全评估。然而，结构最大塑性变形没有考虑结构在动力荷载作用下的低周疲劳和累积能量耗散，因此具有一定的局限性。如何考虑超高层建筑的构件和结构特性，发展适用于超高层建筑的损伤模型，是超高层建筑结构损伤评估的重要内容。

结合结构振动控制技术，发展基于性能设计的结构非线性损伤控制方法，是提升结构抗震设计水平和提高结构抗震能力的有效技术途径。然而，有关该方面目前还较少进行研究，相关研究成果极为缺乏。

结构振动控制技术和基于性能的结构设计理论，是 20 世纪后几十年结构抗震设计理论、方法和技术的重要成果。结构振动控制技术的发展，为提高结构在动力灾变动力荷载作用下的抗灾能力提供了全新的技术手段；而基于性能的结构设计理论，为提升结构的抗震设计能力，建立全新的抗震设计规范提供了框架体系。然而，目前结构振动控制的研究和应用，基本上都是建立在结构线性假定的基础上，尚未在基于性能设计的理论框架下，建立结构—控制体系的一体化设计理论和方法。

从理论上，应进一步开展下列研究：结构破坏控制（可更换构件）设计理论研究，减、隔震装置理论模型与分析方法，工程结构减震设计理论，减震结构破坏机制，大型复杂结构减震理论与技术研究。

2.3.2 火灾对策

由于高层结构的火灾灾害十分严重，因此火灾的控制对高层结构来说十分重要。对于高层来说，目前减轻灾害的措施和方法主要集中在以下几个方面：

（1）建筑的防火设计。在进行总平面设计时，应根据城市规划合理确定高层建筑的位置、防火间距、消防车道和消防水源等，并在楼内设置合理的防火分区和防烟分区，以防止火灾大面积蔓延。高层建筑为保证登高消防车灭火操作的要求、防止火势蔓延，高层建筑的防火间距必须符合《高层建筑混凝土结构技术规程》（JGJ 3—2010）中的要求。同时，高层建筑不宜建在火灾危险性为甲、乙类厂房、库房及甲、乙、丙类液体和可燃气体储罐以及可燃材料堆场附近。同时，高层建筑应与城市消防站保持便捷联系，以便在发生火灾时，能及时报警，城市消防站能迅速出动并有效地组织扑救。

(2) 设置合理的防火分区。高层建筑内应采用防火墙等划分防火分区，每个防火分区的最大允许建筑面积不应超过《高层建筑混凝土结构技术规程》（JGJ 3—2010）中的要求。同时，为防止烟气在竖直方向上的蔓延，在设计中，对电梯井、电缆井、排烟道、垃圾道等竖向管道井，应分别独立设置。

(3) 采取合理的控制火灾扩大措施。包括设置合理的水平防火分区、竖向防火分区；采用阻燃材料的装修材料；保证高层建筑消防用水；采用有效的智能消防系统；采取合理安全疏散避难措施等。

高层的防火问题很复杂，尚有许多问题有待研究，除应开展前述关于建筑结构、建筑构件耐火性能的研究外，尚应开展多项研究工作，如应开展建筑防火基础理论的研究、高层和超高层建筑防火设计研究、防火建筑材料基本性能的研究等。

建筑防火作为一门新兴的学科，涉及的专业学科较多，因此必须把各专业、学科的有关理论结合起来，再通过火灾实例分析与模拟试验，科学地建立起建筑防火的基础理论。所谓建筑防火基础理论是指建筑物内所有物质，包含建筑物本身的建筑材料和存放物质在着火点（燃烧时的标准升温曲线）的作用下，对各自的物理和化学变化进行分析，定量确定其各自的热变形、发热量、燃烧速度以及发烟量和烟气的成分等，并结合建筑物构造，室内形状，围护材料，内壁隔间材料，装饰材料、建筑物出人口条件及消防控制设施等要素，科学地确定建筑火灾的室内温度、烟气温度、爆燃条件、扩散时间和火灾持续时间等定量推导理论和建筑物火灾危害性分类的理论。

高层和超高层建筑防火设计研究包括：建筑结构耐火设计；防火分区与防火分隔设计；安全疏散与消防安全电梯设计；室外装修防火设计；消防给水与自动灭火系统设计；暖通空调和防排烟与燃气工程设计；电气防火和火灾自动报警装置设计等方面的防火设计研究。

防火建筑材料基本性能的研究。现代建筑材料主要包括：建造建筑物本身的材料、室内装饰用料、建筑用涂料等。任何材料由于各自的分子结构不同，在火的作用下，会产生不同的物理和化学变化，所以应通过试验确定各种防火材料的防火性能，并同时将各种材料划分为不同的防火等级，在这个基础上对出现的各种新型建材，通过试验检测，确定其防火等级，以适应建筑业发展的需要。

同时，也应开展合理确定建筑的防火分区、建筑物防火间距、安全疏散、自动报警控制系统、灭火系统等方面的研究。

总之，通过上述研究工作，为提高建筑物防火能力提供理论依据。

2.3.3 地质灾害的监测与治理

通过监测可掌握地质灾害的变形特征及规律，预测其发生的临界条件、灾害规模、滑动方向、失稳方式等。监测内容丰富，方法多样，融会了现代的高新技术。现有的监测方法归纳起来大致可分为 5 种：宏观地质观测法、简易观测法、设站观测法、仪表观测法和自动遥测法。其观测的因素和变量主要是：变形（地面和地下）、应变、水文、地声、环境（降雨、地湿和地震）等。这些方法可适用于不同的要求和目的，如一般的边坡稳定性监测，也可以用于和其他技术融合在一起，构成更为全面的观测网，如复杂的监测预警系统。

建立可信的地质灾害预警系统，是减轻地质灾害的有效手段之一。早期的预警系统是通过设立传感器感受山洪泥石流幅频信号，再通过先进的传输手段，达到建立预警系统的目的。早在 20 世纪 40 年代，前苏联就开展了泥石流特征与机理的研究。在 70 年代末，预警系统主要是在泥石流发生之前，通过在溪沟流通区设置传感器，采取无线或有线电缆通道，将泥石流的模拟幅频信号传送到下游，通过对接受信号的处理、判别，使得在泥石流到来之前发出警报，从而达到防止或减少生命与财产损失的目的。日本在泥石流预警方面处于国际领先地位，而且采用的仪器设备出比较先进，他们采用的传感器有龙头高度泥位检知线和接触式泥位检知器和震动传感器等，通过微机雨量警报器（传感器）和雨量遥测装置，对上游雨量进行实时数据收集、演算和比较判别，类似的预警系统布设极广。上述方法也是是目前国外主要采用的方法，其中必须克服震动信号的干扰，布设高密度的雨量传感器是关键。我国关于预警系统的研制主要是铁道系统和中科院等做了大量的工作。如铁道科学院铁道建筑研究所通过对泥石流发生前降雨资料进行整理分析和统计，确定触发泥石流发生的“临界雨量值”和“灾害临界线”，并研制了相关的仪器和监测系统。长江水利委员会也完成了长江流域泥石流预报预警系统研究，其方法基本上都与日本的预报预警系统近似，只是在传感器的选择和布设上有所差异。铁道部门也在应用GIS、Visual FoxPro平台开发铁路泥石流预报警报信息系统，据在成昆铁路应用结果显示，成效显著。对于未来的预报预警技术的研究，主要将在模型构建、预报技术、仪器设备和系统建设等方面开展工作。主要涉及由传统的统计回归、自回归模型逐步向采用灰色预测模型、神经网络预测、智能预测模型以及计算机技术方向发展。由单纯预报临界降雨量或可能性预报，逐步变为能预报临界降雨、警戒避难雨量以及危害范围和危害程度等多功能模型。由过去只采用历史统计资料和实测资料，向采用高精度定点的气象预报数据相结合的方向发展；由传统的对典型沟道的实地勘察，对某一范围区预报，逐步变为采用3S技术和综合信息系统相结合；采用先进的数据传递方式和手段，形成集气象预报、雷达技术、预测模型、仪器监测、网络和卫星数据传输等高新技术结台，建立高效定位的预报预警系统。

边坡治理是减少和减轻地质灾害的重要手段。传统的滑坡治理结构设计方法无疑是有效的，但往往不能做到全局最优化设计。因此，通过基于性能的支护方案全局优化，得到能给业主具有明确的支护结构安全、经济、性能等指标的全局优化支护体系设计方案，是目前滑坡治理方面的主流工作。有效整治既要基于对滑坡形成条件、发生原因、变形破坏机制、运动过程稳定性现状等方面的正确认识，又要通过各种可能采用的整治方案的技术经济比选。目前的防治措施可分为削方减载、排水、支挡结构、坡体内部加固四种类型。

（1）削方减载主要是消减推动滑坡产生的物质和增加阻止滑坡产生的物质，即通常所谓的“砍头压脚”，或减缓边坡的总坡度。这种方法技术上简单易行且加同效果好，所以应用广泛且历史悠久，特别适宜于滑面深埋的滑坡。整治效果则主要取决于消减和堆填的位置是否得当，但其使用受到场地条件、坡体岩性的限制。目前使用很普遍，通常作为滑坡治理方案中的辅助措施。

（2）“治坡先治水”的治坡理念包括将地表水引出滑动区外的地表排水和降低地下水位的地下排水，是滑坡（边坡）治理中必不可少的环节。地表排水以其技术上简单易行且加固效果好、工程造价低，而应用范围广，尤其是大型滑坡的整治，深部大规模的排水往往作为首选的整治措施。近年来在这方面有较大进展，垂直排水钻孔与深部水平排水廊道（隧洞）相结合的排水体系得到较广泛的应用，某些大型滑坡治理过程中将地表排水系统与地下排水系统结合起来，形成立体排水网络，使滑坡治水效果更加明显。

（3）在改变斜坡几何形态和排水不能保证斜坡稳定的地方，可采用支挡结构物如挡土墙（重力式挡墙、锚杆挡墙、锚索挡墙）、木笼块石墙、钢筋石笼挡墙、被动抗滑桩、原地浇筑混凝土连续墙、有聚合物或金属条或板片等加筋材料的挡土墙（加筋土挡墙）、坡面柔性防护结构（拦截落石的钢绳网）、坡面生态护坡系统等来对滑坡（边坡）进行整治，是滑坡（边坡）治理中较常用的手段。

（4）坡体内部加固主要是指斜坡内部加强措施，包括土钉、土锚、岩石锚固、锚索（有或无预应力）、微型桩、灌浆、格构锚固结构、水泥桩、加筋土等。

总之，滑坡治理是一项复杂的工程，常常不是某一种措施能够解决得了的，有时即使单一措施能够满足安全要求，但是往往不经济，因此滑坡治理中经常使用多种措施相结合来实现对滑坡的整治，这样才能取得较好的治理效果，多种支护措施的综合应用或优化组合具有广阔的应用前景，在实际工程设计中如何优化组合值得深入研究。此外，新材料、新工艺和新工法的不断开发与应用，支护结构的选型、空间布置与全寿命可靠性分析，将在滑坡治理中发挥更大的作用，是边坡支护设计发展的一个方向。

综上所述，在防灾减灾领域，已取得了许多研究成果，并以此为基础，编制了各类用于指导防灾减灾工作的规范、规程和标准，这些研究成果得到了实际应用。从理论研究和实际问题上来看，在许多情况下，这些成果是卓有成效的。然而，在一些巨大的灾害面前，比如汶川地震，却显得我们减灾工作的目的远远没有实现，也使得我们进行反思。虽然它包含一些政策上的原因，但在技术层面上，毫无疑问，也存在着问题。是我们的技术完全不过关，还是我们现有的技术推广应用的不理想，这一点应该在我们考虑发展战略和未来工作重点时引起足够的重视。

3 发展战略

防灾减灾是个长期复杂的工作，不仅需要多学科的相互交叉和支持，从根本上解决所面临的科学技术难题，同时也要充分推广应用现有各类成熟先进的技术，切实提高工程结构（尤其我国城乡地区）的抗震能力。前者是个长期的工作，要随着研究工作的深入，不断积累和储备，后者要加大对现有良好技术的推广，把我们目前现有的知识和技术充分地发挥和应用。

3.1 深入基础理论的研究，增强知识和技术储备

（1）要深入研究工程结构抗震与减震方面的新理论、新方法、新材料和新技术。以工程结构为对象，重点研究结构地震破坏机理、结构抗震设计理论和灾害的控制。通过持续的理论研究和工程实践，形成具有我国特色的防灾减灾理论体系，解决我国土木工程实践中的防灾减灾科学技术问题，使我国的土木工程防灾减灾科学技术水平与我国的土木工程大规模建设热潮相适应，并逐步与国际潮流融合。

（2）在瞄准学科前沿方向和关键科学问题开展深入研究的同时，结合我国的重大工程，诸如能源、交通等领域的重大工程，与城市发展的工程实际问题与技术需求，积极推动本学科的创新性研究成果的转化和应用，提升整个建设行业的高科技含量。

（3）通过参与国际交流与合作，让国际同行了解我国的土木工程防灾减灾科学技术水平与工程应用成果，并使我国的土木工程防灾减灾科学技术在国际上占有一席之地。

3.2 促进基础研究成果转化，加大现有成熟技术的推广应用

（1）要优先支持和引导科技成果的转化，积极推广现有技术（建筑技术、灾害控制技术）的应用，使得我们现有的科技水平得到充分的体现，发挥作用。

（2）在着重加强重大工程中科学技术的开发应用的同时，也要加强提升量大面广的乡镇建筑的减灾能力，使得广大民众切实得到益处。

4 建议

（1）选取一些重要的工程对象，开展针对性的减灾技术研究，如大型桥梁、核电站的减灾控制，带动基础理论研究和应用研究。

（2）选取一些成熟的工程技术，针对一些量大面广的工程对象，如普通村镇建筑，加大推广力度。不仅在技术上给予指导，也在政策上、舆论导向上给予大力的支持，使得普通民众在减灾技术推广中，切实得到益处。

（3）充分发挥中国工程院的影响，加大对工程技术推广应用的技术指导作用。

岩土工程学科的现状及前沿发展方向研究

郑颖人　龚晓南　朱合华　刘汉龙　杨　强

1　国家需求

1.1　与岩土工程学科相关的主要行业与相邻学科

由岩土组成的大地是人类的母亲，无论生产活动、衣食住行、文化美学都离不开岩土大地。岩土工程学科是20世纪60年代末至70年代，由土力学及基础工程、工程地质学、岩体力学三者逐渐结合为一体而形成的新学科，是土木工程学科的一部分，它涉及岩石和土的利用、整治与改造。岩土工程是一门工程技术学科，它与国民经济中各类基础设施和工程建设有关，因而岩土工程领域非常宽广。与岩土工程相关的主要行业有建筑工程、市政工程、交通工程、道路与铁道工程、水利水电工程、采矿工程、港口与海洋工程、环境保护工程等。与岩土工程学科相邻的主要学科有理论力学、材料力学、结构力学、流体力学、弹塑性理论、地质学、桥隧工程、防灾减灾工程、抗震与减震、抗爆防护工程等学科。

本文主要介绍岩土工程基础理论、岩土工程勘察与测试技术、地基与基础工程、边坡防护工程、基坑工程与地下工程、环境岩土工程、水工岩石力学与工程等岩土工程主要领域的发展现状及岩土工程的前沿发展方向。

1.2 城市建设和地下空间开发对岩土工程学科发展的战略需求

近年来我国城镇化建设加快，发展速度居世界第一。“十五”期间，我国城镇房屋面积保有量翻了一番，由2000年的76.6亿m^2增长到2005年的164.5亿m^2。2005年全国城镇人均建筑面积达到29.3m^2。住房与城乡建设部及一些地方政府都将2020年我国人均居住面积目标定为35m^2，并预计到2020年我国建筑面积还将新增300亿m^2。据此预测，到2030年我国的城镇建筑面积将达到400亿m^2。高层、超高层建筑的建设对基础工程提出了更高要求。旧城改造、古老建筑保护和迁移要求解决许多岩土工程新问题。

我国地域辽阔，地质条件复杂，为了满足各类工程建设与大量高层建筑对地基承载力和控制工后沉降的要求，往往需要进行地基处理，或采用桩基础，形成人工地基以提高承载力和控制工后沉降。随着结构物荷载日益增大、控制变形要求越来越严，对地基基础工程的要求也越来越高，现有的基础工程技术已不能完全满足发展的需求，迫切需要发展新理论、新技术、新材料、新工艺。基础工程技术的发展面临新的机遇和挑战。

人类对于地下空间的开发利用有着悠久的历史，第一次工业革命以后，由于城市化水平的迅速提高，使城市人口大量增加，并远远超过了城市原有基础设施的承载能力，进而在城市中产生了一系列的城市问题。为解决这些城市问题，工业化较早的伦敦、巴黎等城市开始了以建设现代城市基础设施为主的地下空间开发利用。第二次世界大战以后，世界经济秩序得到了迅速的恢复和发展，同时城市化的水平也得到了极大的提高，与此相伴城市交通问题成为这一阶段主要的城市问题，为此一些经济快速发展的城市开始大规模地建设城市快速轨道交通体系，并形成了世界范围内地下空间开发利用的高潮。20世纪80年代以后，由于可持续发展观的提出，加之发达国家城市化水平趋于稳定、城市基础设施趋于完善，为建设人与自然充分协调的城市环境，不少城市将影响城市环境的设施逐步利用地下空间进行建设。

充分利用地下空间资源以提高城市土地资源利用效率，改善城市生态环境，是发达国家地下空间开发利用的新趋势。一些地下空间利用较早和较为充分的国家，如日本、加拿大、法国、芬兰、瑞典、挪威等，正从城市中某个点或区块的规划走向整个城市和某些系统的综合规划。同时，城市地下空间的开发利用逐步向综合化、规模化、集约化、深层化和一体化方向发展。

地下空间开发利用中的法律、法规、规划技术体系，地下空间开发利用的系统性、综合性、合理性、安全性等深层次问题成为了人们关注的重点。

随着我国城镇化建设的加快，城市地下空间开发规模宏大，发展迅速。目前已有26个城市正在进行或拟建地下轨道交通。截至2009年，北京、上海等城市约有50条轨道交通线路正在建设中，建设规模居世界之首，运营里程达1270km；到2015年，北京、上海、广州等23个城市将新建93条轨道交通线路，总运营里程2700km，总投资1万亿元，规模将居世界第一。截止2010年6月30日，上海轨道交通线网已开通运营11条线、267座车站，运营里程达到了410km。

因而，随着我国城镇化的快速发展以及可持续发展战略与科学发展观的实施，如何合理、有序开发城市地下空间，优化城市生态环境，提升城市功能，实现城市的可持续发展，已成为国家层面必须研究解决的问题。近十到二十年来，我国城市地下空间开发将进入高潮，一些大城市的地下空间开发将进入世界先进行列，迫切需要科技创新的支撑。同时，随着我国高层建筑的发展，以及地铁车站、明挖隧道等深大基坑的不断增多，对基坑工程的围护结构形式、地下水控制技术、围护结构计算理论、基坑监测技术、信息化施工技术以及环境保护技术等各方面都提出了新的要求。

1.3 交通现代化建设对岩土工程学科发展的战略需求

近年来，我国交通行业快速发展，公路、铁路、水运、航运发展很快，高速铁路已居世界之首，高速公路里程位居世界第二。2010年，全国公路总里程为398.4万公里，高速公路行车里程7.4万公里，十二五末高速公路行车里程达到10万公里。2010年全国铁路营业里程8万公里，在建高速铁路接近1万公里。预计到2020年，全国铁路营业里程将超过12万公里，高速铁路里程将达到约1.6万公里。在国家高速公路网和高速铁路网建设过程中，以及在配套的其他高等级公路和支线公路建设过程中，加上我国工程地质和水文地质复杂，还会有大量岩土工程技术难题急需解决，以满足交通建设需要。

发展水运，无论是内河运输还是海洋运输都需要兴建码头和港口。在港口工程建设过程中同样都会有复杂的岩土工程问题。

我国航空运输起步晚，但发展快，发展空间大，需建设大量的航空港。当前我国土地资源紧张，有的需要填海造地或建造海上人工岛，填海高度几十米；有的需要平山改地，填方厚度几十米，如九黄机场填方高度高达104m；有的建造在深厚软黏土地基上，工后沉降大，需要进行有效的地基处理；有的建造在膨胀土地基、盐渍土地基等特殊土地基上，也会遇到大量特殊的岩土工程难题。总之，航空港建设给岩土工程发展提出了许多新的要求。交通现代化、交通立体化需要岩土工程的技术支撑，但也给岩土工程技术发展带来了难得的机遇。

1.4　水利水电工程建设对岩土工程学科发展的战略需求

现代水利，涉及防洪、排涝、灌溉、供水、河道整治与水资源利用等方面，随着我国经济快速发展、全面建设小康社会，日益面临着水资源短缺、水灾害严重、水环境恶化与水土流失加剧的威胁，尤其是1998年南方特大洪水，2010年先是西南地区发生特大旱灾，后又在全国范围内发生特大水灾，山区频发泥石流等地质灾害，如舟曲县城发生的特大泥石流地质灾害。目前，我国面临着大河大江治理、水资源合理开发、水环境改善等重大任务，对岩土工程学科发展提出了战略需求。

我国水力资源极为丰富，位居世界首位，水电技术上的可开发量粗估在5.5亿千瓦以上。进入21世纪后，水电开发的步伐更不断加快，目前的水电装机已一举突破2个亿千瓦而位居世界第一。根据最新规划，到2020年，我国水电装机容量可望达到3.8亿千瓦，也就是说，未来10年我国将再增加1.8亿千瓦水电装机，这相当于10个三峡水电站（1800万千瓦）的装机量。经过几代人的艰苦奋斗，我国在水电建设领域已经取得举世瞩目的成就。世界上最大的三峡水电站已经发电，金沙江、大渡河、雅砻江、乌江、红水河、澜沧江、黄河等十二大基地正在全面开发建设。其中，已建及在建的三峡、葛洲坝、二滩、龙滩、小浪底、小湾、锦屏一、二级、溪洛渡、白鹤滩等工程都是世界级工程。

水利水电建设与水工岩石力学涉及高拱坝坝基稳定、深埋长大引水隧洞和洞室群围岩稳定及快速施工技术、高边坡稳定及处理技术等。其突出特点是“工程规模巨大、地质环境恶劣、工程作用强烈”。工程规模巨大主要以高坝、大库、大型地下厂房以及高陡边坡为特征，如在建的锦屏水电站拱坝坝高305m、溪洛渡地下厂房达到444m×75.6m×28.4m；地质环境复杂主要表现为高地应力、高渗透压及高地震烈度，如锦屏二级水电站四条引水隧洞埋深1500~2000m，最大埋深2500多米，围岩最大地应力50~60MPa，外水压力大于10MPa，而大岗山水电站地震设防烈度达到10度；工程作用强烈主要表现为大强度开挖、大规模锚固、大范围防渗以及大幅库水骤变等。在复杂地质环境和强烈工程作用条件下兴建高坝和大型地下厂房，对工程设计提出了严峻挑战：如何优化高坝结构及地下厂房设计，合理地利用和改造岩体以避免地质灾害，从而达到“安全可靠、经济合理、环境友好”的工程目标。由此必然会对岩土力学基础理论和水利水电岩土工程技术提出更新更高的要求。

1.5 地质灾害预防和治理对岩土工程学科发展的战略需求

我国连年发生自然和人为的灾害事故，洪水、地震、泥石流、滑坡、风灾、雪灾等连年不断，造成人民生命与财产巨大损失，防灾减灾是我国的长期任务。尤其是我国地域广阔，工程地质和水文地质条件复杂，地质灾害频发、种类多，分布面广。多种因素诱发的滑坡、崩塌、泥石流、地面塌陷时有发生。尽管近年来我国地质灾害造成的死亡人数从2006年的每年死亡1000~1500人，降到每年死亡500~800人左右，但是特大型地质灾害和暴雨群发地质灾害的发生频率呈现增加的趋势，例如2010年1月至10月，全国共发生地质灾害30466起，造成2909人死亡失踪，比2009年增长了5.3倍，成为新中国成立以来地质灾害造成伤亡最严重的一年。特别是我国西南三江活动构造带为地震多发区，其孕灾、致灾地质背景与龙门山构造带相似，是大型滑坡灾害高易发区，以汶川地震诱发地质灾害为例，在西南强震多发区深入研究潜在强震诱发山区滑坡灾害机理和山区城镇滑坡风险控制关键技术，是国家面临的减灾防灾急迫需要。边坡与滑坡防治工程在国民经济基础设施建设中，无论在城市市政建设与房屋建筑领域，还是在公路、铁路、水路交通、水利、电力建设领域，都占一定份额。这些工程都具高风险、高耗费的特点，而且数量众多，例如三峡库区，存在崩塌、滑坡等地质灾害点5386处，较大规模的滑坡、崩塌体共2490处。历史上三峡库区重大滑坡，有1026年的新滩滑坡，致长江断航21年，1985年再次滑坡，尽管成功预报，但产生最高涌浪39m，击毁击沉船只96艘，造成12人死亡。1982年云阳鸡扒子滑坡，也曾堵江断航半年。三峡库区建设期投入120余亿元治理库区地质灾害，治理效果十分明显，但随着三峡库区蓄水和投入正常运行，2003年7月，千将坪滑坡造成24人死亡。2008年9月28日库区试验性蓄水至水位172m时，重庆库岸及周边发生地质灾害险情多达254处，直接经济损失达6.4亿元。

对于公路、铁路等道路边坡遇到洪水、强降雨而引发边坡与路基坍塌、滑坡、泥石流等地质灾害，造成生命财产损失、道路断航，更是司空见惯。近些年来，随着我国基础设施建设的进一步加快，特别是地处山区的西部大开发，大量的工程建设引发老滑坡复滑和新滑坡的形成，这种人为引发的地质灾害数量也急剧增多，范围与规模扩大，成为当前最为关注的热点问题。由地震引起的次生滑坡灾害也十分严重，如汶川地震引发地质灾害造成的损失将近全部损失的三分之一。由此可见，降低边（滑）坡引发的自然灾害与人为灾害迫在眉睫，是我国社会治理与经济建设的迫切需求，也是以人为本、社会和谐的需求。

边（滑）坡治理除风险大外，而且耗费也很大，就库区二期滑坡治理来说，治理一个滑坡平均耗费1500万元，有些大型滑坡治理费用高达几亿元，当地政府部门一般很难承担得起。可见，边（滑）坡治理是高风险和高耗费工程，急需通过科技创新解决这一问题。防灾减灾是我国一项长期任务，地质灾害种类多、情况复杂，更需要科技的支撑。

1.6　环境保护工程对岩土工程学科发展的战略需求

随着现代化工业的发展以及城市的发展，环境问题愈来愈突出，已经形成了专门的环境工程学科。近年岩土工程与环境科学密切结合形成环境岩土工程新学科，它主要应用岩土工程的观点、技术和方法为治理和保护环境服务。环境岩土工程是研究与环境有关的岩土工程问题，如垃圾的填埋处置、土体的石油污染、核废料的处置等等。它涉及的不仅是岩土工程知识，还与化学、物理、生物学等学科有关，是一个边缘性的交叉学科。美国对这一领域的研究起步较早，在城市规划与实施中均已考虑环境问题，连著名的ASCE刊物岩土工程分册也已改名为岩土工程与环境土工分册。中国现已开始重视环境工程，环境岩土工程也得到发展，不过起步较晚，目前研究成果和发表的论文较少。与国际上一些发达国家如美国、法国、瑞典、日本等在环境岩土工程领域中辐射、颗粒迁移等理论机理方面，以及在核废料、垃圾污染土等隔离设计技术方面还有较大的差距。为适应国家发展需求，迫切需要对环境岩土工程的内涵、城市垃圾填埋环境研究内容、工农业与生活污染土地及修复问题、核废料储存问题等展开相关研究。

随着我国人口继续增加和城市化进程加快，使得城市固体废弃物处理矛盾尤其突出，20 世纪 90 年代后我国开始重视城市固体废物的污染防治与管理，目前已在全国形成了以卫生填埋为主，焚烧、堆肥为辅的生活垃圾处理技术体系。然而城市固体废物的产生、种类和性质变化较大，处理难度增大，在填埋、焚烧、堆肥过程中产生恶臭、高浓度渗滤液、温室气体及二噁英等二次污染，无法满足现行法规标准，并开始出现新建垃圾处理设施选址困难等问题。因此，在城市生活垃圾的处理处置及资源化领域迫切需要技术突破，降低处理处置过程的二次污染排放，并实现资源回收利用是国家迫切的需求。而新材料、新工艺、新方法等新技术不断发展，可为解决这一问题提供技术支撑，需要对此形成学科前沿关键技术研究。

1.7　其他领域工程建设对岩土工程学科发展的战略需求

采矿工程，国防工程，海上油田开发，海洋采油平台建设工程，西汽东送长距离输油管道工程，西电东送输配电工程，南水北调工程等影响国计民生的大工程都要求解决新的岩土工程技术难题。就土地资源开发与利用来说，虽然我国地域辽阔，但人均可用土地量小。特别是我国经济发达的沿海地区，城市密集，人口众多，土地资源不足常常制约经济的进一步发展。而城市的进一步发展需要大量的土地资源作保证，沿海新兴工业基地、深水港集装箱码头等工程建设，都需要大量的土地，致使近年来沿海各省围海造地工程快速发展，在围海造地工程中，有很多岩土工程技术问题需要解决。此外，山地改造也是当前一项重要任务，我国山多平地少，大量城镇建筑、交通道路、机场建造，需要利用和改造山地，同样也有许多地基处理技术问题急需解决。

总之，我国城市化建设和地下空间开发、交通现代化建设、现代水利水电工程建设、地质灾害预防和治理、环境保护工程、土地开发以及其他工程领域中提出了一系列迫切需要解决的岩土工程技术问题。近年岩土工程领域的工程事故常有发生，如上海的倒楼事故、各地的基坑工程事故、洪水、暴雨、地震情况下的地质灾害和大量路基坍塌。还有不均匀沉降导致房屋倾斜，结构开裂。基础工程领域的工程事故给国家和人民造成严重损失。我国基础工程建设量大面广，需要耗费大量的钢材、水泥和木材等资源和能源。因而，为确保岩土工程安全，节约资源，实施低碳经济，环境友好，迫切需要发展岩土工程新材料、新理论和新技术满足国家发展的需求。

2 岩土工程科学技术发展现状

2.1 学科特点和发展现状综述

岩土工程学科的特点主要反映在下述三个方面：一是形成时代短，理论发展较慢，学科理论体系不严密、不完善和不成熟，有许多地方需要依赖经验解决问题。岩土工程学科始于20世纪初，1925年和1940年Terzaghi的《土力学》与《理论土力学》相继问世，至六七十年代，土力学及基础工程、工程地质学、岩石力学及工程三者逐渐结合为一体而形成新的学科；二是岩和土是自然、历史的产物，决定了岩土的复杂性、多变性与不确定性。土是多相体，一般由固相、液相和气相三相组成。岩体中存在各种节理裂隙，显示出岩体的不均匀性，各向异性和复杂的渗流特性。岩土是摩擦体，其受力机理与金属材料有很大的不同。应力应变关系十分复杂，同一土体的应力应变关系与土体中的应力水平、边界排水条件、应力路径等都有关系，而且还有明显的地域差异性。岩土体的形成年代、形成环境和形成条件等不同使岩土体的矿物成分和结构产生很大的差异，而矿物成分和结构等因素对岩土性质有很大影响，这就决定了岩土体的区域性和不确定性强，个体之间差异大；三是岩土工程领域面广、量大，相关行业多，相邻学科多。岩土工程的基本问题是稳定问题、变形问题和渗流问题，但不同领域的岩土工程需要解决的关键问题会有所不同。如建筑工程主要侧重于沉降问题，特别是不均匀沉降问题；水利工程与地质灾害治理工程主要侧重于稳定问题和渗流问题；交通工程主要侧重于稳定问题和沉降问题；基坑工程则涉及稳定、变形和渗流问题。岩土工程与多个学科相互交叉，其发展受相邻学科发展的影响。近年来，测试技术、计算机技术、计算理论和方法等的进步极大地推进了岩土工程学科的发展。

传统的岩土工程领域包括地基基础工程、边（滑）坡治理工程、隧道与地下工程三个领域，近年来新兴的岩土工程包括环境岩土工程、地下空间开发、水利水电大型工程、填海造地与山地利用、地质灾害治理、沙漠改造、地面塌陷与下沉治理等新的工程领域。

地基基础工程技术主要包括各类桩基技术、复合地基技术、各类浅基础、地基处理技术，特殊土土质改良技术，地基与建筑物及土体与加筋材料的共同作用问题，动力作用下地基性状与沙土地基抗震液化问题，地基土固结与多相耦合问题，地基沉降控制等问题。由于我国经济的快速发展，地基基础工程规模宏大，数量众多，位居世界第一，其技术水平也已逐渐达到世界先进水平。某些领域，如复合地基技术、区域性土研究与地基处理技术达到国际领先水平。但也面临着地基基础工程与地基处理如何进一步降低风险，节约资源、能源，减少环境污染与改善环境等问题。

边（滑）坡治理工程方面包括边坡稳定与开挖治理技术，地质灾害治理及预警预报技术，路堤与江湖海堤治理及预警预报技术，边（滑）坡的流固耦合计算与抗震计算等力学问题。

我国是一个多山、多地震与多地质灾害的国家，而且由于城镇人口稠密，高层建筑林立，边（滑）坡治理工程数量均居世界首位，科学技术也开始接近世界先进水平。但由于我国地质环境复杂，地质灾害种类多、分布广，技术水平相对较弱，建筑物安全系数较低，无论在工程建设时期，还是运行时期，事故多、风险大。与国外相比，尤其在施工工程机械、监测仪器研发、计算软件、预警预报手段等方面，还存在较大差距。

隧道与地下工程方面包括交通隧道（陆路和水路的公路隧道与铁路隧道），城市地下空间（地铁、地下街道、城市公共设施、商业和娱乐中心等），临时的基坑工程，水利工程中大型地下厂房，矿业巷道，防护工程等，其工程技术主要包括土质与岩质地下工程变形破坏机理与设计技术、基坑工程围护结构设计技术、地下工程开挖施工技术及施工机械、地下空间开发、海底隧道施工开挖技术、大型地下厂房施工开挖技术、爆炸作用下地下工程防护技术等。

目前我国隧道工程、基坑工程及其他地下工程的规模与数量已居世界第一，相应技术也已逐渐进入世界先进行列，但在成套施工机械与监测仪器等方面，还与国外存在一定差距。无论国内国外，总体来说人们对隧道破坏机理的认识还很不够，至今缺少科学合理的设计方法，急需提高改进。隧道施工中存在的问题较多，如破碎软弱岩体中的冒顶垮塌问题，软岩中的塑性流变大变形问题，硬岩中的岩爆问题，岩溶岩体中的突水突泥问题等。鉴于隧道工程已在“桥隧工程”二级学科中讲述，这里只讲述基坑工程和城市地下空间的开发。

环境岩土工程主要包括自然岩土活动引起的环境工程、人类岩土活动引起的环境工程、岩土环境卫生工程三个方面。环境岩土工程目前最流行的分类是按环境问题的动因划分，包括大环境岩土工程，即人类与自然环境之间的共同作用问题。这类问题的动因主要由自然灾变引起的，如地震灾害、火山爆发、海啸、土壤退化、洪水灾害、温室效应和水土流失等。另外一类就是小环境岩土工程，即人类的生活、生产和工程活动与环境之间的共同作用问题。它的动因主要是人类自身。例如，城市垃圾、工业生产中的废液、废渣等有毒有害废弃物对生态环境的危害；工程建设活动如打桩、强夯、基坑开挖、盾构施工和修建水电站等对周围环境的影响；过量抽吸地下水引起的地面沉降等等。我国是一个多地震、多地质灾害、多水风灾的国家，生态环境比较脆弱，加上管理技术水平相对较低，自然灾害与人为灾害较多。近年来，由于政府重视，国力增强，在环境岩土工程方面的投入大幅增长，取得了良好的效果，但总体来说与国际发达国家相比还有较大差距。

我国水利水电工程，如以南水北调大型输水工程，长江三峡水电站建设为代表的高拱坝坝基稳定、深埋长大引水隧洞、大型洞室群围岩稳定及快速施工技术、高边坡稳定及处理技术等，其规模与数量已稳居世界第一。工程技术方面已涉及到岩石力学的建模与各种数值计算方法，各类室内外实验技术、现场监测技术以及控制爆破开挖、岩爆及变形控制技术、大规模断层及地质缺陷综合治理技术、基础预应力锚索锚杆加固支护、高压固结灌浆、TBM 掘进机械等施工技术等。但在成套施工机械与监测仪器方面，与国外还有差距。传统设计分析方法及控制指标难以适应超大规模水利水电工程，新的数值和物理模拟方法在应用上尚存在一些问题，控制指标体系的形成需要进一步的积累。虽然我国水利水电工程规模及其复杂程度已居世界领先，但总体来说我国还只是岩石力学与工程大国而非强国。

2.2 岩土工程基础理论发展现状

岩土工程技术的发展依赖于其基础学科理论的支撑，因而岩土工程的发展与岩土力学的发展密切相关。土力学最早的贡献是 Coulomb 在 1773 年提出库仑土压力理论和抗剪强度理论，建立了库仑定律。随后 Darcy 在 1856 年提出了达西渗流定理，Rankine 在 1857 年建立了极限平衡理论和朗肯土压力理论。Terzaghi 于 1923 年提出固结理论和有效应力原理，1925 年出版《土力学》。通常人们将 1925 年《土力学》的出版视为土力学学科诞生的标志。岩石力学的发展还要晚一些，一般认为起始于 20 世纪 60 年代前后，只有几十年的历史。对于复杂的岩土地质来说，岩土力学的发展还处于初始阶段，不足以完全解决岩土工程问题，许多地方还依赖于工程经验，但近年来也有了相当的进展。近50年来，岩土工程有两方面的快速发展：一方面是计算理论和本构理论，特别是各种数值计算方法的进展，为解决非均质和非线性岩土工程计算与多场耦合计算提供了有效的方法；另一方面是测试技术，特别是监测控制与信息化技术的发展，提升了室内外试验的测试精度，为岩土工程的动态设计施工，以及发展与验证岩土力学理论提供了新手段。

岩土材料力学性质远比金属材料复杂，岩土材料有两个基本特点：一是摩擦性材料，其抗剪强度可分为二部分：一部分与颗粒间的法向应力有关，其本质是摩擦力，另一部分是与法向应力无关，称为黏聚力；二是固、液、气三相耦合。上述基本特点决定了岩土力学的复杂性。

岩土工程的力学问题基本有三类：

一是强度与稳定问题，由于岩土一般是弹塑性与黏弹塑性问题，因而需要研究岩土场内应力点的屈服准则，更需要研究岩土的整体破坏准则以确定岩土工程破坏的判据。目前岩土屈服准则的研究相对成熟，莫尔—库仑屈服准则广泛应用，考虑中间主应力的屈服准则也已导出，形成了金属与岩土材料统一的屈服准则体系；而岩土体的整体破坏准则，尚缺乏相应的判据与准则，目前我国正在研究建立应变或位移表述的判别准则及能量表述的判别准则，但从实践与理论研究中得出，岩土体的破坏一般是形成剪切带与破裂面，由此预测整体破坏准则还需要与剪切带或破裂面挂钩。岩土的极限分析方法，由平衡方程与屈服方程求解，为解决岩土的强度或稳定问题，提供了有力工具。自20世纪以来，已发展较为成熟，不仅被工程实践与室内试验所证实，也被新近发展起来的数值极限分析方法所验证，它是目前唯一能计算岩土工程破坏状态及其安全系数的方法，在岩土工程界得以广泛应用，因而它也可能发展为以力或功表述的岩土整体破坏的准则。但传统极限分析方法一般需要事先找出岩土体中的破坏面，而且求解困难，因而得到的理论解析解不多，适用范围有限。近年来，将数值方法与极限分析法结合起来，采用数值方法求解极限问题的数值极限分析法，取得了可喜的成果，它不仅求解方便，而且不需要寻找破坏面，直接算出稳定安全系数或极限荷载，还能求得破坏状态和破坏面，为解决各类复杂的岩土工程的设计计算问题提供了十分有效的途径。但这种方法的发展还在初始阶段，发展也不平衡，它需要找出计算机上岩土发生破坏的可靠判据，因而计算的可靠性与适用性还需要深入研究。

综合上述，应力的屈服准则已发展较为成熟，不宜再投入过多研究力量。莫尔—库仑屈服准则既适用于土体，也适用于有裂隙的岩体，以及黏弹塑性岩土体。对岩土体的整体破坏准则，则希望近二三十年内有所突破。无论是传统极限分析法，还是数值极限分析法，都需要进一步发展，以解决复杂的各类岩土工程稳定问题。

二是变形与位移控制问题，变形与位移的计算与岩土的本构关系紧密相关，急需发展岩土的弹性、弹塑性与黏弹塑性理论及其本构关系，而岩土力学理论受到传统力学的严重影响，传统的弹性、弹塑性力学主要适用于金属材料，而与岩土的变形机制不相适应，岩土力学不应直接套用传统力学，而需要依据岩土的变形机制，对其进行修正与发展。如果岩土弹性变形采用传统弹性力学计算，会使计算出的地基沉降量远大于实际沉降量，因此在实际工程中多采用一些实用计算方法，其原因在于岩土材料具有双强度，即摩擦力与黏聚力，使传统弹性力学难以适应。相对而言，在岩土塑性方面已比较充分地考虑了岩土的力学特性，还考虑了土体的剪胀性与各向异性等，但也远不能适应复杂多变的岩土特性，其原因主要是尚缺乏本构理论与本构关系的深入研究。在塑性理论上，传统塑性理论不适应岩土的变形机制，即传统塑性力学中的传统塑性势、关联流动法则与应力主轴不旋转的假定不适应岩土的变形机制，这方面我国已做了一些修正工作，逐步使适应金属的传统力学发展成为既适用于岩土又适用于金属的广义塑性力学。在本构关系上，岩土的本构关系十分复杂，影响因素很多，它需要通过室内较精确的试验，包括精确的仪器和试验方法，通过试验反映某一类土体的本构特性并确定相应参数，确保本构关系的客观性。应当结合工程要求与土的特点，通过试验提出真实反映当地土的本构关系和相应参数。合理的科学试验是确定本构关系的基础，因而应重视试验设备与试验方法的研究，依据试验确定土体实用模型及其相关的力学参数，同时应重视模型的客观验证，努力使位移计算精度得到进一步的提高，为变形计算与变形控制设计提供有力支撑。

综上，土体的弹性本构关系与塑性本构关系都需要深入研究，并望有所突破，以适应工程需要。对于岩石本构关系，目前尚无合理模型，一般采用理想弹塑性模型计算，如何在应用理想弹塑性模型基础上求得近似的且较为合理的位移值也是值得研究的问题。

三是岩土渗流、流固耦合、非饱和土、多场耦合的基本力学理论研究，这也是当前岩土工程迫切需要解决的问题，但尤应重点研究流固耦合问题，为解决流固与多场耦合计算提供手段，为涉水的边（滑）坡工程、基坑工程、石油开采工程等提供技术支撑。

目前，国际上采用上述先进方法，编制了适用于岩土的相应软件，但我国这方面与国外相比有较大差距，而且在应用软件解决工程实际问题方面也相对较少，我国现行规范中明确应用数值方法不多，一定程度上阻碍了岩土工程的发展。岩土工程的数值化计算，精度高、适应性广已成为岩土力学发展的必然趋势，它包括适应各种岩土本构的数值算法，适应不同力学原理的各种数值算法，数值极限分析方法、反分析与智能计算方法、动力与抗震计算方法、考虑时效的流变算法、多场耦合的数值方法和概率数值方法。

室内与现场的测试技术在国内外都有了较大的进步，在监控量测技术方面发展很快，这为复杂的岩土工程的学科发展与施工安全和设计可靠合理提供了技术支撑。目前，基于监测与数值分析结合的这种信息化动态施工、设计，已成为岩土力学的主要方法之一，尤其是边（滑）坡防治、隧道与基坑施工等高风险工程、工程监测已成为工程施工中的必不可少的手段。同时岩土工程测试技术的提升与发展也为建立与验证岩土力学理论提供了有效的工具。及时引入其他学科的科学技术成果，将有利于推动岩土测试技术的发展，充分利用电、声、光、磁科学技术与航测、遥感技术等，并结合信息传输、可视化技术，会进一步提升岩土工程设计施工水平，降低风险。目前，在测试仪器制造水平上及其相应数据分析软件上我国与国际先进水平还有一定差距，需要迎头赶上。

由上述可见，适应岩土工程特性的力学基础理论、数值计算方法与基于监测与数值计算结合的信息化设计、施工方法，将成为今后岩土工程设计、施工发展的趋势。

2.3　岩土工程勘察与测试技术发展现状

岩土工程勘察与测试的主要内容有工程地质测绘、钻探及取样、工程物探、室内试验及原位测试、岩土工程检测与监测等。此外还包括地质灾害点的勘查工作，它是地质灾害防治的基本依据。

工程地质测绘是岩土工程勘察的一项基础性工作，在一定范围内调查研究与工程建设活动有关的各种工程地质条件，测绘成一定比例尺的工程地质图，分析可能产生的工程地质作用及其对设计建筑物的影响，并为勘探、试验、观测等工作的布置提供依据。勘测工作一般在原地进行，目前已发展到可以采用卫星像片、航空像片和陆地摄影像片，通过室内判读调绘成草图，到现场有目的地复查，与进一步的照片判读反复验证，可以测绘出更精确的工程地质图，以提高测绘的精度和效率，减少地面调查的工作量。

钻探是岩土工程勘察的基本方法，工程地质钻机按钻进方法可分为四类：冲击式钻机、回转式钻机、振动钻机及复合式钻机，我国已完成了300m、600m、1000m、1500m和2000m系列全液压地质岩心钻机的研制，为岩土工程勘察钻探装备的更新换代提供了现代化产品。在工程地质钻探中，需要采取保持天然结构的土样，即原状样，进行室内土工试验。取原状样须采用取土器，根据取土器下口是否封闭，有敞口式和封闭式。根据取土器管壁的厚薄，有薄壁取土器和厚壁取土器。工程地质钻探采取原状土样的方法有击入法、压入法和振动法。目前我国岩土工程勘察中，钻探、取样等均有了统一的技术规范要求。

工程物探是岩土工程勘察的重要方法，以研究地下物理场（如重力场、电场等）为基础，依据物探得到的不同地质体在物理性质上的差异，可判断与工程勘察有关的地质构造问题。工程物探具有透视性、效率高、成本低以及可以在现场进行原位岩土物理力学性质测试等优点，特别在查明覆盖层厚度及其变化，探测地质构造带，查明水文地质条件，进行岩溶、洞穴、废弃地下工程的探测等方面具有特殊的优势，因而在岩土工程勘察中日益得到重视和发展，并用于滑坡、软弱夹层的探测，城市地下管线探测。目前应用于岩土工程的物探方法主要有电法勘探、电磁法勘探、地震勘探、波速测试、放射性勘探、综合测井等。但各种物探方法都有一定的局限性，多数方法还存在多解性，尤其是一些先进物探设备来自国外，目前物探判读水平还相对较低，影响了物探的推广应用。

通过室内试验及原位测试获得岩土工程设计和施工参数，定量评价工程地质条件和工程地质问题的手段，是岩土工程勘察的组成部分。室内试验包括：岩、土体样品的物理化学性质，水理性质，静、动力学性质参数的测定。为验证大型工程的设计及其机理与理论还开展室内模型试验及土工离心模型试验。原位测试避免了对土体的扰动，因此在岩土工程勘察中越来越受到重视。土体的原位试验主要包括以下项目：静力触探、标准贯入、圆锥动力触探、载荷试验、十字板剪切试验、扁铲试验、旁压试验、现场渗透试验等。岩体的原位试验包括变形试验、强度试验和地应力测试三个方面，但试件尺寸与岩体工程相比相对较小，很难反映出岩体的真实强度与变形。

岩土工程检测内容相当广泛，最常规的内容是地基中的桩基检测，包括成孔质量检测、取芯检测、单桩竖向抗压静载试验、单桩竖向抗拔静载试验、单桩水平静载试验、低应变动力检测、高应变动力检测、静动法检测、声波检测等。由于桩基设计要求及施工能力的不断提高，单桩承载力越来越大，为解决静载试验在场地及堆载能力方面的局限性，还发展了将荷载箱置于桩底或桩身某处，利用桩上部与下部承载力互相平衡的试桩方法。岩土工程检测还包括复合地基的载荷试验、基坑及边坡工程中的锚杆及土钉的抗拔试验等内容。岩土工程现场监测目前已是基坑工程、地基处理及堤坝修筑、边坡工程、隧道工程等领域施工过程中必不可少的环节。信息化施工与设计已是当前岩土工程设计与施工的发展趋势，一方面确保了工程在施工与运行中的安全，另一方面将岩土工程实时施工状态及时反馈给设计人员，以便进行设计优化。主要监测内容有：建筑物和岩土体的变形监测，包括地表位移、沉降监测，土体内部的变形监测（测斜、分层沉降等），岩体内部的变形监测等；应力测量，包括土压力、岩体应力、支护结构应力等；地下水与孔隙水压力监测；温度监测等。

2.4 地基与基础工程发展现状

改革开放以来，我国土木工程建设发展很快，建筑工程、高等级公路工程、高速铁路工程、机场工程、港口工程等近二十多年得到了飞速发展，推动了地基基础工程技术的进步。我国土地广阔，尤其是特殊土分布范围很广，注定了我国地基基础工程的复杂性，此外土地资源紧张，山地多、平地少，要求填海造地与平山改地，进一步扩大了地基工程的范围。

基础工程的实践促进了基础工程理论、设计计算方法的发展。复合地基技术能充分利用天然地基承载潜能，可以提高工程效益，复合地基理论在我国得到很大发展，已发展形成广义复合地基理论。复合地基与浅基础、桩基础成为三类常用地基基础形式，发展了基础工程理论；在桩基础领域，发展了复合桩基理论和变刚度调平设计理论；按沉降控制设计理论和设计计算方法也开始得到发展。

改革开放以来，我国引进和自主创新了多种地基处理技术。到目前为止，可以说国外有的地基处理方法我国基本上都有，此外还因地制宜地发展了许多适合我国国情的地基处理新技术、新工艺。不少地基处理技术处于国际领先地位，如真空预压首先在我国得到大面积工程应用，近年还在不断发展。越来越多的土木工程技术人员掌握了各种地基处理技术，地基处理技术的普及和提高，地基处理理论和应用在我国都得到了快速发展。在探讨加固机理、改进施工机械和施工工艺、发展检验手段、提高处理效果、改进设计方法、地基处理技术综合应用等方面都取得不少进展。与国外相比，我国在某些地基处理施工机械和施工工艺方面尚有较大差距，有待进一步发展和提高。

在桩基础方面，为了满足工程建设的需要，在桩基设计理论、新桩型、新工艺方面得到长足发展。前面提到的复合桩基理论和变刚度调平设计理论是我国学者的贡献；近年结合各地具体工程地质，发展了多种异形桩，如挤扩支盘桩、DX 桩、X 形桩等；各种管桩、筒桩、螺旋桩在工程中得到应用；发展了灌注桩后注浆技术，有效提高了承载力；我国最长灌注桩已超 100m，超长桩的应用促进了对超长桩性状的研究。特殊土地基，如湿陷性黄土地基、盐渍土地基、冻土地基、膨胀土地基和岩溶地基中桩基施工工艺、设计计算方法、桩基工作性状研究都有了新进展。另外挤土桩施工环境效应及防治对策的研究也取得较大进步。

近 20 年来，复合地基技术在我国迅速发展，已形成了较系统的复合地基理论。目前在我国应用的复合地基类型主要有：由多种施工方法形成的各类砂石桩复合地基、水泥土桩复合地基、刚性桩复合地基、土桩、灰土桩复合地基等。近年还发展了多种长短桩复合地基技术、桩网复合地基技术。目前复合地基技术在房屋建筑、公路、铁路、堆场、机场、堤坝等土木工程建设领域得到广泛应用。复合地基的承载力与沉降计算理论目前落后于工程实践，有待进一步发展。

土工合成材料的应用被视为 21 世纪岩土工程的一个显著的特征，称为一次革命。新型土工合成材料的发展、各种土工合成材料在岩土工程加固中的性状、加筋土地基设计计算理论和方法、现场测试方法等方面的研究近年来得到较大的发展。但土工合成材料的作用机理，土工合成材料与地基土共同作用性状有待进一步研究。

随着高速公路、山地机场、高速铁路的发展，对地基沉降的要求越来越高。在地基沉降计算理论和方法方面，虽然开展了不少研究，提出了许多地基沉降计算理论和方法，如弹性理论法、分层总和法、Skempton-Bjerrum 法、三维压缩非线性模量法、应力路径法、应变路径法、有限单元法等，特别是软黏土地基固结的沉降计算研究更多，但目前总体来看，地基沉降的计算结果与实际还有较大差距。地基沉降难以正确预估，既有力学理论与力学计算方法的问题，也有土体本构模型与参数选用问题，这正是土力学迫切需要攻关的问题。在地基基础工程中应用数值计算方法正在逐步兴起，但与国际相比，还有较大差距，尤其是国内缺乏有影响的计算软件。近年来，监测手段与信息化快速发展，极大地推动了地基基础工程的现场原位检测，地基处理的动态设计、信息化施工方法的发展，同时也确保了地基基础工程的质量。监测仪器与监测方法的进步，也是近年发展的趋势。此外，在地基基础工程施工领域，我国的施工机械能力，尤其是成套技术与国外相比差距较大。

2.5 边（滑）坡防治工程发展现状

近年来，随着我国经济建设与基础设施的发展，边（滑）坡工程的数量、范围、规模大幅增加，建筑边坡、交通边坡、矿山边坡、水利边坡与地质灾害治理工程数量与质量都达到了空前水平，位居世界首位。工程质量与科技水平也日益提高，设计、施工技术规范也日益完善。

边（滑）坡工程防治的科学技术不断提高，主要表现在如下几个方面：

首先是边（滑）坡防治措施不断增多，尤其是新型支护方法与支挡结构类型不断涌现，如锚固技术方面，高陡边坡的锚杆挡墙、锚杆框架、预应力锚索框架、锚拉抗滑桩等技术的应用已十分普遍；边（滑）坡工程中新材料广泛应用，如加筋挡墙与水泥及胶结材料灌浆等技术；抗滑桩技术水平大幅提高，新型埋入式抗滑桩即抗滑短桩逐渐得到应用，经济效益十分显著；高密度微型桩（小直径群桩）被工程部门逐渐采用，尤其是在应急抢救工程中发挥了积极作用；此外，边坡的防护与绿化等新技术不断开发，改善与保护了环境。

其次是稳定分析方法与支挡结构设计计算方法迅速进步，表现在经典计算方法包括土压力计算方法与极限平衡法日益成熟，而且在我国首次发展了支挡结构侧向岩石压力的解析计算方法，并纳入规范，广泛应用；对传统极限平衡法中的计算公式进行了比较，总结出几种较为科学合理的方法在国内推广；对国内广泛应用的传递系数法，进行了深入分析，并指出其应用中要注意的问题，提高了边（滑）坡稳定分析的科学性；在前人的基础上，发展了适应性极广的数值极限计算方法，尤其是有限元强度折减法快速兴起，为边坡、基坑工程、地质灾害治理工程设计提供了强有力的工具，在国内土坡与岩石边坡工程中广泛应用，并开始应用于加筋土边坡、地震作用下边坡及边（滑）坡预报中。在应用数值极限方法解决边（滑）坡工程设计计算方面，已在新型埋入式桩与多排抗滑桩设计计算中取得了突破性进展，其应用水平已进入世界领先行列。

再次，在边（滑）坡施工领域中监测手段仪器类型快速发展，尤其动态施工法得到普及。GPS 等高科技监测手段的应用，极大地推动了边（滑）

坡信息化施工、动态设计及地质灾害预报预警工作获得发展。目前主要应用的监测手段是地面和深层位移，这十分适用于土坡与基坑；而岩石边坡位移量小，采用位移监测数据精度较低，为此我国还研发了沿固定滑面的滑动力测试传感器，为岩石边坡的预警提供了新的方向。此外，在地质灾害监测光纤传感技术及其应用方面也取得重大进展。总之，地质灾害监测预警技术体系已基本形成，地质灾害遥感调查正由示范性实验阶段步入全面推广的实用性阶段。监测技术和设备也有长足进步，设备精度、监测设备性能已具较高水平，并开发了部分高精度（微米级位移识别率）、自计、遥测、自动传输的监测设施，但与国外相比，还有一定差距。

尽管我国地质灾害治理水平飞速发展，但也存在如下问题：

（1）我国山多地广，边（滑）坡工程量大面广，存在着事故较多、风险较高的突出问题。主要是我国地质地形自然条件脆弱、土地资源紧张、工程建设发展速度快、勘查与勘测难度大、建设与运行技术标准较低和技术水平相对落后所致，迫切需要降低施工与运营中的事故发生率。

（2）地质勘测、地质灾害勘查难度大，滑面位置与岩土强度等勘察资料不确定性大，为边（滑）坡治理造成严重隐患。

（3）与其他建筑土木工程相比，边坡与地质灾害治理治理技术水平仍然较低，存在工程费用高、环境破坏大、资源浪费多的问题。在勘察、设计、施工、监测及预警预报上尚有许多技术问题急需解决，尤其是勘察技术、监测仪器、计算软件及工程施工机械方面，与国际有较大的差距，迫切需要通过提升技术水平，降低工程费用，节约资源，改善环境。

（4）目前我国边（滑）坡与地质灾害规范对安全系数的定义、设计安全系数的取值、采用的稳定分析方法、岩土强度参数及其试验方法的规定等都还不统一，甚至还存在一些谬误的地方，需要进一步规范，这对工程的可靠性与合理性十分重要。

（5）目前地质灾害监测技术虽有较大进步，但如何应用监测数据准确预警预报，仍存在较大的问题，这方面需要有重大的突破。我国边（滑）坡数量众多，要全国范围采用监测预警方法，无论在经费上和人员监测水平上也都存在问题，必须对监测方式、监测项目、技术要求、人员培养等方面进行规范。

2.6 地下工程发展现状

我国现代城市地下空间开发利用起步较晚，最早是1965年始建的我国首条北京地铁工程，而城市地下空间的全面开发源于人民防空工程。1978年召开了第三次全国人防工作会议，提出了“平战结合”的人防工程建设方针，对既有人防工程进行改造，在和平时期可以有效利用；新建工程必须按“平战结合”的要求进行规划、设计与建设。1986年10月国家人防办和建设部联合召开了“全国人防建设与城市建设相结合座谈会”，进一步明确了人防工程平战结合的主要方向是与城市建设相结合。1997年12月建设部颁布了《城市地下空间开发利用管理规定》，明确规定了“城市地下空间规划”是城市规划的重要组成部分，有效地推动了全国大中城市地下空间的开发利用。同时，我国一些地下空间开发利用需求旺盛的省份与城市，也制定了各自的管理规定，如《上海市地下空间规划编制导则》、《天津市地下空间规划管理条例》、《深圳市地下空间开发利用暂行办法》等。针对地下空间的开发利用，上海、北京、青岛、深圳、广州、厦门、杭州、无锡等10多个城市完成了地下空间概念规划和专项规划。而更多城市的地铁规划已提上议事日程。此外在许多城市建成了相当数量的地下商场、地下管廊、停车场、人防洞室地下工程设施。有些城市建设了一定数量的地下汽车道，深圳市正在建设亚洲第一规模的地下火车站，发展了城市地下空间。

（1）在隧道及地下工程设计方法方面，逐步形成了荷载—结构法、地层—结构法及经验类比分析法、收敛—约束法等设计计算方法。荷载—结构法基于岩土松散体理论，是目前工程实践中普遍采用的方法，一般情况下难以充分反映实际情况。地层—结构法是将隧道结构与围岩视为一体，作为共同的承载体系，根据变形协调条件主要采用FEM的方法计算围岩与衬砌结构的受力。这种方法基于岩土弹塑性理论，较好的反映了隧道承受变形压力的实际情况。但这种方法缺少设计依据，没有给出设计安全系数，主要依据设计人员经验确定结构尺寸，这是需要改进的地方。经验类比分析法则是当围岩条件（围岩类别、弹性波速度、裂隙系数、围岩强度比、相对密度、细颗粒含有率等、地下水情况）及隧道设计施工等条件（支护形式、地形条件、施工方法、辅助工法等）类似时适合采用的设计方法。这种方法实际上是普遍应用的，各行业规范都提供了相应的经验数据。收敛—约束法是依托隧道周边典型位置地层收敛变形曲线和衬砌结构特征曲线，确定最优的支护时机和衬砌结构参数。

随着岩土及地下工程的发展，提出了有限元强度折减法，国内首先将这种方法应用于隧道及地下工程，使得隧道及地下工程的设计计算与稳定分析进入了一个新的时代。有限元强度折减法是通过不断降低围岩抗剪切强度参数使其达到极限破坏状态为止，进而得到隧道的破坏面和安全系数，定量评价隧道的稳定性；同时，根据破坏面和安全系数的大小来评定设计的合理性，并由此对支护参数和施工工艺提出改进建议。

（2）在隧道及地下工程的建造技术与装备方面，新奥法（NATM）、岩石掘进机法（TBM）等典型的岩石地层地下空间建造技术，盾构法（SM，泥水平衡、土压平衡）、顶进法等典型的软土地层地下空间建造技术以及沉管法等水底地下空间建造技术都得到了广泛的应用和长足的发展，如上海长江隧道工程，盾构外径已达到了15.43m（世界最大），一次推进长度达到了7.5km。与此同时，现代压气沉箱法、管幕—箱涵法等新的地下空间建造技术也开始得到应用和发展。其中，新奥法是以隧道工程经验和岩体力学的理论为基础，将锚杆和喷射混凝土组合在一起作为主要支护手段的一种施工方法。该方法突破了围岩是荷载来源的传统理念，充分发挥围岩和支护系统的共同作用，保护围岩、利用围岩、控制围岩变形是其遵循的主要原则。新奥法是在软弱破碎围岩地段修筑隧道的最基本的方法。

盾构法使用盾构机械，一边在地层中推进，一边开挖与进行衬砌作业。盾构法是在闹市区软弱地层中修建地下工程的最好方法之一。近年来，伴随盾构机械设备和施工工艺的不断发展，适应不同工程地质和水文地质条件的能力大为提高，各种断面形式的盾构机械、特殊功能的盾构机械（急转折盾构、扩大盾构、地下对接盾构等）相继出现，其应用正在不断扩大，将为城市地下空间的利用起到有力的技术支撑作用。

TBM法是利用岩石隧道掘进机在岩石地层中暗挖隧道的一种施工方法。TBM法掘进效率高，掘进机开挖时可以实现连续作业，从而保证破岩、出碴、支护一条龙作业，特别是在稳定的围岩中长距离施工时，TBM法开挖施工质量好，且超挖量少。目前也在我国城市岩石地下工程开挖中开始应用。

沉管法是修建水底隧道常用的方法之一。与盾构法相比，沉管法对地层条件要求低、埋深浅、断面形式灵活、可平行作业。由于沉管法隧道在经济、技术上的独特优点，并随着一些关键技术（防水技术、浮运沉放技术等）的逐步解决和日趋完善，沉管隧道受到很多国家的重视。目前，世界上已建和在建的沉管隧道达到了100多座。现代压气沉箱法是采用了压缩空气的沉箱工法，随着自动化作业的实现，压气工法的安全可靠性得到工程界的广泛认同，在地铁车站、地下停车库、隧道竖井、连续隧道等领域得到了广泛的应用。

在隧道及地下工程施工装备方面，以盾构机为例，我国是盾构机需求大国。长期以来，进口盾构机占据了95%以上的市场。近年来，在国家863高新计划等的支持下，结合我国大量的盾构隧道工程建设，国内部分企业先后研制出具有自主知识产权的盾构机系列产品，一举打破了国外企业的技术垄断，结束了中国市场由国外盾构机一统天下的局面。

（3）在隧道及地下工程的运营管理与防灾减灾方面，世界各国对隧道及地下工程灾害防治的研究都非常重视。国际隧道协会（ITA）下设两个工作组开展隧道及地下工程火灾安全方面的研究。此外，2005年新成立了CO-SUF，进行地下空间的安全运营方面的研究。国际道路协会PIARC下设有工作组，开展隧道火灾方面的研究工作。在隧道及地下工程防灾标准、规范方面，国际隧协WG6发布了《Guidelines for Structural Fire Resistance for Road Tunnels》，该导则对公路隧道衬砌结构防火中火灾场景的确定、隧道分类、衬砌材料高温性能、防火保护措施等提出了相应的建议和要求。国际道路协会PIARC1999年也发布了类似导则；欧盟针对欧洲的公路、铁路隧道发行了指导性文件；美国消防协会NFPA对不同类型隧道的消防要求进行了规定，包括火灾探测、火灾通风、火灾消防设备。我国尽管修建了很多的隧道工程，但却没有系统、完善的关于隧道火灾的规范和标准。只有一些相应规范和标准分别对地铁、道路隧道的防火与疏散做了部分规定，但均不完善，难以满足实际的需要。

总之，城市地下空间与工程正在我国蓬勃兴起，技术上逐步赶上世界先进水平。但在地下空间生态规划、隧道及地下工程施工设备与施工方法的创新等方面还与国外存在一定差距。

2.7 基坑工程发展现状

基坑工程是指建筑物和构筑物的地下结构工程施工时，进行基坑支护、地下水控制和和土方开挖，以及确保基坑周围的建（构）筑物、道路和地下管线正常工作的综合性系统工程。它主要包括岩土工程勘察、基坑支护结构的设计和施工、地下水控制、基坑土方开挖、工程监测和周围环境保护等内容。

近二十多年来随着城市建设和地下空间应用的不断发展，高层、超高层建筑日益增多，地铁车站、铁路客站、明挖隧道、市政广场、桥梁基础等各类大型工程不断涌现，我国基坑工程日益增多，深大基坑不断出现，基坑工程理论与技术水平得到高速发展。围护结构形式、地下水控制技术、围护结构计算理论、基坑监测技术、信息化施工技术以及环境保护技术等各方面都得到了很大发展和提高。

2.7.1 多种围护结构形式得到发展和应用

随着基坑工程的发展，各地发展了许多具有中国特色的围护结构形式，如土钉和复合土钉围护形式、多种排桩墙围护形式、门架式围护形式等。我国科技人员的贡献大大促进了基坑工程围护结构形式的发展。我国基坑工程常用的围护形式大致有如下四类：

（1）放坡开挖及简易支护。主要包括放坡开挖；放坡开挖为主，辅以坡脚采用短桩、隔板及其他简易支护或辅以喷锚网加固等。

（2）加固边坡土体形成自立式围护。主要包括水泥土重力式围护结构；各类加筋水泥土墙围护结构；土钉墙围护结构；复合土钉墙围护结构；冻结法围护结构等。

（3）挡墙式围护结构。主要包括悬臂式挡墙式围护结构、内撑式挡墙式围护结构和锚拉式挡墙式围护结构。另外还有内撑与拉锚相结合挡墙式围护结构等形式。挡墙式围护结构中常用的挡墙形式有：排桩墙，地下连续墙，板桩墙，加筋水泥土墙等。排桩墙中常采用的桩型有：钻孔灌注桩，沉管灌注桩等，也有采用大直径薄壁筒桩、预制桩等不同桩型。

（4）其他形式围护结构。主要包括门架式围护结构、重力式门架围护结构、拱式组合型围护结构、沉井围护结构等。

每种围护形式都有一定的适用范围，而且随工程地质和水文地质条件以及周围环境条件的差异，其合理围护高度可能产生较大的差异。

2.7.2 基坑工程围护设计计算理论方面的发展

基坑工程的设计计算理论方面的发展包括土压力计算、新型围护结构的设计计算方法、基坑工程变形计算、基坑工程稳定分析以及按变形控制基坑工程设计理论等多个领域。

在库仑和朗肯经典土压力基础上发展了考虑变形大小以及土体蠕变影响的土压力理论。

为了有效控制基坑工程变形，保护环境，发展了按变形控制基坑工程设计理念。当允许基坑周围地基土体产生较大变形时，基坑围护设计可按稳定控制设计；当不允许基坑周围地基土体产生较大变形时，基坑围护设计应按变形控制设计。按变形控制设计不仅要求围护体系满足稳定性要求，还要求围护体系变形小于某一控制值。但传统的算法只能计算围护结构受力后的结构变形，而不能计算基坑开挖后结构设置前土体产生的位移。近年来数值分析法在基坑工程中逐渐得到应用，可以较好地解决上述问题，并估算围护结构与基坑周围土体的位移。

随着许多新型围护结构的出现，发展了相应的设计计算方法。如土钉和复合土钉墙围护设计计算方法，门架式双排桩围护结构设计计算方法，水泥土重力式围护结构设计计算方法，拱式组合型围护结构设计计算方法等。许多围护结构设计计算理论随着工程应用的发展不断得到改进和发展。

2.7.3 地下水控制技术方面的发展

地下水控制技术包括地下水控制计算能力、地下水控制施工能力和地下水监测能力等几个方面。随着复杂条件下深大基坑工程建设的需要发展提高很快，无论是浅层潜水还是深层承压水，无论是降排水还是止水，及降排水与止水相结合（包括降排水与回灌水结合），以及降排水对周围环境影响等方面的设计计算能力、施工能力和监测能力都有很大提高。

2.7.4 基坑工程施工技术的发展

基坑工程施工主要包括围护结构施工、地下水控制施工和土方开挖施工三部分。随着基坑工程发展，上述三方面的施工技术都得到很大发展。

在围护结构施工方面，地下连续墙施工技术、加筋水泥土连续墙施工技术、排桩墙施工技术、土钉施工技术、锚杆和锚索施工技术等都有很大提高。许多新机械、新技术和新工艺在围护结构施工中得到应用。如可回收锚索施工技术的应用扩大了桩锚围护结构的应用，可回收土钉施工技术的应用扩大了土钉墙和复合土钉墙围护的应用。

地下水控制施工技术主要包括止水帷幕施工技术和降水施工技术。在止水帷幕施工技术方面，高压喷射注浆技术、深层搅拌技术、TRD 技术等技术水平的不断发展提高了止水帷幕施工能力。在降水施工技术方面，轻型井点降水技术、喷射井点降水技术、各种管井降水技术等在基坑降水中得到应用，可满足基坑降水施工的要求。

在土方开挖施工技术方面，适用多种复杂环境的各类挖土机械得到发展，人们愈来愈重视土方开挖施工组织的合理编制，重视利用时空效应，分层分区开挖，实现信息化施工。由于基坑施工中，采用了监测技术和信息化施工，大大减少了工程安全事故。

基坑是一个临时工程，施工是一个关键问题，如何提高施工中的安全性，加速施工进度，降低工程费用，还有许多技术工作要做，尤其是开发大型专业施工机械和成套设备。如日本开发了围护结构压入式施工工艺与成套设备，其施工的安全性、快速性与效益大幅提高。

2.7.5 基坑工程环境保护方面的发展

基坑工程对环境的影响主要来自两个方面：地下水位下降和基坑围护结构的位移。近年来不少专家学者应用数值分析方法，研究了地下水位下降和基坑围护结构的位移对周围建（构）筑物和地下管线的影响。同时还探讨了各类建（构）筑物和地下管线对地基土体的沉降和水平位移的抵御能力。

按变形控制设计基坑围护体系不仅要求围护体系满足稳定性要求，而且围护体系变形要求小于变形控制值。原则上，控制量应根据基坑周围环境条件因地制宜确定，以基坑变形对周围市政道路、地下管线、建（构）筑物不会产生不良影响，不会影响其正常使用为标准。目前国内各种基坑规范也都给出了这一控制值，大都是依据经验确定，如何科学合理确定控制值，目前的理论研究落后于工程实践。

对基坑工程周围建（构）筑物和地下管线的保护除控制围护体系变形，要求小于变形控制值外，有时也可直接对基坑工程周围的建（构）筑物和地下管线地基进行加固。如对建（构）筑物进行桩基托换，对地下管线周围土体进行土质改良等措施。对基坑工程周围的重要的建（构）筑物和地下管线可采取综合措施。

2.8 环境岩土工程发展现状

尽管岩土工程在20世纪五六十年代已有很快的发展，但对环境问题并没有引起足够的重视，当时城市垃圾是唯一的环境问题。20世纪80年代是环境岩土工程的发展时期，在美国有两项重大举措：一是订出严格的废料存储设施的条例；另一项是公布了全面环境回应、补偿与责任法案。此后由于工业化程度的大力发展以及人们环境意识的提高，环境岩土工程得到迅速的发展。环境岩土工程是应用岩土工程的理论与技术，改善和解决人类活动导致的岩土圈环境问题，降低人类活动对自然环境的危害，进行环境保护的新兴学科。

环境岩土工程是岩土工程与环境工程的交叉学科，涉及岩土力学、环境工程、化学工程、生物学、土壤学、水文学、地质学以及社会科学等多种学科。环境岩土力学理论与工程应用的主要研究领域包括：污染物运移理论、固体废弃物工程特性与垃圾填埋场工程、固体废物处理处置与资源化技术、土壤与地下水修复技术等，地下水开采引起的地面沉降变形也可纳入环境岩土力学问题。

目前国际环境岩土工程的研究重点是在废弃物填埋场及污染土处理的相关内容上。

在污染土研究方面，国内研究始于20世纪60~70年代，主要是由于在老企业厂房的改建过程中，发生地基土被废液污染，导致建筑物破坏的事故。污染土研究主要包括污染物离子在土层中迁移规律和污染土力学性质的研究。

污染土的力学性质研究都是针对具体的工程，以岩土工程勘察评价为目的，对已污染的土做基本力学性质的测试，如压缩、直剪试验等，通常都是取原状样，也有少数与未被污染的土进行了对比试验，试验方法以室内压缩和直剪试验为主。刘汉龙和朱春鹏等采用人工制备土样的方式，分析了不同酸碱度下土体的工程特性以及治理措施。污染土在干燥条件下有时会发生结晶膨胀，从而导致建筑物损坏，范青娟等对地基土浸碱膨胀做了膨胀率和膨胀力的室内和现场试验，试验结果表明室内试验与现场试验结果比较接近。有机污染物对土体性质的影响，主要是对腐殖质进行一些土壤化学方面的研究，力学方面的研究未见报道。到目前为止，还没有人对污染土进行回弹试验、蠕变试验和动力特性试验。

关于污染土性质研究所采用的测试技术主要还是岩土工程勘察的常规方法，如钻探、物探、原位测试、室内土工试验，还没有专门的用于污染土的试验仪器和勘察设备。随着测试技术的快速发展，各种新的测试方法被应用于环境岩土工程领域。Gerald等采用动电技术进行了污染物的调查研究。Rowe等提出了监测土体污染的复杂的电容率测量体系。Mary等采用电修复技术进行污染土的处理研究。查甫生等将电阻率法与环境岩土工程相结合，分析了土体中污染物浓度和类型与电阻率之间的变化关系。随着离心模型试验设备的迅速发展和模拟技术的提高，土工离心机已成为污染物迁移模拟的一个重要手段。清华大学的胡黎明、张建红和邢巍巍等利用离心机进行了土壤中污染物扩散的研究，分析非饱和土中含水量的变化和迁移机理，验证相关的模型相似律，该结果为进一步分析土壤中的无机污染物扩散机理提供了良好的研究基础。

垃圾废弃物研究主要是城市生活垃圾的处理。关于城市生活垃圾的处理方法主要有三种：堆肥、填埋和焚烧。对于有机物含量较高的垃圾，采用焚烧法；无机物含量较高的垃圾，采用填埋法；可降解的有机物较多时，采用堆肥法。当前我国最主要的垃圾处理方法是采用填埋法。

垃圾填埋研究中最重要的是垃圾渗滤液的处理，通过研究提出 7 种方法——化学沉淀法、活性碳吸附法、吹脱法、膜分离技术、微电解法、催化氧化法和生物法。另一问题是垃圾场边坡的稳定性，越来越受到人们的关注，很多学者对其进行了现场和室内试验研究。目前大多集中在静力试验研究方面，动力特性研究较少。张国栋等对垃圾土的动剪切模量和阻尼特性及影响因素进行了分析。Bray 等采用等效线性化处理垃圾土的非线性应力应变关系，对填埋场进行了一维地震响应计算，并采用 Newmark 类方法计算填埋场的永久变形。美国的联邦法律对在地震区建造填埋场做了详细的规定，要求位于地震区（指在 250 年内其基岩水平地震加速度超过 0. 1g 的概率至少应达到 10%）的垃圾场，必须能够承受设计最大水平加速度的地震动，而且除经特别批准外，垃圾场必须位于距活断层 60km 以外的地方。此外，美国的环境保护协会（EPA）1993 年制定了“Solid Waste Disposal Facility Criteria”，对填埋场的地震设防做了详细技术说明，并给出了拟静力法进行地震分析时地震系数选取的简化方法，在试验和监测等方面，美国、欧洲和东亚等国家也进行了一些研究工作。

总体来说，国内的卫生填埋技术总体水平比国外落后 15 年左右，在防渗及渗滤液处理、沼气控制利用、封场及填埋专用仪器设备等方面还远不够完善，技术转化率低，缺乏具有原创性和自主知识产权的新技术和新工艺，尤其在技术集成与工程化方面缺乏足够的支撑。

2. 9 水工岩石力学与工程的现状

岩石力学与工程涉及面很广，尤其是水工岩石力学与工程问题复杂、规模大，其基本研究内容包括：岩体的地质特征、岩石的物理、水力与热力学性质、岩石的力学性质和渗透特性、结构面的力学性质和渗透性质、地应力场分布规律及其测量理论和方法、工程岩体建模与数值模拟方法、工程岩体监测与反馈分析方法、工程岩体的稳定性评价与控制技术等。我国岩石力学的理论研究与工程实践，始于 20 世纪 50 年代末，三峡水利枢纽工程从那时候起就成为我国岩石力学研究的重要基地，金川矿山、葛洲坝工程、成昆铁路及一大批国防地下洞室等重大工程建设，对我国岩石力学学科的形成起了重要的推动作用。20 世纪 50 年代，以 Müller 为代表的奥地利学派提出了结构面对岩石力学特性和岩体稳定性起控制作用的思想，其后以谷德振为代表的中国学者提出了岩体结构新概念及岩体结构控制岩体稳定性的观点，并逐步形成了以“结构面和岩体结构”为核心的岩体工程地质力学理论。

岩石（体）的最基本力学特点是具有节理裂隙，因而它是一个裂隙体或弱面体，岩块强度与岩体结构面强度有强烈的不同，可以差几十倍，甚至百倍以上。目前解决岩石力学的问题大致有如下三种方案：一种是依据经验将有裂隙的岩体视作均质岩体，如隧洞设计中应用经验对岩体进行分类，按岩体等级给出经验的岩体强度，显然这种方法是很粗糙的，由于裂隙岩体非均质性极强、代表性体积很大、难以开展室内试验，因此岩体力学参数取值基本是经验性的；另一种是应用连续介质方法在数值计算中对岩体中的均质岩块与结构弱面输入不同的强度，或传统计算方法中只考虑对计算起控制作用的结构面强度，而岩块与结构面强度是可以测试得到的；第三种方法是采用非连续结构数值分析方法，如关键块理论、DEM、DDA、数值流行等，刚体界面元也有类似特点，这类方法主要将岩体非线性变形特性集中在结构面上，从而弱化对岩体本构的需求。就计算效率和适应性来说，非连续分析方法比以有限元为代表的连续结构分析要低许多。

对岩石（体）的本构模拟宏观上以弹塑性模型和流变学模型为主，以损伤模型模拟裂隙岩体也是一个有特色的研究方向，在连续体中，本构模型常用简单的基于莫尔—库仑或D—P准则的理想弹塑性模型。只要分别输入岩块强度与结构面强度，对于强度与稳定性问题，它可以获得较好的结果，而对于变形与位移计算问题，则需要引入更好的本构模型，这方面的研究还很少。此外，裂隙渗流及多场耦合也是重要的研究方向，为岩体工程所急需。

水工边坡和洞室的开挖扰动区（EDZ）、岩爆、分区破裂化现象、卸荷这类独特的岩石破坏现象，往往成为岩体工程建设中的制约因素，受到广泛重视。它们和高梯度应力有关，其破坏机制和描述仍有待于进一步深入考察。

以地质力学模型试验为代表的物理模拟在水工岩石力学中发挥了重要作用，在300m级高拱坝建设方面，三维地质力学整体模型试验已成为基本设计分析方法之一，并发展了一套反映拱坝和坝基整体结构的整体安全度控制指标。地质力学模型试验在相似材料、体积力模拟、测试方法等方面仍有很大的改进空间。

大型水工岩石结构存在结构复杂、结构和基础相互作用复杂且关联度高、荷载（地应力、动载、渗流、温度等）效应复杂等特点，裂隙渗流及多场耦合是重要的研究方面。以有限元为代表的数值方法是能够全面考虑诸多复杂因素的首选分析方法。以超载法和强度折减法为主的数值极限分析方法近年来得到了长足的发展，逐渐成为水工岩体结构稳定性评价的主导性分析方法。为了解决工程加固措施的优化配置问题，在数值极限方法的范畴内，近年来我国学者提出了变形加固理论。该理论阐明变形体失稳的内在机制是存在不平衡力，结构所需加固力和不平衡力大小相等而方向相反，其总体变形趋势受控于最小塑性余能原理。

除本构模型外，数值极限分析的发展在结构层面上对弹塑性理论也提出了新的要求。弹塑性理论缺乏类似极限分析上下限定理的结构整体稳定性判据，使得稳定判断主要依赖于计算迭代不收敛、位移突变等不严格的力学判据，这是制约数值极限分析方法发展的一个瓶颈问题。掌握极限状态附近的失稳岩体结构的整体运动趋势和极限状态附近位移场内在的协同性都可能与结构整体稳定性判据有关，也可以作为理想弹塑性结构整体稳定性判据的一个研究方向。

由于岩石工程中存在大量不确定性，岩石工程中监测预警对工程安全具有重要意义。对于岩石工程，实践和理论研究都说明基于表观位移监测的预报模型有局限性。除研究新的监测源（微震、红外遥感、超前预报力等）和传感器外，以数值方法为基础，将预报模型和结构内在稳定机理相结合是重要的发展方向，但如何将监测的信息与现代稳定数值方法有机的结合在一起，提出更为合理的预警预报方法，尚有待深入研究。

有关深埋长大引水隧洞和大型洞室群围岩稳定及快速施工技术研究、高边坡稳定及处理技术研究等水工岩石力学与工程技术问题，如大型地下洞室与边坡的稳定问题、软岩的大变形问题、硬岩的岩爆问题、高地应力问题、岩石渗流问题、水工结构的抗震问题等，虽然目前都有了进展，但与工程需要还有距离，都需要深入研究。

3　岩土工程科技发展战略

3.1　总体发展战略

立足我国城镇化建设，交通和水利建设等现代土木工程建设对岩土工程发展的需求，瞄准国际岩土工程科技发展大方向，针对我国岩土工程发展中急需解决的问题，遵循以人为本、创建和谐社会、支撑可持续发展的原则，紧密围绕我国发展中长期规划，建立岩土工程科技创新体系，重视岩土工程基础研究，强调应用科学与应用技术的发展，坚持不懈地推动高新技术在岩土工程中的应用和技术改造，在借鉴国外先进经验的同时，立足自主创新，发展具有中国特色的岩土工程科学体系，促进规范修订、成果转化及推广应用，达到降低灾害风险、节约资源、高效经济、保护环境的目标，为实现岩土工程现代化与满足我国十二五规划与中长期发展需求提供强有力的支撑。

目前岩土工程的发展的国际趋势是工程设计计算的数值化，施工机械的成套化，施工过程的监控化，设计、施工、管理的动态化、信息化与可视化。我们必须紧跟国际趋势，走在国际前列。

3.2 岩土工程基础研究发展战略

岩土工程基础研究包括岩体力学和土力学基础理论及岩土工程分析方法研究，岩土室内外试验技术研究和岩土工程新材料研究。

要大力发展适应岩土特点的现代岩体力学和现代土力学理论，包括岩土体稳定分析理论，土压力计算理论，地基承载力计算理论，边坡与隧道岩土与结构共同作用的计算理论，岩土本构模型理论，岩土变形计算理论，岩土工程变形控制设计理论，渗流计算理论与渗流控制计算理论等。有关岩土力学的发展趋势已在2.2节中叙述。

在岩土工程分析方法方面，要适应国际力学计算的大潮流，大力发展适应复杂岩土状况的岩土工程数值化计算方法。在岩土工程稳定分析领域，积极发展适应性广又贴合岩土工程设计的数值极限分析方法，重视传统稳定分析方法的选用与改进，及其计算参数的确定。在稳定分析中，大力提倡分析方法、计算参数、计算参数测定方法和安全系数合理选用四者相匹配的设计原则。在岩土工程变形控制方面努力发展工程实用岩土本构关系及变形计算理论和方法，提高计算精度，达到实用要求。在岩土工程渗流方面，发展饱和土与非饱和土流固耦合与多场耦合计算；要大力开发研制高水准的国产岩土工程数值计算分析软件，重视通过试验确定工程实用本构模型和模型主要参数，但对一些次要参数也可按经验确定。

要重视岩土工程室内外试验仪器与试验技术研究，提高室内测试精度，以验证力学理论、数值计算；提高现场监测精度，以适应动态施工、设计的要求。研发监测仪器，提升监测技术，为动态设计施工提供技术支撑，逐渐改变我国测试仪器落后国外的现状。

岩土工程基础研究还包括岩土工程新材料研究。发展岩土工程新材料对提高岩土工程技术水平有重要的意义，如土工合成材料的应用曾被称为岩土工程的一次革命。要加大研发岩土工程新材料的力度，提高土工合成材料和灌浆胶结材料的质量，还要积极引进国外岩土工程新材料，以适应我国岩土工程发展的需要。同时，针对我国在加筋挡墙、加筋地基、地基改良等设计计算方面的不足，需要提出基于严格力学理论又可实际操作的设计计算方法。

岩土工程基础研究必须紧密结合我国工程建设和岩土工程技术发展的需要，为我国实施十二五规划和中长期国民经济发展需求提供强有力的支撑。

3.3 岩土工程勘察与测试技术发展战略

岩土工程勘察与测试技术发展战略应符合“十二五规划”的战略需要，结合勘察与测试技术自身学科特点，积极引进吸收其他学科与国际上的先进设备及技术，依靠自主创新研发有自主知识产权的先进设备，解决勘测与测试中的关键技术问题，为各领域岩土工程建设提供可靠基础资料与测试手段，总体达到国际先进水平。

根据工程建设的需要，发展钻探取样技术。首先要解决目前钻探取样中的具体技术问题，提高勘察的精度，还要进一步研究解决海洋、高原、极地等特殊、极端环境下的钻探取样技术难题。发展自动化、智能化、轻便化、精确化的保真快速钻探取样技术，研发适用于山地、沟壑、沼泽、植被覆盖等难于进入地区钻探取样需要的轻便取样钻探设备及钻探工艺。进行定向钻探技术及定位测量实时轨迹描绘等数字化系统的开发研究。进行湖泊、海洋沉积物及地下污染区取样技术及机具的研究。进一步加强地下水资源的勘探、开发技术和装备的研究。

物探方法是一种很有前途的有效勘测手段，随着物理学、数学，特别是电子技术、计算机技术的发展，还有更大的发展空间。目前地球物理场的观测空间已从地面发展到地下（如地下物探）、水域（如海洋物探）、低空（如航空物探）以至空间的遥感技术等。工程物探的发展方向是扩大和提高岩土工程多波勘探仪器装备的精度和适用范围，开发新的高精度、多功能的测试仪器装备和相关技术，发挥岩土工程物探探测速度快、测点密度大，成本相对较低等优势，进一步提高岩土工程多波勘探察方法精度，使岩土层的探测精度能达到钻探取得的精度甚至更高。应正确选择和运用各种物探方法，努力解决目前物探精度不足，缺乏数据分析高水准软件，判读水平低的问题，消除物探推广应用的障碍。还要进一步扩大物探的应用范围，研究开发适合城市和城市周边建筑区勘探要求的、具有较大勘探深度和较高精度物探方法，加强适合城市环境背景条件（高噪声、多其它干扰）下有效的水、油、气管网测漏仪器的研制及准确定位方法的研究。扩大工程物探在环境岩土工程和岩土工程监测、检测以及在海洋（离岸）岩土探测中的应用范围。

利用计算机及现代控制技术对土工试验过程进行自动控制，使土工试验仪器具有更强的功能、更高的自动化及智能化水平，是近年来土工试验仪器研制的一个发展趋势，也是今后的发展方向。此外，地热工程、环境工程、区域开发等对室内土工试验项目及设备提出了更多的要求，如岩土的热物性、垃圾土及区域特殊土的物理力学及水文性质等。

工程建设对岩土工程要求越来越高，新技术与新工艺发展较快，发展适应工程建设需要的岩土工程检测设备及手段刻不容缓，如超高单桩承载力桩基检测、特殊条件下桩基检测、新型桩基检测等。同时也要利用计算机及现代控制技术提高检测的自动化及智能化水平。在工程地质测绘、工程勘察定位放样、岩土工程监测（特别是大型边坡监测）方面要根据工程需要积极引进数字化测试技术，实现测量数据采集和处理的自动化、实时化、数字化，测量数据管理的科学化、标准化、规格化。将 GPS 技术、RS 技术、GIS 技术、数字化测绘技术以及先进地面测量仪器等广泛应用于岩土工程勘察与测试中，发挥其作用。

近年来工程建设积累了大量的岩土工程勘察与测试资料，在各个城市尤为集中。以 GIS 技术为支撑，将岩土工程勘察测试资料进行有效集中管理，转化成系统、全面、可重复利用的高附加值信息，形成核心知识数据库，实现这些信息资源共享，为城市规划、建设和管理提供岩土工程信息决策支持，为城市地质学研究提供基础信息等方面都有重要的意义。该项工作在不少城市已经开展并取得一定成果，是将来地区岩土工程勘察测试资料二次开发利用的发展方向。

3.4 地基与基础工程发展战略

要加快我国地基基础工程技术的发展，提高工程技术水平，必须以科学发展观为指导，以满足国民经济基础设施发展需求为依据，瞄准国际基础工程先进技术和发展方向，学习借鉴发达国家的成功经验，依靠自主创新，解决地基基础工程中的关键技术，总体达到国际先进水平。争取在软土地基变形计算理论、按变形控制设计理论、复合地基理论和工程应用、复合桩基和变刚度调平设计理论、地基处理新技术和综合应用技术等领域为发展现代基础工程学作出贡献，达到和保持领先水平。目前应重点在如下几个方面取得新的进展和突破。

3.4.1 深厚软土地基大面积堆载工后沉降机理及计算方法研究

我国沿海地区深厚软黏土地基分布很广，如：天津、连云港、上海、杭州、宁波、温州、福州、湛江、广州、深圳等地，内陆城市，如武汉、昆明、南京等地软黏土地基也很深厚。建筑工程、机场、高速公路、高速铁路等土木工程对地基的沉降和不均匀沉降都有很高的要求。在深厚软黏土地基上已建的大量工程，包括机场、高速公路、经济开发区等大量的实测资料表明，实际产生的工后沉降量远大于按目前理论预估的沉降量。如何正确预估深厚软土地基大面积堆载工后沉降已成为提高工程质量必须解决的问题。因而应加强深厚软土地基大面积堆载工后沉降机理研究，发展深厚软土地基大面积堆载工后沉降计算理论，以解决这一现实的工程难题。

3.4.2 地基处理新方法、新技术、新材料研究

近二十多年来，我国地基处理技术发展很快。但现代土木工程建设一方面对地基处理提出了愈来愈高的要求，另一方面地基处理面广量大，处理费用十分可观。因此首先需加强地基处理新方法、新技术、新工艺研究，重视研制和引进地基处理新机械，提高各种工法的施工能力和工效；其次应重视发展地基处理新材料，不断改进土工合成材料与灌浆胶结材料，以提高土质改良和地基加固能力；再次，应重视这类地基处理的设计计算方法的研究，提出更为科学合理的地基加固计算方法，对复杂问题引入数值计算，提高地基处理设计水平；最后，应重视地基处理测试新技术的研究，提高地基处理质量检验和加固效果的评价能力。

3.4.3 广义复合地基理论和工程应用研究

复合地基能够充分利用天然地基承担建（构）筑物荷载的潜能，因此采用复合地基技术，可以节约资源，比较符合我国国情。近年来复合地基已成为一种常用的地基基础形式，已在房屋建筑（包括高层建筑）、高等级公路、铁路、堆场、机场、堤坝等土木工程建设得到广泛应用。广义复合地基

理论与技术促进了基础工程学的发展，但复合地基承载力和沉降计算理论落后于复合地基工程应用，广义复合地基理论有待进一步完善和发展。应加强各类复合地基荷载传递机理研究，复合地基工后沉降规律研究，复合地基稳定分析方法研究，以及长短桩复合地基和桩网复合地基计算理论研究；应引入数值分析与数值极限分析现代计算方法，不断提高复合地基技术水平。

3.4.4 复合桩基和变刚度调平设计理论和应用研究

在荷载作用下，桩和桩间土同时直接承担荷载的桩基础称为复合桩基，复合桩基概念的提出和工程应用是我国工程技术人员的贡献。采用复合桩基比较经济，但应加强复合桩基荷载传递机理、形成条件、设计计算方法研究。

变刚度调平设计思路是利用不同的桩基刚度（通过采用不同桩长，不同直径、不同间距等方法改变桩基刚度）来适应上部荷载和场地工程地质条件的差异，达到桩基变形协调的目的，这也是我国工程技术人员的贡献。应进一步加强变刚度调平设计适用条件、设计计算方法研究。

3.4.5 长桩和超长桩工作性状研究

随着超高层建筑和跨海大桥的发展，近年来长桩和超长桩在土木工程中的应用不断增多。温州地区应用的钢筋混凝土灌注桩最长已达104m。我们对长桩和超长桩的承载力特性、桩的工作性状了解还很不够，应加强长桩和超长桩的荷载传递机理、桩的承载力和沉降设计计算方法、桩的施工工艺和桩基检测技术等方面的研究，提高长桩和超长桩设计计算和施工技术水平。

3.4.6 重视桩基新技术应用研究

在重视桩基新技术应用研究方面主要包括各类管桩新技术应用研究、各类异形桩新技术应用研究、各类挖孔桩新技术应用研究。管桩新技术包括预应力薄壁管桩新技术、大直径薄壁筒桩新技术、外方内圆管桩新技术等。异形桩新技术包括挤扩支盘桩、DX桩、X形桩、蒜形桩、各类扩底桩等。挖孔桩包括人工挖孔和机械挖孔桩。要根据每种新桩型的特点，深入研究各类桩的荷载传递机理、适用范围，桩的承载力和沉降设计计算方法，桩的施工工艺和桩的检测技术。同时应发展与桩基新技术相应的成套施工设备。

3.4.7 基础工程施工环境效应及防治对策研究

近年来由于基坑土方开挖、降低地下水位、挤土桩施工、盾构施工等基础工程施工造成不良的环境影响，甚至出现工程事故的事例屡见不鲜。因而应积极开展基础工程施工环境效应及防治对策研究。基础工程施工可能对既有市政设施（包括各类地下管线和道路）和周围建（构）筑物产生不良影响，除重视前面提到的土方开挖、降低地下水位、挤土桩施工、盾构施工等基础工程施工可能对周围环境造成不良影响外，也要根据场地条件重视地下连续墙、强夯法、深层搅拌法、冻结法、钻孔灌注桩等其他各种基础工程施工可能对周围环境造成不良影响。还要重视各类既有市政设施和建（构）筑物抵御地基土体位移的能力的研究，并提出相应控制指标。基础工程施工环境效应还包括施工噪声污染、施工用材料对周围环境和地下水的污染。应采用先进研究手段，积极应用现代计算方法与监测仪器，提升防治水平。

3.4.8 特殊土地基土的工程特性与土的区域性特性研究

我国地域辽阔，工程地质复杂，特殊土地基分布广，主要包括湿陷性黄土地基、盐渍土地基、冻土地基、膨胀土地基和岩溶地基等。因此应结合工程建设需要，加强各类特殊土地基土的工程性质研究，深刻认识特殊土地基的承载力和变形特性，发展特殊土地基的承载力和变形计算理论及各类特殊土地基土质改良方法和地基处理技术。

同类土的土性随区域不同而不同，土的区域性特性明显。我国在土的区域性分布和特性研究方面无论与发达国家相比，还是从是否满足工程建设需要来看都存在很大差距。以黏土为例，天津、上海、杭州、宁波、温州、湛江、深圳、南京等地的黏土，其强度特性和变形特性是有区别的。分布在各地的黄土、膨胀土、盐渍土的强度特性和变形特性也有较大差异。周镜院士曾指出长江中下游砂和福建标准砂在工程特性上的差异。因此土的区域性分布和特性研究十分必要，这方面不仅需要提高认识，还需要增加投入，才能满足工程建设需要。

3.4.9 填海造地中岩土工程关键技术研究

城镇化建设等现代土木工程建设需要土地资源支撑，我国特别是沿海地区土地资源已制约了当地社会和经济的发展。填海造地有助于缓解土地资源不足，我国沿海各省填海造地工程发展很快。因此必须解决填海造地工程中的岩土工程关键技术问题，包括围堤基处理技术、围堤稳定分析及围堤形式选用和优化、冲填技术和冲填土地基处理技术、围填地基沉降发展规律以及填海造地环境效应等。

3.4.10 节约资源型基础工程新技术、新材料开发与应用研究

基础工程要耗费大量资源，为节约资源必须走低碳经济之路，加强节约资源型基础工程新技术、新材料开发与应用研究。近年来在我国基础工程领

域，发展了许多节约资源型的新技术和新材料，如大直径薄壁筒桩技术、灌注桩后注浆技术、长短桩复合地基技术、地基加筋技术等等。以大直径薄壁筒桩技术为例，同量混凝土条件下，与实心桩和小直径管桩相比其竖向承载力高，抗弯能力强，明显节约资源。又如复合地基技术，特别是长短桩复合地基技术，它能充分利用天然地基的承载潜能，降低资源耗费。

3.5 边（滑）坡防治工程发展战略

要加快我国边（滑）坡工程发展步伐，必须以科学发展观为指导，以满足国民经济基础设施发展与防灾减灾需求为依据，以人为本，实施保护环境的可持续发展，瞄准国际岩土工程设计计算数值化、施工与灾害预报监控化、信息化发展大方向，学习借鉴发达国家的成功经验，依靠自主创新，解决边（滑）坡工程中的关键技术，总体达到国际先进水平。在解决边（滑）坡工程“高风险、高耗费”问题上，做出突破性进展。争取在岩土体整体破坏机理方面，提出基于应变、位移或能量的岩土整体破坏判据，进一步发展与推广数值极限分析法，并在边坡工程防治技术上部分领域达到世界领先水平。

边坡工程防治科技发展重点主要包括下述方面：

3.5.1 改进钻探技术，发展物探技术，提升地质勘查与勘察水平

边坡工程地质勘察与地质灾害点勘查是边（滑）坡防治的基础，只有勘察清楚了，才能获得准确的勘测数据；勘查清楚了，才能获得准确地预测灾害地域。目前钻探是勘察的主要手段，通过钻探取样，可以清楚地了解滑坡体的岩石构成及其物理力学性质、空间状况等。但还存在如下一些问题：钻孔容易垮塌、钻进速度低；利用水作为冲洗液钻进时，容易诱发滑坡或崩塌等。消除目前钻探勘察中的一些具体技术问题，仍是当务之急。近几十年来，地球物理的物探技术迅速地扩展，为弄清滑坡体的空间分布特征、滑动面的位置和形状、滑坡体的物质组成和地质结构特征提供了有效手段。目前国内外常用的地球物理物探方法有：浅层高分辨率地震方法、地质雷达法、音频大地电场法、激发极化法、电测深法、自然电场法、高密度电阻率法、充电法、微重力法等。应重视物探方法的正确选择，从目前应用状况来看，首选地质雷达法、浅层高分辨率地震方法、高密度电阻率法的发展。

地质雷达法探测速度快、精度高而受到重视，在地质勘察与地质灾害点勘查领域应用较多，但我国利用地质雷达进行勘查尚属于试验研究阶段，其

仪器设备与相应软件、测试方法与精度都有待提高；浅层高分辨率地震方法可用于确定滑坡体范围、滑动面深度和形状及查明地下水分布的情况；高密度电阻率法是工程地球物理勘探的主要方法，我国从20世纪末研究高密度电阻率法及其应用技术，从理论方法和实际应用的角度进行了探讨并完善，在地质勘察中得到了广泛的推广应用，解决了诸多实际问题。尽管地球物理的物探技术具有简单、快速与经济的优点，但仪器的精度与应用范围及数据分析软件都有待提高，技术人员分析判读水平也急需提升，要加强投入，组织攻关，快速提高技术水平。同时，大力加强包括遥测在内的各种先进技术勘察手段，提高勘察质量，为边（滑）坡工程提供可靠技术数据。

3.5.2 明确经典土压力理论与传统极限平衡法适用的范围，扩展支挡结构设计原则

经典土压力理论与传统极限平衡法是目前边（滑）坡稳定分析的主要方法，但上述方法都有一定的适用条件，例如库仑公式或朗肯公式只适用于均匀的土质边坡，由于它们采用了直线滑动面假设，与实际滑面有一定差距。那么在多大坡高下适用，需要进一步研究。在《建筑边坡工程技术规范》中，提出的岩石边坡岩石压力计算公式，假定了滑动面是一条连续贯通的滑面，应用范围也受到坡高的限制。

当前传统极限平衡法的具体计算公式很多，它们都做了假设，究竟哪些计算方法合理，需要研究。有些方法，例如我国广泛采用的传递系数法，究竟采用显示解好还是隐式解好，在何种情况下会出现重大偏差，这些都需要分析研究，因为它们目前都在广泛应用。

经典土压力与传统极限平衡法，都是极限状态下的计算理论，岩土充分发挥了强度，但要达到这点，要求岩土有一定的位移，小于这一位移值就达不到极限状态，此时实际的主动土压力就会大于计算主动土压力，实际的被动土压力就会小于计算的被动土压力。实际工程中，主要是由于受到支挡结构的阻挡引起，这就要求考虑土与支挡结构共同作用的计算理论，以解决上述计算问题。与此同时，还引起了支挡结构设计原则的争议与讨论，历来支挡结构是以极限状态为设计原则的，究竟是坚持采用这一原则，还是采用土与结构共同作用的设计原则，有待深入研究。

3.5.3 发展与推广数值化先进技术，提升各类边（滑）坡工程设计计算方法

由于传统设计方法难以解决设计中的各种问题，许多地方只能依据设计人员经验设计，有些地方甚至主观假设。如按传统算法无法计算抗滑桩的抗

力，更无法对抗滑桩桩长进行计算，一直采用桩长伸到地面的传统做法，既无法保证在设计安全系数要求的前提下土不从桩顶越出，又会造成不少浪费。同时用传统方法无法计算多排抗滑桩，主观假定每根桩分担多少推力缺乏科学依据，影响了工程的可靠性。因而必须逐步采用更为科学合理的数值计算，做到设计数值化，使边（滑）坡设计更为可靠合理。对于边（滑）坡工程设计，还要采用数值极限分析方法，只有采用有限元强度折减法，才可以出算有支护情况下边（滑）坡的安全系数，纯粹的数值方法无法做到这点。采用先进数值计算方法，可以有效提升各类边（滑）坡工程设计水平：

（1）解决抗滑桩等支挡结构的抗力计算问题、合理桩长计算问题、多排桩计算问题、锚拉桩计算问题等，提升支挡结构设计计算水平。

（2）解决库水作用下边坡的稳定与设计计算问题，如三峡库区等库岸边坡在水位变动下的稳定问题。

（3）解决地震作用下边（滑）坡的稳定与设计计算问题。目前地震作用下的边（滑）坡稳定问题，基于剪切滑动面的假设，而汶川地震等实际状况表明边（滑）坡是受拉—剪破坏，数值极限分析方法能够有效揭示拉—剪破坏机理，求出拉—剪组合破坏面。同时，还能克服当前时程分析法的缺点，提出全动力稳定分析方法，充分考虑地震的动力效应。

（4）解决加筋土挡墙的稳定分析与设计计算问题。加筋土挡墙是一种有很高经济效益的边坡工程形式，但目前设计计算比较粗糙，基本是基于经验的，因此限制了它的应用范围，尤其是在高边坡中的应用。数值极限分析方法能提供基于严格力学理论的加筋土挡墙设计计算方法，提高设计的科学性与合理性。由此扩大加筋土挡墙的适用范围，为公路、机场等高边坡治理提供支撑。

（5）提升边（滑）坡预警预报水平。数值极限分析方法可以求出不同安全系数下的边（滑）坡的位移—时间曲线，通过计算位移—时间曲线与监测的位移—时间曲线的对比，可以较准确的确定任一时刻边（滑）坡的安全系数，从而提高边（滑）坡预警预报的可靠性，开创预警预报的新路子。

总之，采用近年发展的基于数值分析的极限分析方法，对岩土工程是一种合理的选择，尤其是这种方法在边（滑）坡中的应用已被国际所公认，还有助于岩土与边坡学科发展水平赶上其他先进学科。除了发展与推广数值分析方法外，国内还必须加快相应高档次软件的开发，力争在较短时间内有所突破，逐步赶上世界发达国家。

此外对滑坡、崩塌、泥石流等地质灾害，除计算方法外，尚应加强从工程地质角度弄清边（滑）坡成灾机理，诱发原因，早期识别方法，致灾范围与风险评估。

3.5.4 发展与推广先进监控手段，加强边（滑）坡工程动态施工，提升预警预报水平

国外监测技术已发展到一定的水平，采用了全自动、多参数监测的遥测台网，已运用3G技术进行地质灾害空间分析、模型预报和预警系统研究。目前国内这方面进展很快，GPS地表变形监测、深部位移监测、时间域反射（TDR）监测技术、光纤应变分析仪（ROTDR）等先进技术已在国内应用，精度不断提高。研发具有自主知识产权的突发地质灾害光纤传感等关键监测技术与仪器设备十分迫切。虽然国内外都出现了不少预警预报方法，但目前还缺乏公认的实用方法，离预警要求还有一定距离。目前应发展、引进与推广先进监控手段，对不同的边（滑）坡工程提出不同的监测手段与方法，既能做到及时提供可靠数据，又能减少监测费用与工作量。而对边坡动态施工与滑坡预警预报方法上必须有新的突破，对重大边坡与地质灾害的预警必须采取观测、监测、计算等多种手段，进行全过程预报，努力减少误报与漏报。

3.5.5 积极研发新方法、新材料、新技术、新工艺、新设备，以降低风险，节约资源，保护环境

基于数值极限分析法，有助于开发出多种工程治理新技术、新工艺，如用于埋入式抗滑短桩设计计算，使桩长缩短，推力减少，经济效益巨大；可以改善加筋土挡墙的合理设计计算，扩大加筋土挡墙在高边坡的应用范围。高密度微型桩在应急抢险工程中广泛应用，但其设计计算方法有待改进。还有许多新的工艺，如预应力锚索的优化布置、桩锚结合工艺、多排桩合理布置、组合桩结构形式、排水管合理布置及其定量计算、水泥灌浆工艺及其合理计算等都有待深入研究和发展。尤其应重视发展具有独立自主原创性的边（滑）坡治理与应急抢险新技术与新工艺的研究。

结合当前加筋材料、加筋土挡墙设计方法及施工方法的不断改进，加筋土挡墙的可靠性与应用范围将大幅增加，产生巨大经济效益，因此必须继续加强这方面的研究，研制出质量更高、类型更多的节约资源型加筋材料，同时进一步提高设计计算水平，使设计逐步从经验上升到理论。此外还要研发

各种加固土质的新材料，有效地改良土体与加固坡面。

在边坡施工技术方面应重视开发轻型化、机械化、小型化、工厂化和就地取材的治理措施研究；研究开发成套施工机械及相应施工方法，以降低风险，加快进度，节约资源，逐步赶上世界先进水平；加强与边坡相关的生态防护研究，做好边坡工程的美化、绿化工作，以达到节省资源、减少污染环境的目的，形成绿色家园与绿色通道。

3.5.6 加强特殊土边坡稳定分析计算与工程治理方法研究

我国特殊土区域分布很广，尤其是膨胀土与黄土，而这两类特殊土边坡节理裂隙发育又易遇水软化，是有名的边坡治理难题。近年来我国黄土地区连年发生滑坡灾害，造成人员伤亡，财产损失，膨胀土边坡极易坍塌，造成工程破坏，且治理费用昂贵，因而都是我国急需解决的难题。我国各行业部门十分重视这两类边坡的研究，取得了一定的成绩，但无论从破坏机理、分析计算与治理措施方面仍然存在较多问题，并未妥善解决。如对灌溉渗诱发黄土崩滑灾害的机理与成灾模式认识不足；在膨胀土治理措施方面：有的采用放坡加长锚杆加固，有的采用放坡加扩大头短锚杆加固，有的采用放坡加非膨胀土或改性膨胀土包边加固，有的采用刚性挡土墙与抗滑桩加固，有的采用柔性土工合成材料挡墙加固，而无统一见解，适用范围不明确，还有相当的研究发展空间。

3.5.7 加强地震作用下边坡抗震机理与治理研究，以及应急抢救情况下边坡的治理方法研究

我国西部地区存在大量边（滑）坡，又是地震多发地、基于汶川地震教训，地震的次生滑坡灾害损失达到全部损失的三分之一，而且严重阻碍抢救工作的进行，因而必须加强边坡抗震机理研究，并采用有效的抗震措施，以降低风险，减少损失。重点研究强震区山体滑坡成灾模式和风险、地震边坡防治工程设计计算方法，以及合理的地震输入参数，提出经济有效的边坡抗震措施，解决西部地区迫切需要解决的实际问题。

边（滑）坡地质灾害应急抢救措施是我国防灾减灾中提出的新问题，需要有效的技术支撑。预应力锚索和高密度微型桩是应急抢救的有效措施，能防止边（滑）坡的扩大与发展，因此需要研究快速的预应力锚索和微型桩施工方法。尽量采用快速固结的高强新材料、快速高效的施工机械与施工方法，这都是当前急需解决的新课题。

3.5.8 加强认识、法规、标准、培训和管理方面的研究

加强政策法规层次及其执行方面的研究，提高对人为的和自然的地质灾

害严重性的认识，适当提高建设与运行中设计与维护标准，强化技术人员与管理人员的培训，还要严格管理，严惩不法行为。

3.6 地下工程发展战略与重点

进入21世纪，人类生产和生活造成的能源安全和全球变暖问题引起了全球广泛关注。旨在降低人类活动碳排放的“低碳”发展模式在世界范围内得到普遍认同，并成为新时期人类发展目标。

地下空间的开发利用是建设低碳城市的重要支撑，以2010年上海世博园地下空间的开发利用为例，其充分吸收了低碳理念。在构建地下公共活动空间——世博轴生态化室内环境方面：设置阳光谷，利用地下开敞空间实现太阳光和新鲜空气导入地下空间；利用地热资源实现室内环境的空调制冷；在地下空间设置绿化和水体改善室内环境……这些生态化措施在改善地下空间室内环境的同时也实现了能源节约和二氧化碳排放量的降低。在世博园地下基础设施系统建设方面：设置园区集中能源供应中心，铺设园区共同沟，统一供应园区电力和制冷冷源，预计降低园区电力能源消耗量约30%；充分利用地热资源和黄浦江水体冷源，减低园区空调系统的能源消耗……总之，上海世博园地下空间的开发利用在节能减排、发展城市低碳经济方面起到了一定的示范作用。

因而，在城市化发展面临着土地资源紧张、绿地面积减少、城市人口爆增、交通堵塞、能源消耗增大、环境污染等严峻问题的大背景下，为实现“人与自然充分和谐”、“节能、安全”的城市建设发展目标，确保城市的低碳、可持续发展，充分开发利用城市地下空间资源已成为世界发达国家和我国政府高度关注的重大发展战略，也是实现我国可持续发展的重要保障。

紧扣国家中长期科技发展规划纲要（2006~2020年），着眼于城市新建和旧城改造两方面，以低碳、全生命周期建设的理念，对我国地下空间开发过程中面临的战略重点与主要任务进行联合攻关，集多行业、多学科交叉的优势，建立系统的城市地下空间可持续开发利用创新性技术体系，攻克地下空间规划、数字化、安全保障及节能降耗等一批关键技术，加强工程化研究，使城市地下空间的开发利用技术达到国际先进水平。为我国可持续发展战略与科学发展观的实施提供坚实的技术支撑。

地下空间开发利用是城市可持续发展及建设低碳城市的必然趋势，为实现我国地下空间开发生态、节能、环保的目标，需进一步强调科学技术对城市地下空间开发利用的支撑作用，在国家中长期科学和技术发展规划的引导下，加大对地下空间领域新方法、新技术、新设备的科研支持力度。

具体而言，围绕国家城市发展的战略规划，目标是通过对低碳生态型城市地下空间的开发利用模式、规划理论、数字化、安全保障、节能降耗技术体系的攻关，实现城市地下空间的可持续开发利用。建议重点开展如下 7 项关键技术的攻关。

3.6.1 城市深层地下空间的开发利用技术

研究城市深层地下空间（深层地下快速轨道网、深层地下道路、地下排水系统、大规模综合型地下物资流通网等）开发利用的立法与政策、规划理论、设计方法与施工技术。

3.6.2 城市地下空间数字化关键技术

研究城市地下空间的信息化模式；地下空间信息化数据标准与规范；地下空间信息化海量数据管理方法与技术；地下空间一体化三维建模与可视化理论与技术。

3.6.3 城市地下空间防灾减灾关键技术

研究规模化城市地下空间开发利用的安全性评估方法体系；规模化城市地下空间防灾安全标准、救援技术及综合防救灾平台。

3.6.4 城市地下空间节能及生态化技术

研究城市地下空间节能降耗新技术；地下空间环境生态化技术及地下空间节能型生态技术的应用。

3.6.5 城市地下空间改造与功能提升关键技术

研究城市既有地下空间性能评估方法与体系；改造与功能转换、提升关键技术。

3.6.6 地下工程破坏机理、设计方法与软件技术

鉴于岩土力学与数值方法的发展，基于岩土弹塑性与粘弹塑性理论及极限分析方法，研究各类地下工程的变形破坏机理、定量稳定判据、设计计算方法；提升设计分析软件水平，尤其需要开发独立自主的计算软件。

3.6.7 地下工程各种施工方法与施工机械制造技术

地下工程施工方法种类较多，需要研究各类施工方法的适用条件、改进与提升施工技术，以降低施工风险，加快速度，节省费用与保护环境，尤其需要大力发展施工机具，赶上国际水平，满足发展需求。

3.7 基坑工程发展战略

3.7.1 基坑工程的特点

（1）岩土区域性强。场地工程地质条件和水文地质条件对基坑工程性状具有极大的影响。软黏土地基、砂性土地基、黄土地基等地基中的基坑工程性状差别很大。同是软黏土地基，不同地区的软黏土地基性状也有较大差异。地下水，特别是承压水对基坑工程性状影响很大。岩体基坑与土基坑差别极大，岩块强度远大于土体强度，但它受岩体结构面的控制，与结构面的强度、分布形式关系极大。

（2）环境效应强。基坑工程不仅与场地工程地质条件和水文地质条件有关，还与周围环境条件有关。基坑围护体系的变形和地下水位下降都可能对基坑周围的道路、地下管线和建筑物产生不利影响，严重的可能导致破坏。因此，设计和施工一定要重视环境效应，需要严格控制围护结构体系的变形。

（3）时空效应强。基坑工程空间大小和形状对围护体系受力具有较大影响，基坑土方开挖顺序对基坑围护体系受力也具有较大影响，而且土与软岩具有蠕变性，因此基坑工程必须考虑空间效应。在基坑围护设计和土方开挖中应充分重视和利用基坑工程的时空效应。

（4）风险性大。除少数基坑围护结构同时用作地下结构的“二墙合一”围护结构外，基坑围护结构一般是临时结构。临时结构与永久性结构相比，设计标准考虑的安全储备较小，而且基坑受力涉及岩土稳定、变形、渗流以及施工方法等诸多问题，可能导致基坑与周边建（构）筑物的破坏失稳，因此基坑工程具有较大的风险性，应对设计、施工和管理各个环节提出严格要求。

3.7.2 基坑工程发展的几个重点领域

（1）基坑围护设计计算理论和方法。基坑围护结构发展很快，而设计计算理论与方法相对滞后，目前应重视发展考虑位移影响的，即考虑土与结构共同作用的土压力理论和基坑变形计算理论。数值分析方法能较好的解决上述问题，应重视该领域的研究。

在基坑围护结构设计计算中通常采用库仑土压力理论或朗肯土压力理论计算式计算土压力。但人们已经认识到，库仑或朗肯土压力理论计算得到的主动土压力值和被动土压力值都是依据极限平衡求得的，它要求挡墙达到一定位移值。实际工程中，由于挡墙作用有时达不到理论计算要求的位移值。当位移偏小时，计算得到的主动土压力值比实际发生的土压力值要小，而计算得到的被动土压力值比实际发生的土压力值要大。因此应研究和发展考虑挡墙实际位移值的大小影响的土压力计算理论，即考虑土墙共同作用的土压力理论。此外，基坑土压力还受很多因素影响，如土的蠕度、基坑降水、空间效应等，对于这样复杂的问题，只有采用数值方法才可以较好地解决。

基坑稳定分析中，土压力的水土合算与水土分算以及土的抗剪强度指标值的选用，也是当前令技术人员困惑的问题，必须加强这方面的研究，以澄清计算中的混乱状态。

除稳定分析外，基坑工程还应按变形控制设计，开展各种围护结构体系下基坑工程变形研究十分必要。现有的经验、规程规范、手册以及设计软件尚未能科学合理的解决这一问题，形成了设计盲区。即使采用国际通用数值计算软件，也难以解决这一问题，因为变形计算与土体本构关系密切，需要大力加强土体本构理论与本构模型的研究，尤应发展卸载条件下土的实用本构模型，以提高变形计算的精度。

(2) 发展新型围护体系。在发展新型围护体系方面我国工程技术人员已取得很好的成绩，为深基坑支护技术的发展做出了很大贡献。但今后应重视下述几方面的研究：因地制宜，继续重视新型围护体系的研究；加强围护体系与主体结构二墙合一的研究；加强各种围护体系的适用性研究，特别是各种围护体系在不同地质条件下极限支护高度的研究。

(3) 地下水控制。源自地下水控制未处理好而造成的工程事故在基坑工程事故中占有很大比例，应继续重视地下水控制研究。通常控制地下水有下述三种方法：第一类是设置止水帷幕止水，指通过设置止水帷幕让基坑围护体系内外保持较大的水头差；第二类是自由降水，指在降低基坑内地下水位至基坑底以下1m左右的同时，不再控制基坑外地基中的地下水位，让其自由下降；第三类是设置止水帷幕止水，坑内外都采取降水措施。需要加强在不同地质条件、不同环境条件和不同围护结构体系条件下，上述三类地下水控制方法的适用性研究。同时还应进行通过止水还是通过降水来控制地下水的研究。

止水帷幕有三种——利用围护结构本身形成止水帷幕，独立设置止水帷幕，围护结构和水泥土桩等止水体联合形成止水帷幕，应加强其适用范围的研究和防治漏水与提高各类止水帷幕施工质量的研究。

(4) 基坑工程施工技术。基坑工程的关键技术是施工，由于我国与先进国家相比在施工机械与施工工艺方面还存在较大的差距，应特别重视研发各种基坑围护体系和土方开挖施工新机械、改进施工工艺、发展新工法，以促进施工安全、加快进度和节约资源。

当前，我国基坑开挖施工不当引发的基坑工程事故比较严重，要解决施工不当引发的基坑工程事故问题，要做好以下工作：一要加强施工组织管理，制定详细的施工组织方案，充分利用时空效应，合理安排分层分区开挖，并严格遵守操作规程；二要在围护结构设计中重视施工方便，并对基坑工程施工提出合理要求；三要实现信息化施工，施工过程中加强监测，只有设计、施工、监测三者密切配合，实现信息化施工，才能有效减少基坑工程事故。

（5）基坑工程监测要重视研发各种基坑工程监测新技术和新仪器，努力提高监测范围和监测精度。加强测试数据收集、远程传输、分析技术与预警预报研究，提高测试成果的可靠性。

（6）基坑工程风险分析。基坑工程是高风险工程，要研究建立、实施基坑工程风险管理制度，加强基坑工程风险分析理论研究，重视基坑工程各阶段风险管理分析，普及基坑工程风险教育，加强基坑工程各阶段风险管理。

（7）复杂条件下深基坑工程关键技术。近年来随着城市化建设的不断发展，地下空间的开发应用，以及地铁车站、铁路客站、明挖隧道、市政广场、桥梁基础等各类大型基坑工程不断涌现，复杂条件下深基坑增多。但目前基坑工程设计计算理论不完善，事故率较高，特别是在复杂条件下深基坑工程中有许多问题急需解决。如：高承压水条件下的基坑工程设计计算理论及相应技术措施；考虑堤坝、潮汐作用下的临江临海基坑工程性状分析；复杂条件下基坑工程按变形控制设计计算理论；繁华市区复杂条件下深基坑工程环境效应问题；复杂条件下基坑工程信息化施工与风险分析等。

3.8 环境岩土工程发展战略

环境岩土工程科技发展战略是以地质环境的保护和改善、人与自然的协调以及各类工程的安全和持久运行为研究目标，综合运用各学科的理论、技术和方法，分析、评价和预测人类活动与岩土环境之间的相互作用、相互影响，治理和保护岩土环境，保证工程活动与自然环境的协调发展。

为了保护土壤和地下水环境，提高修复效率和降低修复费用，污染控制与修复理论、技术等方面的研究和创新十分迫切。土壤/地下水原位修复技术得到了迅速的发展，原位修复技术具有高效、快捷、对周围环境干扰小等特点，已经大量应用于土壤和地下水污染修复，然而其理论研究远远落后于工程实践。原位修复过程修复机理、理论模型和数值模拟的深入研究对修复系统的优化设计和高效运行具有重要意义。

城市垃圾卫生填埋场是我国主要的固体废物处置技术，而固体废弃物物理、力学、水力特性的研究是工程合理设计和安全运行的前提和基础。如何选择垃圾渗滤液最佳处理工艺、降低运行成本，提高出水质量是今后研究的重点。

通过十年到二十年的努力，使我国的岩土环境工程接近世界先进水平。结合我国城镇化建设需要，环境岩土工程具体发展战略如下。

（1）主要开展：场地特征评价体系与填埋场的稳定性、粒子能量场理论、追踪污染隔离系统腐蚀过程的分时方法、垃圾场覆盖层的水力渗透近似模型、污染土探测技术、土壤净化与污染土治理的原理和生态修复、垃圾土无害化和再利用技术开发、核废料辐射与颗粒迁移机理、核废料、垃圾污染土等缓冲材料和隔离设计技术、各类污染物在包气带中扩散与迁移规律问题研究。

（2）主要开展：生活垃圾源头减量与分类收集技术、生活垃圾处理处置过程的污染减排技术（如焚烧的酸性气体控制、二噁英削减）、生活垃圾处理处置过程的温室气体减排技术、电子废物集中处理技术、生活垃圾中资源回收利用技术、城市污泥的无害化、减量化和资源化处理技术的研究。

（3）污染物运移理论，主要研究：大尺度地下水运动模拟技术、污染状况监测技术、各类污染物在包气带和地下水系统中的迁移规律，以及土壤与地下水污染场地风险分析和安全评价理论与方法。由于污染物的多样性特别是日益严重的非水相流体有机污染物，以及涉及物理、化学和生物等作用的污染过程的复杂性，土壤中多相渗流和多过程耦合理论模型与模拟技术是主要的科学问题。

（4）固体废弃物工程特性与垃圾填埋场工程，重要科学问题包括：固体废弃物变形、强度和本构关系等方面的研究以及垃圾填埋体边坡稳定、沉降，与垃圾填埋体内结构物的相互作用问题；垃圾体中渗滤液和填埋场气体的运动规律和控制技术；城市卫生填埋场阻隔垫层和表面覆盖层的力学与水力特性；填埋场污染监测与控制技术；填埋场基础的变形与稳定；土工合成材料工程性质与应用等。

(5) 固体废物处理处置与资源化技术，我国固体废物的处理原则是无害化、减量化和资源化，与此相关的研究领域包括：核废料地质处置技术中渗流、温度、应力、变形等多场耦合问题；建筑垃圾的重复利用；城市污水厂污泥、工业固体废物、疏浚淤泥的无害化和资源化；尾矿脱水、输送、资源化等处理技术；固体废物储存场地的安全运行和生态修复。

(6) 土壤与地下水污染修复技术，目前亟待研究的污染控制与原位修复技术包括：地下水水力控制与抽出处理、土壤气相抽提与地下水曝气、气压劈裂等技术，其核心科学问题为多孔介质水气多相渗流以及与化学、污染物运动等多物理场耦合机理和理论的研究。

3.9 水工岩石力学与相关工程科技发展战略

我国是水利水电建设的大国，工程建设规模巨大、地质环境恶劣、工程作用强烈，所遇到的岩石力学与工程问题十分复杂。针对面临的工程领域多，存在的问题难的机遇与挑战，我国水工岩石力学与水利水电工程学科必将乘势而上，迎头赶超，成为水工岩石力学与水利水电工程强国。为此需要整合科技资源，发展优势学科；坚持人才为本，培育创新群体；面向工程需求，强化基础与创新科技研究。在发展布局上要依托行业和重大工程，引导从实际工程关键技术问题出发的重大基础理论研究与新技术、新材料、新工艺研究。

高坝岩基、高陡边坡、地下洞室围岩的变形和稳定是水利水电工程关键技术问题。在工程岩体的利用和改造过程中，爆破开挖改变岩体的几何形状、边界条件和载荷条件，从而改变岩体赋存环境和物理力学特性；喷锚支护、固结灌浆和回填置换等工程措施通过改变岩体的结构特征、变形特性和渗透特性对岩体的稳定和变形进行控制。复杂工程岩体的稳定性分析理论和支护优化设计理论、岩体爆破开挖损伤机制、锚固岩体的力学特性及其对变形的控制作用等是进行研究的重要科学问题。

3.9.1 高拱坝坝基工程特性与调控

300m 级高拱坝电站装机巨大，一旦失事，后果很严重。除对坝基边坡自身的稳定性有要求外，还对坝基地质、地形、力学特性上有均匀、对称的要求，应使高拱坝有较高的稳定储备并避免大坝开裂。

主要研究高拱坝整体（大坝 + 坝基）稳定性、高拱坝岩基宏观力学参数与演化规律、高拱坝岩基抗滑稳定分析方法与设计原则和安全度判据、高拱坝整体稳定性的实时监控与预警方法、高拱坝岩基加固机理、高坝系统风险分析与调控方法等。

3.9.2 深切河谷水电工程高边坡稳定性和支护技术

深切河谷水电工程大多处在我国青藏高原向四川盆地过渡地带，由于晚近期以来地质构造的作用，青藏高原快速隆升，形成了一系列的大江大河以及高差达 2000 ~ 3000m 的深切河谷，同时也发育了我国著名的西部深大断裂带和地震带。因此，地质条件十分复杂，在开发水力资源的过程中，存在着复杂的大型工程高边坡问题。这类高边坡具有如下一些显著特征：①自然谷坡陡峻，坡角一般在 45°以上，大多在 70° ~ 90°，谷深多在千米以上；②工程边坡高，大多在 300m 以上，最高可达到 600 余米；③边坡的地质条件复杂，断层发育，岩体地应力高，岩体卸荷强烈，卸荷深度大。锦屏一级水电站就是一个典型的例子。锦屏一级水电站枢纽区为典型的深切“V”形峡谷，相对高差 1500 ~ 1700m。

需要研究高陡边坡稳定性自然演化规律、高地应力强卸荷条件下边坡岩体参数演化特征及取值方法、高边坡初始地应力场反演分析、高边坡渗流场数值分析方法、高边坡变形及稳定性分析方法、边坡岩体加固机理与优化分析、边坡监测反馈分析与动态设计、高边坡工程风险分析与控制、高边坡变形和稳定性预测与调控方法等。

3.9.3 大跨度高边墙地下洞室稳定与支护

大型水电工程地下厂房往往地处高山峡谷，洞室规模巨大，其主体洞室（发电厂房、主变室、尾水调压室或尾水闸门室等）跨度接近或超出 30m，高度可达到 80 ~ 90m，长度可达 400 ~ 500m，主体洞室与压力管洞、母线洞、尾水管洞以及通向地面的出线洞（井）、通风洞（井）、交通洞、尾水隧洞、排水洞等附属洞室一起，形成规模宏大、纵横交错的地下洞室群。对于各种类型地下厂房，不仅需要解决好洞室群在开挖过程中的洞室围岩稳定问题，更重要的是确保地下厂房能长期安全稳定运行。

大跨度高边墙地下洞室（群）围岩稳定面临以下主要关键技术问题，包括：地下洞室群合理布置；地下洞室围岩稳定性与评判标准；地下洞室群支护设计与优化；高地应力地下洞室群岩爆的预防和处置；地下洞室群施工期快速监测与反馈分析和地下洞室开挖程序等。

地下洞室群的施工采取不同的开挖顺序将产生不同的应力变化途径，研究不同的施工顺序以寻求岩体的最佳稳定效果是地下洞室群围岩稳定与支护方式研究的重要方面。由于岩体是一个包含各种复杂因素和本构关系的模糊系统，为弥补预可行研究和设计中结论和实际工程之间差距，在施工方案确定以后，还要在施工过程中建立快速监测和反馈分析系统，分析研究在一定工程措施下（开挖顺序、爆破参数、支护措施）的输出信息（应力变形等）以不断修正施工方案中的结构和支护参数。

3.9.4 岩体爆破效应及工程安全

主要研究岩体开挖爆破振动传播及衰减规律、爆破振动安全判据、爆破振动控制技术、复杂岩体开挖卸荷松动机理、开挖瞬态卸荷诱发振动机理与规律、复杂条件下的高坝岩基、高边坡及地下洞室围岩开挖爆破优化技术、爆破振动监测与反馈分析、围堰爆破拆除技术以及筑坝级配料开采技术等。

4 建议

4.1 加强岩土工程基础理论和分析方法研究

4.1.1 突出岩土特点，发展岩土力学

岩土工程学科与土木建筑、水利交通等各类二级学科密切相关，它们都是以力学理论为基础，只是岩土材料比混凝土材料与金属材料更为复杂，简单应用传统力学对岩土工程是不适合的，因此必须发展适应于岩土的力学性质和变形机理的岩体力学和土力学。在岩土强度与稳定问题上，要加强岩体整体破坏准则的研究，发展基于应变、位移或能量的岩土破坏准则；进一步发展极限分析理论与方法，探索是否可能转化为整体破坏准则。在岩土工程稳定分析中要重视稳定分析方法、采用的强度指标、强度指标测定方法及试样制备方法、安全系数取值四者相匹配的原则。在岩土工程变形分析中，要积极发展岩土非线性弹性分析理论与适应岩土变形机制的弹塑性、黏弹塑性分析理论，积极发展各类工程实用本构模型，提高岩土工程变形计算的精度。在多场耦合计算中，尤应重视有很强实用性的流、固耦合计算问题。

4.1.2 尽量应用先进理论和先进方法，提升岩土工程学科水平

岩土材料十分复杂，而引用的方法和技术相对其他结构、桥梁、水工等学科，科技水平更低，必须反对因袭守旧，以简单化方法处理复杂岩土问题，避免风险与浪费。因此必须提升岩土工程学科水平，提高认知能力，使岩土工程学科发展适应复杂的岩土特点，以科技创新解决复杂的岩土工程问

题。紧跟国际科技发展趋势，尽量应用先进数值方法和监测技术，做到设计数值化、监控化、信息化。

4.2　加强岩土工程教育，特别是岩土工程科普教育

随着现代土木工程建设的发展，岩土工程在土木工程建设中所占比重不断提高，岩土工程技术应用范围愈来愈广，而且岩土工程知识对人类生活也产生重要影响。如果国民对滑坡、泥石流的知识多一些，由滑坡、泥石流等造成的灾害就可以少一些。加强岩土工程教育有二层含义：一是在土木工程技术人员的专业教育中要适当增加岩土工程学科的比重，无论是本科、大专或中专教育中，要增加岩土工程教学内容；二是要加强岩土工程科普教育，通过出版岩土工程科普读物，组织培训班，普及岩土工程基础知识，提高国民基本素质，特别是各级管理人员的素质。一个缺乏岩土工程基础知识的管理人员，难以进行科学管理。普及岩土工程基础知识，提高全体国民的基本素质，有助于节省工程投资，也有助于减少事故的发生。

4.3　加强国内外学术交流，重视人才队伍建设

加大国内外高层次学术交流力度，组织一些共同研究的机构，建立一些合作开发的课题，工程院与科协应在高层次学术交流上发挥重要作用。

人才资源已成为科技创新和竞争的核心与关键，要加大岩土工程高科技人才建设。科技创新靠人才，造就一批德才兼备、国际一流的科技创新领衔人物，建设一支高素质的科技创新队伍，是实现我国岩土工程科技的关键。当前急需培养、引进、造就一批高水平技术人才，高素质的项目管理人才，具有合理知识结构的复合型人才，以及各类具有专业知识的职业人员，还要培养出一些在国内与国际有重要影响的高科技人才。高等院校研究生培养是一条重要途径，要求大力提升研究生培养质量，尤其是创新能力的培养，改善岩土学科的人才素质，工程院应考虑如何在培养高科技人才方面发挥作用。

岩土工程技术人员与管理人员的工作责任心与技术水平对防止工程风险、提高工程质量有重要影响。目前这两方面都还存在一定缺陷，建议加强职业教育与普及教育投入，通过在职培训、学术与科技交流、职能考核等多种手段，培养提高人员素质，并形成培训机制。

4.4 推行产、学、研相结合的科研体制，完善岩土工程管理体制

大力推行产、学、研相结合的岩土工程科研体制，大力培育工程建设系统中的研究单位和研究力量。要根据科学发展观，不断进行岩土工程管理体制改革与完善。努力促进建筑工程、交通工程、铁道工程、矿山工程、水利工程、市政工程等领域岩土工程一体化，促进名词术语统一、岩土分类统一、计算理论统一。要推进岩土工程咨询制度，推进设计施工总承包体制，培育岩土工程专业施工队伍。

4.5 增加岩土工程科研投入，提高岩土工程技术水平

人们愈来愈认识到处理好岩土工程问题的重要性。岩土工程问题处理不当可能酿成大事故，如震惊中外的上海倒楼事故，损失惨重的发生在杭州、深圳、北京、上海、南京等地的基坑工程事故，以及屡见不鲜的公路、铁路边坡失稳事故；岩土工程问题处理不当还会造成严重的工程投资和资源浪费。为了减少、避免工程事故，降低工程投资，需要大力增加岩土工程科研投入，提高岩土工程科学技术水平。既要增加岩土工程基础理论研究的投入，也要增加岩土工程应用技术的研究。科研要紧密结合解决工程建设中出现的岩土工程问题，为工程建设服务。要促进建立多渠道岩土工程科研投入制度，建议科研费用投入与工程费用投入挂钩，让科研费在工程费中占一定比例，针对重大的岩土工程，解决工程建设中出现的岩土工程技术难题。

参考文献

[1] 孙钧．岩土材料流变及工程应用［M］．北京：中国建筑工业出版社，1999.

[2] 沈珠江．理论土力学．北京：中国水利水电出版社，2000.

[3] 卢肇钧．关于土力学发展与展望的综合述评//卢肇钧院士科技论文选集［M］．北京：中国建筑工业出版社，1997.

[4] 中国岩石力学与工程学会．岩石力学与工程学科发展报告［M］．北京：中国科学技术出版社，2010.

[5] 王思敬，等．中国岩石力学与工程——世纪成就［M］．南京：河海大学出版社，2005.

[6] 葛修润，任建喜，蒲毅彬．岩土损伤力学宏细观试验研究［M］．北京：科学出版

社，2004.
[7] 郑颖人，孔亮．岩土塑性力学［M］．北京：中国建筑工业出版社，2010.
[8] 高大钊．岩土工程的回顾与前瞻［M］．北京：人民交通出版社，2001.
[9] 龚晓南．21 世纪岩土工程发展展望［J］．岩土工程学报，2000，22（2）：238.
[10] 周维垣，杨强．岩石力学数值计算方法［M］．北京：中国电力出版社，2005.
[11] Yu Maohong，et al. Structural Plasticity：Limit，Shakedown and Dynamic Plastic Analyses of Structures. Springer and Zhejiang University Press，2009.
[12] 钱七虎，戚承志．岩石、岩体的动力强度与动力破坏准则［J］．同济大学学报（自然科学版），2008，36（12）：1599-1605.
[13] 沈珠江，陈铁林．岩土破损力学［J］．岩石力学与工程学报，2004，23（13）：2137-2142.
[14] 谢和平，鞠杨，黎立云．基于能量耗散与释放原理的岩石强度与整体破坏准则［J］. 岩石力学与工程学报，2005，24（17）：3003-3010.
[15] 高红，郑颖人，冯夏庭．岩土材料能量屈服准则研究［J］．岩石力学与工程学报，2007，12（26）.
[16] 陈惠发．极限分析与土体塑性．詹世斌译．北京：人民交通出版社，1995.
[17] 郑颖人．岩土材料屈服与破坏及边（滑）坡稳定分析方法研讨——“三峡库区地质灾害专题研讨会”交流讨论综述［J］．岩石力学与工程学报，2007，26（4）：649-661.
[18] 张在明．我国岩土工程勘察的成就和存在问题∥土工测试新技术［M］．杭州：浙江大学出版社，2008.
[19] 顾宝和．岩土工程勘察技术现状及发展问题述评［J］．工程勘察，1998，（4）.
[20] 林宗元．中国岩土工程物探的成长与展望［J］．西部探矿工程，2002，14（1）.
[21] 徐善法，叶数民，陈建平．数字地球及其地质应用前景［J］．地质与勘探，2002，（z1）［14］.
[22] 刘松玉，吴燕开．论我国静力触探技术（CPT）现状与发展［J］．岩土工程学报，2004，26（4）.
[23] 高福丽，刘跃进，张伟．我国地质钻探技术装备现状分析及发展建议［J］．探矿工程：岩土钻掘工程，2009，36（1）.
[24] 刘金砺．桩基工程技术进展［M］．北京：知识产权出版社，2005.
[25] 龚晓南．地基处理技术发展与展望［M］．北京：中国水利水电出版社，2004.
[26] 龚晓南．广义复合地基理论及工程应用［J］．岩土工程学报，2007，29（1）.
[27] 龚晓南．基坑工程发展中应注意的几个问题∥基坑工程实例 3［M］．北京：中国建筑工业出版社，2010.
[28] 刘国彬，王卫东．基坑工程手册［M］．北京：中国建筑工业出版社，2009.
[29] 冯夏庭，李邵军，张友良，等．滑坡的综合集成智能分析与优化设计方法研

究 [J]. 岩石力学与工程学报，2003，22（10）：1592-1596.
[30] 何满潮．滑坡地质灾害远程监测预报系统及其工程应用 [J]．岩石力学与工程学报，2009，28（6）：1081-1090.
[31] 郑宏．严格三维极限平衡法 [J]．岩石力学与工程学报，2007，26（8）：1529-1537.
[32] 程梁奎，李象范．岩土锚固·土钉·喷身混凝土——原理设计与应用 [M]．北京：中国建筑工业出版社，2008.
[33] 徐卫亚，杨圣奇，褚卫江．岩石非线性黏弹塑性流变模型（河海模型）及其应用 [J]. 岩石力学与工程学报，2006，25（3）：443-447.
[34] 郑颖人，陈祖煜，王恭先，等．边坡与滑坡工程治理．2 版．北京：人民交通出版社，2010.
[35] 王恭先，徐峻龄，刘光代，等．滑坡学与滑坡防治技术 [M]．北京：中国铁道出版社，2004.
[36] 陈祖煜. 土质边坡稳定分析——原理·方法·程序 [M]，北京：中国水利水电出版社，2003.
[37] 时卫民，郑颖人，唐伯明，等．边坡稳定不平衡推力方法的精度分析及其使用条件 [J]．岩土工程学报，2004（3）：125-129.
[38] 赵尚毅，等．用有限元强度折减法求边坡稳定安全系数．岩土工程学报，2002，24（3）：343-346.
[39] Chen Z Y. Recent Developments in Slope Stability Analysis, Proceedings 8th International Congress on Rock Mechanics, Keynote Lecture, Vol. 3, 1041-1048, September, 1995, 25-30, Tokyo.
[40] Zienkiewicz O C, Humpheson C, Lewis R W. Associated and Non-associated Visco-plasticity and Plasticity in Soil Mechanics [J]. Geo technique, 1975, 25 (4): 671-689.
[41] 宋二祥．土工结构安全系数的有限元计算 [J]．岩土工程学报，1997，19（2）：1-7.
[42] 连镇营，韩国城，孔宪京．强度折减有限元法研究开挖边破的稳定性 [J]．岩土工程学报，2001，23（4）：407-411.
[43] 郑颖人，赵尚毅．岩土工程极限分析有限元法及其应用 [J]．土木工程学报，2005，38（1）：91-99.
[44] 赵尚毅，郑颖人，张玉芳．有限元强度折减法中边坡失稳的判据探讨 [J]．岩土力学，2005，26（2）：332-336.
[45] 郑颖人，赵尚毅．有限元强度折减法在土坡与岩坡中的应用 [J]．岩石力学与工程学报，2004，23（19）：3381-3388.
[46] 唐晓松，郑颖人，邬爱清，等．应用 PLAXIS 有限元程序进行渗流作用下的边坡

稳定性分析［J］．长江科学院院报，2006，5485（4）：8-11.
［47］ITA. Guidelines for Structural Fire Resistance for Road Tunnels［R］. WG 6 Report，2005.
［48］PIARC. Systems and Equipment for Fire and Smoke Control in Road Tunnels［R］. Paris，2004.
［49］朱合华．地下建筑结构［M］．北京：中国建筑工业出版社，2005.
［50］郑颖人，邱陈瑜，张红．关于土体隧洞围岩稳定性分析方法的探索［J］．岩石力学与工程学报，2008，10：1968-1980.
［51］彭芳乐，孙德新，大内正敏，等．超大深度压气沉箱工法的施工技术［J］．地下空间，2004，24（5）：699-703.
［52］胡中雄．土力学与环境土工学［M］．上海：同济大学出版社，1997.
［53］张在明．对于发展环境岩土工程的初步探讨［J］．土木工程学报，2001，34（2）：1-6.
［54］Fang H Y，Chen W F. Introduction to Environmental Geotechnology［M］. CRC Press，1997.
［55］袁建新．环境岩土工程问题综述［J］．岩土力学，1996，17（2）：88-93.
［56］周创兵，陈益峰，姜清辉．复杂岩体多场广义耦合分析导论［M］．北京：中国水利水电出版社，2008.
［57］杨强，刘耀儒，陈英儒，等．变形加固理论及高拱坝整体稳定与加固分析［J］．岩石力学与工程学报，2008，27，1121-1136.
［58］周小平，钱七虎．深埋巷道分区破裂化机制［J］．岩石力学与工程学报，2007，26（5）：877-885.
［59］陈胜宏．计算岩石力学与工程［M］．北京：中国水利水电出版社，2006.
［60］邬爱清，丁秀丽，陈胜宏，等．DDA 方法在复杂地质条件下地下厂房围岩变形与破坏特征分析中的应用研究［J］．岩石力学与工程学报，2006，25（1）：1-8.
［61］唐春安，等．基于强度折减与离心加载原理的边坡稳定性 RFPA 分析方法［C］// 2006 年三峡库区地质灾害与岩土环境学术研讨会论文集. 2006：20-34.

土木工程信息技术学科的现状及前沿发展方向研究

王　静　梁　博　崔俊芝

1　国家需求

我国城镇基础设施及住宅建设量大面广，正朝着绿色、低碳的可持续化目标发展，就需要采用新技术、新材料、新工艺，对工程进行全生命周期的分析、预测、设计、施工、监测及管理。

信息技术的飞速发展，为土木工程行业的现代化建设提供了有力的手段。土木工程信息技术是用计算机、通信、自动控制等信息技术对传统土木工程技术及施工方式进行改造与提升，促进土木工程设计及施工手段不断完善，使其更加科学、合理，提高效率，降低成本。

21 世纪是信息技术的时代。目前，信息技术已经贯穿于从土木工程的规划、设计到施工、运行管理和维护的全生命周期，覆盖了江河治理、防灾减灾、海洋和港口、桥梁和道路、大跨空间结构及高层建筑、地下空间等所有土木工程领域。信息技术在工程建设管理方面的应用实现了更宽范围的人力资源管理，更准确的会计管理、成本管理、融资管理、投资管理，更优化的决策管理、计划管理，更高效率的项目管理。信息技术在土木工程行业的运用促进了管理方式的转变，有效地增强了企业竞争力，提高了生产率。信息化已经成为土木工程在新世纪发展和创新的重要推动力。

土木工程的信息化将引起土木工程企业管理方式的深刻变革，必然推动企业团队的重组及施工流程的优化，促使企业管理理念和手段的革新。土木工程的信息化必将使土木工程市场融入现代物流、电子商务和信息产业，从而实现土木工程的高效益和高效率。

土木工程信息技术作为土木工程与信息技术结合的交叉学科，一些大学、研究机构已经开始对其进行研究，并培养了一批复合型人才，成为土木工程行业信息技术推进的中坚力量。

2 发展现状

2.1 国际上土木工程信息技术研究和应用现状

2.1.1 欧美土木工程信息化现状

在欧美发达国家，大量前沿的信息技术纷纷应用于土木工程领域，例如：虚拟现实（Virtual Reality，VR）、建筑信息模型（Building Information Modeling，BIM）、高性能计算和物联网等。另一方面，随着绿色环保主题的全球盛行，绿色智能建筑也作为一个热门的研究方向出现在土木工程领域，一系列的评价标准也应运而生，以下分别介绍一下这些技术和标准在欧美发达国家的应用现状。

（1）虚拟现实

在土木工程中，长期以来人们不得不用抽象的概念表示非常丰富的内容，如用平面图、剖面图、立面图等形成一些规定的符号来表示三维的立体建筑，用比较抽象的图形和精练的语言来描述复杂的场景，以传递大量的信息。但这一种信息处理与传递方式受到信息接受者所从事的职业、知识结构及理解能力的影响，交流起来非常困难。

虚拟现实技术的发展为我们克服这一困难提供了极其有效的手段。用虚拟现实既能表示真实的世界，也可以表示虚拟的世界。表示真实世界时，可以突破物理空间和时间的约束，做到能“超越现实”；在表示虚拟世界时，又能使其中的虚拟物体表示出三维逼真感，以达到身临其境的感受，最后形成一种“人能沉浸其中、超越其上、进出自如、交互作用的三维信息空间”。

目前，虚拟现实技术在欧美土木工程领域中的应用已发展到一个新的阶段，它利用计算机技术生成一个逼真的，具有视、听、触等多种感知的虚拟施工环境，用户通过使用各种交互设备，同虚拟环境中的实体相互作用，使之产生身临其境感觉的交互式视景仿真和信息交流。

与传统的仿真技术相比，新型的虚拟现实技术可实现完全模拟施工场景。操作者能够真正进入一个由计算机生成的交互式三维虚拟环境中，与之产生互动，进行交流。通过参与者与仿真环境的相互作用，并借助人本身对所接触事物的感知和认知能力，帮助启发参与者的思维，以全方位地获取虚拟施工环境所蕴涵的各种空间信息和逻辑信息沉浸。总的来说，临场感和实时交互性是虚拟现实的实质性特征，对时空环境的现实构想是虚拟现实的最终目的。

目前，欧美土木工程行业对虚拟技术的应用主要体现在三个领域：

①工程设计领域。三维的虚拟设计环境是指将设计人员的设计思想以3D视图的形式展现出来，使得设计者的设计方案以“可视”、“可触”、“可听”的方式展现给用户和专家。通过这种方式促进了交流协作，从而达到缩短设计周期、提升设计质量、减少设计费用的目的。虚拟现实系统的沉浸感和互动性不但能够给用户带来强烈、逼真的感官冲击，获得身临其境的体验，还可以通过其数据接口在实时的虚拟环境中随时获取工程项目的数据资料，方便大型复杂工程项目的规划、设计、投标、报批、管理，有利于设计与管理人员对各种规划设计方案进行辅助设计与方案评审。运用虚拟现实系统，用户可以很轻松随意地进行修改，只要修改系统中的参数，就可改变建筑高度、建筑外立面的材质和颜色、绿化密度，从而大大加快方案设计的速度和质量，提高方案设计和修正的效率，也节省大量的资金，提供了合作平台。虚拟现实技术使政府规划部门、项目开发商、工程人员及公众能够从任意角度，实时、互动、真实地看到规划效果，更好地掌握城市的形态和理解规划师的设计意图。有效的合作是保证城市规划最终成功的前提，虚拟现实技术为这种合作提供了理想的桥梁，这是传统手段如平面图、效果图、沙盘乃至动画等所不能达到的。

②工程施工领域。在施工领域，虚拟现实技术可实现全工程周期的模拟。在实际施工中，往往提出很多的方案，因此对各方案的评估变得尤为重要。利用虚拟现实技术可以很方便地模拟各方案的施工过程，找出其各自的优劣。尤其对于有风险的大型工程项目，一旦决策失误，往往损失重大。针对这类项目，利用虚拟仿真技术，既可以进行决策前试验和评估，还可以对

不确定因素进行预先模拟。

③建筑装修领域。建筑的装修设计是一个复杂综合过程，在传统的设计过程之中，设计师依靠多面试图、效果图、家具图、大样图和结构图的多种图纸表达其设计理念。这种离散的表达方式往往造成客户及施工方的理解偏差。通过虚拟现实技术，设计师可将自己的设计理念融入三维的虚拟模型，设计师、客户和施工方可身临其境地观看装饰效果，这在很大程度上增强了相互间的沟通，提高了设计的质量。

（2）建筑信息模型

建筑信息模型（BIM）技术在土木工程领域的应用目前已经在全球范围内获得广泛的认可，其是工程建设全生命周期管理的技术保障。

目前美国国家建筑科学学院（NIBS）已组成一个委员会，牵头制定了国家建筑信息模型标准（National BIM Standard，NBIMS）。其目的是确立一个更为先进的规划、设计、建造、操作和维护的过程，在全过程使用可被计算机识别的信息模型，并搜集全生命周期的所有相关信息。该标准提供了一套以项目生命周期信息交换和使用为核心的可以量化的 BIM 评价体系，即 BIM 能力成熟度模型（BIM Capability Maturity Model，BIM CMM）。该体系提供了对 BIM 方法和过程进行量化评价的 11 个要素，并把每个要素划分成 10 级不同的成熟度，其中 1 级表示最不成熟，10 级表示最成熟。

根据 NBIMS，美国陆军工程兵制定了 BIM 战略，在战略中将 BIM 模型作为所有项目参与方不同建设活动之间进行沟通的主要方式，实践表明 BIM 的应用带来如下明显的优势：

①提高设计成果的重复利用（减少重复设计工作）；

②改善电子商务中使用的转换信息的速度和精度；

③避免数据互用不适当的成本；

④实现设计、成本预算、提交成果检查和施工的自动化；

⑤支持运营和维护活动。

建筑信息模型，是信息技术应用于土木建筑业发展到今天的必然产物。事实上，多年来国际学术界一直在对如何在计算机辅助建筑设计中进行信息建模进行深入探索。

（3）绿色建筑

智能建筑和绿色建筑在欧美发达国家已经提出了很多年，随着能源价格的不断攀高，很多建筑公司都将高舒适度、低能耗作为建筑的基本理念。由于绿色建筑理念在全球范围内蓬勃发展，欧美国家纷纷出台绿色建筑的评估体系，囊括了从选址到水资源消耗等所有问题。

由美国绿色建筑协会（USGBC）建立并推行的《绿色建筑评估体系》（Leadership in Energy & Environmental Design Building Rating System, LEEDTM），是目前世界各国的各类建筑环保评估、绿色建筑评估以及建筑可持续性评估标准中被认为最完善、最有影响力的评估标准。

LEEDTM 自建立以来，根据建筑的发展和绿色概念的更新、国际上环保和人文的发展，经历了多次的修订和补充，2003 年推出 2.1 版。从最初的只针对公共建筑，发展到可用于既有建筑的绿色改造标准 LEED-EB、商业建筑绿色装修标准 LEED-CI、目前正在致力于开发专用于住宅建筑的 LEED-RB。LEEDTM 是自愿采用的评估标准，主要目的是规范一个完整、准确的绿色建筑概念，防止建筑的滥绿色化，推动建筑的绿色集成技术发展，为建造绿色建筑提供一套可实施的技术路线。

LEEDTM 是性能性标准（Performance Standard），主要强调建筑在整体、综合性能方面达到绿色化要求，很少设置硬性指标，各指标间可通过相关调整相互补充，以方便使用者根据本地区的技术经济条件建造绿色建筑。虽然 LEEDTM 为自由采用的标准，但自从其发布以来，已被美国 48 个州和国际上 7 个国家所采用，在部分州和国家已被列为当地的法定强制标准加以实行，如俄勒冈州、加利福尼亚州、西雅图市，加拿大政府正在讨论将 LEEDTM 作为政府建筑的法定标准。而美国国务院、环保署、能源部、美国空军、海军等部门都已将 LEEDTM 列为所属部门建筑的标准，在北京规划建造的美国驻中国大使馆新馆也采用了该标准。

目前，在美国和世界各地已有 53 个工程获得了 LEEDTM 评估认定为绿色建筑，另有 820 个工程已注册申请进行绿色建筑评估。每年的新增注册申请建筑都在 20% 以上。凡通过 LEEDTM 评估为绿色建筑的工程都可获得由美国绿色建筑协会颁发的绿色建筑标志。

LEEDTM 评估体系由五大方面、若干指标构成其技术框架，主要从可持续建筑场址、水资源利用、建筑节能与大气、资源与材料、室内空气质量五个方面对建筑进行综合考察，评判其对环境的影响，并根据每个方面的指标进行打分，综合得分结果，将通过评估的建筑分为铂金、金、银和认证级别，以反映建筑的绿色水平。

LEED 根据每个方面的指标打分：①可持续的场地规划；②保护和节约水资源；③高效的能源利用和可更新能源的利用；④材料和资源问题；⑤室内环境质量。总得分是 69 分，分四个认证等级：认证级 26 ~ 32 分；银级

33 ~ 38 分；金级 39 ~ 51 分；铂金级 52 分以上。

2008 年 11 月在美国波士顿举办的 2008 绿色建筑国际博览会上，美国绿色建筑协会发布了新版的绿色建筑评估标准 LEED 2009。这一版本的标准有较大的变化，增加并重新科学地分配得分点，更加注重提高能效、减少碳排放、关注环境和健康以及反映地方特性等。这些更新使 LEED 能更好地应对各种环境和社会问题的需要，满足绿色建筑市场的需求。

（4）工程项目管理信息化

如今在欧美发达国家的建筑企业所参与的大型建筑项目中，设计方、承包方从项目的招投标、项目管理信息的提交，直到竣工资料备案等都必须通过互联网进行，必须按照法定的流程，符合有关的格式标准，即必须按照信息化的规程行事。

在招投标阶段，业主和咨询单位已普遍利用网络作为媒介进行公开招标，但目前施工单位依旧采用传统的投标报价方式，仅在可行性研究与设计策划阶段通过网络投标报价。尽管如此，在利用网络进行业主与设计咨询单位的信息交流与沟通方面，信息化仍提供了巨大的便捷。承包人、建筑师、顾问咨询工程师利用基于 Web 的项目管理信息系统和专项技术软件实现施工过程信息化管理。在施工现场采用在线数码摄像系统，不仅在现场项目部办公室可以看到现场情况，而且在世界任何一个地方也可及时掌握项目进展信息和现场具体工序情况。同时结合无线上网及移动通信技术，不断将信息传给每一个在场与不在场的人员，实现无地域空间限制的协同工作。

在竣工验收阶段，信息的搜集存储工作变得尤为重要，通过项目管理信息系统汇总施工过程中的各类数据，再通过统一的数据中心归类存储，施工方、业主、验收单位可随时调用查询相关信息资料，实现了信息的高度共享。

（5）高性能计算

美国一直是世界上最重视高性能计算、投入最多和受益最大的国家，其研究和应用均属世界领先地位。美国于 2008 年 6 月由 IBM 公司研制出世界上第一台每秒千万亿次的计算机——Roadrunrler，紧跟其后，2009 年 10 月中国第一台第秒千万亿次计算机——“天河一号”随之诞生。预计 2012 年日本的超级计算机——“京”将投入运行，每秒的计算速度可达 8162 万亿次；可以预言，每秒亿亿次计算机即将问世。欧美的强项主要体现在高性能计算机的应用方面。

2.1.2 日本土木工程信息化现状

在日本大力推动“e-Japan”电子政府建设的背景下，依托日本强大的经济实力和IT产业的深厚基础，日本的土木工程信息化已经取得了很大进展。

日本政府推动土木建筑行业信息化发展可以追溯到1995年，当时的建设省（现国土交通省）出台了《建设CALS/EC整备基本构想》（简称CALS/EC），提出到2010年，把公共工程项目从立项、规划、设计、招投标到施工交付项目的全生命周期内发生的图纸、文档、照片等信息全部电子化；利用网络实现各个协作单位间的数据交换和共享。

国土交通省于2001年设立了专门机构“CALS/EC推进本部”负责CALS/EC的推广，其后每三年规划一次发展方向以保证该构想的顺利实施。到目前为止，日本在土木工程信息化方面的主要进展如下：

（1）电子招投标

电子招投标制度是将包括公共工程在内的政府采购，通过政府网络进行招投标，从获取信息申请投标到公布竞标结果等，都在网上完成。企业登录国土交通省的网上招投标系统了解招标信息，通过电子身份认证后，就可以下载招标文件，进行网上投标和了解中标信息。2001年9月，神奈川县横须贺市在日本率先引用了电子招投标制度；2004年国土交通省直属的公共工程已经全部采用了电子招投标；2005年里有37000项公共工程在网上进行了电子招投标；从2010年开始所有的公共工程全部实现电子招投标。随着电子招投标的实现，增加了政府信息公开透明度，有利于企业的公平竞争，降低了招投标的成本，提高了办公效率。

（2）项目交付资料电子化

交付资料电子化是指在工程项目实施过程中，包括前期的立项文件、勘察资料、设计图纸、施工交工资料等项目各个业务阶段产生的数据全部电子化，做成电子版交付给下级单位。日本政府制定了资料电子化的指导文件，对文件的格式和内容、文件夹设置等都做了具体规定，并开发了免费的电子化资料检查系统，协助企业检查所整理的电子资料是否符合国家标准。2004年，日本的公共工程已经全部实现了资料交付电子化。

（3）数据标准化

为了推动信息化进程，实现各个业务软件以及各个企业间的电子数据交换，日本政府主导制定了CAD数据交换格式，统一了材料设备等编码。

①CAD 数据交换标准。国土交通省于 2000 年开发完成 SXF 数据格式，用于不同软件厂家的 CAD 数据交换，现在已经发展到 SXFVer3.0 版本。该数据格式符合 ISO 的 STEP AP202 标准，但只适用于土木和建筑的二维 CAD 数据。由于 SXF 数据格式是为配合公共建筑交付资料电子化而开发的，因此获得了日本国内绝大多数 CAD 厂商的支持。但是二维的 CAD 数据交换已经越来越不能满足企业之间的协同工作，特别是随着 BIM 的应用，三维 CAD 数据的交换标准已经成为日本 CAD 数据标准化方面的一个紧迫课题。

财团法人建设业振兴基金下属的设计制造信息化评议会（C-CADEC）开发了 BE-Bridge 数据交换标准，使各种设备能够在保持材料的种类、位置、用途和三维形状的前提下，在不同 CAD 软件间进行数据交换。目前该 CAD 数据格式已获得日本国内五家以上的 CAD 软件开发商支持。

②物资设备编码标准。财团法人建设业振兴基金，受国土交通省委托，编制了一套物资编码，具体包括材料、空调卫生设备、电气设备和管理费用的编码等。这套编码体系是公开的，从网络上可以查阅和下载。

③设备参数交换标准。财团法人建设业振兴基金编制了设备参数交换标准（Stem），对机械设备的形状和性能参数的编写格式做了规定，有利于设计、施工和后期维护等各个业务阶段的数据交换。厂家在网络上按照 Stem 标准登录自己的产品信息，企业可以通过光盘邮寄、邮件等形式获得厂家登录的 Stem 数据，用于设计施工或者后期维护。

日本已经有一套 CI-NET LiteS 系统在使用上述标准。这套系统实现了建筑关联企业间的电子商务，企业间从报价、洽商、订货到结算的各个过程中的文件单据等全部采用电子数据的形式交换。

2.2 国际上土木工程信息技术发展动向

世界各国高度重视信息技术在土木工程中的应用，纷纷制定了土木工程信息技术领域的“路线图”和“发展战略”，用于指导未来土木工程信息技术的研究。

2.2.1 美国 FIATECH 的大型工程技术路线图

在土木工程信息技术发展战略方面，美国于 2004 年公布了大型工程的技术路线图远景规划——FIATECH，见图 1。

FIATECH 以工程项目为中心，规划了 9 个研究领域：①基于情景分析的项目规划；②设计自动化；③集成化、自动化采购和供应网络；④智能化、自动化的施工现场；⑤设施运营的智能化——自我保养和维护；⑥实时的项目/资产管理、协同与控制；⑦新材料、新方法、新产品和设备；⑧知识型、技术型的劳动力；⑨全生命周期数据管理和信息集成。

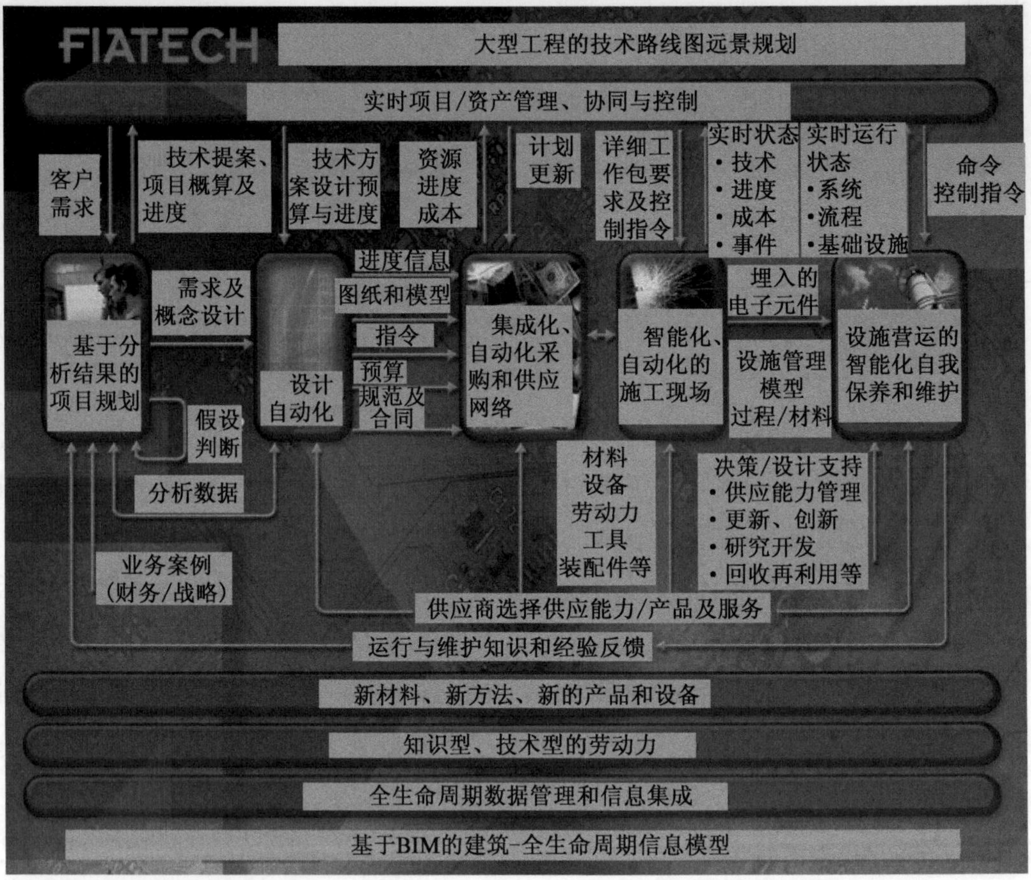

图 1　FIATECH 大型工程的技术路线图远景规划

2. 2. 2　欧盟的 ROADCON、ECTP 和 Strat-Con

欧盟在制定土木工程信息技术战略规划方面起步早、投入大、研究成果多。自 2002 年启动 ROADCON 后，其又先后完成了 ECTP 和 Strat-Con 两项关于土木工程信息技术战略规划的研究。

ROADCON 项目提出了施工行业信息技术 2020 规划，见图 2。其规划了 12 个研究领域：自适应系统（Adaptive Systems）、无局限性访问（Ambient Access）、虚拟团队项目合作（Collaborative Virtual Teams）、数字化工地（Digital Site）、柔性集成（Flexible Interoperability）、信息技术技能和意识（ICT Skills & Awareness）、知识共享（Knowledge Sharing）、法律/合约监管（Legal & Contractual Governance）、基于模型的信息技术（Model & Object Based ICT）、绩效驱动的流程（Performance Driven Process）、智能建筑及

产品（Smart Buildings & Products）、全寿命周期管理（Total Life Support），并提出了详细的技术路线图。

图2　ROADCON 提出的施工行业信息技术 2020 规划

ECTP 在业务流程和信息技术方面重新规划了 8 个方面的研究领域，见图 3。

2006 年 3 月，在芬兰国家技术创新局支持下，法国、芬兰以及澳大利亚的研究人员合作启动了 Strat-Con 项目，该项目是 ROADCON 项目的继续，已于2007 年9 月完成。该项目针对 ECTP 提出的8 个研究领域，分别研究了业务现状背景、业务目标、应用的业务场景、路线图、主要研究方向（分短期、中期、长期）等。

2.2.3　全球的 FIATECH-Strat-Con 联合项目的七大领域

2007 年 8 月，美国的 FIATECH 和欧盟的 Strat-Con 组成联合研究小组，对各自的战略规划进行了对比分析研究，将各自提出的研究领域和方向进行了重新规划，总结为 7 个研究领域，分别是：

（1）数字化模型。

（2）能效和可持续化发展中的信息技术。

（3）知识共享和协同支持。

（4）智能化建造。

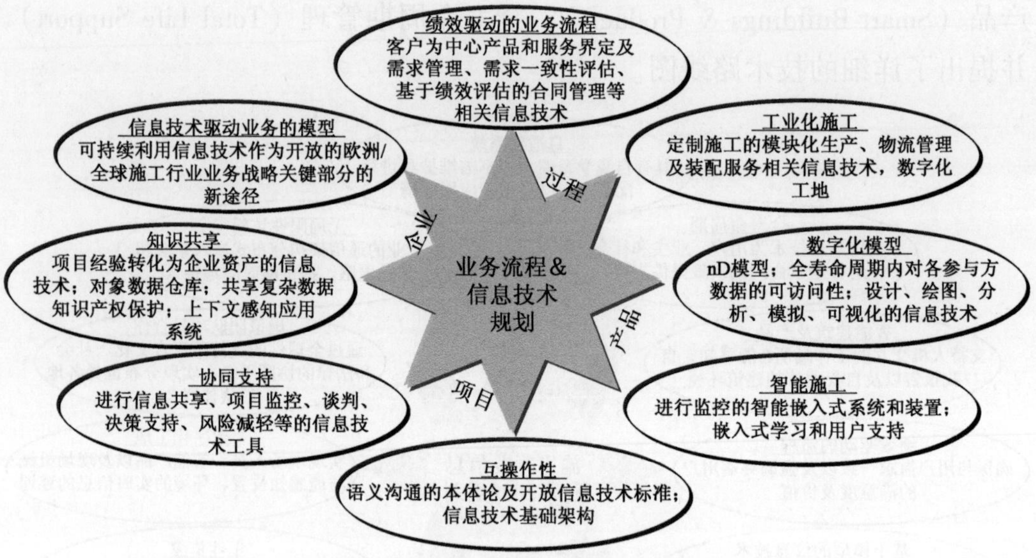

图 3　ECTP 的业务流程和信息技术规划

（5）系统集成。

（6）需求链管理。

（7）价值驱动的管理业务和建造过程模型。

2.2.4　澳大利亚的施工信息化技术 2020 年远景目标

澳大利亚国家级研究中心——施工创新合作研究中心（the Cooperative Research Centre for Construction Innovation）2004 年制定了澳大利亚施工行业的 2020 年远景目标，分为 8 个领域：利于环境持续发展的施工行业；满足客户需求；提升行业环境；提高劳动力自身水平和社会福利保障；施工信息化技术；设计、建造和运营的虚拟现实技术；工厂化成批制造；提升结构构件产品成批制造的流程水平。其中“施工信息化技术”的目标是：“到 2020 年，在各种类型建筑中更多地使用智能技术来管理供暖系统、通风系统、空调系统、信息通信系统和电子系统等。计算机、各种系统和信息技术成为集成化建筑的一部分……”。

2.2.5　全球性组织 Eracobuild 的建议项目

Eracobuild 成立于 2004 年，是 8 个国家的 10 个土木工程领域研究组织用于分享资源和共识的联合组织。

Eracobuild 提出的第一个项目是价值驱动的业务流程，其目的是增加客户和供应链的集成度，增加建筑行业的附加值。该项目已经于 2009 年 5 月启动。第二个项目是既有建筑物的可持续化改造（节能建筑领域），由 9 个国家于 2009 年 12 月发起，该项目已于 2010 年启动。

2.2.6 日本土木工程信息技术的动向

2008年日本国土交通省正式出台了《信息化施工推进战略》。信息化施工是指在勘查、设计和后期维护管理的项目全生命周期中，充分利用各个阶段获得的电子信息，实现施工的高效、高精度和高质量。信息化施工包括两部分内容：一是利用通信技术（ICT）实现施工机械自动化施工；二是利用施工现场的信息提高现场管理者的管理能力。《信息化施工推进战略》提出了一个到2012年的短期目标和到2025年的长期愿景。

到2012年的短期目标是：①能够提供标准的信息化施工工法；②督促厂家生产适合信息化施工的设备，创建一个信息化施工设备能容易获取的环境；③培养1000名以上的技术人才。

到2025年的长期愿景为：①信息化施工能帮助创造低碳社会；②能够应对人口老龄化；③可以确实保证生产品质；④能适应数量庞大的维护和管理；⑤适应全球一体化，提高竞争力。

2.3 国内土木工程信息技术的研究和应用现状

随着国家对国民经济和社会信息化的重视以及推进信息化的举措实施，我国在土木工程建设领域信息化领域的应用面不断拓宽。依托数字技术、网络技术、图形技术、计算技术等信息技术，我国已经经历了从计算机辅助计算、计算机辅助绘图到计算机辅助管理的纵深发展，土木工程建设信息化已经有了一定基础，进一步提高信息化水平的条件也已经成熟。具体体现在以下两方面：

一是软件开发企业开发了大量适合我国国情的应用软件，其应用领域覆盖了土木工程建设的各个阶段以及各个专业领域，房屋建设中从结构分析、设计到设备安装，从施工到维护等均已经实现了利用应用软件辅助于日常工作。

二是对高新技术的跟踪和研究。“十五”开始，原建设部颁布了“建设领域信息化工作基本要点”，组织了“城市规划、建设、管理和服务的数字化工程”、“建筑业信息化关键技术研究”等科技攻关项目；“十一五”又组织了“城市数字化关键技术研究与示范”、“建筑业信息化关键技术研究与应用”等项目。在这些项目中，对诸如3D CAD、4D CAD、BIM、GIS、虚拟现实等热门技术进行了研究，并取得了一批成果。

2.3.1 建筑信息模型

在我国，BIM理念正逐步为土木建筑行业所知，目前的应用以设计公司为主，各类 BIM 咨询公司、培训机构也已经崭露头角，政府及行业协会也越来越重视 BIM 的作用。一些工程项目也率先应用了 BIM，比如 2008 北京奥运会奥运村空间规划及物资管理信息系统、“南水北调”工程、天津港国际邮轮码头以及香港地铁项目等。但是要使 BIM 应用覆盖到整个土木工程产业链，使其在工程全生命周期中发挥作用，尚需时日。

2.3.2 地理信息系统（Geographic Information System，GIS）

地理信息系统在近 30 年中取得了惊人的发展，其应用范围也变得极为广泛。在土木工程领域，地理信息系统可以用来辅助施工管理及进度监控、建立基础设施管理和安全监测系统、进行地震危害性分析及地震损失评估等。

在土木工程领域，GIS 技术已经得到广泛应用。1996 年，研制了三峡工程决策支持系统集成指挥中心，该系统以三峡工程施工现场为背景，在可视化的环境下以多种媒体形式（包括数字、文字、图形、图像）为用户提供各种施工动态、静态信息（例如工程施工和物资调配），实现了施工仿真、高度优化等决策支持功能。为加强预制构件吊装过程的实时调控，台湾的 Minyuan Cheng 应用 GIS 软件 Arc/Info 和无线技术开发了一个施工监测系统 ArcSched，成功地应用于预制装配式建筑的现场施工控制。2001 年，中国工程院钟登华院士结合水利水电工程施工导流的特点，研制出基于 GIS 的施工导流管理决策支持系统，对大型土木工程的施工管理具有主要意义。

2.3.3 计算机辅助设计（Computer Aided Design，CAD）

土木工程是 CAD 技术应用最早、发展最快的领域之一。目前，我国土木工程设计已经普遍采用计算机绘图和设计，全面实现了国务院提出的“CAD 应用工程”，甲、乙级设计企业计算机出图率达到 100%。CAD 技术已经成为土木工程设计不可缺少的工具和手段，并贯穿于工程的规划、设计和施工管理，取得了缩短设计周期、提高设计质量、降低设计成本的显著效果。

经过我国计算机工程人员的努力，现在国产 CAD 软件达到了国际水平，已经推出了绘图功能更强大、人机界面更友好、更多支持平台、并允许用户进行二次开发的软件产品。

2.3.4 高性能计算（High Performance Computing，HPC）

近年来，随着计算机软硬件技术的发展，常规的工程设计有限元分析和设计计算已经十分普及。而由于超高、超长、大跨等复杂工程的大量涌现，工程设计中对高性能计算的需求越来越迫切。高性能计算技术以大规模众核计算机和网络技术为基础，依托高端计算软件并行计算技术，高效地解决大型复杂结构高精度分析、优化和控制等问题，推进工程结构设计水平和设计质量的提高。

高性能计算在土木工程中的许多领域都得到了成功应用，如高层、超高层建筑结构抗震性能分析，计算风工程，大型复杂工程施工模拟，混凝土高坝仿真分析，地下结构的高性能分析等。

2.3.5 虚拟现实

随着我国经济的稳步增长和基础建设规模的加大，建设项目的规模越来越大、结构形式日益复杂，对土木工程管理的科学性、精确性要求越来越高。实现土木工程的信息化、智能化、可视化和集成化成为土木建筑工程项目管理现代化的研究热点。土木工程中的虚拟现实技术涉及土木工程领域的各个学科，已显示出一定的实用性，应用前景非常广阔。

现阶段，我国在古建筑的修复、园林设计、建筑规划设计和施工工艺与流程设计中已经广泛地采用虚拟现实技术，例如在奥林匹克森林公园设计以及北京、苏州的老建筑修复上得到了应用，取得良好的效果。

2.4 国内土木工程信息技术发展战略现状

我国自“十五”以来，对信息技术在土木工程领域的应用已进行了一系列的战略和规划研究。

中国土木工程学会《2020 年中国工程科学和技术发展研究　中国土木工程科学和技术发展研究》制定的战略重点包括 12 项关键技术，工程信息化与智能化技术作为其中的一个关键技术，提出了以下研究重点与难点：①实用的工程信息化标准；②具有自主知识产权的骨干型应用系统；③高水平的集成化协调工作平台；④虚拟工程系统；⑤全生命周期的分析和决策支持系统。该研究报告还对土木工程科学 12 个专题进行了研究，“计算机应用”列为其中的一个专题，提出最具应用前途的计算机技术是协同设计与建设技术，虚拟现实技术。

中国土木工程学会在《2006—2007 土木工程学科发展报告》、《2008—2009 土木工程学科发展报告》中对土木工程中的计算机应用作为一个报告进行了阐述。前者的相关报告对我国近年来的主要进展、国内外进展比较、近期发展趋势及建议三方面进行了简述。国内主要进展包括：勘察设计一体化、集成化技术应用、企业信息标准化建设、三维模型设计技术、协同设计与协同工作、综合项目管理及信息管理集成应用、模拟仿真技术、施工企业计算机应用进展、建筑业电子政务及行业管理信息化。国内外进展比较总体差距表现在信息化程度较低、缺乏具有自主知识产权的骨干型应用系统，具体表现在以下几个方面：软件开发、行业管理信息化、信息化标准、项目管理模式、基于互联网技术平台的深层次应用。近期发展趋势及建议包括：建筑业信息化基础建设、电子政务建设、建筑业信息化建设、解决具有共性的技术问题、技术创新与突破、软件开发企业的产业化发展。

清华大学叶列平等在《土木工程学科前沿》中，对土木工程计算机技术的新进展进行了研究，包括计算机辅助设计、科学计算可视化、虚拟现实技术、多媒体技术和网络技术、人工智能技术、激光扫描技术、3S 技术。

“十一五”国家科技支撑计划项目凸显了土木工程信息技术，特别表现在以下几个项目中：现代建筑设计与施工关键技术研究；城市数字化关键技术研究与示范；建筑业信息化关键技术研究与应用，将土木工程信息技术研究和应用扩大到整个土木学科。

《住房城乡建设领域“十二五”住房城乡建设信息技术应用发展规划战略研究》中提出了科技发展的目标、战略重点等内容。科技发展的目标包括：充分利用信息技术提供的可能性，在城市公共信息资源共享与服务技术、图形图像基础平台、面向方案设计集成的关键技术等方面。战略重点包括：城市公共信息资源共享与服务关键技术研究；图形图像基础平台及关键技术研究；面向方案设计的应用软件及关键技术研究。

总之，在我国土木工程信息技术的发展中，土木工程信息化技术的单向性技术研究较多，例如集成化协同工作技术、虚拟工程技术、工程信息化标准、具有自主知识产权的骨干型应用技术以及综合项目管理及信息管理集成应用等，而对土木工程信息人才的培养、鼓励和推进信息化的政策、信息化市场的培育等研究较少。

2.5 总结

土木建筑业是国民经济的支柱产业之一，也是需要采用现代高新技术，特别是信息技术改造的传统产业。如何充分利用 21 世纪的信息技术，加速我国土木建筑业发展，提高建筑设计与施工水平，是摆在我们面前的一项十分急迫的任务。

我国目前的管理机制，是把建筑设计与施工作为两个不同阶段分离开来。实际上，建筑设计与施工是密切相关的。建筑设计受到施工因素的制约，设计意图要通过施工来实现，在建筑设计阶段需要考虑施工技术、工艺、工法，以及进度、计划、流程等因素的影响；而在施工阶段，需要上游设计阶段的信息资源，特别是建筑模型信息。在建筑设计普遍采用计算机的今天，设计阶段已经形成了完整的建筑模型信息，但由于设计与施工的分离，以及缺乏信息共享标准的支持，目前施工阶段得不到设计阶段形成的建筑信息，造成了巨大的资源浪费。

在信息技术应用方面，20 世纪 80 年代土木工程建设领域率先在工程设计行业推广使用计算机，至 2000 年基本实现了“甩图板”。随后，特别是经过“十五”和“十一五”，信息技术在包括规划、设计、施工、物业管理、城市管理等土木工程建设的各阶段的应用取得巨大进步。例如，各种各样大量的应用软件被开发出来，并在工程建设中得到了广泛应用，提高了全行业的工作效率和工作质量，并在一定程度上提高了企业的管理水平。同时，信息技术迅速发展，硬件和软件的日新月异，不断推动着应用领域信息化的发展，而应用领域信息化的发展又对硬件和软件提出了新的要求。例如，由于计算能力的提高，像超高层建筑的弹塑性分析这样的复杂计算成为可能，从而促进了结构精细化设计方法的发展，而新设计方法又要求更强有力的计算能力支持。因此，随着信息技术的发展，土木工程建设信息化技术也需要不断地发展。

3 发展战略

3.1 发展目标

3.1.1 信息技术支撑的绿色土木工程

随着世界人口的不断增加，能源消耗也在不断增长，这正严重影响着地球环境。因此，我们需要一个绿色节能、可持续化发展的土木工程行业，在实现向其转变的过程中，信息技术可以起到重要的作用。

3.1.2 信息技术支撑下的工业化土木工程

从推进城镇化进程、满足人民生活水平需求、提升土木工程行业核心竞争力、实现土木工程可持续化发展的角度，要求土木工程行业从传统的生产方式逐步向工业化生产方式过渡，提升工业化水平。

城镇化进程是土木工程工业化的主要驱动力。目前，我国处于城镇化进程快速发展时期，大量人口涌入城市，如何及时为这些新增人口配备住房和社会公共设施，提供满足生活需要的设施，已成为社会和经济的焦点问题之一。

工业化潜在的好处是施工更安全、质量更可靠、建造时间更短、效率更高。把大量的现场施工作业转移到制造车间——这种工业化转变，需要将土木工程行业重新审视，实现从生产效率低下的劳动密集型行业向知识型行业转变。从为每一个产品进行设计转变为模块化、可重复使用的解决方案和以客户为导向的装配管理。这个向工业化转变的过程需要现代信息技术的支持，例如设计知识库管理、构件预制制造管理、供应链管理、现场自动化生产和装配管理等。

3.1.3 信息技术支撑下的知识型、管理型高附加值的土木工程

管理信息化是传统产业获得持续发展的必由之路，充分利用信息技术带来的巨大生产力，提高信息化水平，提升建筑行业竞争力，是国内外土木工程发展的实践总结。

目前我国的土木工程行业在国际市场上只在施工总承包方面有一定竞争力，在设计、项目管理、咨询、运营等高端市场缺少竞争力。发展土木工程高新技术，培养综合型人才，提升土木学科的整体实力，实现土木工程行业从粗放型向集约型发展，是土木工程业发展的必然之路。

3.2 重点发展领域及前沿发展方向

土木工程信息技术学科的重点发展领域及前沿发展方向如图 4 所示。

3.2.1 绿色土木工程信息技术体系

具体包括：

（1）制订绿色土木工程系列标准。绿色土木工程标准化指标框架体系研究；可持续性发展和节能术语标准；绿色土木工程的设计规范、施工标准规范体系；可持续性发展和节能评价指标体系。

（2）研发绿色低碳型材料、产品和施工方法。依据绿色土木工程标准，研究开发符合绿色标准的低碳型材料和产品，为设计出绿色建筑物和工程基础设施提供原材料和构配件支撑；研究节能、节水、低碳和低排放的先进施工工艺和方法。

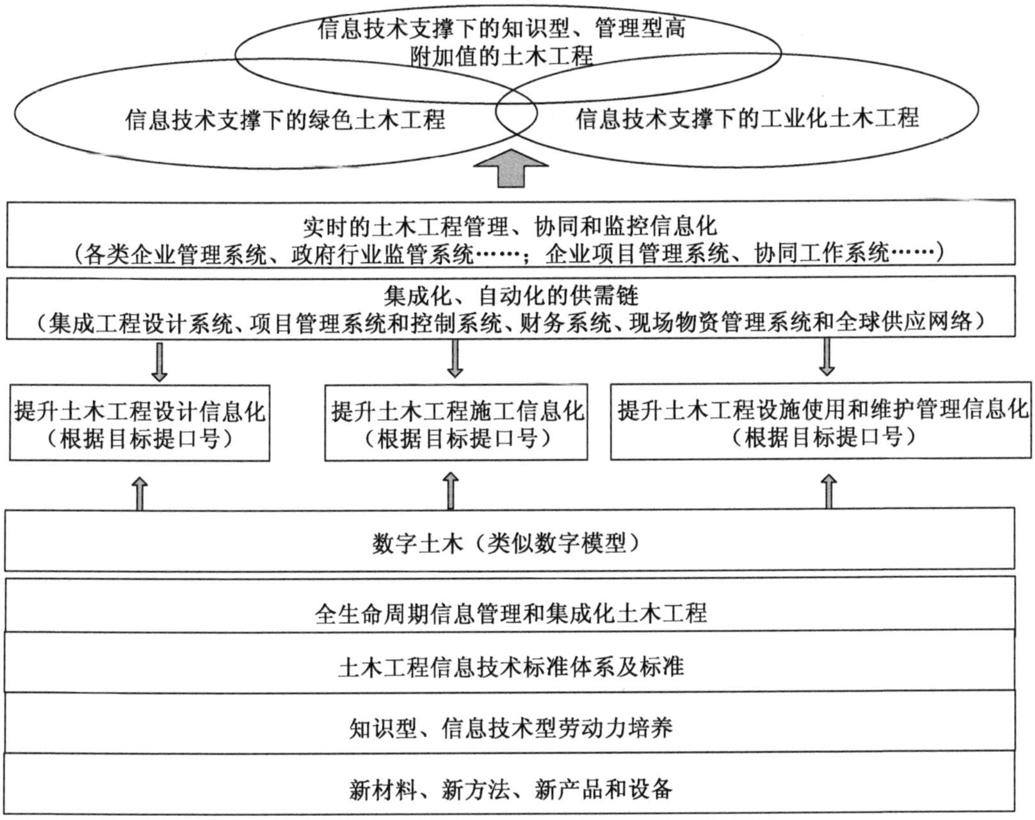

图4　土木工程信息技术学科重点发展领域及前沿发展方向

（3）绿色土木工程的设计模拟分析技术。建立和完善可持续发展的土木工程基础信息数据库；研究工程能耗模拟技术，风环境模拟技术，自然采光分析技术、声环境模拟技术，绿化环境影响分析技术、碳排放统计分析技术等，为可持续土木工程设计提供技术支撑。

（4）支撑绿色土木工程的设计软件。建立绿色土木工程主要材料、部品和设备数据库，开发与建筑节能、绿色建筑设计有关的系列软件，满足最新建筑节能设计标准和绿色建筑设计要求。通过绿色节能建筑设计一体化三维信息模型的建立、绿色节能建筑数据分析及处理、绿色节能建筑分析数据的可视化表达等关键技术的研究，实现绿色建筑与规划设计。从建筑设计初期注重建筑方案，为设计提供计算分析工具，包括规划设计方案的节地分析与优化、建筑节能设计软件、可再循环利用建筑材料用量统计及排碳量分析、日照分析、建筑遮阳与太阳能利用、建筑采光与照明分析、建筑室内自然通风分析、建筑声环境分析、建筑室外绿化环境分析等。

（5）设计、施工、使用的能耗、污染排放检测监督体系。建立建设企业内部的、政府行业监管部门的设计/施工/使用的能耗、污染排放检测监督系统，获取工程项目的能耗、污染排放实时基础信息；建立能效的标示体系、节能建筑和设施评定认证管理体系及相应的管理信息系统。

3.2.2 土木工程工业化的信息技术支撑体系

土木工程工业化以确保质量，提高功能，降低资源消耗，提高经济、社会、环境效益为目标，在标准化的基础上，实现原材料、制品、设备的工业化生产和市场化供应，完善工程结构与工艺体系，提高施工专业化和机械化水平，优化建设全过程的组织管理，推广应用信息技术，走建筑工业化、现代化道路：

（1）土木工程工业化框架体系研究。研究分析土木工程工业化的专业领域和发展方向；分析土木工程工业化成功的关键因素；分析并提出推进土木工程工业化的关键信息技术需求；建立土木工程工业化技术框架体系。

（2）土木工程工业化的标准体系研究。工业化的基础是标准化，研究建立土木工程工业化的标准体系，并研究相关的规划、设计标准、构配件产品标准和施工标准。

（3）工业化施工关键技术研究。研发与管理信息系统集成的智能化施工机械，提高作业的机械化水平，实现工地现场快速拼装；研究 GPS 的高精度现场定位系统；施工现场 4D 施工模拟系统；基于 Web 或移动平台的施工现场计算机协同工作系统。

（4）工业化施工的供应链管理信息系统。建立统一的工程材料、构配件产品标示体系；研究材料、构配件产品数据库系统和信息管理平台；研究 RFID 射频识别标签技术、移动标签读写器等在工程物流中的应用；开发开放式的基于电子商务的供应链管理系统。

3.2.3 集成化、自动化的工程设计平台和软件系统

基于现有的设计系统，研发和改进 3D 设计系统。结合计算分析模拟技术和虚拟现实技术、智能系统和分布式信息管理，提供集成化和自动化的项目设计平台。

（1）三维和多维工程设计系统及关键技术研究。

海量的建筑三维图形图像信息管理技术：研究基于多维数据结构的图形图像信息海量存储和基于网络的信息管理、高效查询与快速显示技术；研究建筑三维信息分类、分级管理技术；研究建筑三维数据及其相关领域数据的关联与协同技术。

基于网络三维图形平台的在线协同设计技术：研究实现基于网络三维图

形平台的多专业协同设计技术；研究基于中文的海量建筑三维信息精准查询技术，并建立三维场景的交互式动态浏览与仿真模拟系统。

基于网络三维图形平台的图形渲染处理技术：研究提高渲染引擎效率，处理大规模建筑群体造型的场景组织和动态显示问题；研究利用多层次的建筑构件及环境元素，提升显示速度技术，采用多种 LOD 技术实现海量三维模型的动态浏览。

工程设计资源数据库技术：研究建筑设计资源数据库构建和管理技术，开发建筑设计规范、标准、标准图数据库，建筑设计典型案例数据库，绿色建筑主要材料、构件和设备数据库，工程设计详图及常用做法数据库等，为方案设计提供设计资源。

建筑工程多维信息模型建模与集成技术：研究建筑工程多维信息模型基本架构与集成技术，多维信息模型的建模技术与建模流程规则，信息模型的存储与更新技术；研究基于网络的多人协同建模技术，以及对应数据管理及数据共享技术；建立建筑工程多维信息模型技术标准，搭建建筑工程信息模型集成管理系统，提高设计信息的共享与复用率，为实现建筑全生命周期内的信息共享奠定基础。

（2）工程设计的计算机辅助检查——设计模拟和设计审查系统。利用虚拟现实技术、全息投影（Holographic Projection）、虚拟 3D 漫步、协同工具和纠错系统（红线 Redlining）的信息技术优势，实现设计方案的自动检查。

（3）集成化设计系统。研究解决基于多维信息模型的协同设计与传统设计管理模式之间的差异，使设计工作规范化、标准化和系统化，优化设计流程，建立基于多维信息模型的协同设计环境和标准体系；研究以多维信息模型为中心的建筑工程不同专业之间和同专业不同设计人员之间的协同设计技术，提高方案优化和工程设计水平。

研究设计信息交换标准；实现不同专业设计系统间的数据通信，实现实时数据集成和数据交换；实现与施工、使用和维护阶段的信息集成。

（4）智能化设计系统。研究智能化的工程项目设计模型；研究和开发设计知识库管理信息系统；研究开发基于规则、支持设计方案重用、可自动给出设计建议、基于知识管理的智能化设计系统。

3.2.4 施工信息化、自动化和智能化

重点研究方向：

（1）施工现场的信息技术标准。其目的在于增强施工现场信息管理的集成化。具体包括：施工现场的信息通信标准（NFC 技术——近距离无线通信、蓝牙、无线网络 Wi-Fi 技术、无线射频 RFID，ZigBee、Z-Wave 等）；施工现场管理的数据交换标准；施工项目管理信息系统与供应商的数据交换标准。

（2）施工的工业化和自动化技术。其目的在于提升施工现场作业的工业化和自动化水平。具体包括：构配件现场装配自动化；施工模拟和虚拟现实技术；工程构件的模块化和工厂化制造；先进的施工工艺。

（3）施工现场资源的集成化管理信息系统。其目的在于提升施工现场资源管理的信息化水平。具体包括：人员流动和资金使用情况的监测；材料、构配件、施工机械等资源定位与跟踪技术（如射频识别）；施工资源的计划管理、动态控制和配置管理系统。

（4）施工现场集成化项目管理信息系统。其目的在于提升施工现场信息管理的电子化和数字化水平。具体包括：施工现场的数据采集和信息显示技术（PDA、3G 移动终端）研究；施工现场工具软件提升及与施工项目管理信息系统集成研究；施工现场信息管理系统和决策支持系统。

3.2.5 建筑物和基础设施的运行和维护信息化

提供一种利用数据管理机制实现对行为的管控，以实现建筑物和基础设施使用和维护阶段的自动化控制，确保其状态和性能安全、舒适，建筑物和基础设施处于良好状态。具体研究方向包括：

（1）实时的建筑物和基础设施状态评估系统。建立设施性能模型；建立运营性能标准，建立模拟系统来准确预测使用和维护要求的状态指标；传感技术在分布式的监测控制、用户支持和服务中的应用；开发工程的生命周期性能模型和模拟系统，实时的建筑物和基础设施状态评估系统。

（2）使用状态信息交换和共享。研究集成化系统架构、新型传感器、传感器网络和实现虚拟工作环境的通信、运营、控制解决方案的模型，包括用户界面、语意识别和嵌入式设备系统，实时的运行和维护状态信息交换，与设施全生命周期信息的集成。

（3）智能化材料。研发有自测、自调节能力的材料、技术和系统，减少人参与手工处理的部分。包括自维护、自修复的设施系统，建筑性能监控的信息传感技术。

（4）重大灾难事件下的应急系统。实现与监测建筑设施可用性和安全性的装置的无缝集成，开发住宅、大型建筑和公共场所的监测控制系统；重大灾难事件下的应急系统（包括减少重大灾难事件的损害、快速提供灾难应急预案、启动自动减缓重大灾难的反应措施）。

（5）自动化、集成化的建筑物和基础设施的退出使用管理机制。对建筑设施的使用状态进行跟踪、维护、诊断、监测和控制的软件工具；到了不能使用或不满足使用标准时，能够智能化地警示用户退出使用。

（6）智能化建筑和基础设施。实现智能信息在芯片、传感器、嵌入式微系统中的维护和管理，智能建筑的集成对象包括 RFID 标签、芯片组、嵌入式微系统；建筑信息共享平台，包括网络、协议，安全的外部链接以及互联网远程监控、诊断，操作和自我报告，并为人们在家里或工作环境提供互动式服务；开发建筑物新型服务和内容互动数字服务，包括娱乐、获取信息和知识管理服务等。这些服务应实现建筑物全生命周期的能耗优化和控制，或为老年/残疾人士提供全方位的生活和工作辅助。

3.2.6 实时的土木工程项目管理、协同工作和监控

土木工程项目管理、协同工作和监控管理系统将具有整合业务流程、控制项目和设施建设进程的功能，可以对规划、设计、施工、设施进行全生命周期的监督审查。

具体包括：

（1）设计方工程项目管理系统和协同设计平台。在已有设计方工程项目管理系统和协同设计平台基础上，向基于模型（如 BIM）的、实时的、集成化、智能化的项目管理和协同工作平台发展。如：基于统一信息模型，建立设计阶段各专业共享的工程信息管理平台；在勘察设计企业工程设计图知识管理应用系统基础上，向自动推理、智能化发展，研究设计专家辅助决策系统；实现各专业远程、异地协同工作的协同设计系统；逐步实现设计方项目管理系统与供应商、施工方的外部集成。

（2）施工方工程项目管理系统和协同工作平台。在已有施工方工程项目管理系统基础上，开发基于模型（如 BIM）的、实时的、智能化的项目管理和协同工作平台，例如：

质量控制自动化系统——建立建设工程的质量指标和标准，开发自动化质量控制系统，并且把这些系统融入到项目管理系统中去，从现场智能获取信息，用来监视和跟踪工作计划、规范和标准的执行情况，对质量状况和履约进行自动化报告。

智能化的成本控制系统——成本管理系列标准（成本科目、协调统一的分解结构）；与业务系统的自动化接口，实现业务数据和成本数据的集成；可共享的项目成本模型；实时成本报告系统，基于无差异的实时性能成本数据，提供自动全面的费用估算、项目投资回报等信息的更新和报告功能。

（3）设计施工一体化工作平台和工程项目管理系统。研究基于集成化项目交付的设计和施工阶段多维信息模型、设计和施工信息共享技术及标准、设计和施工协同工作平台，以便支持基于信息模型的相关设计和施工管理系统的无缝集成，实现面向设计和施工多参与方的施工进度、资源、成本、安全、质量以及场地的集成化协同管理，为提高施工信息化管理水平提供技术和平台。

研究基于集成化项目交付的工程总承包项目管理模式、体制架构、标准体系和关键技术，根据我国国情，研发以设计为主体、以施工为主体以及以项目承包公司为主体的三种总承包项目管理系统，开展示范应用，为实现工程总承包企业基于集成化项目交付的建筑全生命周期管理奠定基础。

基于设计和施工阶段形成的建筑信息模型，综合应用数字监控、数字编码、三维激光扫描、现代测量以及通信技术，研究施工现场多源数据的动态采集技术，大型施工机械操作监控与精度检测技术，施工时变结构及支撑体系安全监测与分析技术，施工现场碰撞检测与安全预测技术，以及基于过程和资源优化的虚拟施工技术，并研制相应的软件系统，实现施工过程的自动化和可视化，进一步提高施工精度和效率，确保施工的质量和安全。

（4）政府/行业的工程项目监管和服务管理系统。包括：工程建设标准、规范的管理和服务；工程建设的市场准入审批、市场监管等；工程建设的质量、安全、环境保护的监管与服务；既有建筑物和基础设施运营状态的能效、排污监测等。

（5）工程项目全生命周期信息管理系统。基于全生命周期数据管理模型（如BIM），建立供工程项目全生命周期中各参与方共享信息、协同工作的信息管理系统。

3.2.7 基于物联网的集成化、自动化供需链

研究集成化、自动化的采购系统将无缝集成工程设计系统、项目管理系统、财务系统、现场物资管理系统和全球供应网络。具体包括：

（1）采购和工程设计系统一体化系统。产品设计系统将输出一个总的采购包，包括材料单、计划、成本目标、运送要求、性能说明书。产品设计

系统的用户把采购包告知供应商，要求他们投标，然后评审，制订运输要求，跟踪发、收货状态。

系统根据最初的设计要求或变更，缩短供应链反应时间和增强特殊事件情况的反馈速度；设计数据自动传送到采购系统并转化为标准格式，优化采购服务、物流等业务，以及施工规划和控制。

（2）采购和施工管理控制一体化系统。系统在采购活动和供应链的实时信息基础上，加强施工活动的计划和规划能力。根据采购资源的实耗信息，对成本、进度和计划偏差信息及预测的状态趋势进行实时报告，并进行辅助决策。

（3）工程项目的电子商务系统。全球各地的供应商通过电子商务系统，可以进行投标和报价，参与任何一个项目。集成的产品系统能根据绩效评价系统的信息，自动识别和获得合适的投标者，并确定货运能力。

（4）供应链的绩效评价系统。该系统能获得更多的供应商数据帮助采购过程，例如历史业绩、技术和管理资质、质量等级、营业状况等信息。

（5）基于物联网的全球性供应网络。基于物联网的全球性的供应网络，按照项目时间表中的施工进度发送原材料、构配件、机械设备等，减少现场物资的储存，自动采购系统按照主进度协调货运。

3.2.8 知识管理和人才培养

（1）企业知识管理。要在企业范围内，建立内部的企业知识管理信息系统，规范知识管理，形成企业知识的发现、存储和共享机制，提升企业的竞争力。

（2）行业知识管理。在行业范围内，通过建立交流网站、行业协会等措施，强化行业的知识共享平台。

（3）土木工程信息技术学科建设和执业人员的再培训。在高等教育和职业教育中，重视信息技术的教育，培养掌握信息技术的新型土木工程技术人才；对在职从业人员，进行再培训，提高其信息化知识水平。

3.3 关键性的前沿技术

3.3.1 标准化技术

标准化是项目全生命周期管理的基本保障，是提高信息技术应用效率的基础。在“十一五”期间，住房和城乡建设部组织制定了《工程建设标准体系》，在该体系下，正在研究建立建筑业信息化标准框架体系、建筑业信息化基础数据标准，并研究建筑企业信息化通用技术规范等（包括功能、业务流程等）。建筑业信息化标准框架体系作为土木工程信息化建设的纲领，为信息化、标准化建设提供了保障。

3.3.2 CAD 技术和工具

（1）基于数据库和信息模型的 CAD 工具。从简单的二维几何信息、文字信息发展到含更丰富语义（三维几何信息、空间地理信息、各种构件的性质信息）的工程信息，向数据库驱动的模型转变，开发基于数据库和新数据模型的 CAD 工具。

（2）用户可配置的智能化 CAD 工具。以用户需求为中心，可以根据用户历史配置进行 CAD 工具产品配置优化；具有可视化、虚拟现实模拟和语义识别等功能，用户界面友好；支持项目各参与方进行沟通并提供决策支持；提供工程部件预组装的施工模拟。

3.3.3 工程计算和分析软件

（1）基于标准模型的与 CAD 集成的工程计算和分析软件。不用重新建模，可以有效使用已经建立的 CAD 几何模型，实现与 CAD 工具的集成。

（2）复杂工程的高端计算和分析软件。包括对风荷载、地震力、风浪等动力荷载的作用，进行非线性分析，包括结构非线性和几何非线性分析。

3.3.4 可视化和仿真技术

（1）可视化应用于工程设计的全过程。设计工作是一个从无到有的反复修正的过程，设计人员使用可视化技术和所掌握的知识、经验、规范，通过分析、计算、判断、多次修改，最后形成满足功能要求的设计。可视化可以加速设计进程，提高设计质量。

（2）可视化技术应用于工程分析。可视化技术在土木工程分析中的应用研究很活跃。主要研究方向有实体造型、非线性现象、动态和稳定的可视化、网格的自适应选择等。

3.3.5 虚拟现实技术

（1）基于虚拟现实的复杂结构施工方案设计。基于虚拟现实的复杂结构施工方案设计是指利用虚拟现实技术，在虚拟的环境中，建立周围场景、结构构件及机械设备等的三维 CAD 模型（虚拟模型），形成具有一定功能的仿真系统，让系统中的模型具有动态性能；对系统中的模型进行虚拟装配，根据虚拟装配的结果，在人机交互的可视化环境中对施工方案进行修改。

（2）在工程项目招标投标中的应用。借助虚拟仿真系统，把不能预演的施工过程和方法表现出来，方案的优劣一目了然，这无疑增加了招投标的公平性和透明性。

(3) 虚拟现实技术应用于超大型复杂结构的设计、工程控制和结构分析，可以增强计算软件的前后置处理能力。借助图形或图像还可以进行实时动态的结构重分析和获取施工控制数据，同时能实时动态演示和控制设计、施工的过程。

3.3.6 高性能计算

(1) 高层建筑结构抗震性能分析。高性能计算技术使大型复杂建筑结构抗震分析成为可能。目前，已提出了一些行之有效的结构非线性分析方法和能够较真实反映结构非线性特性的数学模型，并编制了商用计算程序。

(2) 计算风工程。有诸多因素会直接影响风工程模拟分析的收敛性和精确性，如湍流模型、平衡边界层、数值离散格式、边界条件、计算域、网格划分等。其数值模拟计算量巨大，对计算设备的要求较高，必须采用高性能计算才能解决问题。

(3) 大型复杂工程施工模拟。高性能计算可以应用于施工过程中各阶段的变形和内力分析，通过施工过程中构件内力变化与设计内力的比较，确定工程施工是否科学合理。

3.3.7 BIM

前沿的研究方向，主要包括：

(1) 结合我国建筑工程实际，建立包括建筑、能耗、成本、施工、安全以及耐久性等主要专业的建筑信息模型。

(2) 基于 BIM 技术，研制建筑设计软件、建筑成本预测软件、建筑节能设计软件、建筑施工优化软件、建筑工程安全分析软件、建筑工程耐久性评估软件。

(3) 基于 BIM 技术，研究建筑工程信息资源分类和企业信息资源利用模型，开发建筑工程信息资源利用平台。

(4) 基于 BIM 技术，组建模型服务器作为实时在线的协作平台，实现同行业乃至跨行业的实时协作。

(5) 基于 BIM 技术，建立建筑能耗的分析模拟模型，加强 BIM 在绿色智能建筑领域的应用。

3.3.8 面向服务架构 (SOA)

SOA 在土木工程领域的应用主要体现在建筑企业信息化建设中。一方面，服务是对企业业务的抽象，它清晰地反应了企业的业务价值，具有良好的可重用性。另一方面，服务符合广泛接受的标准（如SOAP与WSDL）且与具体的厂商实现无关。采用SOA建立起基于统一标准、松散耦合的IT结构，有利于整合复杂的企业信息资源，提高对业务变更的反应速度。

3.3.9 自组织网络

自组织网络技术包括：自组织移动网、自组织存储网、自组织传感器网等技术。把实时信息处理系统、多传感信息融合技术、个性化人机交互界面技术融合，可以应用到智能楼宇；工程施工现场的质量、安全、进度的实时监控；数字城市管理中的各种监控。

3.4 前瞻性信息技术的在土木工程领域的应用

信息技术的发展日新月异，新的信息技术总是在不断出现。针对快速发展中的前瞻性信息技术，开展其在土木工程领域里的应用研究是发展土木工程信息技术学科的重要研究方向。

3.4.1 机器人技术

机器人技术已经在土木工程领域得到了很好的应用。日本已研制出20多种建筑机器人，如高层建筑抹灰机器人、预制件安装机器人、室内装修机器人、地面抛光机器人、擦玻璃机器人等，并已实际应用。美国卡内基梅隆大学、麻省理工学院等都在进行管道挖掘和埋设机器人、内墙安装机器人等型号的研制，并开展了传感器、移动技术和系统自动化施工方法等基础研究。英、德、法等国也在开展这方面的研究。我国应该加强土木工程建设机器人技术的研究和应用。

3.4.2 新型网络技术

现阶段，主流的新型网络技术包括：光因特网、主动式网络、蓝牙技术等。新型网络技术的应用领域很广，它可以将分布在不同地点的超级计算机高速网络连接起来，实现分布式的超级计算。新型网络技术可以将各地的参与者通过网络聚集在同一个虚拟的空间里面，既可以随意漫游，又可以相互沟通，还可以与虚拟环境交互。土木工程有许多不同于其他行业的特点，如施工人员流动性大，自然条件、施工条件变化，施工与建设单位之间的承包关系等诸因素的影响，使施工的组织管理非常复杂，利用新型的网络技术可以系统地储存、修改、查找及处理大量的数据，而且能够对施工过程中，因受各种自然及人为因素的影响而发生的施工进度的变化进行跟踪管理，优化进度管理等。

3.4.3 云计算

云计算是具有以下特点的一种网络化计算资源的新型运行模式：

（1）用户计算的分布性。云计算在汇集各种资源的同时提供了一种管理这些资源的机制，这里的管理包括资源提供、变更请求、重新映像、工作负载重新平衡、资源解除提供和资源监测等。

（2）服务面向的广泛性。云计算可以使网络上的某台计算机或者计算机集群同时为成百上千万的用户提供服务。

（3）用户端设备成本低。作为个人的用户端只需要一台个人电脑或浏览器就可以了。

（4）超大规模。"云"赋予用户前所未有的计算能力。

（5）高扩张性。"云"规模可以动态伸缩，满足用户规模不断增长的需要。

预计云计算在土木工程领域的应用包括：

（1）工程设计中的高性计算。

（2）协同工作。云计算具有服务面向的广泛性，在工程设计、施工等过程中，为协同工作提供技术平台。

4 建议

4.1 加强土木工程信息技术发展战略研究

土木工程信息技术的广泛应用必将引发整个土木工程行业的结构调整与资源的重新整合，推进土木建筑工程行业的科技进步，加速土木工程学科的创新发展，因此必须加强土木工程信息技术的发展战略和政策研究：

（1）制定适应我国土木工程发展的土木工程信息技术学科战略规划。现阶段，我国在土木工程信息技术学科发展战略上基本处于空白状态，这直接导致了土木工程信息技术发展的盲目性。只有制定了土木工程信息技术学科的发展战略，才能从宏观角度调控发展，明确发展方向和目标，为我国土木工程信息技术提供一个有序的发展空间。

（2）继续加强行政主管部门的推动作用。土木工程建设的主管部门在推进建筑业运用信息技术提升企业竞争力中发挥了重要作用。政府的引导和支持是推进土木工程信息技术发展的重要保障。

4.2 推进土木工程信息学科建设的三点建议

（1）政府应在推进土木工程信息技术研究上发挥更大作用，主要指合理有效配置既有资源，在政策和环境上为土木工程信息技术的开发提供支持，如建设以企业为中心的创新体系，对行业有共性、基础性的关键技术，统一组织有关单位联合攻关，协助争取国家科技攻关、863 科技发展计划、星火计划等方面的支持。

（2）土木工程学科建设是高等院校土木工程院系和土木工程科研院所的主要职责，必须充分认识他们在学科带动产业方面的重要作用。他们是学科建设的中坚力量，也是学科带动产业的主要推动者，政府应从政策、人力资源、资金投入等方面加大扶持力度。

（3）积极开展国际间的技术合作，学习国外先进技术和管理经验，了解发达国家的做法和经验，是我国土木工程信息化建设大步发展的一条捷径，也是完善学科建设的一个有效途径。

参考文献

[1] 建设部. 2003～2008 年全国建筑业信息化发展规划纲要［J］. IB 智能建筑与城市信息，2004(01).

[2] 中华人民共和国统计局. 中国统计年鉴 2008［M］. 北京：中国统计出版社，2008.

[3] 张建平，向东平，郭建锋. 中国建设企业信息化现状调查与需求分析［J］. 施工技术，2005(02).

[4] Jorge A Vanegas，Annie R Pearce，et al. Setting an academic research agenda for the FIATECH capital projects technology roadmap initiative［R/OL］.（2004-12）［2008-10-10］. http：// www. fiatech. org/pdfs/deliverables/Roadmap/v5. 01Dec04Final _ Report. pdf.

[5] Alain Zarli. ROADCON final report［R/OL］.（2003-11-07）［2007-11-12］. http：// cic. vtt. fi/projects/roadcon/public. html.

[6] European Construction Technology Platform 项目网站.［2007-11-12］. http：// www. ectp. org/default. asp.

[7] European Construction Technology Platform. Challenging and changing Europe's built

environment——a vision for a sustainable and competitive construction sector by 2030 [R/OL]. (2005-02-25) [2007-11-12]. http://www.ectp.org/documentation.asp.
[8] European Construction Technology Platform. Strategic research agenda for the European construction sector-implementation action plan [R/OL]. (2007-07-20) [2007-11-12]. http://www.ectp.org/documentation.asp.
[9] Strat-Con 项目网站. http://cic.vtt.fi/projects/stratcon/index.html.
[10] Abdul Samad (Sami) Kazi, Matti Hannus, et al. Strategic actions for realising the vision of ICT in construction [R/OL]. (2007-09) [2007-11-12]. http://cic.vtt.fi/projects/stratcon/stratcon_final_report.pdf.
[11] Keith Hampson, Peter Brandon. Construction 2020: a vision for Australia' s property and construction industry [R/OL]. (2004-06) [2007-11-12].
[12] 澳大利亚 CRC construction innovation 网站. (2007) [2008-10-07]. http://www.construction-innovation.info/index.php? id=24.
[13] 叶列平. 土木工程科学前沿[M]. 北京：清华大学出版社，2006.
[14] 中国土木工程学会. 2020 年中国工程科学和技术发展研究　中国土木工程科学和技术发展研究[M].
[15] 国家自然科学基金委员会，工程与材料科学部. 学科发展战略研究报告（2006-2010 年）：建筑、环境与土木工程Ⅱ（土木工程卷）[M]. 北京：科学出版社.
[16] 中国科学技术协会，中国土木工程学会. 2008-2009 土木工程学科发展报告[M]. 北京：中国科学技术出版社，2009.
[17] 中国科学技术协会，中国土木工程学会. 中国科协学科发展研究系列报告：2006-2007 土木工程学科发展研究[M]. 北京：中国科学技术出版社，2007.
[18] 李云贵. "十二五"住房城乡建设信息技术应用发展规划战略研究[R]. 北京：中国建筑科学研究院，2009.
[19]《国家中长期科学和技术发展规划纲要》(2006~2020 年).
[20] 姚丽君，李景祥. 智能建筑的发展与展望[J]. 中小企业管理与科技，2009.
[21] 李淼. 浅谈我国 CAD 的发展趋势[J]. 船海工程，2009.
[22] 黄恩才，赵彤，于敬海，等. 地理信息系统在土木工程中的应用[J]. 天津理工学院学报，2003.
[23] 杨敏，肖珂. 试论土木工程信息技术的发展趋势[J]. 同济大学学报，2001.
[24] 王艳红，姚永鹤. 浅析 CAD 技术在土木工程中的发展与应用[J]. 科技创新学报，2008.
[25] 杨运伟，张玲，孔华锋，等. 新型网络技术[J]. 计算机与数字工程，2004.
[26] 李云贵，张凯，王道堂. 高性能计算技术及其在土木工程中的应用//第十四届全国工程设计计算机应用学术会议大会报告文集，2008.
[27] 任爱珠，张建平. 土木工程 CAD 技术[M]. 北京：清华大学出版社，2006.

[28]“土木信息学科”专题研究报告 [R/OL]. [2004-03-19]. http: //portal. vsharing. com/k/CIO/2004-3/474787. html.
[29] 绿色建筑——可持续发展建筑 [R/OL]. [2008-03-07]. http: //zhidao. baidu. com/question/47537552. html.
[30] 曲道奎，张念哲. 机器人技术的新进展 [R/OL]. [2010-02-23]. http: //www. embcom. net/thread-8433-1-1. html.
[31]（財）日本建設情報総合センター（JACIC）. CALS/E 入札とは [EB/OL]. [2010-03-19]. http: //www. cals. jacic. or. jp/tender/.
[32] 小澤敬市. 建設業の現状と今後の課題 [C/OL]. [2010-03-19]. http: //www. kensetsu-kikin. or. jp/c-cadec/hyogikai/siryou. html.
[33]（財）建設業振興基金　建設産業情報化推進センター（C－CADEC），SXFによるCADデータ交換を円滑に行うための留意事項　改訂版 Ver. 3. 3 [R/OL]. [2010-03-19]. http: //www. kensetsu-kikin. or. jp/c-cadec/qa/ccadec. html.
[34] 国土交通省. 情報化施工推進戦略 [R/OL]. [2010-03-19]. http: //www. mlit. go. jp/report/press/sogo15_ hh_ 000009. html.
[35]（社）日本土木工業協会. 電子納品対象工事実施状況調査結果 [R/OL]. [2010-03-19]. http: //cals. dokokyo. com/index. cgi? mode = info&no = 37&offset = 0.

土木工程科学的综合交叉研究——后记

崔俊芝　杨秀敏

正如著名物理学家 Max Planck 所指出的——“科学是内在的整体，它被分解为单独的个体不是取决于事物本身，而是人类认识能力的局限性”。作为支撑土木建筑工程发展的土木工程科学和技术，本身就是一个综合性的整体，把它分解成若干学科，除了人类认识能力的局限性，还在于技术内涵和工程实现的特殊性。所以，我们在逐个地阐述了土木工程学科的发展战略和前沿研究方向之后，作为一门工程科学，再从整体上，综合交叉地讨论一下土木工程科学和技术的前沿研究方向是必要的。因此，在原定专题报告之外，我们增加了这份“土木工程学科的综合交叉研究”作为后记。但是，本报告并不是综述各专题报告的内容，而是从综合交叉和多学科融合角度，讨论各专题报告没有涉及或不便深入涉及的有关土木工程学科的前沿研究方向和发展战略。

鉴于各专题报告已经对“国家需求”、“发展现状”分别作了较为详尽地阐述，为避免重复，本报告对相关部分进行了大幅度地精简和概括，敬请谅解。

1　国家需求

随着我国城镇化的加速与和平崛起，在可预见的二三十年内，中国的土木建筑工程仍将处于高速发展期，除了将兴建大量现代化的民用建筑、海港、铁路、公路、桥梁、水利水电工程、地下建筑及国防工程外，正在运行的建筑物也将逐步进入大修和重建期，土木建筑行业仍将是国民经济的支柱产业。

伴随着经济和科技的发展，建设“资源节约型、环境友好型”社会已经成为人类社会发展的共同目标，这就要求土木建筑行业实现“四节一环保”，即实现节水、节地、节材、节能和保护环境，为社会可持续地发展提供基础设施和居住环境，因此迫切需要土木建筑工程学科，在指导思想、方法论、施工技术和管理体系等方面进行创新，以支持未来土木建筑工程的规划、设计、施工、运行、管理、大修直到撤除的全寿命活动。

现代科学和技术，特别是信息科学和技术、材料科学和技术、数学、物理、力学和工程管理学的发展，从多学科交叉、融合角度，为传统土木建筑工程科学和技术的更新、发展提供了新的科学基础和技术手段。

未来二三十年持续地大规模的基础设施建设，不仅对土木工程学科提出了新挑战，也为其创新发展提供了难得的新机遇，中国理应站到世界土木工程科学和技术发展的前列。

现代化的土木建筑物不仅要具有结构上的安全性，还要具有环境上的舒适性，即最适宜于人类生存的、高品质的生活环境；具有良好的防—隔热和防电—磁性能，以及运行期的节能降耗、易维护和耐久性。

未来的建筑物，特别是大型、复杂、现代化的公共建筑物，必须以保障社会可持续地科学发展为前提。为此，除了继续发展传统的土木建筑工程学科即结构工程，道路工程，桥梁工程，隧道与地下工程，工程抗震与防灾工程，岩土工程……）之外，从多学科交叉、融合的观点来看，还需要开展如下的土木工程科学和技术研究。

（1）指导土木工程建筑物全寿命期设计的理论与方法研究，包括指导思想，设计理论、方法和技术；面向上部结构—地下空间—地基基础以及运行环境一体化的设计方法学及新型结构体系研究，包括高性能的抗震、防灾体系，高寿命、节能型、环境友好的结构体系等。

（2）为支持土木建筑工程走向精细化设计、精细化施工，以及建设高安定性和高舒适度的人居环境，必须利用现代数学、物理、力学和材料科学与技术，创建支持土木建筑工程全寿命期行为分析和预测的计算科学，包括面向结构—构件—材料一体化分析的多尺度分析方法，面向上部结构—地下空间—地基基础与运行环境一体化的计算与设计方法等。

(3) 研究现代化的土木建筑施工技术，包括信息化施工技术，绿色施工技术；标准化、工业化的施工技术，钢结构件、钢筋—混凝土结构件、钢—混凝土组合结构件的标准化、工厂化生产及其安装技术；设计施工一体化技术等。

(4) 研究面向土木建筑工程全生命期活动的数字工程技术，包括辅助于规划、设计、施工、安全监控、保养维修、建筑物运行的模拟仿真 CAD，CAE 和施工管理软件，支持土木建筑企业信息化的管理软件，人力、资金、物资管理和办公一体化的软件，以及建筑物运行期的安全监控和物业管理软件。

在这些研究的基础上，与发展中的传统土木工程各学科一起，逐步形成支撑我国土木建筑工程行业可持续发展的现代土木建筑工程学科的基础理论、方法和技术体系。

2 发展现状

2.1 大规模基础设施建设推动了我国土木建筑工程学科的发展

建国以来，我国土木建筑工程学科经历了两个发展阶段，从 1949 年到 1978 年为第一阶段。伴随着新中国的重大基础设施建设，特别是第一个五年计划的 156 项重大工程，国庆十周年的北京十大建筑，促进了高等院校相关院系和工业部委相关科研院所的建设，到建国十周年时已经基本形成了新中国的土木工程学科体系，形成了包括钢结构、混凝土与钢筋混凝土结构、大跨空间结构等结构形态在内的结构工程学科，桥梁工程、隧道工程、道路工程，抗震工程、岩土工程，以及为它们提供基础理论的工程力学、岩土力学等学科，为我国土木建筑工程科学和技术的发展奠定了基础。

改革开放以来，伴随着经济与社会的高速发展，我国开展了大规模的基础设施建设，特别是围绕北京奥运会、上海世博会，建成了众多的大型、特大型的造型新颖、构思独特，古典与现代、深沉与浪漫相结合的标志性工程；例如国家大剧院、世博会中国馆、国家体育场——鸟巢、国家游泳中心——水立方、北京机场 3 号航站楼、上海浦东机场、虹桥综合交通枢纽等大跨度空间结构；上海环球金融中心、上海国金大厦、天津环球金融中心、北京国贸三期、广州西塔等地标性超高层建筑；南京大胜关长江大桥，武汉天兴洲长江大桥，杭州湾跨海大桥，陕西秦岭隧道、青藏铁路等“长—大—重”、地质环境极为复杂的道路、桥梁、隧道工程，以及汶川、玉树的灾后重建项目等。这些重大土木建筑工程和灾后重建的民生工程不仅极大地推动了新型结构体系、结构分析方法与设计技术、结构施工与装备、基础工程、工程力学和岩土力学等土木工程学科的发展，而且促进了新型高强、耐久建筑材料，设计和施工的标准化，结构件的标准化、工业化生产技术，信息化施工与模拟仿真技术，绿色施工技术，以及施工机械和装备的长足进步。

2.2 改革开放给土木工程学科发展提供了良好环境

建国初期的十年是中国土木工程学科的创建期，以苏联模式为主；改革开放的三十年，是中国土木工程学科改造性大发展的时期，在学习、借鉴、包容、吸纳世界上各发达国家先进经验的过程中，发展完善了中国的土木建筑工程学科体系。

1980 年以来，随着经济上的对外开放，科学、技术和教育迈出了更大的开放步伐，大批的中国学者走出去，大批的外国学者请进来；今天，各种各样的学术交流活动接二连三。在这场科学、技术和教育改革开放的洪流中，中国的土木建筑工程师、专家和教授，从发达国家的土木工程界汲取了大量先进的思想、方法、知识和技术。回首近二十年我国新建的现代化土木建筑工程，从规划、设计、施工直到运行管理，从建筑外形、结构体系、建筑材料、施工机械及安装技术，直到内部装饰，无一不汲取了国外先进的模式、方法和技术。在把它们应用于中国土木工程建设的同时，我们的土木工程专家、教授也把国外先进的土木工程学科体系，包括本科生、硕士、博士研究生在内的人才培养体系，以及土木建筑工程科学和技术领域新的研究方向引入国内，改造并完善了我国的土木工程学科及人才培养体系，建立了产—学—研结合的土木建筑工程科学研究和技术开发体系，标准化及产业体系。

土木建筑工程学科及人才培养体系的完善和发展，为土木建筑工程行业，包括科研、设计、施工和管理企业，培养了大批不同层次的年轻人才；仅以 2009 年为例，全国高校土木工程学科，不包括水利水电、建筑与测绘学科，毕业的学士约 53000 人，硕士约 8500 人，博士约 1100 人。大量高学历的年轻人才源源不断地进入土木建筑工程行业，无疑为中国土木建筑工程科学和技术的创新发展提供了人才支撑。

2.3 存在问题

开展土木工程内各学科之间，以及土木工程学科与其他学科，特别是与数学、力学、材料学、信息科学和技术之间的多学科综合交叉研究，既是当今社会进步和科技发展对土木工程学科发展提供的新途径，也是现代科技创新发展的新特点。在土木工程科技界，虽然对开展多学科综合交叉研究的重要性已有认识，但实施起来尚存在诸多困难和问题。主要是：

（1）我国已建和在建的大型、特大型土木建筑工程，除了建国十周年的北京十大建筑外，大都出现在20世纪90年代之后；特别是深圳、上海、北京、广州等城市的超高层地标性建筑，北京奥运、上海世博会工程，长江、黄河、珠江等江河上的大跨度、高承重、多功能大桥，以京沪高铁为代表的城际高速铁路工程，北京机场3号航站楼、上海虹桥综合交通中心，以及青藏铁路、西气东输工程、南水北调工程等等，都是在近十五年内建成的。这些特大型工程，不但带有“世界之最”的标志，都是中国工程师们从未干过的，没有相应的科学、技术和装备的储备；而且它们从立项、设计、施工、验收到运行，都有十分紧迫的时间限制。因此，迅速地引进、消化、吸收，分专业地解决各自面临的紧迫工程问题，成为中国土木建筑工程专家和工程师的首要任务；他们首先考虑的是时间、经费和技术上的可行性，整个工程各专业集成的可行性，而不是科学的创新性；他们没有时间、经费和精力，甚至没有能力和人才，解决科学上的合理性和完善性。这些工程项目完成后，尽管获得了不少大奖，包括国家级科技进步一等奖，甚至特等奖，获奖理由也多为“世界首次”、“世界最大”、“世界首创”、“最复杂”等，再加上适当的“技术”词汇，但真正意义上的“土木工程科学”原创很少，属于土木工程学科综合交叉的科学创新则更少。

（2）从事土木工程科学和技术研究的科研院所及高等院校的土木工程院系，是土木工程科学创新的主体；在过去20年中，我国的土木工程学科达到了与世界同步，实现了与国际接轨。但是，这种完善和发展并不是在宽松的“任务带学科”的环境下实现的，而几乎全是在“任务压学科”的模式中存活下来的；不仅转型中的土木建筑工程科研院所的专家和工程师们都在马不停蹄地疲于抢项目、赶工程、谋收入、创效益；而高等院校土木工程院系的教师及其学生也在日夜奔忙地争项目、要经费、赶论文、创收益（包括职称和收入）；到处充满着急躁、浮躁、短—平—快、急功近利的情绪。

这种现象虽然不是土木工程学术界所独有，但它无疑制约了土木工程学科的科技创新。

（3）如前所述，未来的建筑物，特别是大型、复杂、现代化的公共建筑，必须以保障社会可持续地科学发展为前提；现代科学和技术，特别是信息科学和技术、材料科学和技术、数学、物理、力学和工程管理学的发展，为土木建筑工程科学和技术的创新发展提供了新的科学基础和技术。但是，多学科综合、交叉、融合，发展新一代的土木工程科学和技术，并不像从市场上买卖、配件组装手提电脑，可以经过短期培训，快速而就，而应是一个多科学交叉、融合、知识创新的过程。这个过程需要不同学科专家、教授的磨合，促进不同学科知识的融合，同谋未来的土木工程科学；需要合适的研究条件，宽松的科研环境；目前流行的以论文数量、SCI 和 EI 影响因子为指标的、完全量化的、短平快的评价和晋升体系，根本不支持多学科交叉、融合的跨学科创新研究。

3 发展战略与前沿研究方向

土木建筑工程的寿命短则数十年，长则数百年，它们对土地的占有，水、能源和建筑材料的消耗，以及对环境的影响不仅表现在建造期，更表现在运行期、维修期；其占有的资源在地球上是有限的，不能再生的，或者是限量再生的。不合理的土木建筑布局不仅会造成资源浪费，影响经济和社会发展，而且会直接影响着人们生活质量，例如交通拥挤，出行不便，甚至会造成次生的社会灾难。此外，为了提高未来建筑物使用上的舒适性，运行过程的精准、可靠性，以及结构上的安定性和耐久性，现代土木建筑工程无论设计还是施工，都正走向精准化、精细化，材料与构件的一体化。因此，为了保障社会可持续地科学发展，开展以人为本，人和自然统筹协调的，覆盖土木建筑工程规划、设计、施工、运行、维护直至拆除的全寿命期的，综合交叉的基础科学和技术研究，已经势在必行。

3.1 土木建筑工程全寿命期的设计科学

“设计”，特别是“规划设计”是一个土木建筑物生命的开始——孕育期。人们常把“设计”理解为交出未来工程的图纸，因而“画图”就成了“设计活动”的主体；二十年前曾把“设计革命”理解为采用计算机画图，按此理解，设计革命已经成功。但是“设计创新”既非已经实现，也非指日可待。原因在于我们对设计的理解过于狭义，十多年前在制造行业大量地把“仿造”、“ 逆向工程”称作研发、创新时，在土木建筑界也把国外高楼大厦的形态搬过来，通过计算机绘图，稍作修改，审核，就形成了我们的设计。如此技巧之普及，形成了今天我们的城市建设缺少了中国风格，没有中国地域和文化特色，不管是在南疆北国、东方西域，千篇一律地是大大小小的高楼、玻璃幕墙、悬索桥，外加几栋吸引眼球的摩天大厦；上百栋超高层居民楼拥挤在一起的景象，且不说一旦遇到自然灾害怎么逃生，就连上下班，也会拥挤不堪。如此从规划、设计、施工到销售，急忙赚钱而不计及民生，怎么称得上以民为本、可持续地科学发展。

其实，设计的主体活动是创新，而不是模仿和跟踪，对于土木建筑工程而言，是设计者用自己掌握的自然科学、工程技术科学、人文科学和社会管理学知识，领悟和描绘未来建筑物全寿命期的形态和行为的过程。其关键点首先是在于悟出未来社会对建筑物的真正需求，对于具有多功能、多目标需求的大型综合性建筑物来说，悟出未来的真实需求是十分困难的；然后是应用最新的工程科学和技术知识，包括系统工程、信息论、多目标规划与控制论，恰当地处置人文、自然、土地、能源与效能之间的关系，进行概念设计，描绘出未来建筑物的总体框架；并计算当前的投入和未来不同时期的经济与社会效益，统筹优化决策。绘制工程图则属于精细设计，技术性地出成果阶段。

土木建筑工程设计是设计者主观与客观统一的认知过程，是运用已有知识，获取和创造新知识的过程，“创新”自然是核心。采用CAD技术，用计算机绘图，仅是为降低设计者的劳动强度，让设计者有更多的精力和时间从事创造性思维，加速创新步伐。怎么使设计者正确和理性地实现创新设计呢？笔者认为，加强对土木建筑工程全寿命期的设计科学的研究，并以其成果武装设计者，是一条根本之路。

尽管上述名词和概念，在现行土木建筑工程教材、文章和公文中已经屡见不鲜，但值得指出的是，本文所谓“土木建筑工程全寿命期的设计科学”仅是个打包性的模糊概念，远远没有形成概念上清晰、理论上严格、方法上合理、技术上可行、法律上有据的，具有多学科综合交叉特征的，能够支持土木建筑工程全寿命期设计活动的现代土木建筑工程的一个分支学科。在现行土木建筑工程的设计和施工中，长官意志、政绩工程、拍脑袋决策的事常常有之；这些现象的存在，除了读者可以想到的原因外，没有一套土木建筑工程全寿命期的设计科学来武装设计的决策者也是重要原因之一；实践表明，土建工程中的“权力”决策，很可能造成不科学的抉择。

（1）土木建筑工程的“规划”和“建筑”设计学科，不属于本项目研究的学科，在此谈及过多会有些越轨。但是，“规划”设计是土木建筑工程立项的依据，是确认未来建筑物社会价值的、不可变更的起点。“建筑”设计是要确认未来建筑物与人、自然和社会的关系，实现多目标的统筹和统一。“规划”与“建筑”设计的目标不是要造就吸引人们眼球的个人政绩，其设计活动不是设计者的个人或小集团行为，也不是仅针对局部、个体和短期行为的活动，而是具有长期后继效应的社会行为。因此，十分有必要加强综合性的现代土木工程学科体系（包括“规划”与“建筑”在内）和法规体系的研究，它涉及自然科学——土地、水、资源与环境等，社会科学——政治、经济、人文、宗教和社会管理，传统的土木建筑工程学科以及现代信息科学和技术等；它应该是一个以建设以人为本、人和自然和谐的，保障人类社会可持续健康发展为目标的，以土木建筑工程科学和技术为中心的，集多种工程科学和社会科学相关知识于一体的学科体系。

（2）“结构”设计是确认未来建筑物的结构形态，传统结构设计的目标是保证主体结构的安全可靠性；因此当设计者面对一个很不合理、很不稳定的建筑形态时（例如央视新址），从结构设计到施工过程，保证结构的安定性就成了设计者的头号使命，这样做的结果，自然会把结构设计的科学性、合理性抛向九霄云外。

结构设计创新来源于设计者对未来结构服役期间的力学和物理行为的深刻认识；而达到这种“深刻认识”首先是设计者需要具有丰厚的“结构工程”学科基础知识和经验，拥有扎实的工程力学、岩土力学及相关物理学的基础理论；然后是掌握现代的CAE技术，运用它来加速和加深对未来结构服役期间力学和物理行为的认识，特别是结构物抵御各类灾害（地震、地基沉降，火灾）能力的量化认知。

传统的结构设计，主要指设计结构，而现代的结构设计还必须兼顾暖通、空调、声—光—电和智能网络、建筑物服役期间的安全监控体系设计以及施工程序等，进行一体化的多目标统筹规划与优化设计。多目标统筹规划和优化不仅会对暖通、空调、强电和智能网络的施工带来极大便利，也会避免造成人为的结构破坏，提高结构的安全性。

（3）施工是土木建筑物的实际建造过程，对于大型现代化建筑物而言，施工过程的规范标准化和严格精准化是保证建造质量的关键。结构件制备的标准化、系列化和工厂化是实现质量控制的重要手段。对于需要现场浇筑的主体大型结构件而言，注重结构件性能设计与原材料及施工过程的一体化设计非常必要，这可以使设计者对未来结构行为的创新性认知直接传递给施工者，使其以必然的认知为基础指导施工，自觉地使建造的结构件达到未来的服役目标；笔者认为，应该适度地推行结构设计与施工的一体化。对于大型预制结构件的吊装而言，应该进行严格的施工模拟仿真，实现施工过程的精准化，避免残留有害的施工应力。

因此，应该加强以结构安定性为主，兼顾暖通、空调、声—光—电和智能网络布置、建筑物服役期间的安全监控仪表安装等，进行施工程序设计，施工过程的信息化监控，绿色施工，以及结构件与施工过程的规范、标准体系建设。施工规范和标准的制定不仅涉及施工，还涉及结构工程、建筑材料等相关专业。

（4）大型现代化土木建筑工程在运行过程，实时地进行安全检测，定期地进行安全可靠性评估十分必要，这是保证建筑物正常服役，人民生命财产安全的基本措施，因此，必须加强建筑物安全评估方法研究，加强包括物联网技术在内的适宜于土木建筑工程安全检测的成套技术的研制与应用。

3.2 土木建筑工程全寿命期行为分析的计算科学

创新设计来源于对未来建筑物服役行为的精准预测，在现代基础科学——数学、物理、力学、材料科学，及计算技术高度发展的今天，实现精准预测的科学和技术就是计算科学。

值得指出，现代信息科学和技术，特别是计算技术已经为科学和工程计算提供了最有力的计算环境，大规模众核千万亿次计算机已经投入商业运行，由数十万个核组成的万万亿（亿亿）次计算机即将问世，求解包含几百万、几千万，甚至几亿个自由度的重大复杂工程问题，已经不成问题，再加上实时的真三维图形显示系统，庞大的数据存储系统，以及有效的数据管理系统；使复杂的工程模拟仿真，从技术上讲成为现实，已经可以把一个复杂工程的所有基本结构件的力学和物理参数作为自由度投入一体化求解，无论是对于结构设计还是施工模拟问题。现实的困难是：如何定义基本构件及其材料在服役期间和施工过程中的物理和力学行为？如何形成正确可靠的数学物理模型？如何给出精确合理的计算方法和科学有效地使用大规模众核计算机的算法过程？如何快速地开发出稳定可靠的适用于大型复杂工程计算分析、模拟仿真的软件？这些都不是计算机科学家和工程师的内行，而是土木建筑工程科学家和工程师的社会责任，否则，再好的信息技术也用不上，土木建筑工程计算分析、模拟仿真也只能停留在现有的水平。

就目前而言，支持土木建筑工程全寿命期行为预测的计算科学的前沿研究方向，主要有：

（1）建筑物整体结构、构件与材料一体化分析与设计的计算理论与方法。现代土木建筑物，从结构上讲，多是各类结构属性的复合体，既包含钢结构、钢筋混凝土结构件，又可能包含钢管混凝土、钢骨混凝土以及钢——混组合结构件。对于大型复杂的钢筋混凝土结构件，如图1a）所示，所配钢筋数量非常之多，密度非常之高。众所周知，结构件在复杂的三维载荷作用下，其内部的应变和应力状态是与构成结构件的材料属性密切相关的，这就是说，在结构件内任意两点，如果一点位于钢筋上，另一点位于混凝土上，即使它们非常靠近，其应变和应力也可能有较大差异。就混凝土而言，它是由岩石颗粒（厘米量级）、砂子（亚毫米颗粒）和水泥（十到数十微米量级）等多尺度颗粒经水化凝固而成，如图1b）所示，且在固化过程中会残留一定数量的微空隙和微裂隙；从构造上讲，混凝土是多尺度颗粒、微空隙和微裂隙的复合体；在三维受荷状态下的混凝土构件内，在分别位于石子和沙子内非常靠近的两点上，其应变和应力也会有较大差异。实际建筑结构在服役期间，不同部位的结构件所承受的应变和应力状态，既与整体结构的形态和所受的荷载有关，也与结构件的就位性有关，还与组成结构件的基本材料（钢筋、石子、砂子、水泥乃至空隙）的属性及其空间就位性有关。

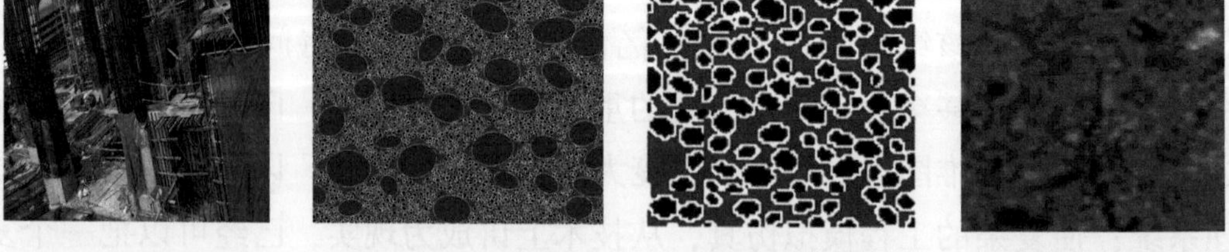

a）钢筋混凝土结构　b）混凝土材料　c）砂浆微结构　d）混凝土裂隙

图1　结构件及其混凝土材料示意图

众多的实验和观察表明，实际结构所发生的损伤，裂缝的萌生、扩展，以及坍塌都是从局部损伤、失效开始，整体失稳结束的。但是，传统的各向同性或正交异性均质材料的杆、梁、板、壳的工程力学方法只能分析结构件的宏观应变和应力，难以精确计算结构件细观部位，特别是主要承载结构件关键部位的细观应变和应力。

结构设计和施工的精细化是土木建筑工程迈入现代化的重要标志。因此，发展适用于土木建筑工程的、包括整体结构、结构件以及材料在内一体化的、多尺度分析方法和设计理论，势在必行，它们是支撑土木建筑工程分析和设计走向严密和精细化的基础。

值得指出，在过去的十多年间，在计算力学、计算数学、计算物理和计算材料科学领域，基于细观力学方法和数学均匀化发展了多种多尺度分析方法，包括多尺度有限元法、多尺度均匀化方法、高阶多尺度方法等；特别是后者既可用于计算具有多尺度颗粒随机分布的混凝土材料构件的物理和力学参数，还可以用于计算具有周期性钢筋分布的钢筋混凝土构件内部的细观物理和力学参数，包括本构参数和强度参数。笔者确信，这些成果可以推广应用于土木建筑工程材料及其结构在不同尺度下物理和力学行为的多尺度分析，为大型复杂的土木建筑工程的精细化设计和安全评估提供支持。

（2）上部结构、地下空间、地基基础及周围环境一体化分析与优化的计算理论。现代化的土木建筑工程不仅上部结构十分高大、构造奇特，而且地下空间也十分宏大、布置复杂，再加上复杂的地基基础及临近的地下公共设施，如水、暖、电和地下交通管网，以及邻近的江河、湖泊等，它们都会对建筑物施工和服役的安全性造成重大影响，特别是当地震来临、洪水暴发、地基不均匀下沉和人为灾难降临的时刻，如何防灾、减灾，保障人和建筑物的安全，既是设计者必须认真设计的，也是施工者应该统筹考虑的。因此，对上部结构、地下空间、地基基础及周围环境进行一体化的结构安定性分析，对上部结构、地下空间、地基基础及周围环境进行一体化的多目标（包括结构强度、暖通、空调等）优化设计计算，应该提上日程。

此外，现代建筑的重要标志之一是不仅结构上应该具有安全可靠性，还应该具有居住的舒适性，即具有良好的物理性能，如优良的防/隔热保温性能，防电/磁性能，以及良好的节能性能。因此，需要对包括上部结构、地下空间在内的整个建筑物进行多物理场分析与多目标优化，以提升未来建筑物的整体安定性、节能和舒适性。

但是，到目前为止，尚没有系统的支持对上部结构、地下空间、地基基础及周围环境进行一体化结构安定性分析、多目标优化设计的理论和方法。值得指出，随着计算力学、计算数学、计算物理和 CAE 技术的发展，已经为相关研究奠定了基础，已经到了土木建筑工程的科学家和工程师发挥创造性将其转化为实用的土木建筑工程计算科学和技术的时候了。

3.3 标准化、精细化、信息化与智能化的土木工程建造技术

现代土木建筑工程发展的重要特征之一是施工领域里的科技创新层出不穷，已经并正在形成系统的土木建筑工程建造科学和技术体系；土木工程建造正走向标准化、系列化、工业化、精细化、信息化和智能化，重设计轻施工的陈旧观念正在消失。从多学科综合交叉角度而言，土木建筑工程建造科学和技术在如下方面将会有较大发展：

（1）施工模拟仿真与计及施工过程的多尺度分析技术。施工过程的模拟仿真是实现施工过程精准化、信息化，避免施工事故的重要环节，特别是对于大型预制结构件组装。例如大型桥梁主箱梁和大型建筑物主体钢结构的吊装，由于结构件重且空间跨度大，需要多台吊机联动，再加上施工场地狭窄，不进行施工模拟不仅难以保证多台吊机平衡、稳定联控，还可能造成结构件之间过大的施工残留应力，为整体结构的安全性留下隐患。施工模拟不是一般的结构动力学问题，而是一个如何确认施工中的变结构、变支撑、变载荷的动力系统，并进行计算求解的问题，这不仅需要有丰富的结构施工经验，还需要有精深的结构动力学功底和熟练的计算机辅助工程（CAE）技术。

众所周知，在现代大型复杂结构的建造过程中，主要承载结构件大都采取现场浇筑，施工过程及施工环境（温度、湿度等）将对大体积钢筋混凝土、钢管混凝土、钢骨混凝土结构件，以及大体积、大跨度钢结构件的施工应力，特别是温度应力产生较大影响，甚至会引起结构件的早期开裂，影响整体结构的承载能力和安全可靠性。因此精细的土木工程施工，必须进行计及施工过程的动态多尺度分析。

对于施工过程的模拟仿真和计及施工过程的动态分析，借助于现有 CAE 软件，已经有了一些成功的案例。但是仅限于个案，远未形成一套可以遵循的方法和规范性的技术体系。

（2）数字工程技术。数字工程技术是支持土木建筑工程全寿命期活动的集成化信息技术。在信息技术，特别是计算机、互联网、云计算与物联网、有线与无线通信、3-S 技术以及信息安全技术高度发达的今天，实现建筑物本身的数字化，大型建筑物多团队协同设计及全部设计档案的数字

化，施工现场、施工过程及施工管理的数字化已经成为时代的要求，数字工程技术因此应运而生，并迅速发展起来。数字工程不仅从硬件上集成了众多先进的信息技术，而且集成了众多先进、成熟的工程计算和管理软件，包括计算机辅助设计（CAD），计算机辅助工程（CAE），工程数据库管理（EDB），办公自动化与管理信息系统（OA、MIS），3－S系统—地理信息、全球定位和遥感系统（GIS/GPS/RS），以及企业管理软件（CACM、PDM、ERP）等等。数字工程覆盖了土木建筑工程全寿命期，包括规划、设计、施工、服役、维修、拆除以及管理与服务，对信息技术的需求；并实现全部工程信息数据的融合，无缝链接、自动传输。例如，CAD/CAE是一类集成现代计算科学（计算数学、计算力学、计算物理、计算材料与计算工程科学）和计算技术于一体的知识密集型的，实现重大工程规划、设计、计算分析、模拟仿真、安全监控与维护的工程计算软件；无论设计工程师还是施工工程师都可以使用它们对在建的整个工程、结构件或材料的功能、性能与安全可靠性进行计算、优化设计，对未来工程的工作状态和运行行为进行模拟仿真，及早发现设计缺陷，改进和优化设计方案，证实未来工程的可用性与可靠性；又例如，工程师和企业家可以使用集成化的项目管理与企业管理软件（OA/MIS/CACM/ERP）等，编制施工计划，进行施工管理、决策分析，实施施工场地管理及施工过程监控，建筑材料的物流监控，机械设备的运行状态监控，施工项目的人力资源、资金财务管理，以及包括规划设计、建筑设计、结构设计、施工设计及施工现状等各类档案资料的管理，等等。

数字工程是刚刚形成雏形的综合性的集成化技术，其推动土木工程科学和技术进步的效果刚刚显现。显然，随着社会发展对土木建筑工程的全寿命行为和科学运行要求的提高，数字工程将会得到迅速发展和完善，它的应用将会对土木建筑工程的科技进步发挥巨大作用。

值得指出，数字工程技术既是支持工程科学家进行创新研究，工程师进行创新设计、施工的、信息化工具和手段，也应该是他们在工作中所获取的创新成果的归宿，即他们发展的新理论和新方法应该转变成软件，纳入数字工程的软件库，他们的创新设计文档和数据应当融入数字工程的数据库，成为推动土木建筑工程科技进步和社会发展的新的生产力。

（3）设计与施工企业的信息化技术。众所周知，土木建筑工程设计和施工企业的科技和管理水平，直接影响着其建造的土木建筑物的质量，提高土木建筑企业从业人员的科学和技术水准，提升企业的信息化管理水平，已经成为我国土木建筑工程行业迈向世界前列的重要途径之一。这就要求加速土木建筑企业全面信息化软件的研发。在这些软件中，除了CAD，CAE、EDB等共性基础性软件外，更需要研发符合企业全部业务流程和国家标准体系的管理软件，包括人力资源、资金与财务管理，项目招投标及施工管理，物流及材料供应商管理，施工计划、进度、质量与安全监控管理，公文及办公自动化，以及数据挖掘、智能决策软件等等；这就需要对土木建筑企业所有业务流程一一进行标准化定义，以实现数据的无缝传输；目前市场上流行的项目管理和企业管理软件多为孤立的功能性软件，远远不能满足大型土木建筑企业全方位信息化的需要；这也是一般的软件开发商所难以完成的，因为这些软件涉及多学科（多个土木建筑工程学科与信息技术学科）与土木建筑企业的管理业务。因此，研发支撑设计和施工企业全面信息化的软件产品属于多学科联合创新行动，其推广应用是中国土木建筑工程行业的上水平之举，应该加强之。

4 建议

开展多学科综合交叉研究向来是一项谈论多、实施难的科研组织难题，不仅土木建筑工程学科是如此；这是因为在不同学科的研究者之间存在着天然的学科壁垒，互不了解；再加上目前流行的项目主持人与成员排序、科研成果的排名次序、成果评价与奖励机制等等，都与实施跨学科联合攻关不相容。为了增进不同学科科技人员的相互了解，取得共识，创建合作机会。建议如下：

（1）由工程院土木、水利与建筑工程学部与相关学会合作，围绕一个或几个相关的多学科交叉方向，组织专门的研讨会，邀请活跃在科研和工程一线的专家、教授参会研讨，明确关键性的科学问题，以增进了解，取得共识。

（2）建议综合科研实力较强的高等院校相关院所，率先开展相关研究，引领示范。

（3）对于经过研讨、在关键性科学问题上取得共识的重要研究方向，除通过院士建议推荐给基金委、科技部或有关部委外，学部应努力协调有关院校专家申请立项，开展研究、培养相关研究人才。